高等职业教育农业农村部“十三五”规划教材
高等职业教育农业农村部“十二五”规划教材
普通高等教育“十一五”国家级规划教材

园林工程

第三版

张建林　曹仁勇　主编

中国农业出版社
北　京

内 容 简 介

本教材根据近几年园林高职教育的发展要求进行了修编。教材系统地阐述了园林工程的基本原理与设计方法，注重园林工程的技术性和学生工程设计、施工技能的培养。在写法上力求简明扼要，突出施工的关键点、范例实用，图文并茂，注重直观。各章前有教学目标和任务，各章后附有复习思考题及实验实训提纲，教材结构按工程建设的先后顺序编写，内容充实全面。全书内容包括土方工程、园林给排水工程、景观墙体工程、水景工程、园路与广场工程、假山工程、园林种植工程、园林景观照明工程共8章内容。供高职高专院校园林、园艺、林学类专业使用。

第三版编审人员名单

主　编　张建林　曹仁勇

副主编　任有华　赵立曦

编　者　（以姓氏笔画为序）

邢佑浩　任有华　李　霞

张建林　屈雅琴　赵立曦

郭　毅　陶良如　曹仁勇

戴　群

审　稿　梁伊任　王沛永

第一版编审人员名单

主　编　张建林

编　者　刘卫斌　邱国金　杨立红　康小勇　唐强军　曹仁勇

审　稿　梁伊任　王沛永

第二版编审人员名单

主　编　张建林

副主编　邱国金

编　者　（以姓氏笔画为序）

任有华　杨立红　邱国金　张建林　周景斌　赵立曦　曹仁勇

审　稿　梁伊任　王沛永

第三版前言

为贯彻落实《国家中长期教育改革和发展规划纲要（2010—2020年）》和《国家职业教育改革实施方案》有关要求，本教材根据《教育部关于深化职业教育教学改革全面提高人才培养质量的若干意见（教职成〔2015〕6号），配合《高等职业学校专业教学标准》贯彻实施，结合近年来园林高职教育的发展，在普通高等教育"十一五"国家规划教材、21世纪农业部高职高专规划教材——《园林工程》的基础上进行修编的。供高职高专园林、园艺、林学类专业使用。

本教材系统地阐述了园林工程的基本原理与设计方法，注重园林工程的技术性和学生工程设计、施工技能的培养，根据我国目前园林技术专业课程教学设置情况和对专业人才知识的客观需要，补充了近年来出现的新技术和新材料。在写法上力求简明扼要，重点突出、范例实用，图文并茂，注重直观。各章前有教学目标和任务，各章后附有复习思考题及实验实训提纲，教材结构按工程建设的先后顺序编写，内容充实全面。全书内容包括土方工程、园林给排水工程、景观墙体工程、水景工程、园路与广场工程、假山工程、园林种植工程、园林景观照明工程等8章内容。

本教材由张建林、曹仁勇主编，任有华、赵立曦担任副主编，参加编写的还有邢佑浩、郭毅、陶良如、戴群、李霞、屈雅琴。具体编写分工如下：

绪论	张建林（西南大学园艺园林学院）
第一章　土方工程	陶良如（河南农业职业学院）
第二章　园林给排水工程	任有华（潍坊职业技术学院）
第三章　景观墙体工程	赵立曦（山西林业职业技术学院）
第四章　水景工程	邢佑浩（西南大学园艺园林学院）
	李　霞（江苏农牧科技职业学院）
第五章　园路与广场工程	曹仁勇（江苏农林职业技术学院）

第六章 假山工程 郭 毅（山西林业职业技术学院）

第七章 园林种植工程 戴 群（苏州农业职业技术学院）

第八章 园林景观照明工程 屈雅琴（重庆道合园林景观规划设计有限责任公司）

张建林（西南大学园艺园林学院）

全书由北京林业大学园林学院梁伊任、王沛永审稿。在编写过程中参阅了大量有关著作、论文等图文资料，无法一一标注。谨此对原作者表示衷心感谢。

由于编者水平所限，书中疏漏错误不妥之处在所难免，敬请各使用学校师生和读者给予批评指正。

编 者

2019年6月

第一版前言

本教材是根据《教育部关于加强高职高专教育人才培养工作的意见》及《关于加强高职高专教材建设的若干意见》的精神和要求进行编写的。供高职高专园林、园艺、林学类专业使用。

各章编写分工如下：

刘卫斌　第8章

邱国金　第7章

张建林　绪论、第3章、第6章

杨立红　第1章

康小勇　第4章

唐强军　第2章

曹仁勇　第5章

全书由北京林业大学园林学院梁伊任教授、王沛永副教授主审。在编写过程中参阅了大量有关著作、论文等图文资料。谨此表示衷心感谢。

在编写本教材过程中，令我们难以取舍的是第7、第8章，因各学校在授课内容及课程设置有所不同。另一方面，令我们难以把握的是教材编写深度，写得过浅，无法把问题说清；写得过深，学生无法理解，也不必要，因为不少章都相当一个专业的内容。

由于编者水平所限，缺乏经验，加之编写时间紧迫，书中疏漏错误不妥之处在所难免，敬请各试用学校师生和读者给予批评指正。

编　者

2002年4月

第二版前言

本教材根据教育部《关于加强高职高专教育人才培养工作的意见》及《关于全面提高高等职业教育教学质量的若干意见》的精神和要求，结合近年园林高职教育的发展，在2002年出版的21世纪农业部高职高专规划教材——《园林工程》的基础上进行修编的，是普通高等教育“十一五”国家级规划教材。供高职高专园林、园艺、林学类专业使用。

本教材系统地阐述了园林工程的基本原理与设计方法，注重园林工程的技术性和学生工程设计、施工技能的培养，根据我国目前园林建设的实际情况，增加了景观墙体工程。在写法上力求简明扼要，重点突出、范例实用，图文并茂，注重直观。各章前有教学目标和任务，各章后附有复习思考题及实训实验提纲，教材结构按工程建设的先后顺序编写，内容充实全面。全书内容包括土方工程、园林给排水工程、景观墙体工程、水景工程、园路与广场工程、假山工程、栽植工程、园林景观照明工程共8章内容。

本教材由张建林主编，邱国金、邢佑浩、杨立红、周景斌、曹仁勇、越立曦、任有华参加编写，各章编写分工如下：

绪论	张建林（西南大学园艺园林学院）
第一章　土方工程	杨立红（吉林农业大学）
第二章　园林给排水工程	任有华（潍坊职业技术学院）
第三章　景观墙体工程	赵立曦（山西林业职业技术学院）
第四章　水景工程	邢佑浩（西南大学园艺园林学院）
第五章　园路与广场工程	曹仁勇（江苏农林职业技术学院）
第六章　假山工程	周景斌（杨凌职业技术学院）
第七章　园林种植工程	邱国金（江苏农林职业技术学院）
第八章　园林景观照明工程	张建林（西南大学园艺园林学院）

全书由北京林业大学园林学院梁伊任教授、王沛永副教授主审。在编写过程中参阅了大量有关著作、论文等图文资料，无法一一标注。谨此对原作者表示衷心感谢。

由于编者水平所限，书中疏漏错误不妥之处在所难免，敬请各使用学校师生和读者给予批评指正。

编　者

2009年10月

目　　录

绪　论

园林建设总是与园林工程分不开的，尽管在我们的生活环境中，历史的长河里涌现出许许多多的园林，它们千姿百态、风格各异，但其环境景观的形成、空间的组织、气氛的烘托乃至意境的体现和表达均离不开园林工程技术。园林工程在园林建设活动过程中，无处不在；从小的花坛、喷泉、亭、架的营造，到大的公园、环境绿地、风景区的建设都涉及多种工程技术。

一、园林与园林工程

1. 园林工程基本概念　园林是指在一定的场地范围内运用工程技术和艺术手段，通过塑造地形（或进一步筑山、叠石、理水）、种植树木花草、营造建筑和布置园路等途径创作而成的美的自然环境和游憩境域。工程常指工艺过程。园林工程是指园林、城市绿地和风景名胜区中除建筑工程以外的室外工程；是一门研究园林工程原理、工程设计和施工养护技艺的学科；是以工程原理、技术为基础而运用于园林建设的专业课程。本课程研究的中心内容是如何在最大限度地发挥园林综合功能（社会、经济、生态等）的前提下，解决园林中的工程设施、构筑物与园林景观之间矛盾统一问题。其根本任务就是应用工程技术表现园林艺术，使环境中的工程构筑物和园林景观融为一体。它具有如下特点：

（1）技术与艺术的统一。园林中的工程构筑物，除满足一般工程构筑物的结构要求外，其外在形式应同园林意境相一致，并给人以美感。

（2）规范性。园林建设所涉及的各项工程，从设计到施工均应符合我国现行的工程设计、施工规范；如园林给排水工程，应符合给排水设计施工规范。

（3）时代性。不同时期的园林形式，尤其是园林建筑总是与当时的工程技术水平相适应的。今天，随着人民生活水平的提高和人们对环境质量的要求越来越高，对城市中的园林建设要求亦多样化，工程的规模越来越大，建设的内容越来越丰富，新技术、新材料、高科技已深入园林工程的各个领域；如集光、电、机、声为一体的大型音乐喷泉，传统的木结构园林建筑，逐渐被钢筋混凝土仿古建筑所取代。

（4）协作性。园林工程建设，在设计上，常由多工种设计人员共同完成；在建设上，往往需要多部门、多行业协同作战。

2. 中国园林工程的发展　中国园林发展的历史，就是园林工程发展的历史，从有文字记载的殷周的囿算起，已有三千多年的历史；透过这一历史长河，园林工程技术无不显示出我国历代的园林哲匠和手工艺人的聪明与智慧。公元前 11 世纪周文王筑灵台、灵沼、灵囿，让天然的草木滋生，鸟兽繁育，是供帝王贵族狩猎游乐的场所；它仅涉及土方工程技术。春秋战国时期，已出现人工造山，秦汉出现大规模地挖湖堆山工程，秦始皇统一中国，在营造宫室中的园林时“引渭水为池，筑为蓬、瀛”；汉代上林苑中的建章宫内建太液池，内有“蓬莱、方丈、瀛洲”三山，这种“一池三山”之制成为后世湖池、假山的布置范例；后汉恒帝时，外戚大将军梁翼的园囿“……广开园囿、采土筑山，十里九坂，以象二崤，深林绝涧，有若自然。”从技术上来看，汉代造山以土山为主，但在袁广汉园中已构石为山，且能高十余丈，足见掇山技术已有发展，从理水形式上看，水景与雕塑结合，有压水的运用，据《汉宫典职》记载“宫内苑……激水河上，铜龙吐水，铜仙人衔杯受水下注”。魏晋到南北朝360余年间自然山水园得到发展，由单纯的模仿自然山水进而进行概括、提炼甚至于抽象化，如南齐文惠太子开拓元圃园，多聚奇石，妙极山水；湘东王造湘东苑，穿池构山，跨水有阁、斋、屋，斋前有亭山，山有石洞，蜿蜒潜行二百余步。不仅说明了当时对自然山水艺术的认识，同时也说明土木石作技术、叠石构洞技术达到一定的水平。唐宋在文化和工程技术方面更为发达；王维的辋川别业是在利用大自然山水的基础上加以适当的人工改造形成的。地形地貌变化丰富，既有大自然的风景，又蕴涵了如诗如画的意境和画境。写意山水园林在此期开始形成。从《洛阳名园记》中可知，在面积不大的宅旁地里，因高就低，掇山理水，表现山壑溪池之胜，点景起序、揽胜筑台、茂林蔽天、繁花覆地、小桥流水、曲径通幽，巧得自然之趣。说明筑山、理水灵活运用造景元素在唐、宋已达到很高的艺术水准。而元、明、清的宫苑，多采用集锦的方式，集全国名园之大成，以北京的颐和园、圆明园为代表，将筑山、理水和造园推向极致，同时在圆明园中吸收西方造园手法，如在远瀛观、观水法、线法山、谐奇趣等处体现的石雕、喷泉、整形树木、绿丛植坛等园林形式。此期江南私家园林得到迅猛发展，“花街铺地”，掇山和置石之风尤为盛行，出现了许多不朽之作，如环秀山庄的湖石假山，藕园的黄石假山，现存的江南“三大名石”就是很好的例证。

中国园林经历代的画家、士大夫、文人和工匠创造、发展，其造园技艺独特而精湛，在园林工程技术方面取得了丰硕的成果，体现在：一是掇山（采石、运石、安石）技术达到炉火纯青，到宋代已明显地形成一门专门技艺。根据不同石材特性，总结出不同的堆山“字诀”和连接方式。其二，理水与实用性有机结合，如北京颐和园的昆明湖结合城市水系和蓄水功能，将原有与万寿山不相称的小水面扩展而成。杭州西湖，为满足城市居民生活用水，经历代官府组织疏浚西湖，并结合景观建设而形成今天人们所见的秀美西湖，白堤、苏堤就是很好的佐证。其三，“花街铺地”在世界上独树一帜，冰裂纹、梅花、鹅石子地，其用材低廉、结构稳固、式样丰富多彩，为我们提供了因地制宜、低材高用的典范。其四，博大精深的园林建设理论，中国古代园林不仅积累了丰富的实践经验，也从实践到理论，总结出不少的精辟的造园理论。除了明代计成著《园冶》专门总结了不少园林工程的理法以外，北宋沈括所著《梦溪笔谈》、宋代《营造法式》、明代文震亨著《长物志》和徐霞客著《徐霞客游记》、清代李渔著《闲情偶寄》等都有道及。此外，分散在各类图书中的资料还很多，等待人们去挖掘、整理、运用。

3. 世界园林工程的发展 人类通过劳动作用于自然界，引起自然界的变化，同时也引起人与自然环境之间关系的变化，对应于园林的发展大致可以分为四个阶段：第一阶段是人类进入原始农业的公社，聚落附近出现种植场地，房前屋后有了果园蔬圃。虽然是出于生产的目的，但客观上已开始了园林的萌芽状态。第二阶段是人类进入了以农耕为主的文明社会，大小城市和集镇的产生。居住在城市和集镇里面的统治阶级，为了补偿与大自然环境相对隔离的缺憾而经营各式园林。园林由萌芽、成长而达到兴旺，在发展过程中逐渐形成了丰富多彩的时代风格、民族风格、地方风格。这一阶段的园林是在一定的地段范围内，利用、改造天然的山水地貌，或者人为地开辟山水地貌，结合植物栽培、建筑布置，辅以禽鸟养畜，从而构成一个以视觉景观之美为主的游憩、居住环境。第三阶段是人与自然从早先的亲和关系转变为对立关系，而且这种情况发展下去必然会带来恶果，因此人们开始进行自然保护的对策和城市园林方面的研究。这一阶段的园林较上一阶段在内容和性质上均有发展变化，除了私人所有的园林之外，还出现由政府出资经营，属于政府所有的，向群众开放的公共园林。此阶段园林的规划设计已经摆脱私有的局限性，从封闭的内向型转变为开放的外向型。兴造园林不仅为了获得视觉景观之美和精神的陶冶，同时也着重发挥其改善城市环境质量的作用。第四阶段是大约从 20 世纪 60 年代开始，发达国家和地区经济迅速发展，人们有了足够的时间和经济条件，愿意更多地接触大自然，回到大自然的怀抱，人与自然的适应状态逐渐升华到一个更高的境界，二者之间由前一阶段的对立关系又逐渐回归为亲和关系。这一阶段的园林在内容和形式上的变化：主要包括私人园林已不占主导地位，城市公共园林绿地以及户外娱乐场地扩大，建筑与园林绿化相结合，转化为环境设计，确立了城市生态系统的概念。园林绿化以创造合理的城市生态系统为根本目的，由城市发展到郊外，建立森林公园和风景名胜区体系，大力开拓园林学的领域。园林艺术已成为环境艺术的重要组成部分，跨学科的综合性和公众的参与性成为园林艺术创作的主要特点。

4. 现代园林工程发展趋势

（1）设计要素的创新。由于科技的发展，现代园林设计师具备了超越传统材料限制的条件，通过选用新颖的建筑或装饰材料，达到特殊的质感、色彩、光影等特征。一些设计师在传统材料的使用上也做了新的尝试。科学技术的进步，使得现代园林的设计要素在表现手法上更加宽广与自由。

（2）形式与功能的结合。与传统园林的服务对象、装饰与观赏性不同，现代园林面向大众的使用功能已成为设计师们所关心的基本问题之一。纵观西方现代园林，大多以形式与功能有机结合为主要的设计准则。

（3）现代与传统的对话。借助于传统的形式与内容去寻找新的含义或形成新的视觉形象，既可以使设计的内容与历史文化联系起来，又可以结合当代人的审美趣味，使设计具有现代感。

（4）自然的精神。大自然是许多园林作品的重要灵感之源。设计师在深深理解大自然及其秩序、过程与形式的基础上，以一种艺术抽象的手段再现了自然的精神，而不是简单地移植或模仿。

（5）生态与设计。早在 1969 年，麦克·哈格在其经典之作《设计结合自然》中，就提出了综合性生态规划思想。这种将多学科知识应用于解决规划实践问题的生态决定论方法对西方园林产生了深远的影响，其中一些基本的生态观点与知识，现已广为设计师所理解、掌握并运用。

二、园林设计与施工

1. 园林建设程序、步骤和内容　园林建设工程作为建设项目中的一个类别，它必定要遵循建设程序，即建设项目从设想、选择、评估、决策、设计、施工到竣工验收、投入使用，发挥社会效益、经济效益的整个过程，而其中各项工作必须遵循其先后次序的法则，即：

①根据地区发展需要，提出项目建议书。

②在踏勘、现场调研的基础上，提出可行性研究报告。

③经有关部门审批立项。

④根据可行性研究报告编制设计文件，进行初步设计。

⑤初步设计批准后，做好施工前的准备工作。

⑥组织施工，竣工后经验收交付使用。

⑦经过一段时间的运行，一般是1～2年，进行项目后评价。

2. 设计文件的深度 承担项目设计单位的设计水平应与项目大小、复杂程度相一致。按现行规定，工程设计单位分为甲、乙、丙、丁四级，分级标准以及所承担设计任务的范围都有明确的规定，低级的设计单位不得越级承担工程项目的设计任务，设计单位必须严格保证设计质量。设计须经过方案比较，以保证方案的合理性。设计所使用的基础资料、引用的技术数据、技术条件等要确保准确真实。

（1）总体规划图设计。由图纸和文字说明两部分组成。

（2）初步设计。在总体规划设计文件得到批准及待定问题得以解决后进行，包括设计图纸、说明书、工程量总表和概算。设计图表示的高程和距离均以米为单位，数字写到小数点后两位。

（3）施工图设计。在初步设计批准后，进行施工图设计。施工图设计文件包括施工图、文字说明和预算。施工图高程均以米为单位，要写到小数点后两位，其他尺寸以毫米为单位。施工图设计分为种植、道路、广场、山石、水池、驳岸、建筑、土方、各种地下或架空线的施工设计。有两个以上专业工种在同一地段施工，需要有施工总平面图，并经过审核会签，在平面尺寸关系和高程上取得一致。在一个子项目内，各专业工种要同时按照专业规范进行审核会签。

（4）园林建筑工程设计。与其他建筑设计一样，由建筑设计、结构设计和设备设计等工种组成设计组，按照各自工种的分工不同，共同完成设计任务。

三、园林工程建设与管理

园林工程建设作为建设项目中的一个类别，它必定要遵循建设程序，其中各项工作必须遵循其先后次序的法则和工程的科学性，遵循工程建设管理的内在规律。

1. 园林工程建设的内容 园林工程建设按造园的要素及工程属性，可分为园林工程、园林工程建筑和种植工程三大部分。园林工程主要包括土方工程、园林水电工程、水景工程、铺地工程、假山工程等内容；园林建筑是指在园林中有造景作用，同时供人游览、观赏、休息的建筑物，包括游息建筑、服务建筑、水体建筑、文教建筑、动植物园建筑等，园林工程建筑主要包括地基与基础工程、墙柱工程、墙面与楼面工程、屋顶工程、装饰工程等；种植工程的主要内容包括乔灌木种植、大树移植、草坪栽植工程和养护管理等。园林建筑工程不在本教材中探讨。

2. 园林建设管理的内容 园林建设管理主要体现在两个方面，一方面是园林建设项目的程序管理，主要包括组织园林工程建设的招投标、园林工程的概预算、组织园林工程竣工验收和项目建成后的评价；另一方面是园林建设项目的施工管理，主要包括工程管理、质量管理、安全管理、成本管理和劳务管理。此部分也不在本教材中探讨。

四、学习园林工程的要求

园林工程是一门实践性与技术性极强的课程，要变理想为现实，化平面为立体。既要掌握工程的基本原理和技能，又要将园林艺术与工程融为一体，使工程园林化。本课程所设课程设计、模型制作、现场教学、实践操作等教学环节，是以项目为驱动，均着眼于培养学生掌握某一项目所必需的工程技术理论知识和技能，具体要求：

①充分理解、掌握各项工程性质的同时，做好各章后的复习思考题和实训。

②运用园林工程理论与技术，随时随地观察分析所见的园林工程，就地解剖，可知得失。

③课余多到施工现场去观察，多问。多向有经验的工程技术人员、工人师傅学习。

在园林工程建设过程中只有把科学性、技术性和艺术性有效地综合为一体才能创造出技艺合一，既满足功能要求，又经济美观的好作品。

第一章　土方工程

目标： 培养学生运用各种竖向设计方法对小型园林绿地进行竖向设计的能力，使学生能够熟练应用等高线法进行地形造景；培养学生熟练进行土方工程量计算及土方平衡的能力；培养学生对竖向设计施工图纸的识图及理解能力，使学生具备进行中、小型园林工程土方施工的能力。

任务： 通过本章的学习，了解园林地形塑造的基本原理，掌握园林用地竖向设计的原则和等高线法进行园林竖向设计的方法；掌握不同内容的园林用地竖向设计的基本要求。了解土方工程量计算的各种方法，重点掌握等高面和方格网法计算土方量的方法。掌握土方平衡和调配的原则与方法。掌握与土方施工相关的土的工程、力学性质；熟悉土方施工的程序和各阶段施工的内容与要求。

土方工程是园林工程的先行工程，是基础，它完成的速度和质量，直接影响着后续工程的速度和质量，因此土方工程对整个园林工程建设的进度关系密切。土方工程的投资和工程量一般都很大，大的土方工程施工工期也很长。所以，土方工程在城市建设和园林建设中都占有重要地位。为了使整个工程能多快好省地完成，必须做好与土方工程相关的竖向设计、土方工程量的计算与平衡调配以及土方施工等工作，本章就将这三方面的问题作具体介绍。

第一节　园林用地的竖向设计

竖向设计是指在一块场地上进行垂直于水平面方向的布置和处理。园林用地的竖向设计就是将园林中各个景点、各种设施及地貌等在高程上创造出高低变化和协调统一的设计。竖向设计常常是在充分利用原有地形的情况下，进行适当的改造，其任务就是从最大限度地发挥园林的综合功能的角度出发，统筹安排园内各种景点、设施和地貌景观之间的关系。中华人民共和国建设部于1999年发布的城市用地竖向规划规范中明确指出：城市用地竖向规划是指城市开发建设地区（或地段），为满足道路交通、地面排水、建筑布置和城市景观等方面的综合要求，对自然地形进行利用、改造，确定坡度、控制高程和平衡土石方等而进行的规划设计。

一、园林地形的塑造

地形是风景组成的依托基础和底界面，也是整个园林景观的骨架，以其富有变化的表现力，赋予园林以生机。地形设计是指对原有地形、地貌进行再创作和艺术造型的设计，它应当考虑工程安全、小气候环境以及游人的审美要求等。

（一）地形与地貌

1. 地形组成要素　包括地形中的地貌形态、地形分割条件、地表平面形状、地面坡向和坡度大小等几个方面的组成要素。

2. 园林地貌形态　即地面的实际样子或地面的基本形状面貌。我国园林中常见的地貌形态则主要有五类，即：丘山地貌、岩溶地貌、平原地貌、海岸地貌和流水地貌，这些地貌形态各有其形态特征。

3. 地形平面要素　主要有地面分割要素和平面形状要素两类。在园林地形构成中，地面分割要素存在自然条件分割和人工条件分割两种：自然条件分割是指地面上，由两个方向相反的坡面交接而形成的线状地带，可构成分水线和汇水线，这两种分界线把地貌分割成为不同坡向、不同大小、不同形状的多块地面，各块地面的形状如何取决于分水线和汇水线的具体分布情况。人工条件分割是指在园林的山地、丘陵和平地上，人工修建的园路、围墙、隔墙、排水沟渠等，也将园林建设用地分割为大小不同、坡向变化、坡度各异的各块用地。平面形状要素是指地表的平面形状，它是由各种分割要素进行分割而形成的；从地块的平面形状来说，除了圆形场地外，正方形、长方形、条状、带状及各种自然形状的地块，都有一定的方向性。

（二）地形与等高线

1. 等高线与地形　地表面上标高相同的点相连接而成的直线和曲线称为等高线。等高线是假想的“线”，是天然地形与某一高程的水平面相交所形成的交线投影在平面图上的线。给等高线标注上数值，便可用它在图纸上表示地形的高低、陡缓、峰峦位置、坡谷走向以及溪池的深度等内容，地形等高线图上只有标注出比例尺和等高距后才有意义。一般的地形图中只有两种等高线，一种是基本等高线，又称首曲线，常用细实线表示；另一种是每隔四根首曲线加粗一根，并标注高程，称为计曲线。等高线具有以下特性：

（1）同一条等高线上所有的点的标高相同。

（2）任意一条等高线都是连续闭合的曲线。

（3）等高线水平间距的大小表示地形的缓或陡，疏则缓，密则陡；等高线间距相同时，表示地面坡度相等。

（4）等高线一般不相交、重叠或合并，只有在悬崖处的等高线才可能出现相交的情况。某些垂直于地面的峭壁、地坎或挡土墙、驳岸处的等高线才会重合在一起。

（5）等高线与山谷线、山脊线垂直相交时，山谷线的等高线是凸向山谷线标高升高的方向，而山脊线的等高线是凸向山脊线标高降低的方向。

（6）等高线不能直接横穿过河流、峡谷、堤岸和道路等。

2. 等高线特征与地貌（图 1-1）

（1）山脊和山谷。山脊是一种凸起的细长形地貌；在地形狭窄处，等高线指向山下方向；沿着山脊侧边的等高线将相对平行，而且沿着山脊会有一个或几个最高点。山谷是长形的凹地，它在两个山脊之间形成空间；山脊和山谷必须相连，因为山脊的边坡形成山谷壁，山谷由指向山顶的等高线表示。对于山脊和山谷，其等高线形状是相似的，因此标出坡度方向是非常重要的。在某种情况下，等高线会改变方向形成 U 形或 V 形。由于等高线改变方向的是较低点，因此 V 形等高线经常和山谷联系起来。

（2）峰顶和谷底。峰顶是相对于周围地面而言的一个最高点；等高线构成同心的、闭合的图形，在中心区是最高的等高线。而谷底则是相对周围地面而言的最低点；在谷底等高线再次形成同心的、闭合的图形，但中心区是最低的等高线。为避免把峰顶和谷底混淆，必须

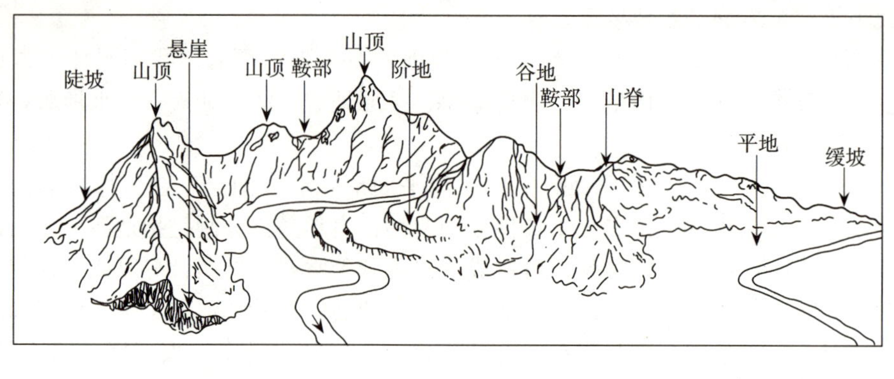

图 1-1 用等高线表现各种地形

（园林景观工程编汇组．园林景观工程．2003）

标出坡度的方向。

（3）凹面和凸面斜坡。凹面斜坡的一个明显特点是沿着山脚方向等高线间距越来越大，这说明在高度较高处斜坡陡，而在低处斜坡逐渐变得平缓。凸面斜坡和凹面斜坡正好相反，即沿着山脚方向的等高线间距越来越小；斜坡在高处平缓而在低处逐渐变陡。

（4）均匀斜坡。均匀斜坡等高线间距相同，因此其高度变化是常量。均匀斜坡在工程建设中比在自然环境中更典型。

3. 地形在竖向设计中的作用　围合、限制、分隔空间；控制视野景观；改善小气候环境；组织交通；构成优美的地貌景观（图 1-2）。

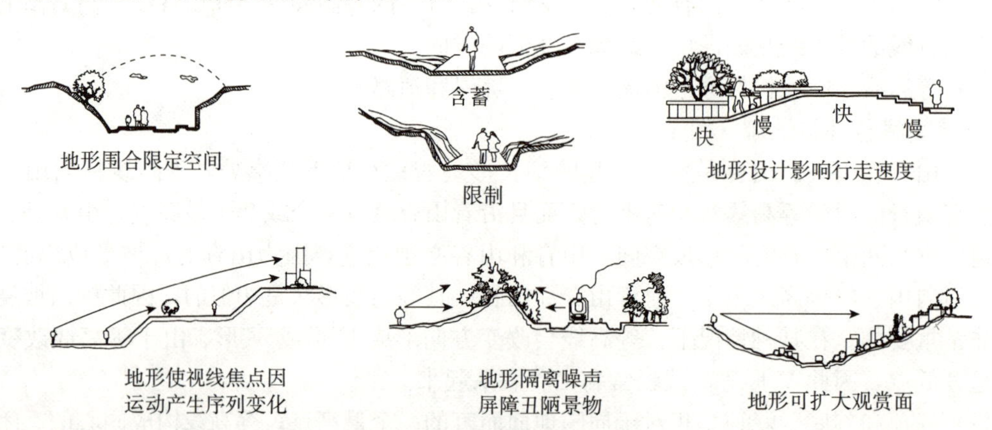

图 1-2 地形在竖向设计中的作用

（中国城市规划设计院等单位．园林施工．2003）

4. 地形分析　地形分析包括对地面高程、坡度、坡向、特征、脊线（分水线）、谷线（汇水线）、洪水淹没线、制高点、冲沟、洼地位置等内容的分析。

5. 坡度分析　为了确定修筑建筑物、公路、停车场的最佳场地，或在特殊场地上的其他用途，景观工程师经常要做地形的坡度分析，这些资料和其他方面的一些因素，如经济、植被、排水、土壤等一起被用来做场地规划决策的参考资料。

6. 坡度修整　坡度修整是最基本的竖向设计工具之一。每一个场地设计工程都需要一些坡度上的变化。这些坡度的变化怎样和整体设计构思融合到一起将会影响这个工程在功能上和视觉上是否成功。

二、园林竖向设计原则

1. 满足各项用地的使用要求

（1）建筑室内地坪高于室外地坪。住宅的室内地坪应高于室外 30～60cm，学校、医院等的室内地坪应高于室外 45～90cm。多雨地区宜采用较大值，高层建筑、土质较差或填土地段还应考虑建筑沉降的因素，适当增大数值。

（2）道路坡度要求。机动车道纵坡一般≤6%。有困难时可增大至 9%，山区城市局部路段坡度可增至 12%。但坡度超过 4%，必须限制其坡长，具体如下：当坡度为 5%～6%时，坡长应小于等于 600m；当坡度为 6%～7%时，坡长应小于等于 400m；当坡度为 7%～8%时，坡长应小于等于 300m；当坡度为 9%时，坡长应小于等于 150m。非机动车道的纵坡一般不大于 2%，困难时可增至 3%，但坡长应限制在 50m 以内；桥梁引坡的坡度应控制在 4%以内。人行道纵坡坡度以小于 5%为宜，当坡度大于 8%时，游人行走费力，宜采用踏级。道路交叉口的纵坡坡度应小于等于 2%，并保证主要交通的平顺。

（3）广场及停车场的坡度要求。广场坡度以 0.3%～3%为宜，其中坡度在0.5%～1.5%时最佳；儿童游戏场的坡度应在 0.3%～2.5%；停车场和运动场的坡度在 0.2%～0.5%。

（4）草坪及休息绿地的坡度要求。草坪及休息绿地的坡度最小为 0.3%，最大坡度不应超过 10%。

2. 保证场地的良好排水　力求使设计地形和坡度适合污水、雨水的排水组织和坡度要求，避免出现凹地。道路纵坡不得小于 0.3%，由于地形条件限制难以达到时，应做成锯齿形街沟排水。建筑室内地坪标高应保证在沉降后仍高出室外地坪 15～30cm。室外地坪纵坡不得小于 0.3%，并且不得坡向建筑墙脚。

3. 充分利用地形，减少土方工程量　竖向设计应尽量结合自然地形，在符合土壤工程性质的前提下，减少土方工程量。填方、挖方边坡应符合相应土壤要求，同时应考虑土方就地平衡，缩短运距。附近有土源或余方有用处时，可不必过于强调填、挖方平衡，一般情况下土方宁多勿缺，多挖少填；石方则应少挖为宜。

4. 考虑建筑群体空间景观设计的要求　尽可能保留原有地形和植被。建筑标高的确定应考虑建筑群体的高低起伏，富有韵律感而不杂乱，必须重视空间的连续、鸟瞰、仰视及对景的景观效果。斜坡、台地、踏级、挡土墙等细部处理的形式、尺度、材料应细致、亲切宜人。

5. 符合工程技术经济要求，便于施工　挖土地段宜做建筑基地，填方地段做绿地、场地、道路较合适。岩石、砾石地段应避免或减少挖方，垃圾、淤泥需挖除。人工平整场地，竖向设计应尽量结合地形，减少土方工程量，采用大型机械施工平整场地时，地形设计不宜起伏多变，以免施工不便。建筑和场地的标高要满足防洪的要求。地下水位高的地段应少挖。在规划过程中，公园基地上可能会有些有保留价值的老树。其周围的地面按照设计要求如需增高或降低，应在图纸上标注出保护老树的范围、地面标高和适当的工程措施。植物对地下水很敏感，有的耐水，有的不耐水，规划时应为不同树种创造不同的生活环境。

6. 考虑地面水的排除 具体内容详见本书有关内容。一般规定无铺装地面的最小排水坡度为1%，而铺装地面则为0.5%，但这只是参考限值，具体设计还要根据土壤性质和汇水区的大小、植被情况等因素而定。

7. 统筹进行管道综合 园内各种管道的布置，难免有些地方会出现交叉，在规划上就须按一定原则，统筹安排各种管道交汇时的高程关系，以及它们和地面上的构筑物或园内乔灌木的关系。

三、竖向设计方法

园林竖向设计所采用的方法主要有三种，即高程箭头法、纵横断面法和设计等高线法。高程箭头法又称为流水向分析法，主要在表示坡面方向和地面排水方向时使用；纵横断面法常用在地形比较复杂的地方；设计等高线法是园林地形设计的主要方法，一般用于对整个园林进行竖向设计。

（一）高程箭头法

高程箭头法的特点是对地面坡向变化情况的表达比较直观，容易理解，设计工作量较小，图纸易于修改和变动，绘制图纸的过程比较快。其缺点则是：对地形竖向变化的表达比较粗略，在确定标高的时候要有综合处理竖向关系的工作经验（图1-3）。因此，高程箭头法适于园林竖向设计的初步方案阶段使用，也可在地貌变化复杂时，作为一种指导性的竖向设计方法。

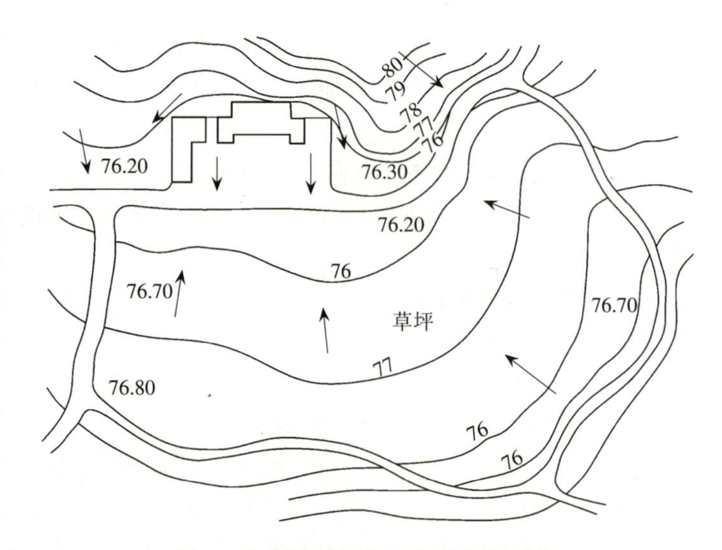

图1-3 用高程箭头法表示竖向地形

（中国城市规划设计院等单位．园林施工．2003）

（二）纵横断面法

多在地形复杂，需要作较细致的设计时采用。这种方法的优点是：对规划设计地点的自然地形容易形成一个立体的形象概念，便于设计者考虑对地形的整理和改造；其缺点是：设计过程较长，设计所花费的时间比较多。采用纵横断面法的具体步骤是：通过地形方格网，求出方格网交叉点的自然标高；求出方格网交叉点的设计标高；绘制横断面图；根据纵横断面标高和设计图所示自然地形的起伏情况进行粗略的土方平衡比较；绘制设计等高线。

（三）设计等高线法

在地形变化不很复杂的丘陵、低山区进行园林竖向设计，大多采用设计等高线法。这种方法能够比较完整地将任何一个设计用地或一条道路与原来的自然地貌作比较，随时一目了然地判别出设计的地面或路面的挖填方情况；通过设计等高线和原地形的自然等高线，可以看出地形被改动的情况。在竖向设计图上，设计等高线用细实线绘制，自然等高线则用细虚线绘制。设计等高线低于自然等高线之处为挖方，高于自然等高线处则为填方。

用等高线法进行竖向设计时，经常要用到坡度公式和用插入法求相邻两等高线之间任意点高程的公式，即：

$$H_x = H_a \pm XH/L \tag{1-1}$$

式中：H_x——任意点标高；

H_a——位于底边等高线的高程；

X——该点距底边等高线的距离；

H——等高距；

L——过该点的相邻等高线间的最小距离。

用插入法求某点原地面高程，通常会遇到三种情况。

①待求点标高 H_x 在两等高线之间。

$$H_x = H_a + XH/L \tag{1-2}$$

②待求点标高 H_x 在低边等高线的下方。

$$H_x = H_a - XH/L \tag{1-3}$$

③待求点标高在高边等高线的上方，计算公式同式1-2。

例1-1： 边长为20m的方格网等高线地形图上，其中四个角点的情况如图1-4所示。根据等高线求角点 a 和角点 b 的原地形标高。

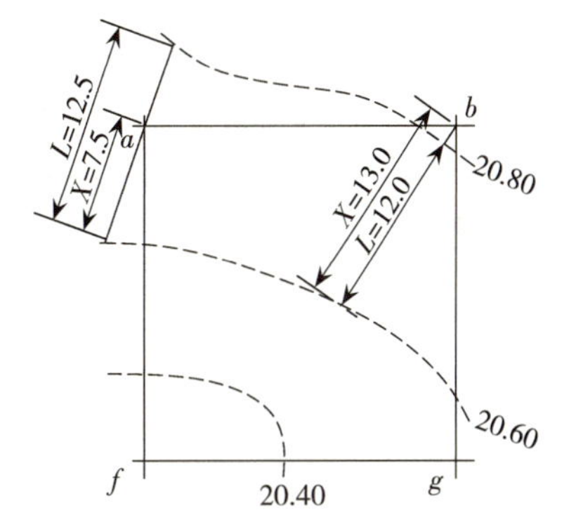

图1-4　各角点情况示意图

解： 本题中角点 a 属于第1种情况，过点 a 作相邻两等高线间距离的最短的线段。用比例尺量得 $X=7.5$，$L=12.5$m，$H=0.2$m，代入式1-2：

$$H_a = 20.60 + (7.5 \times 0.2) / 12.5 = 20.72\ (\text{m})$$

角点 b 则属于上述的第三种情况。用最短的直线连接 b 点及20.60、20.80等高线。由图上量得 $X=13.0$，$L=12.0$m，代入公式1-3：

$$H_b = 20.60 + (13 \times 0.2) / 12.0 = 20.82\ (\text{m})$$

角点 f 和角点 g 的原地形标高，可以通过等高线20.20、20.40以及20.60，同理求得。

四、竖向设计步骤

园林竖向设计是一项细致而繁琐的工作，设计及其调整和修改的工作量都很大。其设计步骤为：

1. 资料的收集　主要包括园林用地及附近地区的地形图；当地水文地质、气象、土壤、植物等的现状和历史资料；城市规划中对该园林用地及附近地区的规划资料，市政建设及其地下管线资料；园林总体规划初步方案及规划所依据的基础资料；所在地区的园林施工队伍状况和施工技术水平、劳动力素质与施工机械化程度等方面的参考材料。资料的收集原则是：关键资料必须齐备，技术支持资料要尽量齐备，相关的参考资料越多越好。

2. 现场踏勘与调研 在掌握上述资料的基础上，进行现场踏勘、调查，并对地形图等关键资料进行核实。如发现地形、地物现状与地形图上有不吻合处，要搞清变动原因，进行补测，以修正地形图的不足之处。对保留利用的地形、水体、建筑、文物古迹和古树名木等要加以特别注意，并记载下来。除此之外，还要查明地形现状中地面水的汇集规律和集中排放的方向及位置；城市给水干管接入园林的接口位置等情况。

3. 设计图纸的表达 竖向设计是总体规划的组成部分，需要与总体规划同时进行。在中小型园林工程中，竖向设计一般可以结合在总平面图中表达。但是，地形较复杂或者工程规模较大时，在总平面图上就不易表达清楚，需要单独绘制园林竖向设计图。

五、园林竖向设计的内容

园林竖向设计包括微地形设计；园林水体的竖向设计；园路广场的竖向设计；园林建筑和园林小品的竖向设计；植物种植在高程上的要求以及各种管线的竖向设计等方面的内容。其具体内容如下：

（一）微地形设计

微地形的坡度一般都在15%以下，适合在城市绿地中应用。在城市绿地中进行大规模堆山由于需要大动土方，往往不切实际；而微地形设计既可满足地形空间变化的需要，丰富景观效果，减少了土方的填挖，同时又比较容易与工程的其他部分取得协调，因此，在现代园林中常常被采用。微地形设计的方法可参考地形设计的方法，例如可以用等高线法平垫沟谷（图1-5a）或者削平山脊（图1-5b）。

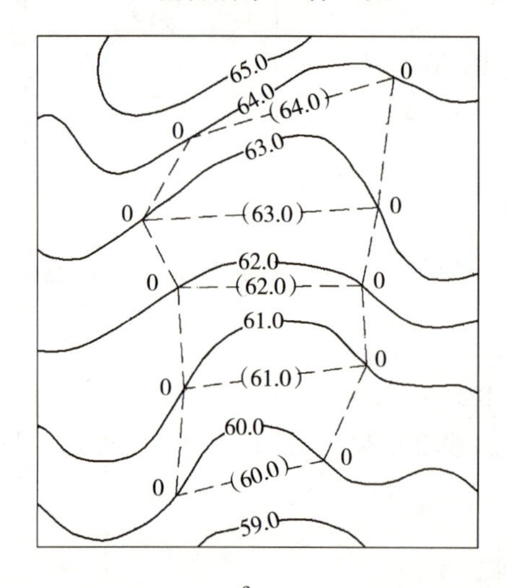

a

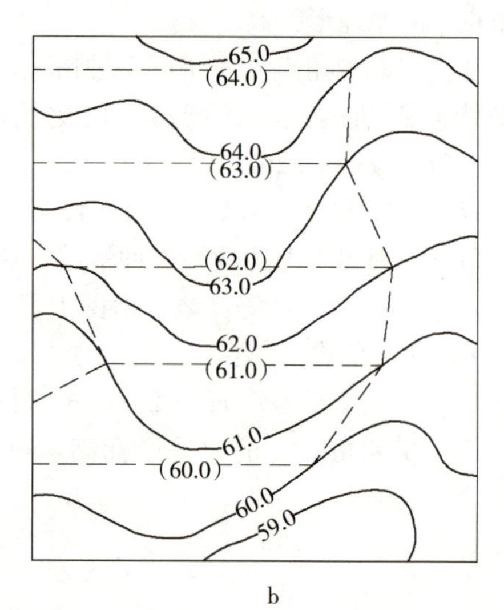

b

图1-5 用等高线进行微地形设计

（园林景观工程编汇组．园林景观工程．2003）

注：图中实线为原地形等高线，虚线为设计等高线

（二）园林水体的竖向设计

园林水体应有充足的水源和水量，小面积水体可定期或不定期人工补给水源，大面积水体则应采用地表汇集的雨、雪或地下水等自然水源。水体的竖向设计应设计出水体的最高水位、常水位和最低水位（如果靠人工补给水源，可只设计水体的常水位）；水体的常水位与池岸顶边的高度宜控制在 0.3m 左右，不宜超过 0.5m；溢水口下沿标高应与水体设计的最高水位一致。水体深度应随不同要求而定，营造人工湿地及栽植水生植物时，水深宜为 0.1～1.2m；城市开放绿地内的水体，其岸边 2m 范围内的水深不得大于 0.7m，当达不到此要求时，必须设置安全防护设施。

（三）园路广场的竖向设计

园路广场进行竖向设计的目的就是控制这些地段的坡度，以满足其功能要求。一般是在图纸上用设计等高线表示出园路广场的纵横坡度和坡向，园路和桥梁连接处及桥面的标高。在小比例图纸上则用变坡点标高来表示园路广场的坡度和坡向。除主路和部分次路，因运输等的行车需要，要求较平坦外，其余的园路则可依据地势，蜿蜒起伏、有收有放，自成天然之趣。如果很好地利用了地形、地貌就可以避免大挖大填，减少土方的工程量。下面就园路交叉结点的竖向设计做具体介绍。

在地形图上，将交叉点面积范围分成若干象限，根据地形适当兼顾相邻两象限的条件下，将交叉的道路中心线进行若干等分，同时将象限内所属的转角圆弧部分也分成若干等分，再连接相应两点，这根连线我们称为肋线（图 1-6）。

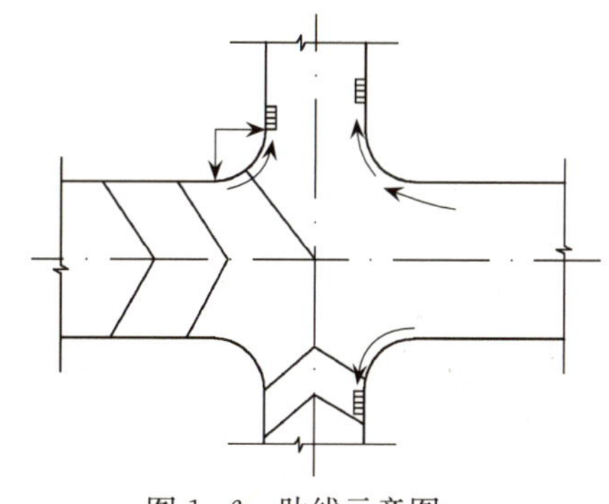

图 1-6　肋线示意图

（吴为廉．景园建筑工程规划与设计．1996）

借助肋线和已知点的高程，我们可以很容易地计算出园路交叉点的高程，这种计算方法就称为肋线法。肋线法不仅计算简单，还便于园路的施工放线。肋线法的具体计算过程是：首先，根据具体情况划出园路交叉点的肋线；接着，由每根肋线上下端的高差，用抛物线公式（或用路拱计算公式）进行肋线上各点高程的计算。在划分肋线时应注意以下的问题：

（1）两条以上道路相交，各道路中心线之交叉点必须使它们交汇于一点。

（2）分成若干象限，各自进行计算；在每个象限内进行等分时，以道路中心线等分为主，再辅以转角圆弧等分。

（3）应先确定交叉点的标高，然后根据道路纵断面的设计，决定各转角圆弧切点和其对应的路中心线标高。

（4）等分中心线的水平距离以 10～15m 为宜，等分转角圆弧部分以 5～10m 为宜，并应从大象限着手。

例 1-2：某道路的肋线示意图的一部分如图 1-7a 所示，路拱公式为 $y=\frac{4h}{B^2}X^2=h\left(\frac{X}{B/2}\right)^2$，详见图 1-7b 所示。求 K 点和 G 点的高程。

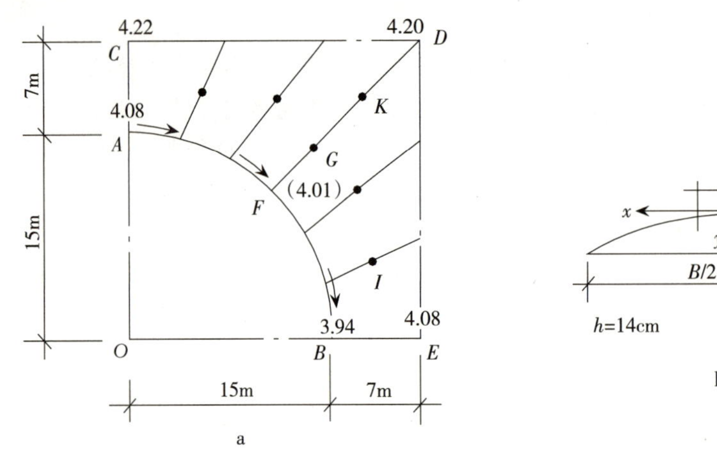

图 1-7　某道路肋线示意图

（吴为廉．景园建筑工程规划与设计．1996）

解： 由 A、B 两点已知高程，在保证满足排水坡度下，可推求得 F 点高程为

$$H_F=4.08-(4.08-3.94)/2=4.01\ (\text{m})$$

DF 两点高差：$H_D-H_F=4.20-4.01=0.19$（m）

K 点水平距离：$\overline{DK}=\overline{KG}=\overline{FG}=\frac{1}{3}\overline{DF}$

K 点的 $y_K=h\left(\frac{X}{B/2}\right)^2=0.19\times\left(\frac{\overline{DK}}{\overline{DF}}\right)^2=0.19\times\left(\frac{1}{3}\right)^2=0.02$（m）

所以 K 点高程：$H_K=H_D-y_K=4.20-0.02=4.18$（m）

G 点水平距离：$\overline{DG}=\frac{2}{3}\overline{DF}$

G 点的 $y_G=h\left(\frac{X}{B/2}\right)^2=0.19\times\left(\frac{\overline{DG}}{\overline{DF}}\right)^2=0.19\times\left(\frac{2}{3}\right)^2=0.08$（m）

所以 G 点高程：$H_G=H_D-y_G=4.20-0.08=4.12$（m）

（四）园林建筑和园林小品的竖向设计

园林建筑不同于普通的建筑，它具有形式多样，变化灵活，因地制宜，与地形结合紧密的特点。进行竖向设计时，园林建筑和园林小品（如花架、宣传廊、纪念碑、雕塑等）应标出其地坪标高及其与周围环境的高程关系。详细规划阶段则应在大比例图纸上标注各角点的标高。通过标高可看出建筑究竟是随形就势，还是设台筑屋。在水边的建筑或小品，则要标明其与水体的高程关系。园林建筑如能紧密结合地形，其体型或组合随形就势，就可以在少动土方的前提下，获得最佳的景观效果。北京颐和园中的画中游，苏州留园的见山楼等都是建筑和地形结合的佳例。

（五）植物种植在高程上的要求

植物是构成风景的重要因素，不同植物要求不同的生长环境：如对地下水位高度要求不同，有的耐水湿，有的耐干旱。竖向设计应首先满足植物生长习性的要求，为不同的植物创造不同的立地条件；其次在植物栽植时，应考虑地形、地貌对植物的影响。在地下水位较高的地方，应选择栽植喜水湿的植物；在地下水位较低、较干旱的地方，可选

择种植耐旱的树种。即使同为水生植物，其栽植深度也各不相同。按照其生活型可将水深植物分为湿生植物、挺水植物、浮水植物以及沉水植物，其水深适应范围详见表1-1。对原地表层适宜栽植植物的土壤，应加以保护并有效利用，不适宜栽植植物的土壤，应以客土更换。若用填充物堆置土山时，其上部覆盖土厚度应符合植物正常生长的要求。在设计时，应保留原地形中的古树名木或者有景观价值的树木，将树冠投影外3～8m的地段作为保护范围，在图纸上标注出来；树木周围的地面应有良好的排水条件，如果按照设计需要增高或降低树木周围的地面，也应在图纸上标明；不得随意更改树木根颈处的地面标高，确有需要的应采取适当的工程维护措施。

表1-1　主要水生植物群落要求的水深范围

（孟兆祯．风景园林工程．2012）

群落类型	水深（m）	群落形态	主要植物种类
浅水沼泽挺水禾草、莎草、高草群落	0.3以下	密集的高1.5m以上的以线形叶为主的禾本科、莎草科湿生高草丛	芦苇、芦竹、香蒲、水葱、水稻、水竹、苔草、水生鸢尾、千屈菜、野慈姑、薄荷、泽泻、菱角、荇菜等
浅水区挺水及浮水和沉水植物群落	0.3～0.9	以叶形宽大高出水面1m以下的睡莲科、天南星科的挺水、浮叶植物为主	荷花、芡、睡莲、萍蓬草、黑藻、苦菜、眼子菜等
深水区沉水植物及漂浮植物群落	0.9～2.5	水面不稳定的群落分布和水下不显形的沉水植物	黑藻、苦菜、眼子菜、篦萍、槐叶萍、雨久花、凤眼莲、苦菜、狐尾藻等

（六）各种管线的竖向设计

绿地范围内的供水、排水、电力、电讯、煤气管道等各种管线的布置，由于管线的性能和用途各异，管线的设计和施工时间也先后不一，要综合解决这些管线在平面和空间的相互关系，使各种管线在埋设时不会发生矛盾，避免造成人力、物力及时间的损失，必须遵照其专业规定，在完成各自专项管线设计的基础上，由专门部门进行综合规划，对矛盾提出协调性的建议，使所有的管线工程都符合总体规划的要求。各种管线的竖向设计都有其专业上的规定，这里不作具体介绍，可参考本书相关章节的内容。

第二节　土方工程量计算与平衡调配

一、土方量的计算

土方工程量分两类，一是建筑场地平整土方工程量，或称一次土方工程量；一是建筑、构筑物基础、道路、管线工程余方工程量，也称二次土方工程量。土方量计算一般是在有原地形等高线的设计地形图上进行的，通过计算，有时可以反过来修订设计图中不合理之处，使图纸更臻完善。另外，土方量计算所得资料又是投资预算和施工组织设计等项目的重要依据，所以，土方量的计算在园林设计工作中是必不可少的。

土方量的计算工作就其要求精确度不同，可分为估算和计算两种。在总体规划阶段，土方计算无需过分精细，只作估算即可；而详细规划阶段土方量的计算精度要求较高，需经过计算。计算土方量无论是挖方量还是填方量，归根到底就是要计算某些特定土的体积。计算土方体积的方法很多，常用方法有用体积公式估算、断面法、等高面法和方格网法4种。

(一) 用体积公式估算

在土方工程当中，不管是原地形还是设计地形，经常会遇到一些类似锥体、棱台等几何形体的地形单体，如类似锥体的山丘、类似棱台的池塘等。这些地形单体的体积可以采用相近的几何体公式进行计算，表 1-2 中所列公式可供选用。这种方法简易便捷，但精度较差，所以多用于规划阶段的估算。

表 1-2 各种几何体体积计算公式

序 号	几何体名称	几何体形状	体 积
1	圆锥	h, S, r	$V=\frac{1}{3}\pi r^2 h$
2	圆台	S_1, r_1, h, S_2, r_2	$V=\frac{1}{3}\pi h\ (r_1^2+r_2^2+r_1r_2)$
3	棱锥	h, S	$V=\frac{1}{3}S\cdot h$
4	棱台	S_1, h, S_2	$V=\frac{1}{3}h\ (S_1+S_2+\sqrt{S_1S_2})$
5	球缺	h, r	$V=\frac{\pi h}{6}\ (h^2+3r^2)$

注：V——体积；r——半径；S——底面积；h——高；r_1，r_2——上下底半径；S_1，S_2——上、下底面积。

(二) 断面法

断面法是用一组互相平行的等距或不等距的截面将要计算的地块、地形单体（如山、溪、池、岛）和土方工程（如堤、沟、渠、堤、带状山体）分截成段，分别计算这些段的体积，再将这些段的体积加在一起，求得该计算对象的总土方量。此方法适用于场地平整及长条形地形单体的土方量计算。用断面法计算土方量，其精度主要取决于截取的断面的数量，多则较精确，少则较粗放。基本计算方法如下：

当 $S_1=S_2$ 时

$$V=S\times L \tag{1-4}$$

当 $S_1\neq S_2$ 时

$$V=1/2\ (S_1+S_2)\ \times L \tag{1-5}$$

式中：S——断面面积（m^2）；

L——相邻两断面之间的距离（m）。

式 1-5 虽然简便，但在 S_1 和 S_2 的面积相差较大，或相邻两断面之间的距离（L）大于 50m 时，计算所得误差较大，遇到这种情况时，可改用下面的公式进行运算：

$$V=1/6\ (S_1+S_2+4S_0)\ \times L \tag{1-6}$$

式中中截面积 S_0 有两种求法。

①用中截面积公式计算：

$$S_0=1/4\ (S_1+S_2+2\sqrt{S_1S_2}) \tag{1-7}$$

②用 S_1 及 S_2 相应边的平均值求 S_0 的面积。此法适用于堤或沟渠。

例 1-3： 有一土堤，要计算的两断面呈梯形，S_1 及 S_2 各边的数值如图 1-8 所示，求 S_0。

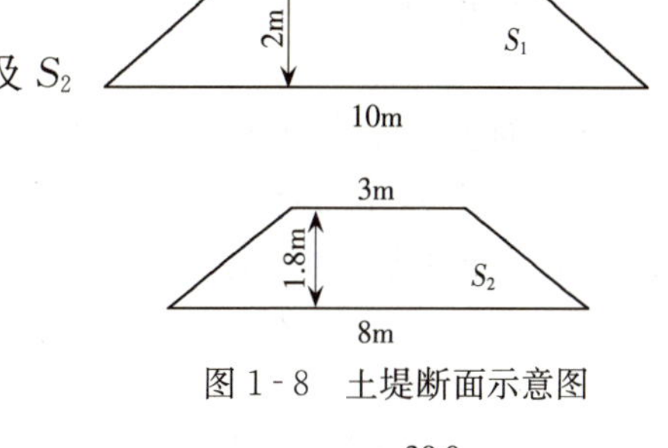

图 1-8　土堤断面示意图

S_0 的上底为：(5+3)/2=4 (m)

下底为：(10+8)/2=9 (m)

高为：(2+1.8)/2=1.9 (m)

所以 S_0= (4+9)/2×1.9=12.35 (m²)

断面法也可以用于平整场地的土方计算，其计算步骤结合实例说明如下：

例 1-4： 现有一张场地平整设计草图，设计等高线及原地形等高线如图 1-9 所示，试求其挖方及填方量。

解： (1) 找"零点线"。在图上找出"零点"，即不挖不填的点，并连接成线，这条线就是挖方和填方的边界。在图上确定出挖方区和填方区：S_1～S_5 是挖方区；S_6～S_{10}是填方区；S_{11}～S_{15}是填方区。

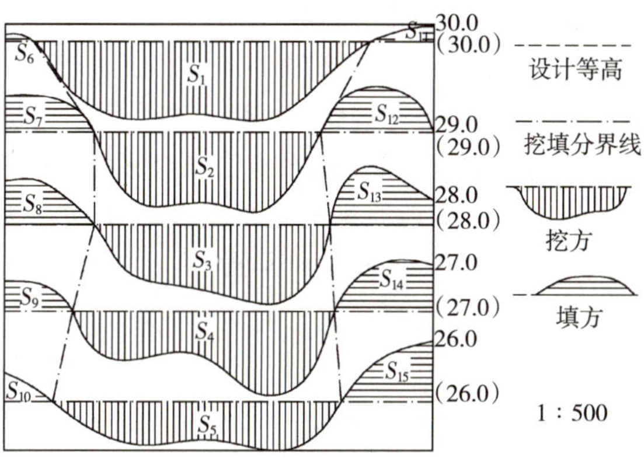

图 1-9　场地平整计算示意图

(2) 计算各断面面积。分别计算各断面面积（可用方格纸或求积仪求取），依次填入计算表 1-3 中。

表 1-3　断面面积及挖方体积

断面	面积 (m²)	断面面积平均值 (m²)	断面间距 (m)	挖方体积 (m³)	填方体积 (m³)
S_1	184				
		164.5	1.0	164.5	
S_2	144				
		142.0	1.0	142.0	
S_3	140				
		137.5	1.0	137.5	
S_4	135				
		122.5	1.0	122.5	
S_5	110				
			总计	566.5	

(3) 计算土方量。用式 1-6 进行土方计算，并将得数填入计算表 1-3。同法可求填方 S_6～S_{10}及 S_{11}～S_{15}的体积，结果如下：

挖方体积：$+V_{S_1\sim S_5}$=566.5 (m³)

填方体积：$-V_{S_6\sim S_{10}}$=73.0 (m³)

填方体积：$-V_{S_{11}\sim S_{15}}$=162.0 (m³)

(4) 比较挖方及填方数值的大小。挖方多于填方，所以有余土。即：566.5－(73.0＋162.0)＝331.5 (m³)

另外，如果是估算或只求土方体积总数时，还可直接用下面介绍的式 1-8 运算，简便迅速，结果相同。

（三）等高面法

等高面法与断面法相似，只是截取断面的时候是沿着等高线截取的，等高距即为相邻两断面的高（图 1-10）。由于园林竖向设计的原地形和设计地形都是用等高线表示的，因而采用等高面法进行计算更为方便。等高面法最适于大面积的自然山水地形的土方计算。其计算公式如下：

$$V = (S_1+S_2)h/2+(S_2+S_3)h/2+\cdots+(S_{n-1}+S_n)h/2+S_nh/3$$
$$=[(S_1+S_n)/2+S_2+S_3+S_4+\cdots+S_{n-1}]h+S_nh/3 \quad (1-8)$$

式中：V——土方体积（m^3）；

S——断面面积（m^2）；

h——等高距（即两等高线之间的距离，m）。

等高面法的计算步骤及方法结合下面的例题加以说明。

例 1-5： 某地原来的地形变化较平缓，为丰富景观，拟按设计等高线做微地形处理（图 1-11）。问需运来多少客土？

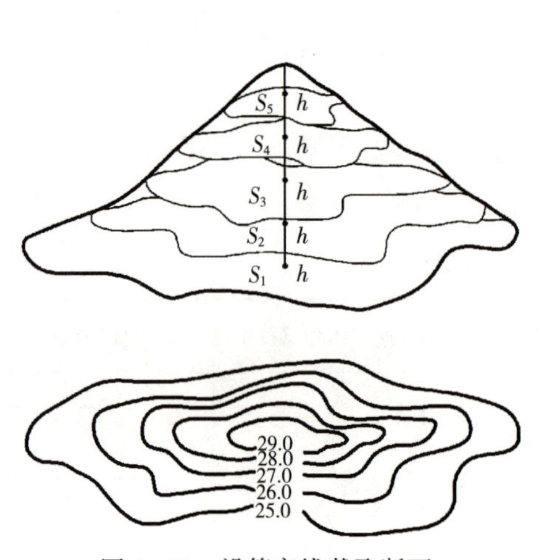

图 1-10　沿等高线截取断面

（孟兆祯等．园林工程．1996）

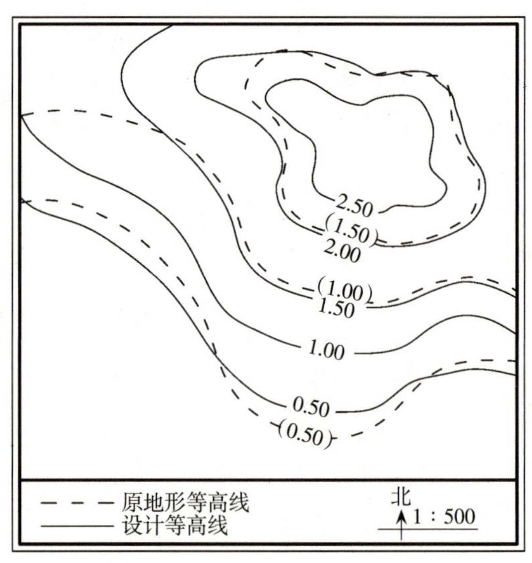

图 1-11　微地形处理计算示意图

解： 求运来的客土体积，即是设计土方量和原地形土方量之间的差值，所以要先分别求原地形土方量和设计土方量，然后再计算二者的差值，即是需要运来客土的数量。

（1）求原地形土方量。先逐一求出原地形各等高线所包围的面积，面积可用方格纸或求积仪求取。

$$S_{0.50}=2\ 170\ (m^2)$$
$$S_{1.00}=1\ 314\ (m^2)$$
$$S_{1.50}=487.5\ (m^2)$$

代入式 1-6：$V=1/2(S_1+S_2)\times L$，把公式中的 L 改为 h，分别计算出各层的土方量。

$$S_{0.50}=2\ 170\ (m^2)$$
$$S_{1.00}=1\ 314\ (m^2)$$

$$h=1.00-0.50=0.50\ (\mathrm{m})$$

则 $V_{0.50\sim1.00}=(2\,170+1\,314)/2\times0.50=871\ (\mathrm{m}^3)$

同理可求得：

$$V_{1.00\sim1.50}=(1\,314+487.5)/2\times0.50\approx450.38\ (\mathrm{m}^3)$$

原地形土方量：

$$V=871+450.38=1\,321.38\ (\mathrm{m}^3)$$

（2）求设计土方量。方法同上：

$$S_{0.50}=2\,262\ (\mathrm{m}^2)$$
$$S_{1.00}=1\,709\ (\mathrm{m}^2)$$
$$S_{1.50}=1\,207\ (\mathrm{m}^2)$$
$$S_{2.00}=512.5\ (\mathrm{m}^2)$$
$$S_{2.50}=177\ (\mathrm{m}^2)$$

代入公式1-6：

$$V_{0.50\sim1.00}=(2\,262+1\,709)/2\times0.50=992.75\ (\mathrm{m}^3)$$
$$V_{1.00\sim1.50}=(1\,709+1\,207)/2\times0.50=729\ (\mathrm{m}^3)$$
$$V_{1.50\sim2.00}=(1\,207+512.5)/2\times0.50\approx429.88\ (\mathrm{m}^3)$$
$$V_{2.00\sim2.50}=(512.5+177)/2\times0.50\approx172.38\ (\mathrm{m}^3)$$

设计土方量 $V=992.75+729+429.88+172.38=2\,324.01\ (\mathrm{m}^3)$

（3）求填方量。即设计土方量减去原地形土方量：

$$V=2\,324.01-1\,321.38=1\,002.63\ (\mathrm{m}^3)$$

所以需要运来大约1 000 m^3 的客土。

（四）方格网法

在建园过程中，地形改造除挖湖堆山外，还有许多大大小小不同用途的场地、缓坡地需要进行平整。平整场地的工作是将原来高低不平或者比较破碎的地形按设计要求整理成为平坦的、具有一定坡度的场地，如停车场、集散广场、体育场、露天剧场等等。整理这类地形的土方计算最适宜用方格网法。

方格网法是把平整场地的设计工作和土方量计算工作结合在一起进行的。其工作程序是：

1. 作方格网　在附有等高线的施工现场地形图上作方格网，控制施工场地。方格网边长数值，取决于所求的计算精度和地形变化的复杂程度，在园林工程中一般采用20～40m。

2. 求原地形标高　在地形图上用插入法求出各角点的原地形标高，或把方格网各角点测设到地面上，同时测出各角点的标高，并记录在图上。

3. 确定设计标高　依设计意图，如地面的形状、坡向、坡度值等，确定各角点的设计标高。

4. 求施工标高　比较原地形标高和设计标高求得施工标高。

5. 土方计算　我们结合下面的例题加以说明。

例1-6：某公园为了满足游人游园活动的需要，拟将一块地面平整为“T”字形广场，要求广场具有1%的纵坡，土方就地平衡，试求其设计标高并计算其土方量（图1-12）。

解：（1）求原地形标高。按正南北方向或根据场地具体情况决定，作边长为20m的方格控制网。将各角点测设到地面上，同时测量各角点的地面标高，并将标高值标记在图纸

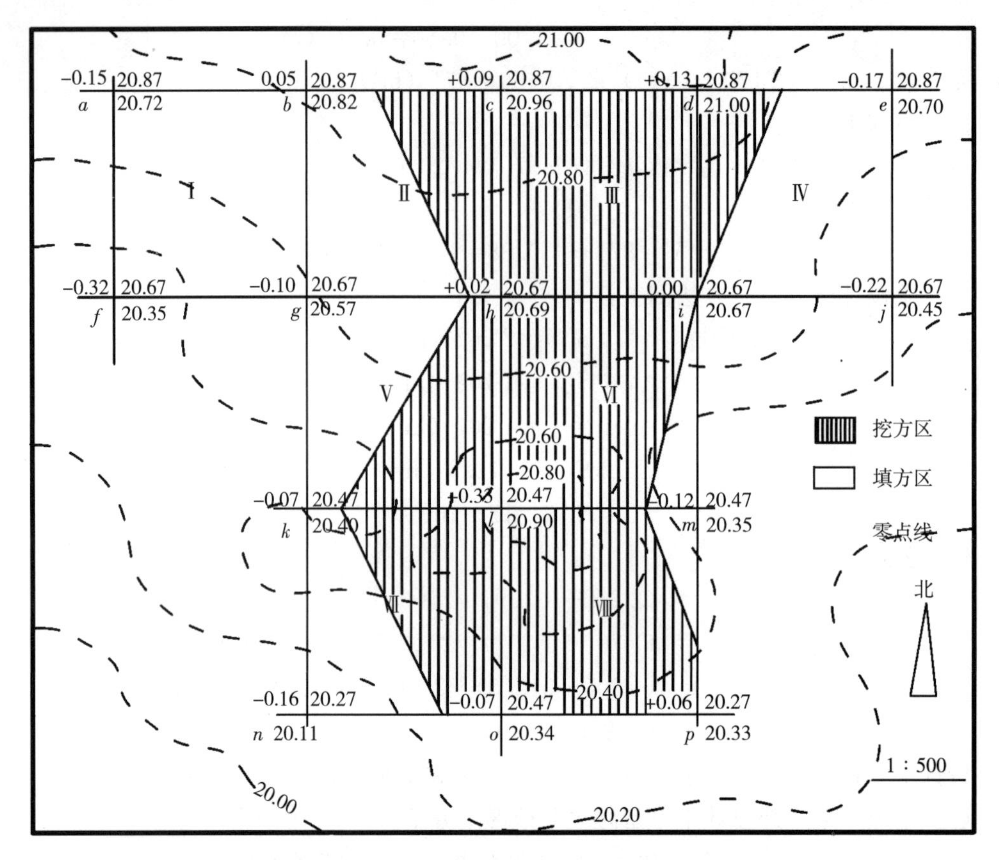

图 1-12　公园“T”形广场土方量计算示意图

上，这就是该角点的原地形标高，标法见图 1-13 所示。如果有比较精确的地形图，可用插入法由图上直接求得各角点的原地形标高（插入法求标高的方法前面已介绍），依次将其余各角点一一求出，并标在图上。

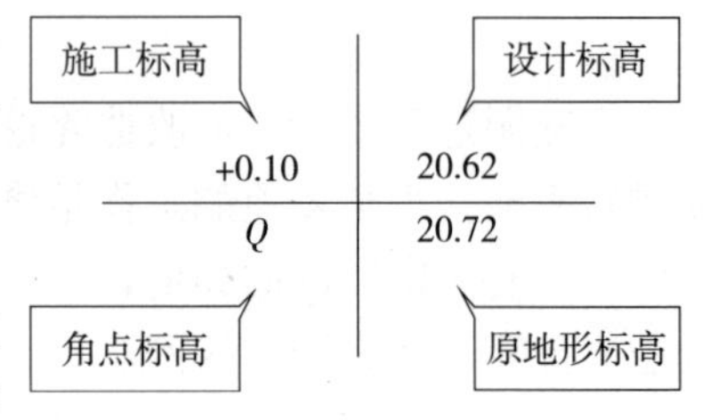

图 1-13　角点标高标注方法示意图

（2）求平整标高。平整标高又称计划标高，设计中通常以原地面高程的平均值（算术平均值或加权平均值）作为平整标高。

设平整标高为 H_0 则：

$$H_0 = (\sum h_1 + 2\sum h_2 + 3\sum h_3 + 4\sum h_4)/4N \tag{1-9}$$

式中：H_0——平整标高；

N——方格数；

h_1——计算时使用 1 次的角点高程；

h_2——计算时使用 2 次的角点高程；

h_3——计算时使用 3 次的角点高程；

h_4——计算时使用 4 次的角点高程。

例题中：

$$\sum h_1 = h_a + h_e + h_f + h_j + h_n + h_p = 20.72 + 20.70 + 20.35$$

$$+20.45+20.11+20.33=122.66\text{(m)}$$

$$2\sum h_2=(h_b+h_c+h_d+h_k+h_m+h_o)\times 2=(20.82+20.96+21.00+20.40+20.34+20.35)\times 2=247.74\text{(m)}$$

$$3\sum h_3=(h_g+h_i)\times 3=(20.57+20.67)\times 3=123.72\text{(m)}$$

$$4\sum h_4=(h_h+h_l)\times 4=(20.69+20.80)\times 4=165.96\text{(m)}$$

代入式 1-9，其中 $N=8$：

$$H_0=(122.66+247.74+123.72+165.96)/4\times 8=20.62\text{(m)}$$

20.62m 就是所求的平整标高。

(3) 确定 H_0 的位置。H_0 位置确定的正确是否，直接影响着土方计算的平衡。虽然通过不断调整，设计标高最终也能使挖方填方达到（或接近）平衡，但这样做，必然要花费许多时间，而且也会影响设计的准确性。确定位置的方法有两种：

①图解法：图解法适用于形状简单规则的场地，如正方形、长方形、圆形等，其计算方法见表 1-4。

表 1-4　各种坡地 H_0 位置的确定表格

（孟兆祯等．园林工程．1996）

坡地类型	平面图式	立体图式	H_0 点（或线）的位置	备　注
单坡向一面坡	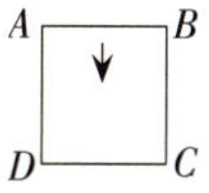	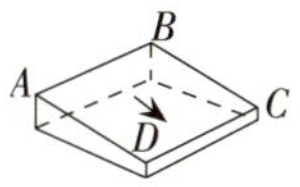	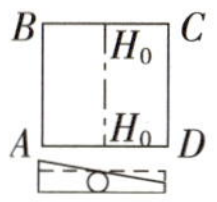	场地形状为正方形或矩形 $H_A=H_B$　$H_C=H_D$ $H_A>H_D$　$H_B>H_C$
双坡向双面坡	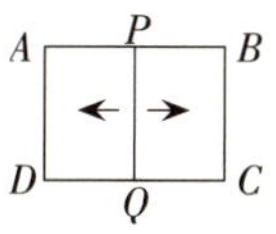	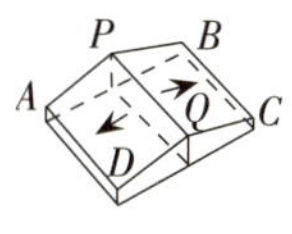	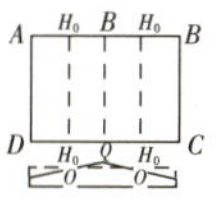	场地形状同上 $H_P=H_Q$ $H_A=H_B=H_C=H_D$ H_P（或 H_Q）$>H_A$ 等
双坡向一面坡	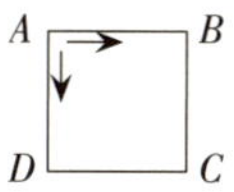	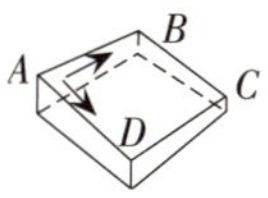	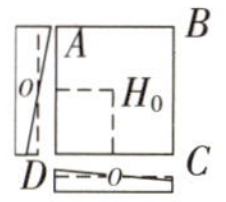	场地形状同上 $H_A>H_B$　$H_A>H_D$ $H_B\geqq H_D$　$H_B>H_C$　$H_D>H_C$
三坡向双面坡	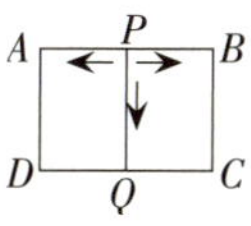	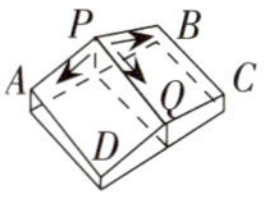	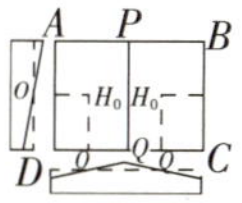	场地形状同上 $H_P>H_Q$　$H_P>H_A$　$H_P>H_B$ $H_A\geqq H_Q\geqq H_B$ $H_A>H_D$　$H_B>H_C$　$H_Q>H_C$（或 H_D）
四坡向四面坡	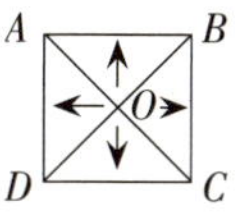	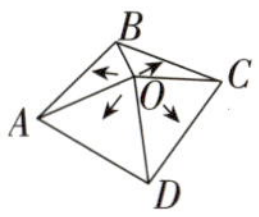	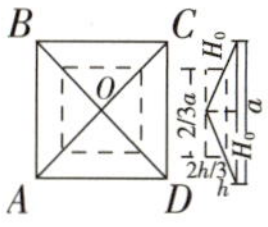	场地形状同上 $H_A=H_B=H_C=H_D$
圆锥状	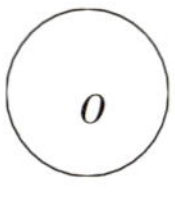	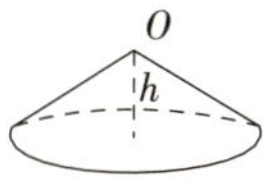	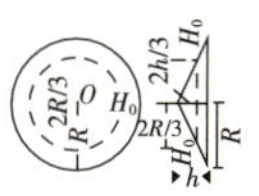	场地形状为圆形，半径为 R，高度为 h 的圆锥体

②数学分析法：此法适用于任何形状场地的定位。数学分析法是假设一个和我们所要求的设计地形完全一样的土体（包括坡度、坡向、形状和大小），再从这块土体的假设标高反过来求平整标高的位置。

若设 a 点的设计标高为 x，依据给定的坡向、坡度和方格边长，根据坡度公式可以算出其他各角点的假定设计标高，b、c、d、e 点的设计标高为 x，f、g、h、i、j 点的设计标高为 $x-0.2$m，k、l、m 点的设计标高为 $x-0.4$m，n、o、p 点的设计标高为 $x-0.6$m。将各角点的假设设计标高代入式 1-9：

$$\sum h_1 = x + x + x - 0.2 + x - 0.2 + x - 0.6 + x - 0.6 = 6x - 1.6$$

$$2\sum h_2 = (x + x + x + x - 0.4 + x - 0.4 + x - 0.6) \times 2 = 12x - 2.8$$

$$3\sum h_3 = (x - 0.2 + x - 0.2) \times 3 = 6x - 1.2$$

$$4\sum h_4 = (x - 0.2 + x - 0.4) \times 4 = 8x - 2.4$$

$$H_0 = (6x - 1.6 + 12x - 2.8 + 6x - 1.2 + 8x - 2.4)/4 \times 8 = x - 0.25$$

（4）求设计标高。由上述计算已知 a 点的设计标高为 x，而 $x-0.25=20.62$，所以 $x=20.87$，根据坡度公式，可推算出其余各角点的设计标高。

b、c、d、e 点的设计标高为 20.87；f、g、h、i、j 点的设计标高为 20.67；k、l、m 点的设计标高为 20.47；n、o、p 点的设计标高为 20.27。

（5）求施工标高。施工标高＝原地形标高－设计标高。得数为“＋”号的是挖方，得数为“－”号的是填方（图 1-13）。

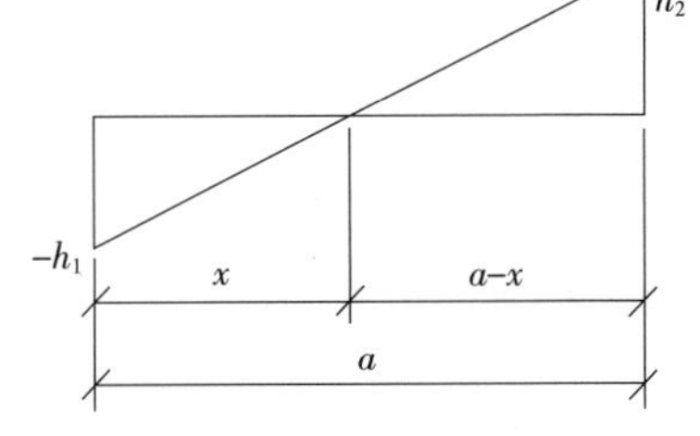

图 1-14　零点位置计算公式示意图

（吴为廉．景园建筑工程规划与设计．1996）

（6）求零点线。在相邻的二角点之间，如果施工标高一个为“＋”值，一个为“－”值，则他们之间必有零点存在，其位置可由下面的公式求得（图 1-14）。

$$x=ah_1 / (h_1+h_2) \quad (1-10)$$

式中：x——零点距 h_1 一端的水平距离（m）；

h_1，h_2——方格网相邻两点的施工标高的绝对值（m）；

a——方格边长（m）。

例题中以方格 $bcgh$ 的 b，c 为例，求其零点。b 点的施工标高为 -0.05m，c 点为 $+0.09$m，分别取绝对值，代入式 1-10：

$$x=0.05\times20/ (0.05+0.09) =7.1\approx7 \text{ (m)}$$

所以零点位置在距 b 点 7m 处（或距 c 点 13m 处）。同理将其余各零点的位置求出，并依地形的特点，将各点连接成零点线，把挖方区和填方区分开，以便于计算（图 1-12）。

（7）土方计算。零点线为计算提供了填方和挖方的面积，而施工标高为计算提供了挖方和填方的高度。依据这些条件，便可用棱柱体的体积公式，求出各方格的土方量，将计算结果填入表 1-5 中。

表 1-5　土方计算表

方格代号	挖方（m^3）	填方（m^3）	备　注
abfg		62.0	挖方量－填方量＝129.2－117.8＝11.4（m^3）填方缺土 11.4 m^3，考虑到土壤可松性的影响，土方基本平衡
bcgh	4.4	9.0	
cdhi	24.0		
deij	3.9	24.2	
ghkl	16.6	8.9	
hilm	24.5	2.0	
klno	22.0	10.4	
lmop	33.8	1.3	
总计	129.2	117.8	

设计中单纯追求数字的绝对平衡是没有必要的，因为作计算依据的地形图本身就存在一定的误差，同时施工中，多挖几锹少挖几锹也是难于觉察出来的。在实际工作中计算土方量时，虽然要考虑平衡，但更应重视在保证设计意图的基础上，如何尽可能地减少动土量和不必要的搬运。

土方量的计算是一项繁琐单调的工作，特别对大面积场地的平整工程，其计算量是很大的，费时费力，而且容易出差错，为了节约时间和减少差错，可采用两种简便的计算方法。①使用土方工程量计算表：用土方计算表计算土方量，既迅速又比较精确，有专门的《土方量工程计算表》可供参考；②使用土方量计算图表：用图表计算土方量，方法简单便捷，但相对精度较差。

二、土方的平衡与调配

土方平衡调配工作是土方规划设计的一项重要内容，其目的在于使土方运输量或土方成本为最低的条件下，确定填方区和挖方区土方的调配方向和数量，从而达到缩短工期和提高经济效益的目的。

（一）土方的平衡与调配的原则

土方平衡是指在某地区的挖方数量与填方数量大致相当，达到相对平衡，而非绝对平衡。进行土方平衡与调配，必须考虑现场情况、工程的进度、土方施工方法以及分期分批施工工程的土方堆放和调运问题。经过全面研究，确定平衡调配的原则之后，才能着手进行土方的平衡与调配工作。土方的平衡与调配的原则有：

（1）挖方与填方基本达到平衡，减少重复倒运。

（2）挖（填）方量与运距的乘积之和尽可能为最小，即总土方运输量或运输费用最小。

（3）分区调配与全场调配相协调，避免只顾局部平衡，任意挖填，而破坏全局平衡。

（4）好土用在回填质量要求较高的地区，避免出现质量问题。

（5）土方调配应与地下构筑物的施工相结合，有地下设施的填土，应留土后填。

（6）选择恰当的调配方向、运输路线、施工顺序，避免土方运输出现对流和乱流现象，同时便于机具调配和机械化施工。

（7）取土或弃土应尽量不占用园林绿地。

（二）土方的平衡与调配的步骤和方法

土方的调配的目的就是要做出使土方运输量最小的最佳调运方案，其具体步骤是：在计算出土方的施工标高、填方区和挖方区的面积、土方量的基础上，划分出土方调配区；计算各调配区的土方量、土方的平均运距；确定土方的最优调配方案；绘制出土方调配图。具体步骤如下：

1. 划分调配区 在平面图上先划出挖方区和填方区的分界线，并在挖方区和填方区划分出若干调配区，确定调配区的大小和位置。划分时应注意以下几点：

（1）划分应考虑开工及分期施工顺序。

（2）调配区大小应满足土方施工使用的主导机械的技术要求。

（3）调配区范围应和土方工程量计算用的方格网相协调，一般可由若干个方格组成一个调配区。

（4）当土方运距较大或场地范围内土方调配不能达到平衡时，可考虑就近借土或弃土，一个借土区或一个弃土区，可作为一个独立的调配区。

2. 计算各调配区土方量 根据已知条件计算出各调配区的土方量，并标注在调配图上。

3. 计算各调配区之间的平均运距 即指挖方区土方重心至填方区土方重心的距离。取场地或方格网中的纵横两边为坐标轴，以一个角作为坐标原点（图1-15），按下面的公式求出各挖方或填方调配区土方重心的坐标（x_0，y_0）以及填方区和挖方区之间的平均运距 L_0。

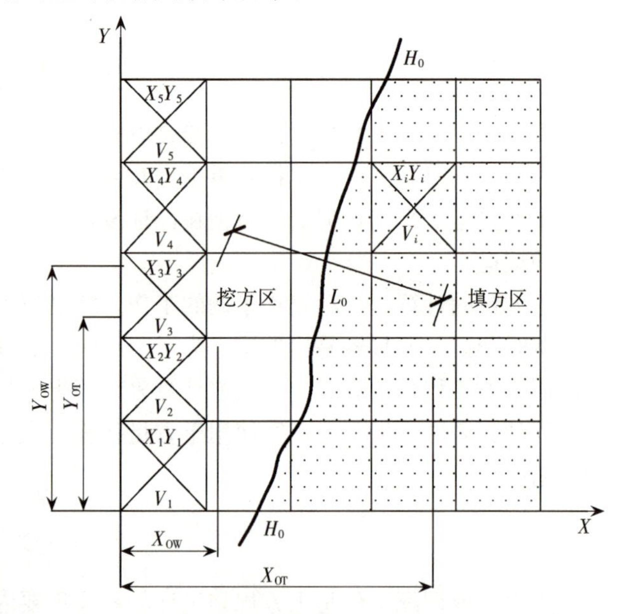

图1-15 土方调配区重心位置计算示意图

$$X_0 = \sum (X_i V_i) / \sum V_i$$

$$Y_0 = \sum (Y_i V_i) / \sum V_i$$

式中：X_i，Y_i——第 i 块方格的重心坐标；

V_i——第 i 块方格的土方量。

$$L_O = [(X_{OT} - X_{OW})^2 + (Y_{OT} - Y_{OW})^2]^{1/2} \tag{1-11}$$

式中：X_{OT}，Y_{OT}——填方区的重心坐标；

X_{OW}，Y_{OW}——挖方区的重心坐标。

一般情况下，也可以用作图法近似地求出调配区的重心位置 O，以代替重心坐标。重心求出后，标注在图上，用比例尺量出每对调配区的平均运输距离（L_{11}，L_{12}，L_{13}……）。所有填挖方调配区之间的平均运距均需一一计算，并将计算结果列于土方平衡与运距表内（表1-6）。

表 1-6　土方平衡与运距表

（建筑地基基础工程监理手册编写组．建筑地基基础工程监理手册．2006）

填方区 挖方区	B_1	B_2	B_3	B_j	……	B_n	挖方量（m³）
A_1	L_{11} X_{11}	L_{12} X_{12}	L_{13} X_{13}	L_{1j} X_{1j}		L_{1n} X_{1n}	a_1
A_2	L_{21} X_{21}	L_{22} X_{22}	L_{23} X_{23}	L_{2j} X_{2j}		L_{2n} X_{2n}	a_2
A_3	L_{31} X_{31}	L_{32} X_{32}	L_{33} X_{33}	L_{3j} X_{3j}		L_{3n} X_{3n}	a_3
A_i	L_{i1} X_{i1}	L_{i2} X_{i2}	L_{i3} X_{i3}	L_{ij} X_{ij}		L_{in} X_{in}	a_i
……							……
A_m	L_{m1} X_{m1}	L_{m2} X_{m2}	L_{m3} X_{m3}	L_{mj} X_{mj}		L_{mn} X_{mn}	a_m
填方量（m³）	b_1	b_2	b_3	b_j	……	b_n	$\sum a_i = \sum b_j$

4. 确定土方最优调配方案　用“表上作业法”求解，使总土方运输量为最小值，即为最优调配方案。

5. 绘出土方调配图　根据以上计算，标出调配方向、土方数量及运距（平均运距再加上施工机械前进、倒退和转弯必需的最短长度）。

土方调配图是施工组织设计不可缺少的依据，从土方调配图上可以看出土方调配的情况：如土方调配的方向、运距和调配的数量。

例 1-7：有一个矩形广场，各调配区的土方量和相互之间的平均运距（图 1-16），试求最优调配方案和土方总运输量及平均运距。

解：（1）先将图 1-16 中的数值标注在表 1-6 中。

（2）采用“最小元素法”，编初始调配方案，即根据对应于最小的 L（平均运距）取尽可能大的 X_{ij} 值的原则进行调配。首先在运距表内的小方格中找一个 L 最小数值，如表 1-6 的 $L_{22}=L_{43}=40$。任取其中一个，如 L_{43}，先确定 L_{43} 的值，使其尽可能的大，即 $X_{43}=\max(400, 500)=400$，由于 A_4 挖方区的土方全部调到 B_3 填方区，所以 $X_{41}=X_{42}=0$。将 400 填入 X_{43} 格内。加 1 个括号，同时在 X_{41}、X_{42} 格内打个“×”号，然后在没有“()”和“×”的方格内重复上面的步骤，依次地确定其余的 X_{ij} 数值，最后得出初始调配方案。

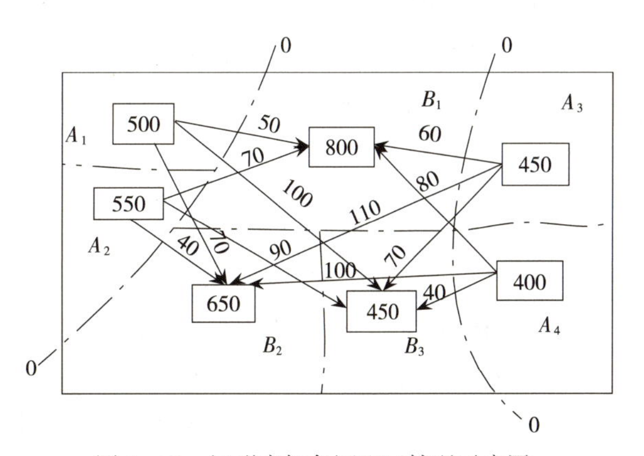

图 1-16　矩形广场各调配区情况示意图

（3）在此基础上再进行调配调整，用“乘法”比较不同调配方案的总运输量，取其最小者，求得最优调配方案（表 1-7）。

表 1-7 土方最优调配方案

挖方区 \ 填方区	B_1		B_2		B_3		挖方量（m³）
A_1	400	50	100	70		100	500
A_2		70	550	40		90	550
A_3	400	60		110	50	70	450
A_4		80		100	400	40	400
填方量（m³）	800		650		450		1 900 / 1 900

该土方最优调配方案的土方总运输量为：

$$W=400\times50+100\times70+550\times40+400\times60+50\times70+400\times40=92\ 500\ (\mathrm{m}^3)$$

总的平均运距为：$L_o=W/V=92\ 500/1\ 900=48.68$（m）

最后将表 1-6 中的土方调配数值绘成土方调配图（图 1-17）。

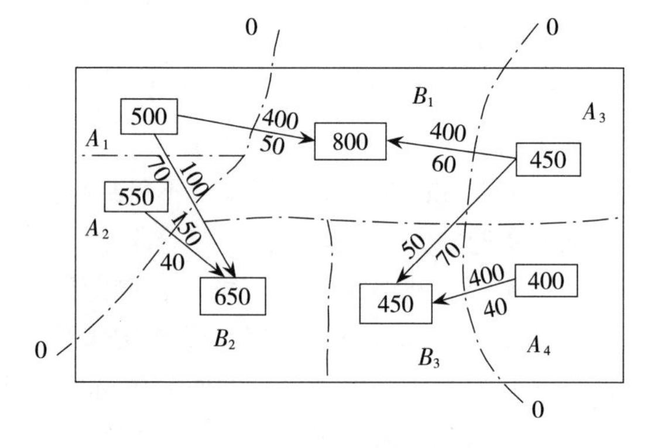

图 1-17 矩形广场调配方案示意图

园林用地土方量定额指标，由于地区不同、地形坡度不同、规划地面形式不同，土方量估算结果千变万化，很难从中找出明显规律性或合理的定额指标。虽然如此，土方平衡还是应遵循“就近合理平衡”的原则，根据规划建设时序，分工程或地段充分利用周围有利的取土和弃土条件进行平衡。

城市用地土方平衡和调运，关键在于经济运距，这与运输方式有密切关系。资料表明人工运输 100m 以内，机动工具运输1 000m 以内都较适宜；园林用地的土方调运的运距以 250～400m 为宜。

第三节 土方工程施工

在园林施工中，土方工程是一项比较艰巨的工作，根据其使用期限和施工要求，可分为永久性和临时性两种，但是不论是永久性还是临时性的土方工程，都要求具有足够的稳定性和密实度，工程质量和艺术造型都应符合原设计的要求。同时在施工中还要遵守有关的技术规范和竖向设计的各项要求，以保证工程的稳定和持久。土方工程的施工按照步骤大致可分为准备阶段、清理现场、定点放线阶段和施工阶段。

一、相关的土的知识

在了解土方施工过程之前，我们有必要了解一下与土方施工相关的一些知识。土的分类及物理性质是土方施工的基础，也是竖向设计地形调查和分析评定的重要内容。

在土方施工中，对土的性质及分类方法与农业土壤、工业用土不同，它以反映土壤的承载力、土壤变形、水的渗透性及其对构筑物的影响为标准。

（一）土的分类与现场鉴别

土壤是地球陆地表面的一层疏松的物质，它是由各种颗粒状的矿物质、有机质、水分、空气、微生物等成分组成。只有在生物圈中的岩石圈表面的风化壳由于水分、有机物质以及微生物的长时间作用下，才能形成真正的土壤。土壤一般由固相（土颗粒）、液相（水）和气相（空气）三部分组成，三部分的比例关系反映出土壤的不同物理状态，如：干燥或湿润，密实或松散等。土壤这些指标对于评价土壤的物理力学和工程性质，进行土壤的工程分类具有重要意义。

土的分类方法有许多，常根据土的颗粒级配和塑性指数，将土壤分为碎石类土、砂土和黏性土三大类，其中黏性土根据塑性指数不同又可以分为黏土、亚黏土和轻亚黏土；关于塑性指数见表1-8。在野外选址施工时常常需要对土壤进行野外鉴别，其鉴别方法可见表1-9和表1-10。

表1-8　土的可塑性指标

〔梁伊任．园林建设工程（上）．2000〕

指标名称	符号	单位	物理意义	表达式	附　注
塑限	φ_p	%	土由固态变到塑性状态时的分界含水量		由试验直接测定（通常采用“搓条法”测定）
液限	φ_L	%	土由塑性状态变到流动状态时的分界含水量		由试验直接测定（通常用锥式液限仪测定）
塑性指数	I_p		液限与塑限之差	$I_p=\varphi_L-\varphi_p$	由计算求得。是黏性土分类的重要指标
液性指数	I_L		土的天然含水量与塑限之差对塑性指数之比	$I_L=\varphi-\varphi_p/I_p$	由计算求得。是判别黏性土软硬程度的指标
含水比	α		土的天然含水量与液限之比	$\alpha=\varphi/\varphi_L$	由计算求得

表1-9　碎石土、砂土现场鉴别方法

〔梁伊任．园林建设工程（上）．2000〕

类别	土的名称	颗粒粗细	干燥时的状态及强度	湿润时用手拍击状态	黏着程度
砂土	粉　砂	大部分颗粒大小与米粉近似	颗粒少部分分散，大部分胶结，稍加压力可分散	表面有显著的翻浆现象	有轻微黏着感受
	细　砂	大部分颗粒与粗豆米粉（>0.074mm）近似	颗粒大部分分散，少量胶结，部分稍加碰撞即散	表面有水印（翻浆）	偶有轻微黏着感受

（续）

类别	土的名称	颗粒粗细	干燥时的状态及强度	湿润时用手拍击状态	黏着程度
砂土	中砂	约有一半以上的颗粒超过0.25mm（白菜子粒大小）	颗粒基本分散，局部胶结，但一碰即散在一起	表面偶有水印	无黏着感受
	粗　砂	约有一半以上的颗粒超过0.5mm（细小米粒大小）	颗粒完全分散，但有个别胶结在一起	表面无变化	无黏着感受
	砾　砂	约有1/4以上的颗粒超过2mm（小高粱米粒大小）	颗粒完全分散	表面无变化	无黏着感受
碎石土	圆(角)砾	一半以上的颗粒超过2mm（小高粱米粒大小）	颗粒完全分散	表面无变化	无黏着感受
	卵(碎)石	一半以上的颗粒超过20mm	颗粒完全分散	无变化	无黏着感受

表1-10　黏性土的现场鉴别方法

［梁伊任．园林建设工程（上）．2000］

土的名称	土的状态		湿润时用手捻摸时的感觉	湿润时用刀切时的状况	湿土搓条情况
	干土	湿土			
砂土	松散	不能黏着物体	无黏滞感，感觉到全是砂粒，粗糙	无光滑面，切面粗糙	无塑性，不能搓成土条
粉土	土块用手捏或抛扔时易碎	不易黏着物体，干燥后一碰就掉	有轻微黏滞感或无黏滞感，感觉到砂粒较多，粗糙	无光滑面，切面稍粗糙	塑性小，能搓成直径为2～3mm的短条
粉质黏土	土块用力可压碎	能黏着物体，干燥后较易剥去	稍有滑腻感，有黏滞感，感觉到有少量砂粒	稍有光滑面，切面平整	有塑性，能搓成直径为2～3mm的土条
黏土	土块坚硬，用锤才能敲碎	易黏着物体，干燥后不易剥去	有滑腻感，感觉不到砂粒，水分较大，很黏手	切面光滑，有黏刀阻力	塑性大，能搓成直径小于0.5mm的长条（长度不短于手掌），手持一端不易断裂

在施工管理中，常按土石坚硬程度和开挖方法及使用工具进行分类，将土分为八类，见表1-11；各省市不尽相同，以园林工程预算定额中的土方工程部分的土方分类为准。这种分类既便于施工时选择适合的施工方法和施工机具，同时又可供计算劳动力、确定工作量及工程取费之用。

表1-11　土的工程分类

（园林景观工程编汇组．园林景观工程．2003）

类别	级别	编号	土 壤 名 称	天然含水量状态下土壤的平均容重（kg/m^3）	开挖方法
松土	Ⅰ	1	砂	1 500	用铁锹掘
		2	植物性土壤	1 200	
		3	壤土	1 600	

（续）

类别	级别	编号	土　壤　名　称	天然含水量状态下土壤的平均容重（kg/m³）	开挖方法
半坚土	Ⅱ	1	黄土类黏土	1 600	用锹、镐挖掘，局部采用撬棍开挖
		2	15mm 以内的中小砾石	1 700	
		3	砂质黏土	1 650	
		4	混有碎石与卵石的腐殖土	1 750	
	Ⅲ	1	稀软黏土	1 800	
		2	15～50mm 的碎石及卵石	1 750	
		3	干黄土	1 800	
坚土	Ⅳ	1	重质黏土	1 950	用锹、镐、撬棍、凿子、铁锤等开挖，或用爆破方法开挖
		2	含有 50kg 以下石块的黏土块石所占体积<10%	2 000	
		3	含有重 10kg 以下石块的粗卵石	1 950	
	Ⅴ	1	密实黄土	1 800	
		2	软泥灰岩	1 900	
		3	各种不坚实的页岩	2 000	
		4	石膏	2 200	
	Ⅵ Ⅶ		均为岩石类，省略	7 200	

（二）土的工程性质

土壤的工程性质对土方工程的稳定性、施工方法、工程量及工程投资有很大关系，也涉及到竖向设计、施工技术和施工组织的安排。因此，对土壤的工程性质进行研究是非常必要的。与园林工程有关的土壤的性质有土壤容重、土壤的可松性、土壤的相对密实度、土壤的自然倾斜角以及土壤的含水量，具体内容介绍如下：

1. 土壤容重　土壤容重是指单位体积内天然状况下的土壤重量，单位为 kg/m³。土壤容重可以作为土壤坚实度的指标之一。同等地质条件下，容重小的，土壤疏松；容重大的，土壤坚实。土壤容重的大小直接影响着施工的难易程度，容重越大挖掘越难，在土方施工中施工技术和定额应根据具体的土壤类别来确定。八类土的顺序基本上是按照土壤容重由小到大排列的，具体土壤容重参看表 1-11。

2. 土壤的可松性　土壤的可松性是指土壤经挖掘后，其原有的紧密结构遭到破坏，土体松散导致体积增加的性质。这一性质与土方工程量的计算，以及工程运输都有很大的关系。

土壤可松性用可松性系数来表示，具体可由下面的公式表示：

最初可松性系数 K_p＝开挖后土壤的松散体积（V_2）/开挖前土壤的自然体积（V_1）　(1-12)

最后可松性系数 K'_p＝运至填方区夯实后土壤的松散体积（V_3）/开挖前土壤的自然体积（V_1）；　(1-13)

而体积增加的百分比与可松性系数的关系，可用下列公式表示：

$$最初体积增加的百分比=(V_2-V_1)/V_1\times100\% = (K_p-1)\times100\% \quad (1-14)$$

$$最后体积增加的百分比=(V_3-V_1)/V_1\times100\%$$
$$=(K'_p-1)\times100\% \quad (1-15)$$

表 1-12 是各种土壤体积增加的百分比及其可松性系数。

表 1-12 各类土壤的可松性系数参考值

（祖青山．建筑施工技术．2002）

序号	土的类别		体积增加百分比（%）		可松性系数	
			最初	最后	最初（K_p）	最后（K_p'）
1	一类土	种植土除外	8.0～17.0	1.0～2.5	1.08～1.17	1.01～1.03
		种植土、泥炭	20.0～30.0	3.0～4.0	1.20～1.30	1.03～1.04
2	二类土		14.0～28.0	1.5～5.0	1.14～1.30	1.02～1.05
3	三类土		24.0～30.0	4.0～7.0	1.24～1.30	1.04～1.07
4	四类土	泥灰岩、蛋白石除外	26.0～32.0	6.0～9.0	1.26～1.32	1.06～1.09
		泥灰岩、蛋白石	33.0～37.0	11.0～15.0	1.33～1.37	1.11～1.15
5	五类土		30.0～45.0	10.0～20.0	1.30～1.45	1.10～1.20
6	六类土		30.0～45.0	10.0～20.0	1.30～1.45	1.10～1.20
7	七类土		30.0～45.0	10.0～20.0	1.30～1.45	1.10～1.20
8	八类土		45.0～50.0	20.0～30.0	1.45～1.50	1.20～1.30

3. 土壤的相对密实度（D） 土壤的相对密实度是用来表示土壤在填筑后的密实程度，通常以压实系数 λ_c 表示。土壤的相对密实度可通过孔隙比，即土壤空隙的体积与固体颗粒体积的比值来表示，具体公式如下：

$$D=\varepsilon_1-\varepsilon_2/\varepsilon_1-\varepsilon_3 \quad (1-16)$$

式中：D——土壤相对密实度；

ε_1——填土在最松散状况下的孔隙比；

ε_2——经碾压或夯实后的土壤的孔隙比；

ε_3——最密实情况下土壤的孔隙比。

在填方工程中，土壤的相对密实度是检查土壤施工中密实度的重要指标。为了使土壤达到设计要求，可以采用人工夯实或机械夯实的方法来达到施工的密实度要求。一般情况下，采用机械夯实的密实度可达到95%，而人工夯实的密实度在87%左右。大面积填方如堆山时，通常不加以夯实，而是借助于土壤的自重慢慢沉落，久而久之也可达到一定的密实度。

土壤的最大干密度是在土壤最优含水量时，通过标准的击实方法确定的。填方的密实度要求一般是由设计根据工程结构性质、使用要求以及土的性质确定的，如果设计图纸上没有作规定，可参考表 1-13 值采用。

表 1-13 压实系数 λ_c 要求

结构类型	填土部位	压实系数 λ_c
砌体承重结构和框架结构	在地基主要持力层范围内 在地基主要持力层范围以下	>0.96 0.93～0.96

（续）

结构类型	填土部位	压实系数 λ_c
简支结构和排架结构	在地基主要持力层范围内 在地基主要持力层范围以下	0.94～0.97 0.91～0.93
一般工程	基础四周或两侧一般回填土 室内地坪、管道地沟回填土 一般堆放物件场地回填土	0.90 0.90 0.85

4. 土壤含水量 土壤含水量是指土壤空隙中的水重和土壤颗粒重的比值。土壤含水量在5%以内称为干土；在30%以内称为潮土；大于30%的称为湿土。土壤含水量的多少，对土方施工的难易有直接影响。土壤含水量过少，土质过于坚实，不易挖掘；土壤含水量过大，土壤泥泞，也不利于施工，尤其不宜做回填土。这两种情况都会降低人工或机械施工的工效。

以蒙古土为例，当含水量在30%以内时最容易挖掘，如果含水量超过30%，土壤本身的性质就会发生变化，并且会慢慢丧失稳定性，此时无论是填方或挖方，土壤坡度都会显著下降。土壤的最佳含水量和最大干密度如表1-14所示。

为保证土壤的压实质量，土壤应具有最佳的含水量，夯实（碾压）前可先做试验，以得到符合各种密实度要求条件下的最优含水量。土料含水量一般以手握成团，落地开花为宜，具体数值的确定参考表1-14。土壤含水量过大时，易造成橡皮土，可采取翻松、晾干、风干、换土回填、掺入干土或其他吸水性材料等措施，来加以改善；当主料过干时，易造成夯压（碾压）不实，可先洒水湿润，以保证上、下层结合良好；气候干燥时，应加速挖土、运土、平土和碾压的速度，以减少土壤水分的散失；当填料为碎石类土（填充物为砂土）时，碾压前应充分洒水湿透，以提高压实的效果。

表1-14 土的最佳含水量和最大干密度参考表

（李伟，王飞．建筑工程施工技术．2006）

项次	土壤名称	变 动 范 围	
		最佳含水量（质量分数）（%）	最大干密度（kg/m^3）
1	砂 土	8～12	1.80×10^3～1.88×10^3
2	黏 土	19～23	1.58×10^3～1.70×10^3
3	粉质黏质	12～15	1.85×10^3～1.95×10^3
4	粉 土	16～22	1.61×10^3～1.80×10^3

注：1. 表中的最大干密度应以现场实际达到的数字为准。
2. 一般性的回填，可不作此项测定。

5. 土壤的自然倾斜角（安息角）与坡度 土壤的自然倾斜角（α）也叫土壤的自然安息角，指土壤在自然堆积条件下，经过自然沉降稳定后的坡面与地平面之间所形成的最大夹角，通常以α表示（图1-18），则

$$\tan\alpha=h/L \qquad (1-17)$$

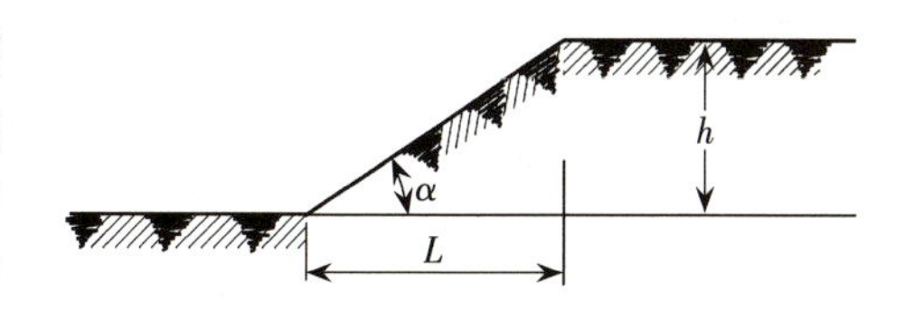

图1-18 土壤的自然倾斜角示意图

（张建林．园林工程．2002）

土壤的自然倾斜角会受到土壤含水量的影响，同一类土由于含水量不同其自然倾斜角也不同，见表1-15。

表1-15　土壤的含水量与自然倾斜角

（孟兆祯等．园林工程．1996）

土壤名称	土壤含水量			土壤颗粒尺寸（mm）
	干的	湿润的	潮湿的	
砾石	40°	40°	35°	2～20
卵石	35°	45°	25°	20～200
粗砂	30°	32°	27°	1～2
中砂	28°	35°	25°	0.50～1.00
细砂	25°	30°	20°	0.05～0.50
黏土	45°	35°	15°	<0.001～0.005
壤土	50°	40°	30°	
腐殖土	40°	35°	25°	

坡度是与土壤的自然倾斜角密切相关的一个工程术语，通常定义为高度在一段水平距离上的竖向变化（单位是ft[①]或m），即：

$$S=DE\ /\ L \qquad (1-18)$$

式中 S 表示坡度，DE 是水平距离或图纸距离为 L 的一条直线两个端点之间的高度差（图1-19）。

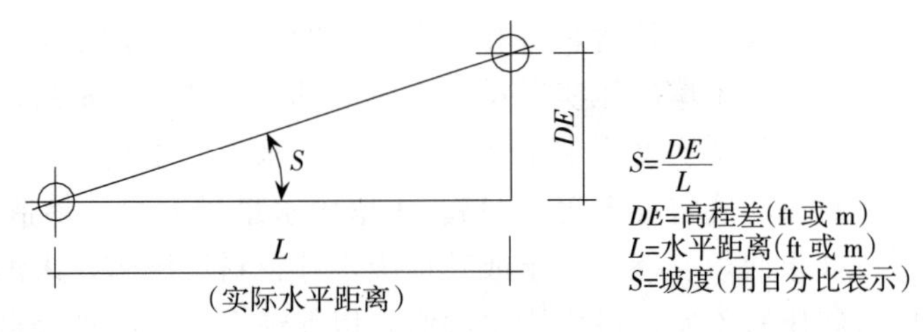

图1-19　坡度公式示意图

（中国城市规划设计院等单位．园林施工．2003）

同一坡度可以用比值和度两种方式来表达。用比值表示时，水平的数值总是放在前面，如坡度为4∶1，即表示对于每4个单位（ft或m）的水平距离，有1个单位（ft或m）向上或向下的竖向变化。在施工图中，尤其是断面图中，还可以用图1-20a所示的三角形表示坡度的比值；坡度比值还可以用相等的百分比来表示，如4∶1的坡度比值等于25%的坡度。用度来表示坡度与我们前面介绍的土壤自然倾斜角的表达方式相同［式(1-17)］，可参考图1-20（b）所示。

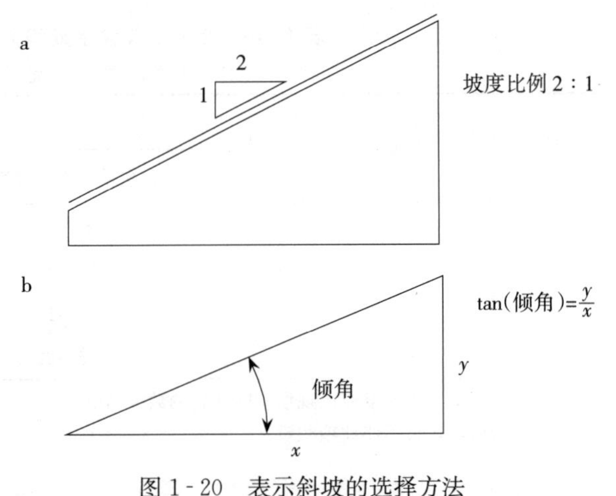

图1-20　表示斜坡的选择方法

a. 比例表示　b. 用度表示

（中国城市规划设计院等单位．园林施工．2003）

① 英尺（ft）为非法定计量单位，1ft=0.304 8m

园林绿地内的山坡、谷地等地形必须保持稳定，当土坡超过土壤自然倾斜角呈不稳定时，必须采用挡土墙、护坡等技术措施，防止水土流失或滑坡。各类土的自然倾斜角的设计限值参见表1-16。

表1-16　土壤自然倾斜角的设计限值

名称	自然倾角	坡度（%）	边坡斜率
砾石	30°	75	1∶1.75
卵石	25°	48	1∶2.10
黏土	15°	27	1∶3.70
壤土	30°	75	1∶1.75
腐殖土	25°	48	1∶2.10
粗砂	27°	50	1∶2.00
中砂	25°	48	1∶2.10
细砂	20°	36	1∶2.75

边坡坡度对于土方工程的稳定性是最重要的，开挖坡度是否合理，直接影响着土方工程的质量和数量，因而也影响着工程的投资。挖方的坡度应结合工程本身的要求（如永久性或临时性工程）和当地的具体条件（如土壤的种类、分层情况及压力情况）使边坡合乎工程技术规范的要求，具体坡度可参照表1-17。如果技术指标不在规范之内，则需进行实地勘测来决定。

填方的边坡坡度应根据填方的高度、土的种类和设计中的规定来确定，如果设计图中没有规定，可参照表1-18进行设定。使用时间较长的临时性填方（如超过1年的临时道路、临时工程的填方）边坡的坡度，可参照表1-19，也可以采用下面的方法：当填方高度小于10m时，边坡坡度采用1∶1.5；当高度超过时10m，可做成折线形，上部边坡坡度采用1∶1.5，下部采用1∶1.75。

表1-17　永久性土工结构物挖方的边坡坡度

（园林景观工程编汇组．园林景观工程．2003）

项次	挖方性质	边坡坡度
1	在天然湿度、层理均匀，不易膨胀的黏土、砂质黏土、黏质砂土和砂类土内挖方深度≤3m者	1∶1.25
2	土质同上，挖深3～12m	1∶1.50
3	在碎石和泥炭土内挖方，深度≤12m，根据土的性质、层理特性和边坡高度确定	1∶1.50～1∶0.50
4	在风化岩石内的挖方，根据岩石性质、风化程度、层理特性和挖方深度确定	1∶1.50～1∶0.20
5	在轻微风化岩石内的挖方，岩石无裂缝且无倾向挖方坡角的岩石	1∶0.10
6	在未风化的完整岩石内挖方	直立的

表 1-18 永久性填方的边坡坡度及限值

项次	土 的 种 类	填方高度（m）	边坡坡度
1	黏土类土、黄土、类黄土	6	1∶1.50
2	粉质黏土、泥灰岩土	6～7	1∶1.50
3	中砂或粗砂	10	1∶1.50
4	砾石和碎石土	10～12	1∶1.50
5	易风化的岩土	12	1∶50
6	轻微风化、尺寸大于25cm内的石料	6以内	1∶1.33
		6～12	1∶1.50
7	轻微风化、尺寸大于25cm的石料，边坡用最大石块、分排整齐铺砌	12以内	1∶1.50～1∶0.75
8	轻微风化、尺寸大于40cm的石料，其边坡分排整齐	5以内	1∶0.50
		5～10	1∶0.65
		>10	1∶1.00

注：1. 当填方高度超过本表规定限值时，其边坡可做成折线形，填方下部的边坡坡度应为1∶1.75～1∶2.00。
2. 凡永久性填方，土的种类未列入本表者，其边坡坡度不得大于（ϕ+45°）/2，ϕ为土的自然倾斜角。

表 1-19 临时性填方的边坡坡度

项次	土 的 名 称	填方高度（m）	边坡坡度
1	大石块（平整的）	5.00	1∶0.50
2	大石块	6.00	1∶0.75
3	天然湿度的黏土、砂质黏土和砂土	8.00	1∶1.25
4	砾石土和粗砂土	12.00	1∶1.25
5	黄土	3.00	1∶1.50
6	易风化的岩石	12.00	1∶1.50

土壤的相对密实度、含水量以及自然倾斜角等性质在进行土方的开挖、运输、回填以及压实的过程中都要涉及到，因此都是十分重要的工程性质。

二、准备工作

土方工程的准备工作主要是要做好施工前的组织工作，由于土方工程施工面较宽，工程量较大，因而施工前的组织工作就更显重要。准备工作和组织工作不仅应该先行，而且要做得周全细致，否则会因为场地大或施工点分散等原因而造成窝工或返工，从而影响工效。

施工准备工作包括研究图纸、现场踏勘、编制施工方案、修建临时设施和道路、准备机具、物资及人员，具体内容如下：

1. 研究图纸 现场施工技术小组应在工程施工前了解工程规模、特点、工程量和质量要求，检查图纸和资料是否齐全，核对平面尺寸和标高，图纸相互间有无错误和矛盾，掌握设计内容和技术要点；熟悉土壤地质、水文勘察资料，搞清楚构筑物与周围地下设施管线的关系，以及它们在每张图纸上有无错误和冲突；研究好开挖程序，明确各专业供需间的配合关系及施工工期要求。最后要召开技术会议，向参加施工人员层层进行技术交底。

2. 现场踏勘 现场施工技术小组还应按照图纸到施工现场进行实地勘察，摸清工程场地情况，以便为施工提供可靠的资料和数据。现场踏勘需要勘查的内容包括：地形、地貌、土质、水文、河流、气象条件；各种管线、地下基础电缆、坑基和防空洞的位置及相关数据；供水、排水、供电、通讯及防洪系统的情况；植被、道路以及邻近的建筑物的情况；施工范围内的地面障碍物和堆积物的状况等。

3. 编制施工方案　在研究图纸和现场勘察的基础上，施工技术人员应研究并制定出施工方案，施工方案的内容包括：

（1）确定工程指挥部成员名单，确保各项施工工作能够顺利实施。名单包括工程总指挥、总工程师、工程调度、各项目负责人、现场技术人员等。

（2）安排工程进度表和人员进驻进程表，确保工程按期、有序完成。

（3）制定场地平整、土方开挖、土方运输、土方填压方案，包括每一步骤的时间、范围、顺序、路线、人员安排等。绘制土方开挖图、土方运输路线图和土方填筑图。

（4）根据设计图纸，确定具体技术方案，包括确定底板标高、边坡坡度、排水沟水平位置，提出支护、边坡保护和降水方案。

（5）确定堆放器具和材料的地点，确定挖去的土方堆放地点，并具体划定出好土和弃土的位置，确定工棚位置，提出需要的施工工具、材料和劳动力数量。

（6）绘制施工总平面布置图。

如果工程需要在冬季施工，则需专门制定冬季施工技术文件。要收集和了解当地冬季气温变化的资料，特别要注意冻胀土的情况以及不要用冻结土进行土方回填。

4. 修建临时设施和道路

（1）临时设施的修建。根据土方工程的规模、工期、施工力量安排等修建简易的临时性生产和生活设施，包括休息棚、工具库、材料库、油库、机具库、修理棚等。同时附设现场供水、供电、供压缩空气（爆破石方用）的管线，并试水、试电、试气。

（2）临时道路的修建。修筑施工场地内机械运行的道路，主要临时运输道路宜结合永久性道路的布置修筑。道路的坡度、转弯半径应符合安全要求，两侧作排水沟。

5. 准备机具、物资及人员

（1）机具和物资的准备。对挖土、运输等工程施工机械以及各种辅助设备进行维修检查，试运转，做好设备的调配，并运至使用地点就位；准备好施工用料及工程用料，并按施工平面图要求堆放。对准备采用的土方新机具、新工艺、新技术，组织力量进行研制和试验。

（2）人员的准备。组织并配备土方工程施工所需各项专业技术人员、管理人员和技术工人；组织安排好作业班次；制定较完善的技术岗位责任制和技术质量安全管理网络；建立技术责任制和质量保证体系。

三、清理现场

准备工作做好后就要进行清理现场的工作。清理现场包括清除现场障碍物、排除地面积水和地下水和初步平整施工场地三方面的内容。

（一）清除现场障碍物

在施工场地范围内，凡有碍施工作业或影响工程稳定的地面物体或地下物体都应该进行清理，具体包括：

1. 拆除建筑物和构筑物 建筑物和构筑物的拆除，应根据其结构特点进行工作，并严格遵照《建筑工程安全技术规范》的有关规定进行操作。

2. 伐除树木 排水沟中的树木，必须连根拔除。对于开挖深度不大于50cm或填方高度较小的速生乔木、花灌木，有利用价值的，在挖掘时要注意不能伤害其根系，并根据条件找好假植地点，尽快假植，以降低工程费用。对于针叶树和大龄古木的挖掘，要慎之又慎，凡是能保留的应尽量设法保留，必要时要考虑修改设计方案。对于没有利用价值的大树树墩，除人工挖掘清理外，直径在50cm以上的，可以用推土机铲除。

3. 其他 如果施工场地内的地面或地下发现有管线通过，或者有其他异常物体时，除查看现状图外，还应请有关部门协同查清，未查清前不可动工，以免发生危险或造成其他损失。

（二）排除地面积水和地下水

场地积水不仅不便于施工，而且也影响工程质量，在施工之前，应该设法将场地范围内的积水或过高的地下水排走。这一工作也常和土方的开挖结合起来实施。

1. 排除地面积水 根据地形特点在场地周围挖好排水沟。沟的边坡值为1∶1.5，其纵向坡度不应小于0.2%，沟深和沟底宽不应小于50cm。在低洼处或挖湖施工时，除挖好排水沟外，必要时还应加筑围堰或设置防水堤。为防止山洪，山地施工时应在山坡上做好截洪沟，也可以将地面水排到低洼处，再用水泵排走。

2. 排除地下水 排除地下水的方法有很多，但经常采用的是明沟，因为它既简单又经济。明沟应根据排水面积和地下水位的高低设计排水系统，先定出主干渠和集水井的位置，再定支渠的位置和数目。土壤含水量较大要求迅速排水的，支渠的分布应密集些，其间距一般在1.5m左右，相反情况下的支渠分布，则可以比较疏松。

（三）初步平整施工场地

现场障碍物清除后，应按施工范围和标高大致平整场地，准确的平整则应在定点放线时测设方格网的基础上进行。

可做回填土料的土方，应堆放到指定的弃土区；影响工程质量的淤泥、软弱土层、腐殖土、草皮、大卵石、孤石、垃圾以及不宜作回填土料的稻田湿土，应分情况妥善处理，可部分或全部挖除，可设排水沟疏干，也可将块石、砂砾等抛填。

场地的初步平整还应与表土的收集和保护工作相结合。如果施工现场表土面积较大，可先用推土机将表土推到施工场地指定处，等到绿化栽植阶段再把表土铺回来。这个过程虽然比较麻烦，但可以降低工程总造价。熟土的形成需要自然界很长时间的作用才能形成，因此城市中的表层熟土十分宝贵，而且园林工程本身也需要熟土来栽植园林植物，如果随意将熟土丢弃，进入植物栽植阶段还要大量从外买种植土，这样就会造成资金及资源的浪费。

四、定点放线

在清理场地工作完成后，应按施工图纸的要求，在现场进行定点放线工作。

定点放线之初，应先测设控制网。其步骤如下：①将国家永久性控制点的坐标（即水平基准点），按施工总平面要求引测到施工现场；②将控制基线和轴线测放到地面上；③做好轴线控制的测量和校核工作。为使施工充分表达设计意图，测设工具应尽量精确。同时为方便土方机械操作以及土方的运输，还要避开建筑物和构筑物，并加强对桩点标志的保护。

不同地形、地貌的放线工作有所不同，具体内容如下：

1. 平整场地的放线　用经纬仪将图纸上的方格网测设到地面上，方格网一般设为10m×10m或20m×20m，在每个方格网点处立桩，测出各标桩的标高（即原地形标高），作为计算挖填方量和施工控制的依据。边界上的桩木按图纸上的要求设置，桩木的规格及标记方法如图1-21所示：侧面平滑，下端削尖以便打入土中。桩木上应表示出桩号，即施工图上的方格网的标号，还要标记出施工标高，用"+"号表示挖土，用"-"号表示填土。

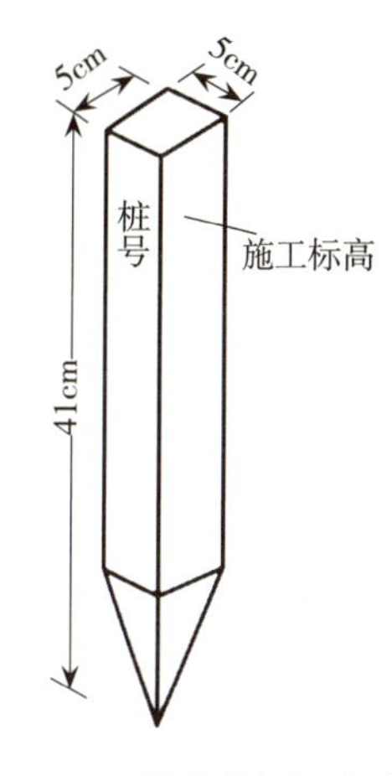

图1-21　桩木的标记方法
（孟兆祯等．园林工程．1996）

2. 山体放线　山体放线，应先在施工图上设置方格网，再把方格网测放到地面上，然后在设计地形等高线和方格网的交点处设桩，再标到地面上打桩（图1-22）。

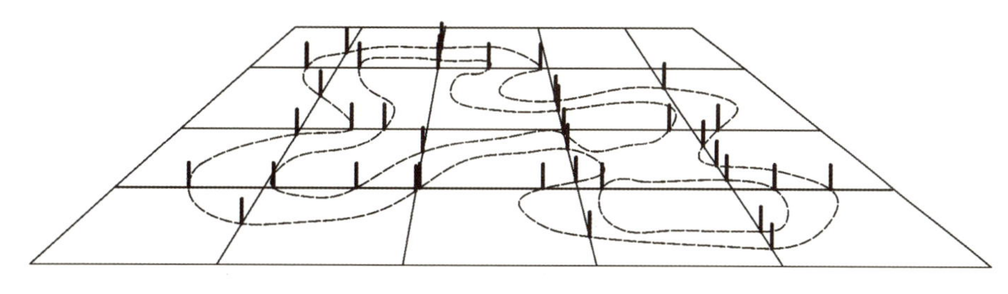

图1-22　山体放线示意图
（孟兆祯等．园林工程．1996）

山体立桩有两种方法：一种是一次性立桩，适于高度低于5m的低山。由于堆山时土层不断升高，所以桩木的长度应大于每层填土的高度，一般用长竹竿做标高桩，在桩上把每层的标高定好（图1-23a），不同层可用不同的颜色做标志，以便识别。另一种方法是分层放线，分层设置标高桩，适用于5m以上的山体的堆砌，具体立桩方法如图1-23b所示。

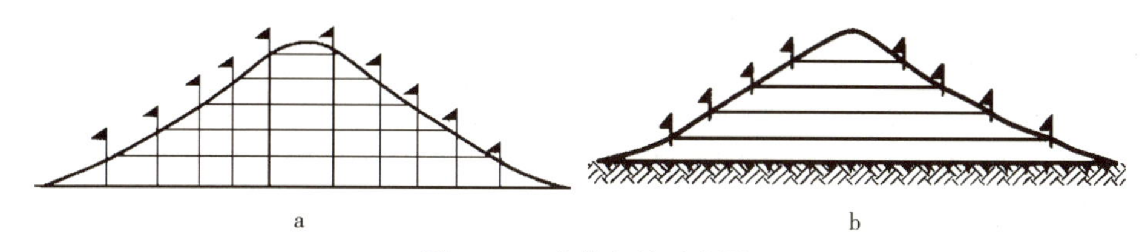

图1-23　山体立桩示意图
（孟兆祯等．园林工程．1996）

3. 水体放线　水体的放线和山体的放线基本相同，但由于水体的挖深基本一致，而且池底常年隐没在水下，所以放线可以粗放些。水体底部应尽可能平整，不留土墩，这对于养鱼捕鱼有利。如果水体栽植水生植物，还要考虑所栽植物的适宜深度。驳岸线和岸坡的定点放线应十分准确，这不仅因为它是水上部分，与造景有关，而且还与水体坡岸的稳定有很大关系。为了施工的精确，可以用边坡样板来控制边坡坡度（图1-24）。

4. 沟渠放线　沟渠的放线主要是通过龙门板的设置来实现的。在开沟挖槽施工时，桩木常容易被移动甚至被破坏，影响校核工作，实际工作中常使用龙门板来进行控制。龙门板构造简单，使用方便（图1-25）。板上标志沟渠中心线的位置、沟上口、沟底的宽度等，另外，板上还要设坡度板，用以控制沟渠的纵向坡度。龙门板之间的距离根据沟渠纵向坡度的变化情况而定，一般每隔30～100m设置一块龙门板。

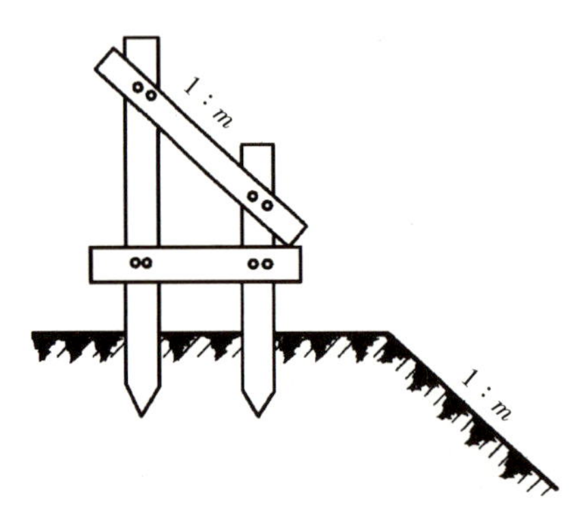

图1-24 边坡样板示意图
（张建林．园林工程．2002）

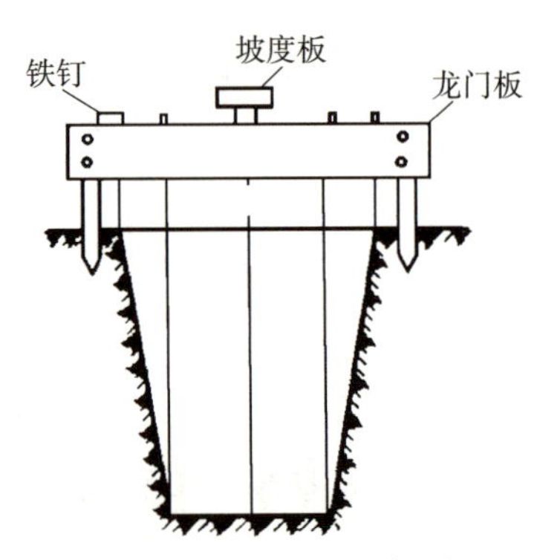

图1-25 龙门板示意图
（张建林．园林工程．2002）

五、土方施工

定点放线工作完成以后，就是土方的施工工作。土方施工根据现场条件、工程量和施工条件可采用人力施工、机械施工或半机械施工等方法。对于规模较大、土方较集中的工程一般采用机械化施工；对于工程量不大、施工点较分散的工程或受场地的限制不便采用机械施工的地段，一般采用人力施工或半机械化施工。

土方施工过程包括土方开挖、土方运输、土方填筑、土方压实四个方面的内容。

（一）土方开挖

土方开挖有人力施工和机械施工两类方法。

1. 人工开挖 施工的主要工具有锹、镐、钢钎等。挖土应由上而下，逐层进行，严禁先挖坡脚或逆坡挖土。还要注意人员的安全，保证每人有4～6m^{2}的工作面，开挖时两人操作间距应大于2.5m，不得在危岩、孤石的下边或贴近未加固的危险建筑物的下面进行土方的挖掘；在坡上或坡顶施工的人要注意坡下情况，不得向坡下滚落重物。

土方开挖应垂直下挖，松软土开挖深度不得超过0.7m，中等密实度土壤不得超过1.25m，坚硬土壤不得超过2m。超过以上数值的，必须设支撑板或者保留符合规定的边坡值。

2. 机械开挖 常使用的机械有推土机和挖土机。

在动工前，技术人员应向推土机手介绍施工地段的地形情况以及设计地形的特点，推土机手能看懂图纸的，应结合图纸进行讲解。另外，推土机手还应到现场去实地勘查，了解实地定点放线的情况，如桩位、施工标高等。

挖土时，土壁要求平直，挖好一层支一层支撑，挡土板要紧贴土面并用小木桩或横撑木顶住挡板。在已有建筑侧挖基坑（槽）应间隔分段进行，每段不超过2m，相邻段开挖应待已挖好的槽段基础完成并回填夯实后进行。多台机械开挖时，挖土机之间的间距应大于

10m；挖土机离边坡应有一定的安全距离，以防塌方，造成翻机；深基坑上下应先挖好阶梯或支撑靠梯，或开斜坡道，并采取防滑措施，禁止踩踏支撑上下，坑四周应设安全栏杆。

下列情况需采用临时性支撑加固措施。开挖土体含水量大，不稳定；开挖基坑较深；土质较差且受到周围场地限制，需要在较陡的边坡开挖或直立开挖。这些情况下，每边的宽度应在基础宽度的基础上加10～15cm，以用于设置支撑加固结构。

弃土应及时运出。在挖方边缘上侧，临时堆土或堆放材料以及移动施工机械时，应与基坑边缘保持1m以上的距离，以保证坑边直立壁或边坡的稳定。当土质良好时，堆土或材料应距挖方边缘0.8m以外，高度不宜超过1.5m。

施工期间技术人员应经常下到现场，随时随地地用测量仪检查桩点和放线的情况，掌握全局，并注意保护基桩、龙门板和标高桩。

场地挖完后应进行验收，做好纪录。如发现地基土质与地质勘探报告、设计要求不符时，应与有关人员研究，及时处理。

3. 各种情况的开挖

（1）场地开挖。挖方上边缘至土堆坡脚的距离应根据挖方深度、边坡高度和土的类别确定。当土质干燥密实时，不得小于3m；当土质松软时，不得小于5m。在挖方下侧弃土时，应将弃土堆表面整平，并低于挖方场地标高，向外倾斜；或在弃土堆与挖方场地之间设置排水沟，防止雨水排入挖方场地。

（2）边坡开挖。边坡开挖应沿等高线自上而下，分层、分段依次进行；操作时应随时注意土壁的变化情况，如发现有裂纹或坍塌现象，应及时进行支撑或放坡，并注意支撑的稳固和土壁的变化。放坡后坑槽上口宽度由基础底面宽度及边坡坡度来决定，坑底宽度每边应比基础宽15～30cm，以便于施工操作。不放坡开挖时，应设置临时支护，各种支护应根据土质及深度经计算后确定。

如果边坡采取台阶开挖，则应做成一定坡度，以利泄水。边坡下部没有护脚及排水沟时，在边坡修完后，应立即处理台阶的反向排水坡，进行护脚矮墙和排水沟的砌筑和疏通，保证在影响边坡稳定的范围内没有积水，否则应采取临时性排水措施；在边坡上采取多台阶同时进行开挖时，上台阶与下台阶开挖的进深不少于30m，以防塌方。

对于软土土坡或极易风化的软质岩石边坡，应对坡脚、坡面采用喷浆、抹面、嵌补、砌石等保护措施，并做好坡顶、坡脚排水，避免在影响边坡稳定的范围内积水。

（3）基坑开挖。基坑开挖应尽量防止对地基土的扰动。

基坑开挖应有排水设施，以防地面水流入坑内冲刷边坡，造成塌方和破坏基土。开挖前应先定出开挖宽度，按放线分块分层挖土。根据土质和水文情况，采取在四侧或两侧直立开挖或放坡，以保证施工操作安全，其边坡坡度可参考表1-20。

表1-20　深度在5m之内的基坑、基槽和管沟边坡的最大坡度（不加支撑）

（孟兆祯等．园林工程．1996）

项次	土类名称	边坡坡度		
		人工挖土，并将土抛于坑、槽或沟的上边	机械施工	
			在坑、槽或沟底挖土	在坑、槽或沟的上边挖土
1	砂土	1∶0.75	1∶0.67	1∶1.00

（续）

项次	土类名称	边坡坡度		
		人工挖土，并将土抛于坑、槽或沟的上边	机械施工	
			在坑、槽或沟底挖土	在坑、槽或沟的上边挖土
2	黏质砂土	1∶0.67	1∶0.50	1∶0.75
3	砂质黏土	1∶0.50	1∶0.33	1∶0.75
4	黏土	1∶0.33	1∶0.25	1∶0.67
5	含砾石卵石土	1∶0.67	1∶0.50	1∶0.75
6	泥灰岩白垩土	1∶0.33	1∶0.25	1∶0.67
7	干黄土	1∶0.25	1∶0.10	1∶0.33

在地下水位以下挖土时，应在基坑（槽）四侧或两侧挖好临时排水沟和集水井，将水位降低至坑槽底以下50cm，以利挖方进行。降水工作应持续到施工完成（包括地下水位下回填土的完成）。

雨季施工时，基坑（槽）应分段开挖，挖好一段浇筑一段垫层，并在基槽两侧围以土堤或挖排水沟，以防地面雨水流入基坑（槽），同时应经常检查边坡和支护情况，以防止坑壁受水浸泡造成塌方。

当基坑较深或晾槽的时间较长时，为防止边坡失水松散或地面水冲刷、浸泡影响边坡稳定，应采用边坡保护方法。

相邻基坑开挖时，应先深后浅或同时施工。挖土自上而下水平分段分层进行，每层0.3m左右；边挖边检查坑底宽度及坡度，不够时及时修整，每3m左右修一次坡；至设计标高时，再统一进行一次修坡清底，检查坑底和标高，坑底凹凸不得超过1.5cm。

（二）土方运输

土方运输是一项较艰巨的工作，所以在竖向设计阶段都力求土方就地平衡，以减少土方的搬运量。如果是短途搬运则采取车运人挑的人工运输方法（适用于局部或小型施工）；如果运输距离较长，则使用机械或半机械化运输方法。无论是车运还是人挑，运输路线的组织都很重要。

用手推车运土，应先平整好道路，卸土回填时，不得放手让车自动翻转；采用机械短距离调运土方时，应检查起吊工具以及绳索是否牢靠。卸土堆应离开坑边一定距离，以防造成坑壁塌方；用翻斗汽车运土时，运输道路的坡度及转弯半径应符合有关安全规定。注意重物距土坡的安全距离，汽车不小于3m；马车不小于2m；起重机不小于4m。

土山堆筑时，其运输路线和下卸地点应以设计的山头和山脊走向为依据，并结合来土方方向进行安排，一般以环形路线为宜，施工技术人员应在现场指挥，以避免混乱和窝工。车辆或人挑满载上山，土卸在路两侧，空载的车或人沿路线继续前行下山，车或人不走回头路也不交叉穿行，这样就不会顶流拥挤（图1-26a），随着卸土量的增加，山势逐渐升高，运土路线也随之升高。这样既组织了车流人流，又使土山分层上升，部分土方边卸边压实，不仅有利于山体的稳定，也使形成的山体的表面比较自然。如果客土的来源有几个方向，运土路线可以根据设计地形的特点，安排几个小环路。小环路的安排，以车辆人流不互相干扰为原则（图1-26b）。

（三）土方填筑

土方填筑应该满足工程的质量要求，土壤的质量应根据填方用途和要求加以选择：绿化

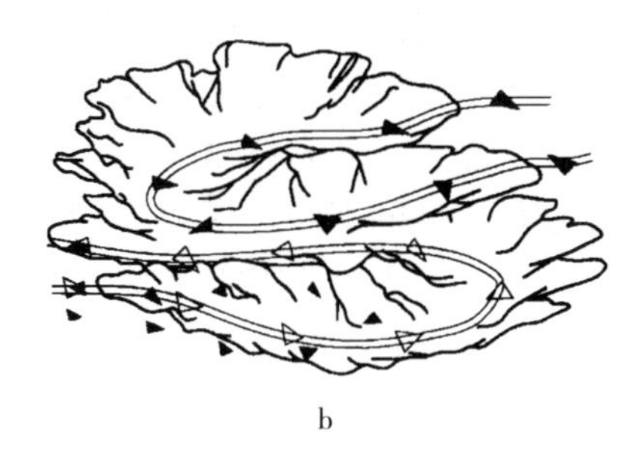

a　　　　　　　　　　b

图 1-26　山体运土路线示意图
（孟兆祯等．园林工程．1996）

地段的用土应满足植物栽植的需求；建筑用地的土壤以能满足将来地基的稳定为原则；利用外来土堆山，对土壤应检定后再放行，防止劣土及受污染土壤的进入，避免将来影响植物的生长和游人的健康。

填土应尽量采用同类土填筑，并应控制土的含水率在最优含水量范围以内。当采用不同的土填筑时，应按土的种类有规则地分层铺填：透水性大的土层置于透水性较小的土层之下，不得混杂使用。边坡应用透水性较大的土进行封闭，以利于水分的排除和基土的稳定，同时可以避免在填方内形成水囊和产生滑动现象。

填方用土应符合设计要求，以保证填方的强度和稳定性，如果设计中没有明确要求，则应符合表 1-21 规定。

表 1-21　填方土壤的要求及其填方用途

土壤种类	土壤要求	填方用途	备　注
黏性土	含水量符合压实要求	各层填料	
碎石类、砂土和爆破石渣	粒径≤每层铺土厚度的 2/3；使用震动碾时，粒径≤每层铺土厚度的 3/4	表层下的填料	
淤泥	经处理后，含水量符合压实要求	填方中的次要部位	仅在软土或沼泽地区应用
盐渍土	含盐量符合规定	填料	土中不得含有盐晶、盐块或含盐植物的根茎
	碎块草皮和有机质含量>8%	无压实要求的填方	

大面积填方应分层填筑，一般每层 30～50cm 高，并应层层压实。为防止新填土的滑落，在斜坡上填土应先把土坡挖成台阶状（图1-27），然后再填方。这样有利于新旧土方的结合，使填方稳定。

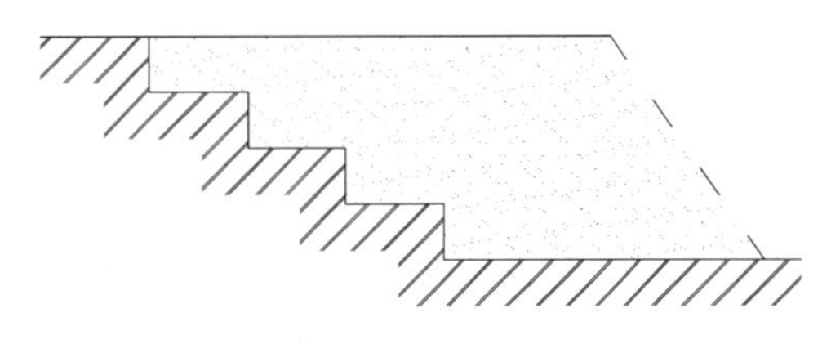

图 1-27　台阶状填土方式示意图
（孟兆祯等．园林工程．1996）

在地形起伏之处填土应做好接茬，修筑1∶2阶梯形边坡，每个台阶可取高 50cm、宽 100cm。分段填筑时，每层接缝处应做成大于1∶1.5 的斜坡，碾迹之间应重叠 0.5～1.0m，上下层错缝距离不应小于 1m。

填土应预留一定的下沉高度，以备在行车、堆重物或干湿交替等自然因素作用下，土体自身的沉落密实。预留沉降量应根据工程性质、填方高度、填料种类、压实系数和地基情况等因素来确定。当土方用机械分层夯实时，其预留的下沉高度（以填方高度的百分数计）砂土为1.5%；粉质黏土为3.0%～3.5%。

填土根据使用机械的不同，分为人工填土和机械填土，下面分别来说明：

1. 人工填土 人工填土常使用铁锹、耙、锄等工具进行回填土。一般从场地最低部分开始，由一端向另一端自下而上地分层铺填。每层应先虚铺一层土，然后夯实。人工进行夯实时，砂质土虚铺的厚度不应大于30cm，黏性土不应大于20cm；用打夯机械进行夯实时，虚铺厚度不应大于30cm。当有深浅坑相连时，应先填深坑，相平后再与浅坑分层填夯。如果采取分段填筑，交界处应填成阶梯形。墙基及管道的回填，应在两侧用细土同时均匀回填、夯实，防止墙基及管道中心线位移。

2. 机械填土 机械填土这里介绍推土机填土、铲运机填土和汽车填土三种方法。

（1）推土机填土。其程序宜采用纵向铺填的顺序，即从挖土区段向填土区段填土，每段40～60m为宜。大坡度堆填土时也应按顺序分段填土，不得居高临下，一次堆填完成；如果用推土机运土回填，可采用分堆集中，一次运送的方法。为减少运土漏失量，分段距离10～15m为宜；土方推至填方部位时，提起一次铲刀，成堆卸土，并向前行驶0.5～1.0m，利用推土机后退将土刮平。用推土机来回行驶进行碾压，履带应重叠一半。

（2）铲运机填土。其区段的长度不应小于20m，宽度不应小于8m；每层铺土后，利用空车返回时将地表面刮平。填土顺序尽量采用横向或纵向分层卸土，以利于行驶时的初步压实。

（3）汽车填土。自卸汽车成堆卸土时，须配用推土机推土和摊平；填土时可利用汽车的行驶做部分压实工作，行车路线，应均匀分布于填土层上；汽车不能在虚土上行驶，卸土推平和压实工作，须采取分段交叉进行。

表1-22是各种压实机械每层填土的最大厚度。

表1-22 各种压实机械每层填土的最大厚度（m）

项 次	填土方法或采用的运土工具	土 的 名 称		
		粉质黏土和黏土	粉土	砂土
1	窄轨和宽轨火车拖拉机拖车和其他填土方法并用机械平土	0.70	1.00	1.50
2	汽车和轮式铲运机	0.50	0.80	1.20
3	人推小车和马车运土	0.30	0.60	1.00

（四）土方压实

压实工作应自边缘开始逐渐向中间收拢，做到均匀地分层进行，否则边缘土方向外挤压，容易引起土壤塌落，夯压工具应先轻后重。

填土压（夯）实也分为人工夯实和机械压实两种方法。

1. 人工夯实 人工夯压可采用夯、硪、碾等工具。人工打夯之前，应先将填土初步整平，一般采用60～80kg的木夯或铁、石夯，由4～8人拉绳，2人扶夯，举高不应小于0.5m，打夯要按一定方向进行，一夯压半夯，夯夯相接，行行相连，两边纵横交叉，分层打夯。

基坑（槽）回填应在相对两侧或四周同时进行回填与夯实作业。回填管沟时，应用人工先在管子周围填土夯实，并应从管道两侧同时进行，直至管顶0.5m之上。在确保不损坏管道的情况下，方可采用机械填土回填夯实。

2. 机械压实　压实机械有推土机、拖拉机、碾压机械（包括平碾、振动碾和羊足碾）、振动压路机和打夯机。

为保证压实的均匀性和密实度，避免碾轮的下陷，提高碾压效率，在机械碾压之前，应先用拖拉机或轻型推土机推平，低速预压 4～5 遍，使表面平实。用振动平碾压实爆破石渣或碎石类土，应先静压，而后镇压。机械每碾压完一层，应用人工或推土机将表面拉毛以利接合。

铺土厚度和压实遍数。填土每层铺土厚度和压实遍数，应根据土的性质、设计要求的压实系数和使用的压（夯）实机具的性能而定，一般应先进行现场碾（夯）压试验，而后再确定压实遍数。表 1-23 为各种压实机械的铺土厚度和压实遍数的参考数值；利用运土工具的行驶来压实时，每层铺土厚度不得超过表 1-24 规定的数值。

表 1-23　各种压实机械每层铺土厚度和压实遍数

（建筑地基基础工程监理手册编写组．建筑地基基础工程监理手册．2006）

压实机械	每层铺土厚度（mm）	每层压实遍数（遍）
拖拉机	200～300	8～16
推土机	200～300	6～8
平碾	200～300	6～8
羊足碾	200～350	8～16
振动碾	60～130	6～8
振动压路机	120～150	10
蛙式打夯机	200～250	3～4
人工打夯	≤200	3～4

表 1-24　各种压实机械的注意事项

压实机械	注意事项
碾压机械	控制行驶速度（平碾、振动碾≤2km/h；羊足碾≤3km/h），用羊足碾碾压时，填土厚度不宜大于 50cm，羊足碾碾压过后，宜辅以拖式平碾或压路机补充压平压实
振动压路机	填土厚度不应超过 25～30cm；运行中碾轮边缘距填方边缘应大于 50cm，以防发生溜坡。压实密实度，除另有规定外，压至轮子下沉量不应超过 1～2cm
打夯机	大面积回填时使用。填土厚度不宜大于 25cm。两打夯机平行，其间距不得小于 3m，在同一夯打路线上，其前后距离不得小于 10m

3. 质量控制与检验　对有密实度要求的填方，在夯实或压实之后，要对每层回填土的质量进行检验。一般可采用环刀切土或现场挖标准坑取土的方法，来求其重量，为保证质量，应同时量测土壤体积并及时称重，以防止水分蒸发。用此法测定土的干密度，求出土的密实度；也可以用小型轻便触探仪直接通过锤击数来检验干密度和密实度。检验结果符合设计要求后，才能继续填筑上层。填土压实后的干密度应有 90%以上符合设计要求，其余 10%的最低值与设计值之差不得大于 0.08t/m^3，且不能集中。

土方施工是个复杂的过程，需要技术人员在整个过程当中亲临现场，及时发现问题，解决问题。以上介绍的仅是土方施工的一般问题，每一工程还会有许多具体问题，需要技术人员根据现场和工程的实际情况做出及时正确地处理。

六、土方施工中特殊问题的处理

（一）滑坡与塌方的处理

产生滑坡与塌方的因素十分复杂，分为内部条件和外部条件两方面。不良的地质条件是产生滑坡的内因，而人类的工程活动和水的作用是触发并产生滑坡的主要外因。滑坡与塌方的处理措施有：

（1）加强工程地质勘察，对拟建场地（包括边坡）的稳定性进行认真分析和评价。

（2）在滑坡范围外设置多道环形截水沟，以拦截附近的地表水，在滑坡区内，修设或疏通原排水系统，疏导地表、地下水，防止渗入滑体。

（3）处理好滑坡区域附近的生活及生产用水的关系，防止渗入滑坡地段。

（4）如地下水活动有可能形成山坡浅层滑坡时，可设置支撑盲沟和渗水沟，排除地下水。盲沟应布置在平行于滑坡方向有地下水露头处，做好植被工程。

（5）保持边坡坡度，避免随意切割坡脚。

（6）尽量避免在坡脚处取土，在坡肩上设置弃土或建筑物。

（7）对可能出现的浅层滑坡，如滑坡土方量不大时，最好将滑坡体全部挖除；如土方量较大，不能全部挖除，且表层破碎含有滑坡夹层时，可对滑坡体采取深翻、推压、打乱滑坡夹层、表面压实等措施，减少滑坡因素。

（8）对于滑坡体的主滑地段可采取挖方卸荷、拆除已有建筑物等减重辅助措施，对抗滑地段可采取堆方加重等辅助措施。

（9）滑坡面土质松散或具有大量裂缝时，应进行填平、夯填，防止地表水下渗，在滑坡面植树、种草皮、浆砌片石等保护坡面。

（10）倾斜表层下有裂隙滑动面的，可在基础下设置混凝土锚桩（墩）。土层下有倾斜岩层的，可将基础设置在基岩上用锚栓锚固，或做成阶梯形，或灌注桩基减轻土体负担。

（11）对已滑坡工程，稳定后采取设置混凝土锚固排桩、挡土墙、抗滑明洞、抗滑锚杆或混凝土墩与挡土墙相结合的方法加固坡脚，并在下段做截水沟、排水沟、陡坝，采取去土减重措施，保持适当坡度。

（二）冲沟、土洞（落水洞）、古河道及古湖泊处理

1. 冲沟的处理 冲沟多由于暴雨冲刷剥蚀坡面形成，先是在低凹处蚀成小穴，此后逐渐扩大成浅沟，再进一步冲刷就成为冲沟。对边坡上不深的冲沟，可用好土或3∶7灰土逐层回填夯实，或用浆砌块石填至与坡面相平，并在坡顶设排水沟及反水坡，以阻截地表雨水冲刷坡面。对地面冲沟用土层夯填，因其土质结构松散，承载力低，可采取加宽基础的处理方法。

2. 土洞（落水洞）的处理 在黄土层或岩溶地层，由于地表水的冲蚀或地下水的潜蚀作用形成的土洞（落水洞）往往十分发育，常成为排泄地表径流的暗道，影响边坡或场地的稳定，必须进行处理，以免继续扩大，造成边坡塌方或地基塌陷。具体处理方法是将土洞（落水洞）上部挖开，清除软土，分层回填好土（灰土或砂卵石）夯实，面层用黏土夯填并使之比周围地表高，同时做好地表水的截流，将地表径流引到附近排水沟中，不使下渗。对

地下水可采用截流改道的办法。如用作地基的深埋土洞，宜用砂、砾石、片石或混凝土填灌密实，或用灌浆挤压法加固。

3. 古河道与古湖泊的处理　古河道和古湖泊根据其成因分为两种：一种年代形成久远；另一种年代形成较近。二者都是在天然地貌的低洼处，由于长期积水及泥沙沉积而成，其土层由黏性土、细砂、卵石和角砾构成。年代久远的古河道、古湖泊，已被密实的沉积物填满，底部尚有砂卵石层，一般土的含水量小于20%，且无被水冲蚀的可能性，土的承载力不低于相接天然土，可不处理。年代近的古河道、古湖泊，土质较均匀，含有少量杂质，含水量大于20%，如沉积物填充密实，承载力不低于同一地区的天然土，亦可不处理；如为松软、含水量大的土，应挖除后用好土分层夯实，或采用地基加固措施：用作地基的部位用灰土分层夯实，与河、湖边坡接触的部位做成阶梯形接磋，阶宽不小于1m，接磋处应仔细夯实，回填应按先深后浅的顺序进行。

（三）橡皮土的处理

当地基为黏性土且含水量很大、趋于饱和时，夯（拍）打后，地基土变成踩上去有颤动感觉的土，称为橡皮土。其处理方法是先暂停施工，并避免直接拍打，使橡皮土含水量逐渐降低，或将土层翻起晾晒；如地基已成橡皮土，可在上面铺一层碎石或碎砖后夯击，将表土层挤紧；橡皮土较严重的，可将土层翻起并拌均匀，掺加石灰，使其吸收水分，同时改变原土结构成为灰土，使之有一定强度和水稳性；如用作荷载大的房屋地基，可打石桩或垂直打入M10机砖，最后在上面满铺厚50mm的碎石后再夯实；另外也可采取换土措施，即挖去橡皮土，重新填好土或级配砂石夯实。

（四）表土的处理

表土即表层土壤，它对于保护并维持生态环境起着十分重要的作用，而在工程改造地形时，往往剥去表土，破坏了良好的植物生长条件。因此在土方施工时尽量保存表土，并在栽植时有效利用。

1. 表土的采取和复原　为很好地保存表土，在工程规划设计阶段，就应顺应原有的地形地貌，避免过量开挖整地，使表土不致遭到破坏；施工前，也需做好表土的保存计划，拟定施工范围、表土堆置区、表土回填区等事项，并在工程施工前将所有表土移至堆置区。同时，为了防止重型机械进入现场压实土壤，破坏其团粒结构，最好使用倒退铲车，按照同一方向掘取表土，现场无法使用倒退铲车时，可以利用压强小的适合沼泽地作业的推土机。表土最好直接平铺在预定栽植的场地，不要临时堆放，防止地表固结。

2. 表土的临时堆放　应选择排水性能良好的平坦地面临时堆放表土，堆放时间超过6个月时，应在临时堆放表土的地面上铺设碎石暗渠，以利排水。堆放高度最好控制在1.5m以下，不要用重型机械压实。堆积的最高高度应控制在2.5m以下，防止过分的挤压破坏下部土壤的团粒结构。为防止表土干燥风化危及土中微生物的生存，须置于有淋水养护的阴凉处，表土上面也可覆盖落叶和草皮。

土方施工是个复杂的过程，其工程量大、施工面较宽、工期也较长，因此施工的组织工作很重要。这也需要技术人员在整个施工过程亲临现场，及时发现问题，解决问题，以确保工程按计划完成。以上介绍的仅是土方施工的一般问题，每一工程还会有许多具体问题，需要技术人员根据现场和工程的实际情况做出及时正确地处理。

复习思考题

1. 什么是等高线，它有哪些性质？
2. 园林竖向设计有哪些方法？各种方法何时适用？
3. 如何用等高线法进行竖向设计？
4. 土方工程量的计算方法有哪些？他们各自适合在什么情况下应用？
5. 用断面法计算土方量时，中截面积 S_0 的两种计算方法是什么？
6. 如何利用地形现状图，计算方格网上各角点的原地形标高？有几种情况？
7. 用方格网法计算土方量时，每一角点的各种标高是如何标注的？画出示意图。
8. 土方平衡与调配的原则有哪些？
9. 如何进行土方的平衡和调运？
10. 举例说明如何作土方最优调配方案。
11. 土壤的主要工程性质有哪些？
12. 什么是边坡坡度？如何表示，它与土壤自然倾斜角的关系是什么？
13. 土方施工的程序是怎样的？
14. 土方施工之前的准备工作有哪些？
15. 土方施工定点放线阶段的施工内容有哪些？
16. 山体放线的两种方法是什么？
17. 如何安排土方的运输路线？
18. 土方施工过程包括哪几个步骤？每一步应注意什么问题？你能自己总结出来吗？

实验实训

实训 1　地形设计与模型制作

目的： 理解和掌握竖向设计的基本理论和方法，能够独立完成土山模型制作。

内容及方法：

1. 用等高线在图纸上设计一处土山地形。
2. 把平面等高线测放到苯板上。
3. 根据设计等高线用吹塑纸按比例及等高距制作土山骨架，固定在苯板上。
4. 用橡皮泥（或黄泥）完善土山骨架，根据需要涂色，完成土山模型的制作。

要求： 交土山模型。

材料及用具： 橡皮泥（或黄泥）、苯板、吹塑纸、大头钉、颜料、毛笔及绘图纸、笔等。

实训 2　用方格网法计算土方量

目的： 掌握用方格网法计算土方量的步骤和方法。

内容及方法：

1. 将设计图描绘到硫酸纸上。

2. 根据土方计算范围及要求，绘制方格网。
3. 按步骤进行计算。包括每一角点的原地形标高、设计标高、施工标高及土方量。
4. 绘制土方平衡表及土方调配图。
5. 检查计算步骤、方法及计算结果。

要求： 将计算步骤和过程写成实习报告，交给老师。

材料及用具： 附有原地形等高线的地形设计图纸、硫酸纸、坐标纸等。

实训 3　园林施工放样

目的： 掌握根据施工图进行园林施工放样的步骤和方法。

内容及方法：

1. 在施工图上设置方格网。
2. 用经纬仪将方格网测设到实地，并在设计地形等高线和方格网的交点处立桩。
3. 在桩木上标出每一角点的原地形标高、设计标高及施工标高。
4. 如果是山体放线要注意桩木的高度。

要求： 将施工过程写成实习报告，交给老师。

材料及用具： 施工图、经纬仪、标尺、丈绳、木桩、石灰等。

第二章　园林给排水工程

目标：培养学生运用给排水系统规划设计的基本理论知识进行简单的园林给排水设计的能力，具有理解和识别园林给排水设计施工图的能力，能按有关规定，科学地组织园林给排水管网工程的施工与管理。

任务：通过本章的学习，了解城市给水系统的基本知识和园林给水工程的特点，掌握园林生产养护、园林生活用水设计与施工的基本方法与规范要求，熟悉喷灌技术的基本知识。了解城市排水系统的基本知识和园林排水工程的特点，掌握园林绿地排水设计的基本原则和方法、防止地表径流的方法与措施；了解园林管线工程、排水管材及管道附属物、园林污水处理与污水管网设计基本知识，掌握排水盲沟设计、园林排水管道施工的原则与方法。

水是人们生活中不可缺少的物质要素，随着社会的发展，人们对水的要求越来越高。园林绿地作为人们休闲、娱乐、旅游等活动的场所，要求工程设计中既要满足游人的需要，又不造成资源、财产的浪费，同时还能适应社会的发展。园林中完善的给排水工程，对园林的保护、发展和风景旅游活动的良好开展都具有重要的意义。

园林绿地的给水与排水工程是城市给排水工程的一部分。城市给排水工程提供的市民日常生活需要的清洁用水以及工厂企业的生产用水，排出生活、生产污水和雨水。园林绿地的给排水工程提供游客、管理人员、动物生活用水和植物等所需的养护用水。它们之间有共同点，但又有园林绿地本身的具体要求。

第一节　园林给水工程

园林绿地作为人们休闲、游览活动的主要场所，同时又是树木、花卉较集中的地方，必须满足游客休闲活动、动物活动、植物生长以及水景用水所必需的水量、水压及水质要求。

一、园林给水工程的基本知识

（一）园林给水工程的组成和布置形式

1. 给水系统的组成　给水工程可分为取水工程、净水工程和输配水工程三部分，并用水泵联系。

（1）取水工程。包括选择水源和取水地点，要建造适宜的取水构筑物。

（2）净水工程。建造给水处理构筑物，对天然水质进行处理。

（3）输配水工程。将足够的水量输送和分配到各用水地点，并保证水压和水质，为此需敷设输水管道、配水管道和建造泵站以及水塔、水池等调节构筑物。水塔、高位水池常设于地势较高地点，借以调节用水量并保证管网中的水压。

2. 给水系统的布置形式　根据给水性质和给水系统构成的不同，可将园林给水分成几种方式：

（1）统一给水系统。各类用水均按生活饮用水水质标准，用统一的给水管网供给用户的给水系统，称为统一给水系统。对于城市小游园或者水面较小的公园，大多采用这种给水系统。

（2）分质给水系统。取水构筑物从水源地取水，经过不同的净化过程，用不同的管道分别将不同水质的水供给各用户，这种系统称分质给水系统。有大型自然水面的公园或风景区等，可以采取这种给水系统，生活用水和养护、造景用水可分质供给。

（3）分区给水系统。将整个给水系统分为几个系统，系统之间保持适当联系，可保证供水安全和调度的灵活性。城市特大型公园及风景区，根据其分区的设施状况，可采用从不同的地点进水或取水，并自成系统的分区给水系统。

另外还有分压给水系统，循环给水系统等。

（二）园林给水的分类及要求

由于使用对象不同，其用水的水量、水质、水压等要求亦不同，园林中常把用水分为以下几种类型：

（1）生活用水。生活用水是指人们日常的生活用水。在园林中指饮用、烹饪、洗涤、清洗卫生等用水，包括办公室、生活区、餐厅、茶室、展览馆、小卖部等用水以及园林卫生清洗设施和特殊供水（如游泳池等）。生活饮用水水质关系到人体健康，其水质标准应符合《生活饮用水卫生标准》（GB 5749—85）。

（2）养护用水。养护用水是指植物的灌溉、动物笼舍的清洗以及其他园务用水（如夏季园路、广场的清洗等）。水质要求不高，但用水量大，在有地表水的位置可以用水泵直接抽水满足。

（3）造景用水。园林中各种水体（包括溪流、湖泊、池塘、瀑布、喷泉等）的用水。其水质、水量要求不高，自然的水体一般不需补充，人工造景的水体采取循环用水，补充减少的水量，有条件的地方可以利用风景区建筑的中水进行造景用水补充。

（4）消防用水。消防用水指扑灭火灾时所需要的用水。对水质没有特殊的要求，但由于其不经常应用，为了节省管网投资，消防给水可与生活用水系统综合考虑。在园林中的古建筑及重要的设施附近一般都要设置消火栓。

（三）园林给水特点

（1）生活用水较少，其他用水较多。园林绿地中主要用水是在植物灌溉、湖池水补充、喷泉和瀑布等生产和造景方面，生活用水方面一般较少，只有园内的餐饮、卫生设施等方面用水。

（2）用水点分散。园林中用水点分散，遍布全园或整个风景区，如生活用水由于生活、管理设施的分散布置，要求每个点上都必须有用水点，用水量不大，但须布置管网。

（3）用水点高程变化大。特别是风景区、山地公园等，由于地形、地貌的影响，造成山顶与山脚高差大。

（4）水质可以分别处理。用水对象不同，对水质要求也不同。

（5）用水高峰时间可以错开。生活用水主要是中午至下午，而养护用水可以根据情况错开至早上或晚上。

（四）给水水源的选择

1. 给水水源的分类与特点　园林中的给水水源除本绿地内及周边范围的地表水和地下

水外，还有城市自来水。

（1）地表水。地表水指江、河、湖和浅井中的水，这些水由于长期暴露在地面上，受地面各种因素的影响，具有浑浊度较高，水温变幅大，易受污染，季节性变化明显等特点。采取地表水作生活用水时，必须对其作严格的处理，投资和运行费用较大，因此一般在园林中只能作养护用水。

（2）地下水。地下水指埋藏在地下孔隙、裂隙、溶洞等含水层介质中的储存运移的水体。地下水具有水质清洁，水温稳定，分布面广等特点，一般可经过消毒处理作为水源，但有些地区地下水矿化度和硬度较高或其他物质含量较高，须经过认真的水文、地质勘察，以便合理开发利用。

（3）城市自来水。直接引入作园林用水。

（4）中水利用。中水是指生活污水处理后，达到规定的水质标准，可在一定范围内重复使用的非饮用水。中水水质标准共有 10 项，除了悬浮物、生化需氧量、化学耗氧量 3 项之外，其他 7 项均按国家生活饮用水标准检验法检测。中水可用于厕所冲洗、园林灌溉、道路保洁、洗车、城市喷泉、冷却设备补充用水等。

2. 给水水源选择 选择给水水源，要根据城市建设远期的发展和风景区、园林周边环境的卫生条件，选用水质好、水质充沛、便于防护的水源。水源选择一般要符合以下条件：

（1）园林中的生活用水要优先选用城市给水系统提供的水源，其次选择地下水。由于大多数城市限制在市中心抽取地下水，所以在市中心的园林绿地只能使用城市供水系统提供的水源。位于城市郊区的公园或近郊风景区可直接从城市的给水管网系统中接入，也可从水厂接入。在没有城市供水条件的郊区公园或近郊风景区，则要优先选择地下水作水源，并且按照优先性的不同选用不同的地下水。地下水的优先选择次序是泉水、浅层水、深层水。

（2）造景用水、植物栽培养护用水等，应优先选择河流、湖泊中符合地面水环境质量标准的水源。最好的水源选择方案，是开辟引水沟渠将自然水体的水直接引入园林溪流、水池和人工湖。植物栽培养护用水和卫生用水等就可以在园林水体中取水用。如果没有引入自然水源的条件，则可选用地下水或自来水。

在确定水源时，其水质能满足园林用水需要，但随着公园、风景区的建设和发展，用水量的增长及水污染的加剧，会出现水质恶化和水量减少的情况，在开发利用时，必须严格保护，做到利用与保护相结合，水源地的卫生防护可以参照国家有关法规和标准。

二、园林用水设计与施工

园林用水设计与施工包括园林生产养护给水设计与施工、园林生活用水设计与施工。在大部分园林中，只要满足了园林生活用水的要求，园林生产养护用水也就相应的能够满足。园林用水的设计包含多个方面。

（一）给水管网的布置原则和主要形式

进行园林给水管网的布置，除了要了解园林内用水特点外，园林四周的给水情况也很重要，它直接影响管网的布置形式。一般市区小公园的给水可由一点引入。大型公园或风景区，特别是地形较复杂的公园，为了节约投资，减少水头损失，有条件的最好多点供水。

1. 给水管网的布置形式

（1）树枝状管网。从引水点至用水点的管线布置成树枝状，管径随用水点的减少而逐步变小。这种布置方式比较简单，省管材。布线形式就像树干分杈分支（图 2-1），它适合于用水点较分散的情况，对分期建设的公园有利。供水的安全可靠性差，并且在树状网末端，因用水量小，管中水流缓慢，甚至停留，致使水质容易变坏，从而出现浑浊水和红水的可能，一旦管网出现问题或需维修时，影响面较大。

（2）环状管网。环状管网是把给水管线闭合成环状的管网，如图 2-2 所示。管网中的水能互相调剂，当管网中的某一管段出现故障时也不致影响供水，保证供水的可靠性，但环状网增加了管线长度，投资增加。

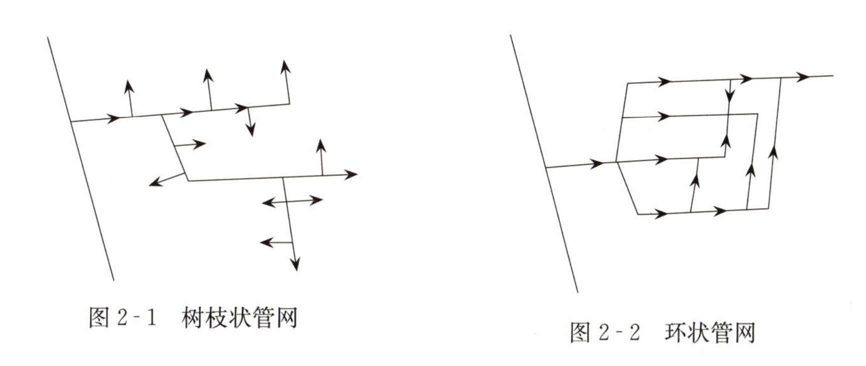

图 2-1　树枝状管网

图 2-2　环状管网

2. 给水管网的布置要点

（1）干管应靠近主要供水点。

（2）干管应靠近调节设施（如高位水池和水塔）。

（3）应尽量避免在园路和铺装场地下敷设，应尽量埋设于绿地下。

（4）力求以最短距离敷设管线，以降低管网造价和供水能量费用。

（5）在保证管线安全不受破坏的情况下，干管宜随地形敷设，避开复杂地形和难于施工的地段，减少土方工程量。

（6）和其他管道按规定保持一定距离。

3. 管网布置的原则　给水管网的布置要求供水安全可靠、投资节约，一般应遵循以下原则：

（1）按照总体规划布局的要求布置管网，并且需要考虑分步建设。

（2）干管布置方向应按供水主要流向延伸，而供水流向取决于最大的用水点和用水调节设施（如高位水池和水塔）位置，即管网中干管输水距它们距离最近。

（3）管网布置必须保证供水安全可靠。干管一般按主要道路布置，宜布置成环状，但应尽量避免布置在园路和铺装场地下敷设。

（4）力求以最短距离敷设管线，以降低管网造价和供水能量费用。

（5）在保证管线安全不受破坏的情况下，干管宜随地形敷设，避开复杂地形和难于施工的地段，减少土方工程量。在地形高差较大时，可考虑分压供水或局部加压，不仅能节约能量，还可以避免地形较低处的管网承受较高压力。

（6）为保证消火栓处有足够的水压和水量，应将消火栓与干管相连接，消火栓的布置，应先考虑在主要建筑。

（二）园林给水管网的水力计算

确定园林给水管网的布置形式后，需要对给水管网进行水力计算。给水管网水力计算的目的在于由最高日最高时用水量确定管段的流量，继而确定管段管径，再计算管网的水头损失，确定所需供水水压；如园林给水管网自设水源供水，则需确定水泵所需扬程及水塔（或高位水池）所需高度。

1. 用水量的确定

（1）用水量标准。进行管网布置时，首先应求出各点的用水量，管网根据各用水点的需要量供水。各用水点由于其用途不同，其用水量也不同，用水量的计算，以用水定额为依据，用水定额亦称用水量标准，它是对不同的用水对象，在一定时期内制订的相对合理的单位用水量的数值标准，是国家根据我国各地区、城镇的性质、生活水平和习惯、气候、建筑卫生设备设施等不同情况而制定的，由于我国幅员辽阔，各地具体情况差异较大，因此用水量标准也不尽相同，表 2-1 是《室外给水设计规范》（GB JB—86，1997 年局部修订）所规定的城市居民生活用水量标准，可以作为参考。

表 2-1 居民生活用水定额 ［L/（人·d）］

城市规模	特大城市		大城市		中、小城市	
用水情况 分区	最高日	平均日	最高日	平均日	最高日	平均日
一	180～270	140～210	160～250	120～190	140～230	100～170
二	140～200	110～160	120～180	90～140	100～160	70～120
三	140～180	110～150	120～160	90～130	100～140	70～110

注：1. 居民生活用水指：城市居民日常生活用水，包括居民的饮用、烹调、洗涤等。

2. 城市规模按《中华人民共和国城市规划法》分类

特大城市：市区和近郊非农业人口 100 万及以上的城市

大城市：市区和近郊非农业人口 50 万及以上，100 万以下的城市

中等城市：市区和近郊非农业人口 20 万及以上，50 万以下的城市

小城市：市区和近郊非农业人口 20 万以下的城市

3. 一区包括：贵、川、鄂、湘、黔、浙、闽、粤、桂、海、沪、云、苏、皖、渝

二区包括：黑、吉、辽、京、津、冀、晋、豫、鲁、宁夏、陕、内蒙古河套以东和甘肃黄河以东的地区

三区包括新疆、青海、西藏、内蒙古河套以西和甘肃黄河以西地面。

国家用水定额较多，参照《室外给水设计规范》（GB 50013—2006）、《建筑给水排水规范》（GB 50015—2003）、《建筑设计方案规范》（GBJ 16—87）等列出与园林及风景区相关的项目，如表 2-2。

表 2-2 用水定额及小时变化系统

序号	名称		单位	生活用水定额（最高日）（L）	小时变化系数	备 注
1	普通住宅	有大便器、洗涤器、无沐浴设备	每人每日	85～150	3.0～2.5	
		有大便器、洗涤器和沐浴设备		130～200	2.8～2.3	
		有大便器、沐浴器、洗涤器和热水供应		170～300	2.5～2.0	
2	高级住宅和别墅		每人每日	300～400	2.3～1.8	

（续）

序号	名　称	单位	生活用水定额（最高日）（L）	小时变化系数	备　注
3	集体宿舍有盥洗室	每人每日	50～100	2.5	
	有盥洗室和浴室		100～200	2.5	
4	餐厅	每顾客每次	15～20	2.0～1.5	
	内部食堂		10～15	2.5～2.0	
	商店		1～3	2.5～2.0	
	△茶室		5～10	2.0～1.5	
	△小卖部		3～5	2.0～1.5	
5	电影院	每观众每场	3～8	2.5～2.0	
6	剧场	每观众每场	10～20	2.5～2.0	
7	旅馆、招待所有集中盥洗室	每床每日	50～100	2.5～2.0	
	有盥洗室和浴室		100～200	2.0	
	设有浴盆的客房		200～300	2.0	
8	医院、疗养院、休养所	每病床每日			
	有集中盥洗室		50～100	2.5～2.0	
	有集中盥洗室和浴室		100～200	2.5～2.0	
	设有浴盆的病房		250～400	2.0	
9	办公楼	每人每班	36～60	2.5～2.0	
10	体育场				
	运动员淋浴	每人每次	50	2.0	
	观众	每人每场	3	2.0	
11	游泳池　游泳池补充水	每水池容积	10%～15%		
	运动员淋浴	每人每场	60	2.0	
	观众	每人每场	3	2.0	
12	公共厕所	每冲洗器每小时	100		
13	*喷泉　大型	每小时	≥10 000		
	中型	每小时	2 000		
	小型	每小时	1 000		
14	洒水用水量　整体路面及场地	每次每立方米	1.0～1.5		≤3 次/日
	碎料路面及场地		1.5～2.0		≤4 次/日
	庭园及草地		1.5～2.0		≤2 次/日
15	*花园浇水	每次每立方米	4～8		
	*乔灌木		4～8		
	*苗圃		1.0～1.3		

（续）

序号	名　称	单位	生活用水定额（最高日）（L）	小时变化系数	备　注
16	消防用水（民用建筑）				
	建筑物体积<5 000m³	每次	10～15L/s		根据建筑耐火等级选用
	建筑物体积≥5 000m³	每次	15～20L/s		

注：有＊者为国外资料，有△者为统计资料，不是国家标准，仅供参考。

（2）日变化系数和时变化系数。一年中用水量最多的一天的用水量称为最高日用水量，最高日用水量与平均日用水量的比值，称日变化系数，以 K_d 表示。

日变化系数 K_d＝最高日用水量/平均日用水量

K_d 值在城镇为 1.2～2.0，在农村为 1.5～3.0，在园林中，由于节假日游人较多，其值为 2～3。

把用水量最高日那天用水最多的 1h 的用水量称为最高时用水量，它与这 1d 平均时用水量的比值，称时变化系数，以 K_h 表示。

时变化系数 K_h＝最高时用水量/平均时用水量

K_h 值在城镇为 1.3～2.5，农村为 5～6，在园林中，由于白天、晚上差异较大，其值为 4～6。

为保证用水高峰时水的正常供应，需要计算和汇总公园或风景区的最高时用水量，可以编制逐时用水量表求得。

（3）设计用水量的计算。在给水系统的设计中，年限内的各种构筑物的规模是按最高日用水量来确定的，而给水管网的设计是按最高日最高时用水量来计算确定的，最高日最高时管网中的流量就是给水管网的设计流量。

①最高日用水量 Q_d（m^3/d）

$$Q_d = m \cdot q_d / 1\,000$$

式中：m——用水单位数（人・床等）；

q_d——用水定额［L/(人・d）等］。

②最高时用水量 Q_h（m^3/h）

$$Q_h = Q_d / T \cdot K_h = Q_p \cdot K_h$$

式中：T——建筑物或其他用水点的用水时间；

K_h——时变化系数；

Q_p——平均时用水量（m^3/h）。

在计算用水时间时，要切合实际，否则会造成误差过大，造成管网的供水不足或投资浪费。

③未预见用水量。这类用水包括未预见的突击用水、管道漏水等，根据《室外给水设计规范》（GBJ 13—86）规定，未预见用水量可按最高日用水量的 15%～25%计算。

④计算用水量

计算用水量＝（1.15～1.25）$\sum Q_h$ 换算成管道设计所需的秒流量 q_g

$$q_g = (1.15 \sim 1.25) \sum Q_h 1\,000/3\,600 \text{ (L/s)}$$

如果公园或风景区是分期发展分期建设，在管网计算时，必须考虑近远期相结合，不造成管网一次建设、投资太大，同时必须保证能适应发展的需要。

2. 管径确定　管网中用水量各管段计算流量分配确定后，一般就作为确定管径 d 的依据（管网中有的管段从供水安全等考虑，需适当放大管径）。

$$d=\sqrt{\frac{4Q}{\pi v}}$$

式中：d——管段管径（m）；

Q——管段的计算流量（m^3/s）；

v——管内流速（m/s）。

关于管内流速，应从技术和经济两方面因素恰当选用。从技术上说，给水管为防止流速过大而致管道爆裂，一般流速不得大于 2.5～3m/s；浑水输水管为防止泥沙等淤积，流速不得小于 0.5m/s。从经济上说，应根据当地的管网造价和输水电价，选用经济合理的流速。流量一定时，如选用流速过小，虽然水头损失小，输水电费节省，但管径大，管网造价高；相反，若输水管径小，造价低，但所耗输水电费多，从而增加经营费用。因此，给水管径的选择应考虑管网造价和年经营费用两种主要经济因素，按不同的流量范围，在一定计算年限内（称为投资偿还期）管网造价和经营管理费用（主要是电费）二者总和为最小时的流速（称为经济流速 Ve）来确定管径。

3. 水头损失计算　水力计算主要是在管网布置、计算节点流量、确定各管段计算流量和管径的基础上，根据管道材料和管段长度进行各段水头损失计算，结合整个管网地形情况等，保证管网中供水最不利点的水压，从而确定引水点的水压或加压装置所需扬程及水塔高度。

在给水管网上安装一个压力表，都可测到一个读数，这数字就是该点的水压。水压通常用 kg/cm^2 或 kPa 来表示，$1kg/cm^2=100kPa$，为了便于计算，也把水压称为“水柱高”，水力学上又称“水头”，其单位换算关系为 $1kg/cm^2=10m$ 水头$=100kPa$。

水流在运动过程中单位质量液体的机械能的损失称为水头损失，水头损失包括沿程水头损失和局部水头损失。

（1）沿程水头损失。沿程阻力是发生于水流全部流程的摩擦阻力，为克服这一阻力而引起的水头损失称为沿程水头损失，用 h_y 表示。

$$h_y=i\times L$$

式中：h_y——管段的沿程水头损失（m）；

i——单位管段长度的水头损失，或称水力坡降（mH_2O/m）；

L——管段长度（m）。

不同给水管的 i 值或 $1\,000i$ 值可由各水力计算表查出（见附表 1、附表 2）。

（2）局部水头损失。水流因边界的改变而引起断面流速分布发生急骤的变化，从而产生的阻力为局部阻力，其相应的水头损失称为局部水头损失，通常用 h_j 表示，其出现在管径变化、三通弯头、阀门等处，大小与管线长度无关，其计算较为复杂，通常简化计算采取经验数值——沿程水头损失的百分数来估算，如表 2-3。

表 2-3 局部水头损失占沿程水头损失的百分数

<table>
<tr><th colspan="2">管网类型</th><th>局部水头损失占沿程水头损失的百分数（%）</th><th>备 注</th></tr>
<tr><td rowspan="4">独用</td><td>生活给水管网</td><td>25～30</td><td rowspan="4"></td></tr>
<tr><td>生产给水管网</td><td>20</td></tr>
<tr><td>消火栓消防给水管网</td><td>10</td></tr>
<tr><td>自动喷水灭火系统消防给水管网</td><td>20</td></tr>
<tr><td rowspan="3">共用</td><td>生活、消防共用给水管网</td><td>20</td><td rowspan="3">根据组成共用给水管网的不同比例确定</td></tr>
<tr><td>生产、消防共用给水管网</td><td>15</td></tr>
<tr><td>生活、生产、消防共用给水管网</td><td>20</td></tr>
</table>

4. 管网水力计算

（1）管网设计和计算步骤。

①图纸、资料的收集：园林绿地的设计图纸、说明书等，了解各用水点的用水要求、标高等，园林周边城市给水管网情况，包括位置、管径、流量、水压及引用的可能性等，如大型公园或风景区采取自设取水设施，必须了解水源的水质状况、流量变化以及取水点、储水位置等。

②布置管网：可以是树枝网或环状网或两者结合。在公园设计平面图上，定出给水干管的位置、走向，并对节点进行编号。

③定出干管的总计算长度以及各管段的计算长度。

④根据输水路线最短的原则，定出各管段的水流方向。

⑤确定管网总流量，求出比流量，各管段沿线流量和节点流量。

⑥根据管网的总流量，做出整个管网的流量分配，并根据经济流速，确定每一管段的管径。除满足经济流速外，还需要保证公园消防要求的水压和流量。

⑦计算各管段的水头损失和各点地形标高，算出水塔高度和水泵的扬程。

（2）树枝网的水力计算。树枝网因每一管段计算流量是确定值，水力计算工作较为简单，从供水量最不利点（即水力控制点）算起，沿线返回，一直算到进水点或二级泵房，算出各管段水头损失、各节点的自由水头以及引水点的水压要求等。

公园引水点所需水压值（或水泵扬程）H：

$$H=H_1+H_2+H_3+H_4\ (mH_2O)$$

式中：H_1——引水点与供水最不利点之间的高程差（m）；

H_2——计算配水点与建筑物进水管的高差（m）；

H_3——计算配水点所需流出的水头（水压）值（mH_2O），随阀门类型而定，一般可取 1.5～2mH_2O 高。

H_2+H_3——计算用水点处的构筑物从地面算起所需的水压值，可参考以下数值：

按建筑物的层数确定从地面算起的最小保证水头值：

平房 10mH_2O 二层 12mH_2O

三层 16mH_2O 以后每增加一层增加 4mH_2O

H_4——水管沿程水头损失 h_y 与局部水头损失 h_j 之和，即 $H_4=h_y+h_j$。

有条件时，适当考虑一定的富裕水头。

(三) 给水管材

1. 给水管材、管件及阀门　给水工程中，管网投资约占工程费的50%～80%，而管道工程总投资中，管材费用至少在1/3以上。管材对水质有影响，管材的抗压强度影响管网的使用寿命。管网属于地下永久性隐蔽工程设施，要求有很高的安全可靠性，还有管材的配件包括阀门、接头等均对管网造成影响，目前常用的给水管材有下列几种：

(1) 钢管。钢管有焊接钢管和无缝钢管两种。焊接钢管又分为镀锌钢管（白铁管）和非镀锌钢管（黑铁管）。钢管有较好的机械强度，耐高压、振动，重量较轻，单管长度长，接口方便，有强的适应性，但耐腐蚀性差，防腐造价高。镀锌钢管就是防腐处理后的钢管，它防腐、防锈、不使水质变坏，并延长了使用寿命，是室内生活用水的主要给水管材。

(2) 铸铁管。分为灰铸铁管和球墨铸铁管，灰铸铁管具有经久耐用、耐腐蚀性强，使用寿命长的优点，但质地较脆，不耐振动和弯折，重量大，球墨铸铁管在抗压、抗震上有很大提高。球墨铸铁管节省材料，现已在国内一些城市运用。

(3) 塑料管。塑料管的种类比较多，常用的有UPVC、PPR、PE管等，是目前采用较多的一种供水管道。具有表面光滑、耐腐蚀、连接方便等特点，是小管径（200mm以内）输水理想的管材。生活用水主要选择PPR管和PE管，UPVC管主要用于喷灌。

硬聚氯乙烯管（UPVC管），是国内目前塑料管材的主导产品。UPVC给水管材管件1983年列入国家“七五”科技攻关项目，经过二十多年的技术开发和应用实践，在产品的生产和实际工程应用方面均积累了大量的经验。我国于1988年制订了UPVC给水管材国家标准GB 10002.1—88，96年对标准进行了修订，颁布了新的国家标准GB/T 10002.1—1996，非等效采用了ISO 4422：1990国际标准。按目前的国家管材标准，管材口径共28个直径规格，压力等级0.6～11.6MPa，共5个等级。根据国内多家自来水公司的经验，室外UPVC管道宜选用压力等级1.0 MPa的。UPVC给水管设计、施工、验收规程规定的口径分类为20～630mm，并对管材国标所规定的口径分类作了删减，以便于供水企业备品备料。UPVC给水管主要适用于室外埋地供水管道。

聚乙烯管（PE管），大量应用于市政埋地给水管。

聚丙烯共聚物PPR、PPC管，接口采用热熔技术，管子之间完全融合到了一起，所以一旦安装打压测试通过，绝不会再漏水，可靠度极高。价格适中、性能稳定，耐热保温，耐腐蚀，内壁光滑不结垢、管道系统安全可靠，并不渗透，使用年限可达50年。但管材强度低，性质脆，抗外压和冲击性差。多用于小口径，一般小于DN200，同时不宜安装在车行道下。由于每段长度有限，且不能弯曲施工，如果管道铺设距离长或者转角处多，在施工中就要用到大量接头。从综合性能上来讲，PPR管是目前性价比较高的管材，所以成为首选的材料。

金属塑料复合管很多，有钢塑管、铜塑管、铝塑管、钢骨架塑料管等。铝塑复合管是近几年发展迅速的一种新型管材，是以铝合金为骨架，铝管内外层都有一定厚度的塑料管。塑料管与铝管间有一层胶合层（亲和层），使得铝和塑料结合成一体不能剥离。目前用于铝塑复合管的塑料几乎均是PE管，PE管又分HDPE或PEX。HDPE又称通用性铝塑复合管，适用于水温为40℃；PEX称内外交联聚乙烯铝塑复合管，适用于水温为75℃。通用型铝塑复合管适用于冷水供应、内外交联聚乙烯铝塑复合管适用于热水供应。

(4) 钢筋混凝土管。钢筋混凝土管防腐能力强，不需任何防腐处理，有较好的抗渗性和耐久性，但水管重量大，质地脆，装卸和搬运不便。其中自应力钢筋混凝土管会后期膨胀，可使管疏松，不用于主要管道；预应力钢筋混凝土管能承受一定压力，在国内大口径输水管中应用较广，但由于接口问题，易爆管、漏水。为克服这些缺陷现采用预应力钢筒混凝土管（PCCP管），是利用钢筒和预应力钢筋混凝土管复合而成，具有抗震性好、使用寿命长、耐腐蚀、抗渗漏的特点，是较理想的大水量输水管材。

（5）其他管材。玻璃钢管价格高，正刚刚起步，石棉水泥管易破碎，已逐渐被淘汰。

管材选用取决于承受的水压、价格、输送的水量、外部荷载、埋管条件、供应情况等，可参照表2-4据各种管材的特性，其大致适应性如下：

表2-4 管材选用

管径（mm）	主 要 管 材
≤50	1. 镀锌钢管 2. 硬聚氯乙烯等塑料管
≤200	1. 连续浇铸铸铁管，采用柔性接口 2. PPR管价低，耐腐蚀，使用可靠，但抗压较差
300～1 200	1. 球墨铸铁管较为理想，但目前产量少，规格不多，价高 2. 铸态球墨铸铁管价格较便宜，不易爆管，是当前可选用的管材 3. 质量可靠的预应力和自应力钢筋混凝土管，价格便宜可以选用
>1 200	1. 薄型钢筒预应力混凝土管，性能好，价格适中，但目前产量较低 2. 钢管性能可靠，价贵，在必要时使用，但要注意内外防腐 3. 质量可靠的预应力钢筋混凝土管是较经济的管材

①长距离大水量输水系统。若压力较低，可选用预应力钢筋砼管，若压力较高，可采用预应力钢筒混凝土管和玻璃钢管。

②城市输配水管道系统。可采用球墨铸铁管和玻璃钢管。

③室内、小区、绿地中内部。可采用塑料管和镀锌钢管。

（6）管件。给水管的管件种类很多，不同的管材有些差异，但分类差不多，有接头、弯头、三通、四通、管堵以及活性接头等。每类又有很多种，如接头分内接头、外接头、内外接头、同径或异径接头等。图2-3所示为钢管部分管件图。

（7）阀门。阀门的种类很多，园林给水工程中常用的阀门按阀体结构形式和功能可分为截止阀、闸阀、蝶阀、球阀、电磁阀等。按照驱动动力分为手动、电动、液动和气动4种方式，按照承受压力分为高压、中压、低压3类，园林中大多为中低压阀门，以手动为主。

2. 管网附属设施

（1）地下龙头。一般用于绿地浇灌之用，它由阀门、弯头及直管等组成，通常用DN20或DN25。一般把部件放在井中，埋深300～500mm，周边用砖砌成井，大小根据管件多少而定，以能人为操作为宜，一般内径（或边长）300mm左右。地下龙头的服务半径50m左右，在井旁应设出水口，以免附近积水。

（2）阀门井。阀门是用来调节管线中的流量和水压，主管和支管交接处的阀门常设在支管上。一般把阀门放在阀门井内，其平面尺寸由水管直径及附件种类和数量定，一般阀门井内径1 000～2 800mm（管径DN75-1 000mm时），井口一般DN600～800mm，井深由水管埋深决定。

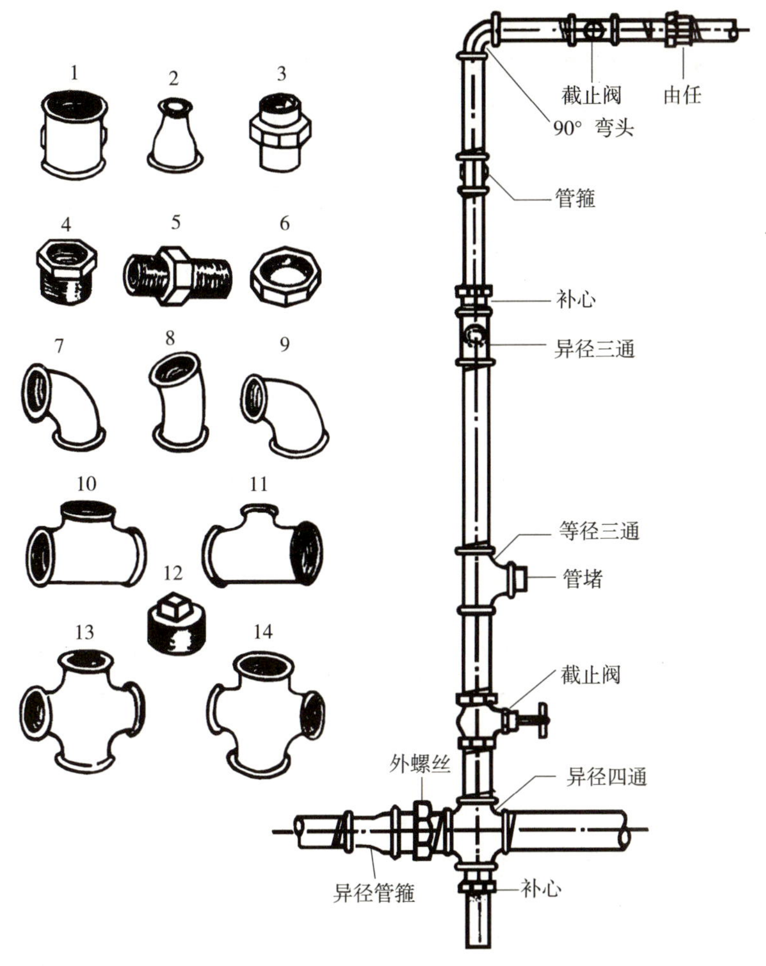

图 2-3　钢管管件图

1、3. 外接头　2. 异径外接头　4. 外螺丝　5. 内接头
6. 外螺丝　7、8. 弯头　9. 异径弯头　10. 三通　11. 异径三通
12. 管堵　13. 四通　14. 异径四通

(3) 排气阀井和排水阀井。排气阀装在管线的高起部位，用以排出管内空气。排水阀设在管线最低处，用以排除管道中沉淀物和检修时放空存水。两种阀门都放在阀门井内，井的内径为1 200～2 400mm 不等，井深由管道埋深确定。

(4) 消火栓。分地上式和地下式，地上式易于寻找，使用方便，但易碰坏，地下式适于气温较低地区，一般安装在阀门井内。在城市，室外消火栓间距在 120m 以内，公园或风景区根据建筑情况而定。消火栓距建筑物在 5m 以上，距离车行道也不大于 2m，便于消防车的连接。

(5) 其他。给水管网附属设施较多，还有水泵站、泵房、水塔、水池等，由于在园林中很少应用，在这不详细说明。

(四) 给水管网的施工

园林给水管线，绝大部分都在绿地下，部分穿越道路、广场时才设在硬质铺地下，在风景区，部分由于山势、溪河等影响，在气候温暖地区，为节省投资，有时设在地面上。

1. 园林给水工程流程 园林给水工程大多属于隐蔽工程，在施工管理上要认真做好施工过程的记录；同时应确认管材管件的规格质量是否符合要求；在施工时要注意掌握以下几点：①竣工标高；②埋深不宜过大；③处理好接口部位；④认真进行水压实验；⑤回填土使用优质土并切实压固；⑥水表或止水阀门安装位置要稍高一些，避免积存水分。

2. 常用机具、工具 园林给水管道安装常用的机具有套丝机、砂轮切割机、试压泵、手动液压铸铁管剪切器、电焊机、氧割（焊）设备、手锤、捻口凿、钢锯、铰扳、剁斧、大锤、撬杠、电气焊工具、手拉葫芦、管子台虎钳、大绳、铁锹、铁镐、水平尺、钢卷尺等。

3. 作业条件

①有安装项目的设计图纸，并且已经过图纸会审和设计交底，施工方案已编制好。施工人员已向班组作了图纸和施工方案的交底，填写了“施工技术交底记录”或“工程任务单”，并且签发了“限额领料记录”。

②管子、管件及阀门等均已检验合格，并且具备了出厂合格证、检验（试验）合格证等有关的技术资料；内部已清理干净，不存杂物。

③暂设工程、水源、电源等已经具备。

④埋地管道，管沟平直，管沟深度、宽度符合要求，阀门井、水表井垫层，消火栓底座施工完毕。管沟沟底夯实，沟内无障碍物，且应有防塌方措施。管沟两侧不得堆放施工材料和其他物品。开挖的沟槽经过检查合格，并填写了“管沟开挖及回填质量验收单”。

⑤室外给水管道在雨季施工或地下水位较高时，应挖好排水沟槽、集水井，准备好潜水泵、胶管等抽水设备，以便抽水。

4. 操作工艺

（1）工艺流程。园林给水管道安装操作工艺流程（图 2-4）。

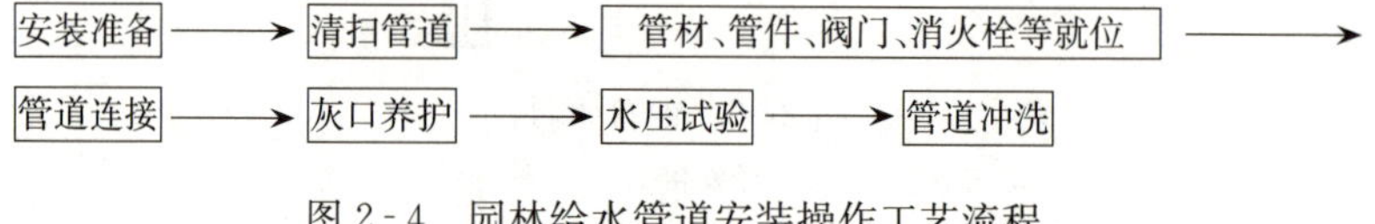

图 2-4 园林给水管道安装操作工艺流程

（2）安装准备。

①沟槽开挖与验收。按施工图要求测出管道的坐标及标高后，再按图示方位打桩放线，确定沟槽位置、宽度和深度。其坐标和标高应符合设计要求，偏差不得超过质量标准的有关规定。为防止塌方，沟槽开挖后应留有一定的边坡，边坡的大小与土质和沟深有关。

为便于管段下沟，挖沟槽的土应堆放在沟的一侧，且土堆底边与沟边应保持一定的距离，一般不小于 0.8m。机械挖槽应确保槽底土层结构不被扰动或破坏，用机械挖槽或开挖沟槽后，当天不能下管时，沟底应留出 0.2m 左右不挖，待铺管前用人工清挖。沟槽开挖时，如遇有管道、电缆、建筑物、构筑物或文物古迹，应予保护，并及时与有关单位和设计部门联系，严防事故发生造成损失。

沟底要求是坚实的自然土层，如果是松散的回填土或沟底有不易清除的块石时，都要进行处理，防止管道产生不均匀下沉而造成质量事故。松土层应夯实，对块石则应将其上部铲除，然后铺上一层大于 150mm 厚度的回填土整平夯实或用黄沙铺平。管道的支撑和支墩不得直接铺设在冻土和未经处理的松土上。

根据施工图检查管沟坐标、深度、平直程度、沟底管基密实度是否符合要求。

②开挖工作坑。沟槽检验合格后，即可开挖工作坑。先根据单根管子长度在沟中准确量得各管的接口位置，并做好标记（注意各管件、附件的长度和操作坑的位置），再画出各工作坑的实挖位置。工作坑的尺寸见表 2-5。

表 2-5　工作坑尺寸

管径 DN (mm)	工作坑尺寸			
	宽度（m）	长度（m）		深度（m）
		承口前	承口后	
75～250	管径＋0.6	0.6	0.2	0.3
＞250	管径＋1.2	1.0	0.3	0.4

（3）清扫管膛。将管道内的杂物清理干净，并检查管道有无裂缝和砂眼。管道承口内部及插口外部飞刺、铸砂等应预先铲掉，沥青漆用喷灯或气焊烤掉，再用钢丝刷除去污物。

（4）管材、管件、阀门、消火栓等就位。

①散管和下管。散管指将检查并疏通好的管子散开摆好，其承口应迎着水流方向，插口顺着水流方向。

下管是将管子从地面放入沟槽内。下管方法分人工下管和机械下管、集中下管和分散下管、单节下管或组合下管等几种。下管方法的选择可根据管径大小、管道长度和重量、管材和接口强度、沟槽和现场情况及拥有的机械设备等条件而定。当管径较小、重量较轻时，一般采用人工下管。管径较大、重量较重时，可采用机械下管。但在不具备下管机械的现场或现场条件不允许时，可采用人工下管，但下管时应谨慎操作，以保证人身安全。操作前，必须对沟壁情况、下管工具、绳索、安全措施等认真检查。

②管道对口和调直稳固。下至沟底的铸铁管在对口时，可将管子插口稍稍抬起，然后用撬杠在另一端用力将管子插口推入承口，再用撬杠将管子校正，使接口间隙均匀，并保持管子成直线，管子两侧用土固定。遇有需要安装阀门、消火栓处，应先将阀门与其配合的短管安装好，而不能先将短管与管子连接后再与阀门连接。

管子铺设并调直后，除接口外应及时覆土，以防管子发生位移，也可防止在捻口时将已捻管口震松。稳管时，每根管子须仔细对准中心线，接口的转角应符合施工规范要求。

③管道连接及灰口养护。以给水铸铁管连接方法及灰口养护为例进行说明。

铸铁管一般采用大锤和剁斧进行断管，断管量大时，可用手动液压铸铁剪切器切断。安装前，应对管材进行检查，不合格不能使用。插口装入承口前，应将承口内部和插口外部清理干净。如采用橡胶圈接口时，应先将橡胶圈套在管子的插口上，插口插入承口后调整好管子的中心位置。

铸铁管全部放稳后，暂将接口间隙内填塞干净的油麻或麻绳等，防止泥土及杂物进入。如接口填麻丝时，应将堵塞物拿掉，填油麻的深度为承口总深的 1/3，填油麻应密实均匀，以保证接口环形间隙均匀。打麻时，应先将麻拧成麻辫，麻辫直径约为承插口环形间隙的 1.5 倍，长度为周长的 1.3 倍左右为宜。打锤要用力，凿凿相压，一直到铁锤打击时发出金属声为止。

采用橡胶圈接口时，填打橡胶圈应逐渐滚入承口内，防止出现缠绕现象。

（5）管道法兰连接。室外给水管道采用法兰连接一般用于阀门、水表的连接处。管道接口法兰不得埋在土壤中，应安装在检查井内。给水检查井内的管道安装，如设计无要求，井壁距法兰（或承口）的距离为：管径 DN<450mm，应不小于 250mm；管径 DN>450mm，应不小于 350mm。法兰垫片一般采用 3～5mm 的橡胶板。

（6）水压试验。管道安装完毕，应对管道系统进行水压试验。按其目的可分为检查管道耐压强度试验和检查管道连接情况的严密性试验。

园林给水管道水压试验长度一般不宜超过1 000 m；当承插给水铸铁管管径 DW≤350mm，试验压力不大于 1.0MPa 时，在弯头或三通处可不做支墩；如在松软土壤中或管径及承受压力较大时，应考虑在弯头、三通处加设支墩。

水压试验程序：

①编制试压方案。

②连接好试压装置。

③接通水源，并挖好排水沟槽（井）。

④打开自来水向管内灌水，此时应打开放气阀，放气阀连续出水，表明管内空气已排尽，水灌满后，铸铁管和钢筋混凝土管要浸泡，钢管可直接进行打压。

⑤升压前应检查各接口、支撑和堵板，有问题要处理好后才能升压。

⑥升压应缓慢，每次升压 0.2MPa 左右为好，并应观察各接口是否渗漏，同时后支撑、管端附近不得站人；升至工作压力时，应停泵检查。

⑦无问题的继续升压至试验压力，停泵检查，压力表 10min 内压降不超过 0.05MPa，管道、附件和接口等未发生漏裂情况，证明强度试验合格，然后将压力降至工作压力进行严密性试验。对试压管道进行全面检查，无渗漏为合格，并履行必要签字手续。

⑧试验经检查人员检验合格，做好试压记录，放净管内存水，如设置排水泵可用其抽至沟外。

⑨填写“隐蔽工程记录”，测量好竣工图要求的有关数据，再回填土方，恢复地貌。

（7）给水管道的冲洗消毒。新铺给水管道竣工后或旧管道检修后，均应进行冲洗消毒，对于喷灌管网可不消毒。冲洗消毒前，应把管道中已安装好的水表拆下，以短管代替，使管道接通，并把需冲洗消毒的管道与其他正常供水的管道接通。消毒前，先用高速水流冲洗水管，在管道末端选择几点将冲洗水排出。当冲洗到所排出的水内不含杂质时，即可进行消毒处理。

进行消毒处理时，先把消毒段所需的漂白粉放入水桶内，加水搅拌使之溶解，然后随同管内充水一起加入到管段，浸泡 24h。然后放水冲洗，并连续测定管内水的浓度和细菌含量，直至合格为止。

（8）回填土。沟槽在管道敷设完毕应尽快回填，分为两个步骤：

①管道两侧及管顶以上不小于 0.5m 的土方，管道安装完毕即行回填，接口处留出，但其底部管基必须填实。

②沟槽其余部分在管道试压合格后及时回填。如沟内有积水，必须全排尽，再行回填。

管道两侧及管顶以上 0.5m 部分的回填，应同时从管道两侧填土分层夯实，不得损坏管子及防腐层。沟槽其余部分的回填也应分层夯实。

分层夯实时，其虚铺厚度如设计无规定，应按下列规定执行：

使用动力打夯机：≤0.3m；人工打夯：≤0.2m。

管子接口工作坑的回填必须仔细夯实。

位于道路下的管段，沟槽内管顶以上部分的回填应用砂土或分层夯实。

用机械回填管沟时，机械不得在管道上方行走。距管顶0.5m范围内，回填土不允许含有直径大于100mm的块石或冻结的大土块。

5. 成品保护

（1）管材、管件、阀门及消火栓搬运和堆放要避免碰撞损伤。

（2）在管道安装过程中，管道未捻口前应对接口处做临时封堵；中断施工或工程完工后，凡开口的部位必须有封闭措施，以免污物进入管道。

（3）管道支墩、挡墩应严格按设计或规范要求设置。

（4）刚打好口的管道，不能随意踩踏、冲撞和重压。

（5）阀门井、水表井要及时砌好，以保证管道附件安装后不受损坏。

（6）管道穿园内主要道路基础时要加套管或设管沟。

（7）埋地管道要避免受外荷载破坏而产生变形。水压试验要密切注意系统最低点的压力不可超过管道附件的承受能力，试压完毕后要排尽管内存水。泄水时，必须先打开上部的排气阀；天气寒冷时，一定要及时泄水，防止受冻。

（8）地下管道回填土时，为防止管道中心线位移或损坏管道，应用人工先在管道周围填土夯实，并应在管道两边同时进行，直至管顶0.5m以上时，在不损坏管道的情况下，方可用机械夯实。

（9）给水管道相互交叉时，其净距不小于0.15m，与污水管平行时，间距取1.5m，与污水管或输送有毒液体管道交叉时，给水管道应敷设在上面，且不应有接口重叠，当给水管敷设在下面时，应采用钢管或钢套管。给水管与城市其他构筑物的关系，可参考表2-6。

表2-6　给水管与构筑物的水平净距

构筑物名称	与给水管道的水平净距（m）
铁路，远期路堤坡脚	5.0
铁路，远期路堑坡顶	10.0
建筑红线	5.0
低、中压煤气管	1.0
次高压煤气管	1.5
高压煤气管	2.0
热力管	1.5
大树中心	1.5
通讯及照明杆	1.0
高压电杆支座	3.0
电力电缆	1.0

注：公园的管网由于压力小，其规定可适当降低。

（10）修筑管网附属设施：园林施工中遇到最多的是阀门井和消火栓，按照设计图纸进行施工。地上消火栓主要是管件的连接，注意管件连接处的密封和稳定，特别是消火栓的稳固更重要，一般在消火栓底部用C30混凝土做支墩与钢架一起固定消火栓。地下消火栓和阀门一样都设在阀门井内，阀门井由井底、井壁、井盖和井内的阀门、管件等组成；阀门、管件等的安装与给水管网的水管一样，主要是连接处的密封和稳定；阀门井的井底在有地下水的地方用C15～20厚60～80mm素混凝土，在没有地下水的地方可用碎石或卵石垫实；井壁用MU5的黏土砖砌筑，表面用1∶3的水泥砂浆饰面；井盖用预制钢筋混凝土或金属井盖。

三、喷灌技术

在当今园林绿地建设中，园林绿地基本实现了灌溉用水的管道化和自动化。园林喷灌系统就是自动化供水的一种常用方式。喷灌有利于浅浇勤灌、节约用水、改善小气候、减小劳动强度等。因喷灌近似于天然降水，对植物全株进行喷灌，可以洗去植株叶面上的尘土，增加空气湿度，但初期的投资较大。

喷灌系统布置与给水系统相似，由于是生产用水，其水源可以是城市自来水，也可以是地表水或地下水。喷灌系统提供喷头正常工作所必要的工作压力，保证喷头能正常工作。同时喷灌管网可以利用阀门分片、分区或分线路控制喷头工作，这样可以节省管材，减少投资。

（一）喷灌形式

依照管道、机具的安装方式及其供水使用特点，园林喷灌系统可分为移动式、半固定式和固定式三种。

1. 移动式喷灌系统 这种喷灌系统适合在有池塘、河流等天然水源的园林绿地中使用。由于设备、管道等不必埋在地下，水泵、管道和喷头等都是可以移动的，所以投资较省，机动性较强。但移动设备时劳动强度较大，操作不便。

2. 固定式喷灌系统 这种喷灌系统有固定的泵房，阀门设备，管道都埋在地下，喷头固定在立管上，有时也可以临时安装。现在运用较多的地埋伸缩式喷头，连喷头也埋在地下，平时缩入套管或检查井内，工作时，利用水压，喷头上升一定高度后喷洒。在公园、广场、运动场等的草坪上应用较多。固定式喷灌系统设备费用较高，一次投资较多。但节省人工、水量，便于实现自动化和遥控操作，从长远角度看还是比较经济的。

3. 半固定式喷灌系统 其泵房、干管固定或埋入地下，支管和喷头可以移动，优缺点介于上述两种喷灌系统之间。多应用在大型花圃、苗圃，公园的树林区也可以运用。

以上三种形式根据基地条件灵活采用。这里主要介绍固定式喷灌系统。

（二）固定式喷灌系统设计

1. 设计所依据的基本资料

（1）地形图。比例尺为 1/1 000～1/500 的地形图，喷灌区域的形状、位置、面积、地势等。

（2）气象资料。包括气温、雨量、湿度、风向风速等，其中风对喷灌影响最大。

（3）土壤资料。主要是土壤的物理性能，包括土壤的质地、持水能力、土层厚度、吸水能力等。

（4）植被情况。植被的种类、种植面积、根系深度等。

（5）水源条件。城市自来水或天然水源。

（6）动力来源。

2. 喷灌方式和喷头组合形式 固定式喷灌系统引水方式一般是：外部引水至泵房，通过水泵加压再输送给主管，主管输给（次主管至）支管，支管上竖立管再接喷嘴，在次主管或支管上设阀门控制喷嘴数量和喷洒面积。

（1）喷洒方式。喷嘴喷洒的形状有圆形和扇形，一般扇形只用在场地的边角上，其他用圆形。

（2）喷头布置形式。也称喷头的组合形式，指各喷头的相对位置的安排。在喷头射程相同的情况下，不同的布置形式，其支管和喷头的间距也不相同。表 2-7 是常用的几种喷头布置形式和有效控制面积及使用范围。表 2-8 是几种喷头的主要特点。

表 2-7　几种喷头布置形式

序号	喷头组合形式	喷洒方式	喷头间距（L）支管间距（b）喷头射程（R）的关系	有效控制面积（S）	应用范围
A	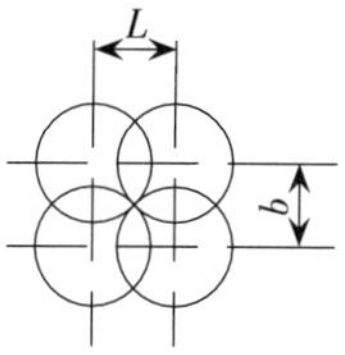	全圆	$L=b=1.42R$	$S=2R^2$	在风向改变频繁的地区效果较好
B	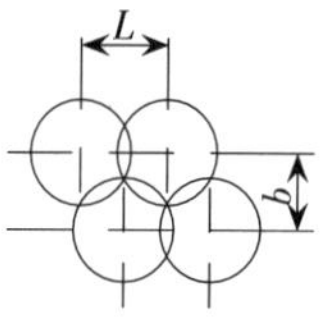	全圆	$L=1.73R$ $B=1.5R$	$S=2.6R^2$	在无风的情况下喷洒的效果最好
C	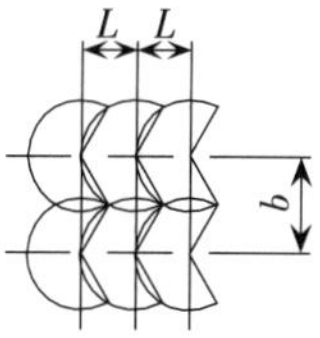	扇形	$L=R$ $B=1.73R$	$S=1.73R^2$	较 AB 节省管道，但多用了喷头
D	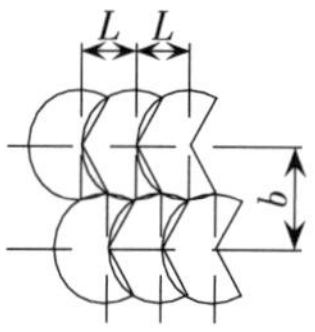	扇形	$L=R$ $B=1.87R$	$S=1.87R^2$	同 C

表 2-8　几种喷头的主要特点

喷头名称	喷头图片	水花样式	主要特征	适用范围
鼓泡喷头（涌泉）			是加气喷头的一种，又称鼓泡喷头、珍珠喷头。喷水时能将气吸入，使水姿形成充满空气的白色水丘	这种喷头可用于教少的水量获得丰满庞大的景观。它可广泛地用于各种场合的喷水池

（续）

喷头名称	喷头图片	水花样式	主要特征	适用范围
牵牛花喷头（喇叭花）			它是利用折射原理，喷水时形成均匀的薄膜，其形状在无风和一定的水压下可形成完整的喇叭花形	这种喷头适用于室内或庭院的喷水池。用阀门调节水量，同时调节顶部盖帽，使喷水花型达到最佳效果
可调直流喷头（万向水帘）			喷泉中使用最多的喷头。由于该种喷头可在垂直与水平方向自由调节角度，加上水压变化，可组合各种高低、角度不同的喷射效果。它也是音控、程控喷泉的必选喷头	在各种场合的喷水池中广泛应用，并是音乐喷泉的必备喷头，这种喷头装有球型接头，可沿垂直方向 15 度进行调节
加气喷头			通过喷嘴口外高速水流形成的负压，吸入空气而产生的白玉色的水柱，抗风力强，造型壮观，灯光配合效果更好	调节外套筒，可改变吸入的空气量，吸入的空气越多越细，水柱的颜色越白，喷头还可沿垂直方向 15°进行调节，适用于大中型喷水池中
半球形喷头（蘑菇）			喷水水膜薄而均匀，造型优美，噪声极小。喷头抗风性较差	广泛用在室内及庭院的喷水池中。用于室外时一般选择 3/2" 以上规格的喷头通过调节阀门及顶部喷盖可选择最佳喷水形状
树冰形喷头（雪松）			喷水时外观效果庞大丰满，粗壮挺拔，喷头安装在导流筒上端与水面齐平，喷水时能将池水带走，形成粗大壮观的水柱，抗风力较强	这种喷头广泛用于广场和公共场所的喷水池中

（续）

喷头名称	喷头图片	水花样式	主要特征	适用范围
蒲公英喷头	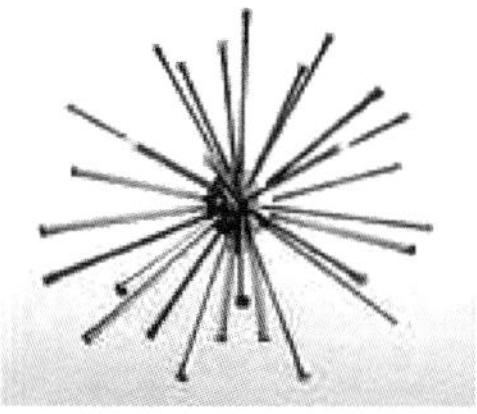		是在一个球形配水室上辐射安装着许多支管，每根支管的外端装有向周围折射的喷嘴，从而组成一个大的球体。喷水时，水姿形如蒲公英花球，雄伟壮观	由于喷嘴口径较细，对水质要求较高，需经过过滤，否则容易堵塞，影响喷水效果。这种喷头可应用于各种喷水池中
花柱喷头	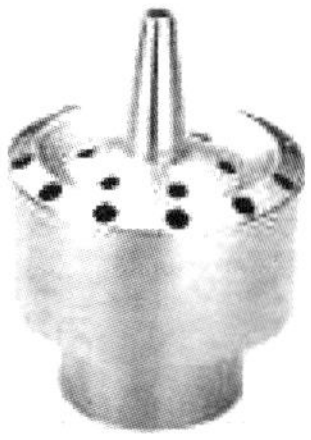		是多孔散射喷头的一种，又名层花喷头、花兰喷头等。喷水时，其外现形似一束鲜花，造型美观	适用于各种场合的喷水池中
旋转式喷头		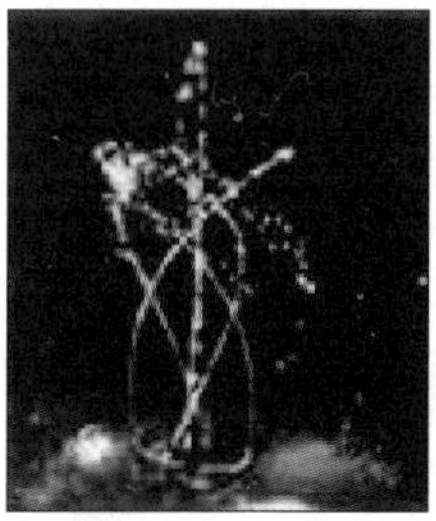	充分利用喷嘴的离心作用，喷水时在反作用力的推动下，喷头自行旋转，形似水中仙子，翩翩起舞，犹如九龙戏水，别具一格	是音乐喷泉的必备喷头
摇摆喷头	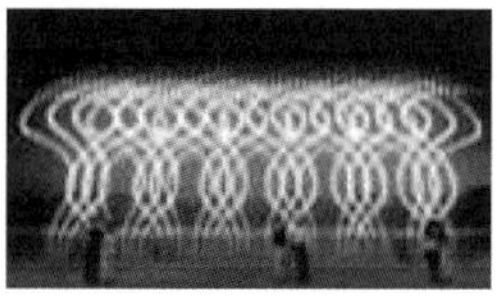		水姿轻盈优美，犹如碧波荡漾，风扶垂柳。该喷头由摇摆电机、偏心传动部分、滑决传动部分、钢丝绳传动部分、喷头变向部分和喷头构成	是音乐喷泉不可缺的喷头
扇形喷头		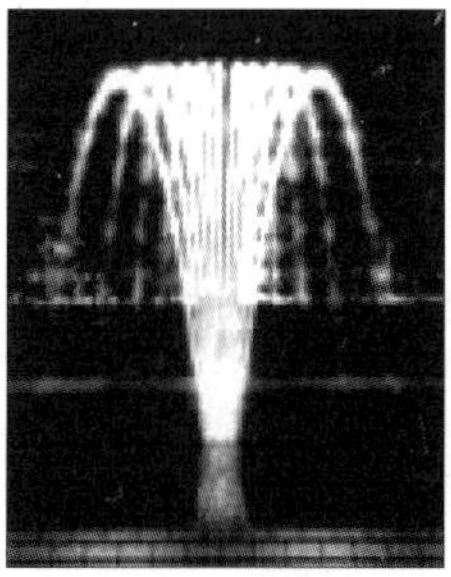	是一些小喷嘴安装排列在同一配水室上，喷出的水形如扇，又似蛟龙戏珠	广泛适应于室内外、庭院和公共场所的喷水池中

（续）

喷头名称	喷头图片	水花样式	主要特征	适用范围
雾状喷头			喷出的水滴非常细小，成为雾状，在阳光照射下可形成七色彩虹	因喷嘴构造差异，喷出的水姿也有不同，喷水时噪声小，用水量少，一般安装在雕像周围
扁嘴喷头			水形美观	适用于各种场合的喷水池中，扁嘴喷头装有球形接头，可用垂直方向和倾斜 15 度安装
直上喷头			又称中心柱，一座喷泉有主有次，层次清晰突出，观众百看不厌，直上喷头喷水时，射流粗壮高大，气势宏伟，外观分量重，气氛浓	直上喷头一般用来作主喷，是大型喷水池中必不可缺的喷头
折花式喷头			为四个部件组成，它所安装高低和直径大小等，可按用户所需进行调节，由于这种喷泉喷洒时的雾化性能较好	适用于三级风以下或室内、庭院内的水池安装使用

3. 喷头及支管间距 在确定喷头的布置形式后，选择合适的喷嘴，正规厂家的产品都标明了喷嘴的型号、射程、喷嘴流量、工作压力等，然后根据喷嘴的射程（R）确定喷头的间距（L）和支管间距（b）。在确定布置形式和间距时，必须考虑风的影响，在不同的风力条件下，喷洒的效果大不相同。表 2-9 是美国“Rainbird”公司的喷头组合间距建议值。

表 2-9 风速与喷灌间距

平均风速（m/s）	喷头间距	支管间距	平均风速（m/s）	喷头间距	支管间距
<3.0	$0.8R$	$1.3R$	$4.5\sim5.5$	$0.6R$	R
$3.0\sim4.5$	$0.8R$	$1.2R$	>5.5	不宜喷灌	

（三）喷灌系统的计算

在确定了喷灌的布置形式，选择了合适的喷嘴后，须确定立管、支管、主管的管径，每次喷灌所需要的时间，每管段的水头损失，引水点或泵房所需要的工作压力和扬程等。

1. 选择管径　根据所选喷嘴流量（Q_p）和接管管径，确定立管管径。按照布置形式、支管上喷嘴的数量，得出支管的水流量（Q）。

$$Q = \sum Q_p$$

流量（Q）计算出来后，查水力计算表，即可得到支管的流速（v）和管径（DN）。

主管管径（DN）的确定与主管上连接支管的数量以及设计同时工作的支管的数量有关，主管的流量（Q）随同时工作的支管数量变化而变化。

例： 一根喷灌主管上接有 8 根支管，每根支管上有 4 个喷嘴，已选喷嘴的流量 $Q_p=0.9m^3/h$，喷嘴的连接管 $DN=20mm$，设计要求至少 2 组喷嘴能同时工作，求出立管、支管和主管管径。

解：　$Q_p=0.9\ (m^3/h)$

每根支管的流量　$Q=4Q_p=4\times 0.9=3.6\ (m^3/h)$

主管的设计流量　$Q_z\geqslant 2Q=7.2\ (m^3/h)$

喷灌系统为便于安装和运输，一般多用钢管和 UPVC 塑料管，现采用镀锌钢管，查钢管水力计算表得：

立管 $DN=20mm$　　支管 $DN=40mm$　　主管 $DN=50mm$

2. 计算喷灌时间　每次给草坪或花圃等灌溉有一定时间，即能保证草皮或花卉的需要，又不造成水量过多而流失。喷头的喷洒时间可用下列公式计算：

$$t=mS/1\ 000Q_p$$

式中：t——喷灌时间（h）；

m——设计喷灌定额（mm）；

S——喷头有效控制面积（m^2）；

Q_p——喷头喷水量（m^3/h）。

（1）设计灌水定额。灌水定额是指一次灌水的水层深度（单位为 mm）或一次灌水单位面积的用水量（m^3/hm^2）。而设计灌水定额是指作为设计依据的最大灌水定额。计算设计灌水定额的目的是：既能保证草皮或花卉的需要，又不造成水量过多而浪费。计算的方法有下列两种：

一是利用土壤田间持水量资料（表 2-10）计算：田间持水量是指在排水良好的土壤中，排水后不受重力影响而保持在土壤中的水分含量，通常以占干土重量的百分比表示，也可以用体积的百分比表示。植物主要根系活动层土壤的田间持水量，对于确定灌水时间和灌水水量是一个重要指标。

表 2-10　几种常见土壤的容重和田间持水量

土壤质地	容重（g/cm³）	田间持水量		土壤质地	容重(g/cm³)	田间持水量	
		重量（%）	体积（%）			重量（%）	体积（%）
紧砂土	1.45～1.60	16～22	26～32	重壤土	1.38～1.54	22～28	32～42

（续）

土壤质地	容重（g/cm^3）	田间持水量		土壤质地	容重（g/cm^3）	田间持水量	
		重量（%）	体积（%）			重量（%）	体积（%）
砂壤土	1.36～1.54	22～30	32～42	轻黏土	1.35～1.45	28～32	40～45
轻壤土	1.40～1.52	22～28	30～36	中黏土	1.30～1.45	25～35	35～45
中壤土	1.40～1.55	22～28	30～35	重黏土	1.32～1.40	30～35	40～45

土壤含水量超过田间持水量时，多余的水形成重力水下渗，不能为植物所利用。土壤水分占田间持水量的80%～100%时，一般认为此时为最佳湿度，也就认定为灌水的上限；土壤含水量低于田间持水量的60%～70%时，植物汲水困难，需给土壤补充水分，就认定为灌水的下限。根据植物根系活动深度、田间持水量、土壤容重得出设计灌水定额（m）如下：

$$m=10rh(P_1-P_2)/\eta$$

式中：m——设计灌水定额（mm）；

r——土壤容重（g/cm^3）；

h——计算土层深度，即植物主要根系活动层深度（cm），草坪、花卉可取$h=20\sim30cm$；

P_1——适宜的土壤含水量上限（重量%），取田间持水量80%～100%；

P_2——适宜的土壤含水量下限（重量%），取田间持水量60%～70%；

η——喷灌时水的利用系数，一般取$\eta=0.7\sim0.9$。

公式中的P_1P_2（重量%），也可以改用p_1p_2（体积%）进行计算：$p=rP$，上述公式改为：

$$m=h(p_1-p_2)/\eta$$

式中：h的单位改为mm，其他不变。

二是利用土壤有效持水量资料计算设计灌水定额有效持水量是指可以被植物吸收的土壤水分。灌溉应当是补充土壤中的有效水分，因此，可根据有效持水量来计算灌水定额。在计算时还要考虑到土壤有效持水量是边被植物消耗边进行补充的。不同的土壤、栽植的植物不同，其允许消耗占有效持水量的百分比也不同。通常消耗有效持水量的1/3～2/3时，需补充水分。

$$m=1\,000\alpha hP/\eta$$

式中：m——设计灌水定额（mm）；

α——允许消耗的水分占有效持水量的百分比，见表2-11；

P——土壤的有效持水量（体积%），见表2-12；

h——计算土层深度（m）；

η——灌水利用系数，$\eta=0.7\sim0.9$。

表2-11 土壤水分允许消耗值

植 物 种 类	允许土壤消耗占有效持水量的%
生产价值高，对水分敏感的植物（如草本花卉）	33
生产价值与根深中等的植物	50
生产价值低，抗旱性强的根深植物（耐旱的草坪等）	67

表 2-12　几种常见土壤的有效持水量

土壤类别	有效持水量（体积%）		土壤类别	有效持水量（体积%）	
	范　围	平均值		范　围	平均值
粗砂土	3.3～6.2	4.0	中壤土	12.5～19.0	16.0
细砂土和壤砂	6.0～8.5	7.0	黏壤土	14.5～21.0	17.5
砂壤土	8.5～12.5	10.5	黏土	13.5～21.0	17.0

以上计算的结果是设计灌水定额，也就是最大灌水定额，实际上植物在不同的生长发育阶段和一年不同的季节，对水量的要求也不同。为了计算方便，都按设计灌水定额计算。以下为灌水定额的参考数值：草坪和灌木，温暖地区为 25mm/周，炎热地区为 44mm/周。

（2）设计灌水周期。灌水周期也称轮灌期。在喷灌系统设计中，需要确定植物消耗水分最多时的水量和允许最大灌水间隔时间。灌水周期可以用下列公式表示：

$$T=\frac{m}{n}\eta;$$

式中：T——灌水周期（d）；

m——灌水定额（mm）；

n——植物日平均耗水量或土壤水分消耗速率（mm/d）；

η——喷灌水利用系数取 0.7～0.9。

以上公式只能粗略估算灌水周期，因为植物消耗水分难已计算准确，不能正确反映某地块的具体灌溉情况，需要经常测定土壤水分和物理性能，以便掌握适当的灌水时间。目前，园林上还没有具体的灌水周期，农业上，大田作物一般为 5～10d，蔬菜为 1～3d。

（3）喷灌强度及喷灌有效面积。单位时间喷洒于田间的水层深度称喷灌强度 ρ，单位一般用 mm/h 表示。喷灌系统中，喷头的实际控制面积即为喷灌有效面积。一个喷头的流量确定后，其喷灌强度和喷灌有效面积互为倒数的关系：即喷灌强度越大则喷灌有效面积越小，反之喷灌强度越小则喷灌有效面积越大。喷灌强度选择很重要，强度过大，水分不能完全被植物和土壤吸收，形成地表径流或积水，造成水土流失；相反则喷灌时间太长，水量蒸发损失大，效果不好。喷头的喷灌强度由喷头的性能确定，喷灌系统的组合喷灌强度除喷头的性能外，还与喷头的布置形式、间距等有关；同样，喷灌的有效面积也与这些因数有关。

$$\rho=1\,000Q_{p}/S$$

式中：ρ——喷灌强度（mm/h）；

Q_{p}——喷头喷水量（m^3/h）；

S——喷头控制面积（m^2）。

喷头的喷灌强度 ρ_s 由喷嘴的型号决定，是指喷头做圆形喷洒时计算的强度。$S=\pi r^2$（r 为射程），$\rho_s=1\,000Q_{p}/\pi r^2$。在喷灌系统中，单个喷嘴的实际控制面积并不是 πr^2，其组合喷灌强度可用下列公式计算：

$$\rho=C_{\rho}\times\rho_s$$

式中：ρ——喷灌系统的组合喷灌强度（mm/h）；

C_{ρ}——换算系数；

ρ_s——喷头设计喷灌强度（mm/h）。

换算系数是喷头以射程为半径作全圆喷洒时的面积与喷头的实际控制面积的比值。$C_\rho=\pi r^2/S$，所以，它与喷洒方式、同时工作的喷头的布置形式以及喷头间距有关。由此看来，只要知道喷嘴的性能和某种喷洒组合形式的换算系数，就可得出喷灌强度以及喷头的实际控制面积。

喷头组合形式和喷洒方式可分为：单喷头喷洒、单行多喷头喷洒和多行多喷头喷洒三种。

①单喷头喷洒。计算方便，喷头作全圆喷洒时，其喷灌强度 $\rho=\rho_s$；作扇形喷洒时与喷洒的角度有关（表 2-13）。

②单行多喷头喷洒。这种喷灌方式可用在单支管的移动喷灌管道系统和支管逐条轮灌或间支轮灌的固定喷灌管道系统，其组合喷灌强度决定于喷头间距 a。

表 2-13　单喷头喷洒的 C_ρ 值

扇形中心角 θ	C_ρ
360°	1.00
300°	1.20
270°	1.34
240°	1.50
180°	2.00
90°	4.00

设：$a=Kr$

式中：a——喷头间距（m）；

K——喷头间距与喷头射程的比值；

r——喷头射程（m）。

C_ρ 是 K 的函数，其关系见图 2-5 所示。

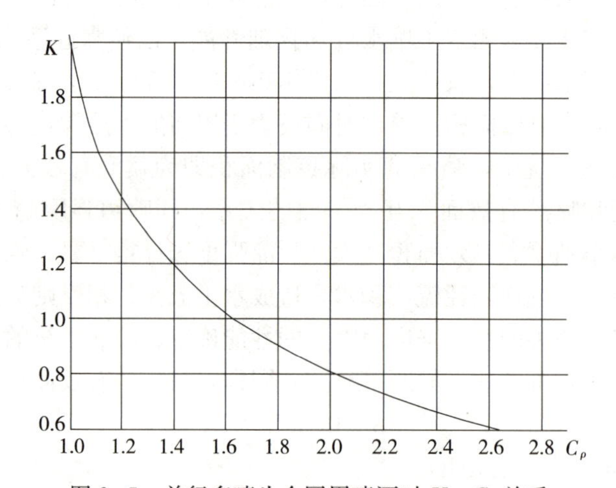

图 2-5　单行多喷头全圆周喷洒时 K—C_ρ 关系

例：有一支管，采用喷头的流量为 $Q_p=2.0\text{m}^3/\text{h}$、射程 $r=12\text{m}$，喷头的间距 $a=15\text{m}$。求该支管的组合喷灌强度和每个喷头的实际控制面积。

$$\rho_s=1\,000Q_p/\pi r^2=1\,000\times2/(3.14\times12^2)=4.42\ (\text{mm/h})$$

$K=a/r=15/12=1.25$　查 K—C_ρ 关系图

$$C_\rho=1.35$$

$$\rho=C_\rho\times\rho_s=5.97\ (\text{mm/h})$$

$$S=\pi r^2/C_\rho=334.93\ (\text{m}^2)$$

③多行多喷头喷洒。相邻多行支管上的多个碰头使用时作全圆形喷洒。

$$S=a\times b$$

$$\rho=1\,000Q_p/S=1\,000Q_p/ab$$

式中：S——喷头的实际控制面积（m^2）；

a——喷头间距（m）；

b——支管间距（m）；

ρ——喷灌组合强度（m/h）；

Q_p——喷灌流量（m^3/h）。

3. 喷灌管道的水力计算　喷灌系统与给水管道系统相仿，喷头工作也需要工作压力，而喷灌管道同样有水阻，水在管道内流动也会有水头损失，需要计算水头损失来确定引水点的水压或加压泵的扬程，以便选择合适的水泵型号。

水头损失包括沿程水头损失和局部水头损失。沿程水头损失可以查管道水力计算表，也可以用下列公式计算；局部水头损失一般计算较繁琐，可以估算为沿程水头损失的10%～15%。

$$h_f=\frac{l}{C^2R}V^2\text{（谢才公式）}$$

式中：h_f——沿程水头损失（m）；

l——管道长度（m）；

V——管中水流平均速度（m/s）；

R——水力半径（m），对于圆管 $R=d/4$，d 为水管的计算半径（m）；

C——谢才系数（$m^{1/2}/s$），常用满宁公式计算：

$$C=\frac{1}{n}R^{1/6}\qquad[n\text{ 为粗糙系数（表 2-14）}]$$

表 2-14　各种管材的粗糙系数 n 值

管道种类	n
各种光滑的塑料管（如PVC、PE管）	0.008
玻璃管	0.009
石棉水泥管、新钢管、新的铸造很好的铁管	0.012
铝合金管、镀锌钢管、棉塑软管、涂铀缸瓦管	0.013
使用多年的旧钢管、旧铸铁管、离心浇注的混凝土管	0.014
普通混凝土管	0.015

表 2-15　单位管长沿程阻力系数 S_{of} 值（s^2/m^6）

管内径 d（mm）	粗糙系数 n							
	0.008	0.009	0.010	0.011	0.012	0.013	0.014	0.015
25	227 940	288 200	355 900	431 000	512 500	602 500	697 500	774 000
40	18 385	23 270	28 700	34 800	41 400	48 600	56 250	64 600
50	5 600	7 060	8 710	10 550	12 600	14 750	17 120	19 590
75	658	824.8	1 015	1 221	1 480	1 738	2 015	2 270
80	470	591	729	884	1 057	1 240	1 440	1 638
100	140	179	221	268	315	370	429	479
125	43.0	54.1	66.8	80.9	96.8	113.6	131.8	150.0

（续）

管内径 d（mm）	粗糙系数 n							
	0.008	0.009	0.010	0.011	0.012	0.013	0.014	0.015
150	16.3	20.5	25.3	30.7	36.7	43	49.9	56.9
200	3.46	4.38	5.41	6.55	7.80	9.15	10.60	12.05
250	1.06	1.33	1.645	1.99	2.39	2.80	3.26	3.70
300	0.404	0.505	0.623	0.755	0.908	1.066	1.237	1.400
350	0.178	0.228	0.282	0.341	0.400	0.470	0.545	0.634
400	0.088	0.110	0.135	0.163	0.197	0.232	0.269	0.304
450	0.046 7	0.059 5	0.073 5	0.089	0.105	0.123	0.143	0.165
500	0.026 6	0.033 5	0.041 1	0.049 8	0.059 7	0.070 1	0.081 3	0.092 5
600	0.010 05	0.012 8	0.015 8	0.019 1	0.022 6	0.026 5	0.030 8	0.035 4
700	0.004 42	0.005 59	0.006 9	0.008 35	0.009 93	0.011 66	0.013 52	0.015 5
800	0.002 16	0.002 74	0.003 38	0.004 05	0.004 87	0.005 72	0.006 63	0.007 61
900	0.001 15	0.001 46	0.001 8	0.002 18	0.002 59	0.003 05	0.003 54	0.004 05
1 000	0.000 66	0.000 83	0.001 03	0.001 24	0.001 48	0.001 74	0.002 02	0.002 31

将上述公式的有关数值代入并化简：

$$h_f=10.28n^2LQ^2/d^{5.33}$$

设 $S_{of}=10.28n^2/d^{5.33}$，S_{of}称为单位（或每米）管长沿程阻力参数（表 2-15）

$$h_f=S_{of}LQ^2$$

式中：L——管长（m）；

Q——管中流量（m^3/s）。

喷灌管道系统的水力计算与给水管道系统基本相同，但还有它的特殊性。在喷灌管道系统中，一根支管上有许多立管和喷头，在喷头工作时，支管上每隔一段距离都有水喷出，其支管上的水量由干管接口处到支管末端是渐渐减少的。在求取它们的水头损失时，应该分段计算，但这种计算很麻烦，为简化计算程序，引入“多口系数”的概念。“多口系数”是假定支管上各孔口的流量是相同，依孔口数目求得的一个折算系数。

适用表 2-16 时，应先计算支管第一个喷头至支管进口的距离与喷头间距的比值 X，然后查表得出相应的 F 值。

上面讲叙的是喷灌的基本知识，其实喷灌系统的设计较复查，它与基地的形状、坡度、风向等有关。

表 2-16　多口系数 F 值

孔口数 N	多口系数 F					
	$X=1$			$X=1/2$		
	$m=2$	$m=1.90$	$m=1.875$	$m=2$	$m=1.90$	$m=1.875$
2	0.625	0.634	0.639	0.500	0.512	0.516
3	0.518	0.528	0.535	0.422	0.434	0.442
4	0.469	0.480	0.486	0.393	0.405	0.413
5	0.440	0.451	0.457	0.378	0.390	0.396
6	0.421	0.433	0.435	0.369	0.381	0.385

（续）

孔口数 N	多口系数 F					
	$X=1$			$X=1/2$		
	$m=2$	$m=1.90$	$m=1.875$	$m=2$	$m=1.90$	$m=1.875$
7	0.408	0.419	0.425	0.363	0.375	0.381
8	0.398	0.410	0.415	0.358	0.370	0.377
9	0.391	0.402	0.409	0.355	0.367	0.374
10	0.385	0.396	0.402	0.353	0.365	0.371
11	0.380	0.392	0.397	0.351	0.363	0.368
12	0.376	0.388	0.393	0.349	0.361	0.366
13	0.373	0.384	0.391	0.348	0.360	0.365
14	0.370	0.381	0.387	0.347	0.358	0.364
15	0.367	0.379	0.384	0.346	0.357	0.363
16	0.365	0.377	0.382	0.345	0.357	0.362
17	0.363	0.375	0.380	0.344	0.356	0.361
18	0.361	0.373	0.379	0.343	0.355	0.361
19	0.360	0.372	0.377	0.343	0.355	0.360
20	0.359	0.370	0.376	0.342	0.354	0.360
22	0.357	0.368	0.374	0.341	0.353	0.359

注：$m=2.0$ 适用于谢才公式；$m=1.9$ 适用于斯柯贝公式；$m=1.875$ 适用于哈-威公式

园林中运用的喷嘴有：摇摆式喷头（用在苗圃、花圃和树林中等）、地埋式喷头（运动场、大草坪等）、孔管式喷头、微喷头（温室、小块绿地、宅院等）和滴灌喷头（盆花、研究室等），如图 2-6 所示。

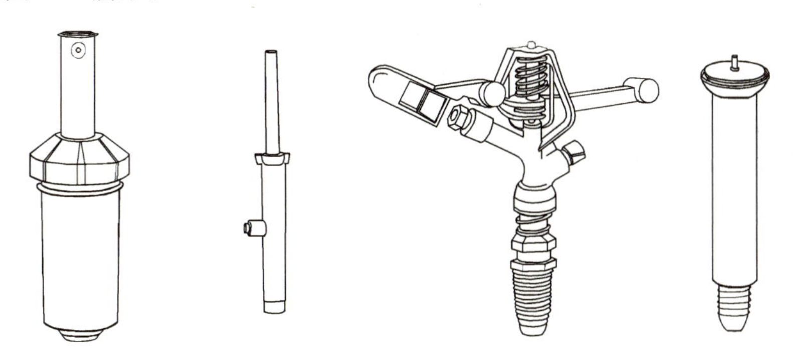

图 2-6　喷嘴类型

（四）微灌系统

微灌是直接将水浇灌到单个植物的灌溉方式，它是通过灌水器以微小的流量湿润植物根部附近的土壤，利用轻度但频繁的灌溉形式来满足不同土壤气候条件下的植物供水需要。具有节能、省水、省工的优点，但工程投资较大，且对水质的要求较高。在实际中，常根据微灌系统的设备（主要是灌水器）和出流方式的不同，分为滴灌、微喷灌和渗灌系统。

1. 滴灌系统　具有极大的灵活性，可为不同的植物选择不同流速、安排不同数量的滴灌器，以适应植物个体的差异，在园林中常与喷灌系统结合使用，如图 2-7 所示。滴灌系统对于灌木、孤植乔木等的灌溉具有优势。滴灌器的布置应围绕植物的根系尤其是毛细根区对称布置，一般配有偶数个滴灌器。如将毛管和滴灌器放在地面称为地表滴灌；也可以把它们埋入地下 30～40cm，称为地下滴灌。滴灌系统的滴水器的流量通常为 2～12L/h。

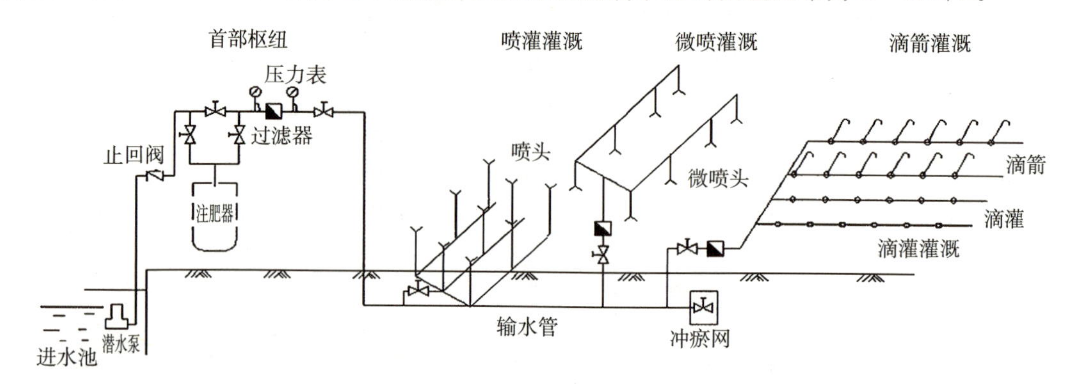

图 2-7 滴灌系统图示

（韩阳瑞．园林工程．2014）

2. 微喷灌系统 是通过低压管道系统将水流以较大的流速由微喷头喷出，在空气阻力的作用下粉碎成细小的水滴降落在土壤表面进行局部灌溉。其特点是灌水量小、灌水持续时间长、灌溉周期短、需要的工作压力较低、能够较精准地控制灌水量，在园林中适用于宽度和面积较小的绿地、花坛以及灌木丛等的灌溉。微喷头的流量通常为 20～250L/h。

3. 渗灌系统 又称地下滴灌。灌溉水通过渗灌管直接供给植物根部，地表及植物叶面均保持干燥，使植物蒸发减至最小，计划湿润层土壤含水率均低于饱和含水率。其流量一般为 2～3L/h。

（五）喷灌系统的施工

不同形式的喷灌系统，施工的内容也不同。移动式喷灌系统只是在绿地内布置水源（井、渠、塘等），主要是土石方工程。而固定式喷灌系统则还要进行泵站的施工和管道系统的铺设。固定式喷灌系统施工的技术要求较高，施工时最好有设计人员和喷灌系统的管理人员参加。这样，一方面可以保证施工能符合设计要求；另一方面也有利于管理人员熟悉整个喷灌系统的情况，便于维修管理。

土地已经平整的地区，喷灌系统施工可大致分为以下几个步骤：定点放线、挖渠道基坑和管槽、浇筑水泵基座、安装水泵和管道、冲洗、试压、回填和试喷。

1. 定点放线 就是把设计图纸上的设计方案，布置到地面上去；对于水泵定点放线应确定水泵的轴线、泵房的基脚位置和开挖深度，对于管道系统则确定管的轴线、弯头、三通、四通及喷点（即竖管）的位置和管槽的深度。

2. 挖基坑和管槽 在便于施工的前提下，管槽尽量挖得窄些，仅在接头处按施工工作面的要求挖成一较大的坑，这样管子承受的压力较小，土方量也小。管槽的底面就是管子的铺设平面，要挖平以减少不均匀沉陷。基坑管槽开挖后最好立即浇筑基础铺设管道，以免长期敞开造成塌方和风化底土，影响施工质量及增加土方工程量。

3. 浇筑水泵基座 关键在于严格控制基脚螺钉的位置和深度，常用一个木框架。按水泵基脚尺寸打孔，按水泵的安装条件把基脚螺钉穿在孔内进行浇筑。

4. 安装水泵和管道 管道安装工作包括接收、装卸、运到现场、机械加工、接头、装配等。管道安装应注意以下几点：

（1）干支管均应埋在当地冰冻层以下，并应考虑地面上动荷载的压力来确定最小埋深，管子应有一定的纵向坡度，使管内残留的水能向水泵或干管的最低处汇流，并装有排空阀以便在喷灌季节结束后将管内积水全部排空。

（2）对于脆性管道（如石棉水泥管等）装卸运输需特别小心减少破损率，铺设时隔一定距离（10～20m）应装有柔性接头。管槽应预先夯实并铺砂过水，以减少不均匀沉陷造成的管内应力。在水流改变方向的地方（弯头、三通等）和支管末端应设镇墩以承受水平侧向推力和轴向推力。

（3）对于塑料管应装有伸缩节以适应温度变形。

（4）安装过程中要始终防止砂石进入管道。

（5）对于金属管道在铺设之前应预先进行防锈处理。铺设时如发现防锈层有损伤或脱落应及时修补。

水泵安装时要特别注意水泵轴线应与动力机轴线一致，安装完毕后应用测隙规检查同心度，吸水管要尽量短而直，接头要严格密封不可漏气。

5. 冲洗 管子装好后先不装喷头，开泵冲洗管道，把竖管敞开任其自由溢流把管道中的泥沙等冲出来，防止堵塞喷头。

6. 试压 将开口部分全部封闭，竖管用堵头封闭，逐段进行试压。试压的压力应比工作压力大一倍，保持这种压力10～20min，各接头不应当有漏水，如发现漏水应及时修补，直至不漏为止。

7. 回填 经试压证明整个系统施工质量合格，才可以回填。如管子埋深较大应分层轻轻夯实。采用塑料管应掌握回填时间，最好在气温等于土壤平均温度时，以减少温度引起塑料管变形。

8. 试喷 最后装上喷头进行试喷，必要时还应检查正常工作条件下各喷点处是否达到喷头的工作压力，用量雨筒测量系统均匀度，看是否达到设计要求，检查水泵和喷头运转是否正常。

第二节 园林排水工程

园林排水工程的任务：将处于市区园林绿地的服务设施产生的生活污水利用管渠排入城市排水系统和疏导雨水排入园林水体或城市排水系统，在离市区较远的风景区需自设污水处理及设施，以便保持风景区洁净的环境。

一、园林排水工程的基础知识

（一）园林排水的种类

从排水的种类来说，园林绿地中主要是天然降水、生产废水、游乐废水和一些生活污水的排放。其废、污水所含有害污染物质很少，主要含有一些泥沙和有机物，净化处理也比较容易。

1. 天然降水 园林排水管网要收集、输送和排除雨水及融化的冰、雪水。这些天然的降水在落到地面前后，要受到空气污染物和地面泥沙等的污染，但污染程度不高，一般可以直接向园林水体如湖、池、溪流中排放。

2. 生产废水 盆栽植物浇水时多浇的水，绿地植物灌溉时淌出的水，鱼池、喷泉池、睡莲池等较小的水景池排放的废水，都属于园林的生产废水。这类废水一般可直接向园林水体排放。面积较大的湖、池，其水体已具有一定的自净能力，因此常常不换水，当然也就不排出废水。

3. 游乐废水 游乐设施中的水体一般面积不大，积水太久会使水质变坏，所以每隔一定时间就要换水。如游泳池、戏水池、碰碰船池、冲浪池、航模池等，常在换水时有废水排出。游乐废水中所含污染物不算多，可以酌情向园林湖池中排放。

4. 生活污水 园林中的生活污水主要来自餐厅、茶室、小卖部、厕所、园务管理设施等处。这些污水中所含有机污染物较多，一般不能直接向园林水体中排放，需要经过除油池、沉淀池、化粪池等进行处理后才能排放。另外，做清洁卫生时产生的废水，也可归类为生活污水。

（二）排水体制与排水工程组成

排水设计中所采用的排水体制不同，其排水工程设施的组成情况也会不同，这二者是紧密联系的。进行园林排水设计，要明确排水体制的选用和排水工程的基本构成情况。

1. 排水体制 将园林中生活污水、生产废水、游乐废水和天然降水从产生地点收集、输送和排放的基本方式，称为排水系统的体制，简称排水体制。排水体制主要有分流制与合流制两类。

（1）分流制排水。其特点是“雨、污分流”。因为雨雪水、园林生产废水、游乐废水等污染程度低，不需净化处理就可直接排放，为此而建立的排水系统，称雨水排水系统。为生活污水和其他需要除污净化后才能排放的污水建立另外的一套独立的排水系统，则称污水排水系统。两套排水管网系统虽然是同时布置，但互不相连，雨水和污水在不同的管网中流动和排除。

（2）合流制排水。排水特点是“雨、污合流”。排水系统只有一套管网，既排雨水又排污水。这种排水体制已不适于现代城市环境保护的需要，所以在一般城市排水系统的设计中已不再采用。但是，在污染负荷较轻，没有超过自然水体环境的自净能力时，还是可以酌情采用的。

为了解决合流制排水系统对园林水体的污染，可以将系统设计为截流式合流制排水系统。截流式合流制排水系统，是在原来普通的直泄式合流制系统的基础上，增建一条或多条截流干管，将原有的各个生活污水出水口串联起来，把污水拦截到截流干管中。经干管输送到污水处理站进行简单处理后，再引入排水管网中排除。在生活污水出水管与截流干管的连接处，还要设置溢流井。通过溢流井的分流作用，把污水引到通往污水处理站的管道中。

2. 排水工程的组成 园林排水工程的组成，包括天然降水、废水、污水的收集和输送，污水的处理和排放等一系列过程。以排水工程设施为依据分类，主要可以分为排水管渠和污水处理设施。一部分是作为排水工程主体部分的排水管渠，其作用是收集、输送和排放园林各处的天然降水、废水、污水。另一部分是污水处理设施，包括必要的水池、泵房等构筑物。以排水的种类方面为依据分类，园林排水工程则是由雨水排水系统和污水排水系统两大部分构成的。采用不同排水体制的园林排水系统，其构成情况有些不同。

（1）雨水排水系统的组成。园林内的雨水排水系统要排除天然降水、园林生产废水和游乐废水。它的基本构成部分包括：

①汇水坡地、集水浅沟和建筑物的屋面、天沟、雨水斗、竖管、散水。

②排水明渠、暗沟、截水沟、排洪沟。

③雨水口、雨水井、雨水排水管网、出水口。

④在利用重力自流排水困难的地方，还可能设置雨水排水泵站。

（2）污水排水系统的组成。这种排水系统主要是排除园林生活污水，包括室内和室外部分。它的基本构成部分包括：

①室内污水排放设施，如厨房洗物槽、下水管、房屋卫生设备等。

②除油池、化粪池、污水集水口。

③污水排水干管、支管组成的管道网。

④管网附属构筑物如检查井、连接井、跌水井等。

⑤污水处理站，包括污水泵房、澄清池、过滤池、消毒池、清水池等。

⑥出水口，是排水管网系统的终端出口。

（3）合流制排水系统的组成。合流制排水系统只设一套排水管网，其基本组成是雨水系统和污水系统的组合。常见的组合部分包括：

①雨水集水口、室内污水集水口。

②雨水管渠、污水支管。

③雨、污水合流的干管和主管。

④管网上附属的构筑物，如雨水井、检查井、跌水井，截流式合流制系统的截流干管与污水支管交接处所设的溢流井等。

⑤污水处理设施，如澄清池、过滤池、消毒池、清水池、污水泵房等。

⑥出水口。

二、园林排水特点及排水方式

（一）园林排水特点

（1）主要排出天然降水、废水和少量生活污水。

（2）公园、风景区大多具有起伏的地形和水面，有利于地面排水和天然降水的排除。

（3）园林中有大量的植物，可以吸收部分天然降水，同时还需考虑旱季植物对水的需要，要注意保水。

（4）园林排水方式可采取多种形式，要尽可能结合园林造景进行布置。

（二）园林排水方式

园林排水特点决定园林的排水方式。我国大部分园林绿地采取的方式是以地面排水方式为主结合沟渠和管道排水。

1. 地面排水　主要指排除天然降水。在园林竖向设计时，不但要考虑造景的需要，同时也要考虑园林排水的要求，尽量利用地形将降水排入水体，以降低工程造价。合理利用园林中地形条件，通过竖向设计将谷、涧、沟、园路等加以组织，划分排水区域，并就近排入园林水体或城市雨水干管。

2. 明沟排水 将地表水通过各种明沟有组织地排放。明沟的坡度根据材料而定，一般不小于0.4%。常见的明沟断面形式如图2-8所示。

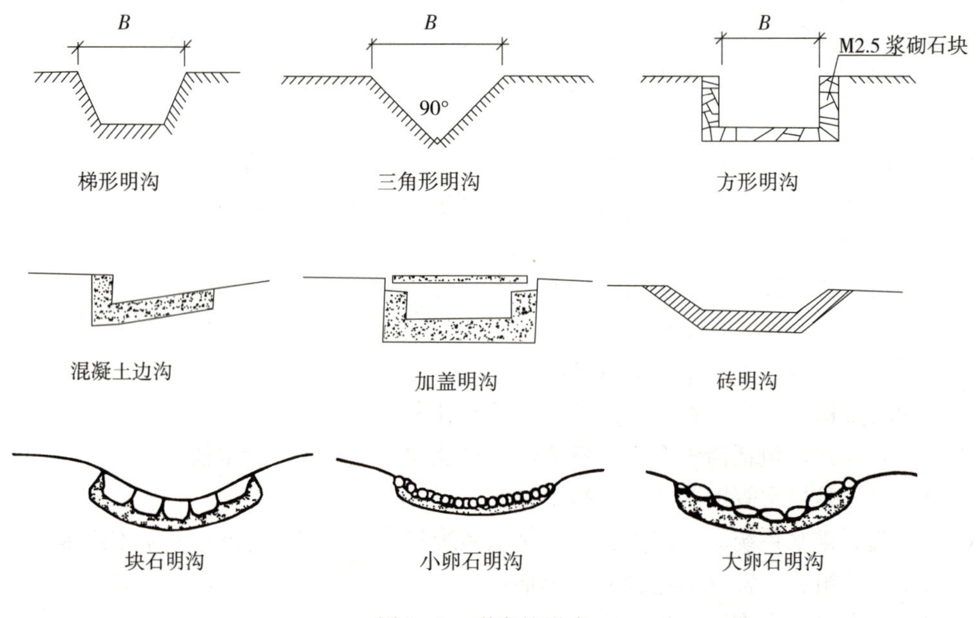

图2-8 明沟的形式

3. 管道排水 主要用于排除园林中的生活污水、低洼地雨水或公园中没有自然水体时的雨水。

在园林中，因其自身的特点，雨水排放尽可能利用地面和沟渠排水方式，管道排水只是辅助方式。

三、雨水处理工程

（一）地表径流的排除

地表径流是指经土壤、地被物吸收、填充低洼地以及在空气中蒸发后剩余的在地表面流动的那部分降水。地表径流的总量并不大，但全年的雨水绝大部分会在极短时间内倾泻而下，形成过大的流速、流量，从而冲蚀地表土层，造成危害，自然界中的山洪暴发就是由于这种原因造成的。在山地公园中（尤其是风景区），如果地表径流处理得不好，也会发生一定程度的危害。解决好地表径流要从以下几方面考虑。

1. 竖向设计

（1）控制地面坡度，使之不要过陡，不至于造成过大的地表径流速度。如果坡度大而不可避免，需设加固措施。

（2）同一坡度（即使坡度不大）的坡面不宜延续过长，应有起伏变化，坡度要尽可能陡缓不一，以免地表径流一冲到底，造成严重的水土流失。

（3）利用盘山道、谷线等组织拦截，分散排水。

（4）利用植被护坡，减少和防止雨水对地表土壤的冲刷。

2. 工程措施　在我国园林中，关于防止水土流失、固坡护土及护岸的措施有很多，并能结合景点设置。常用的工程措施有：

（1）谷方。在山谷及较大沟坡的汇水线上，容易形成大流速地表径流，为防止其对地表的冲刷，可在汇水区布置一些消能叠石，减缓水流的冲力，保护地表。如河流中的小岛，溪涧中的分水石。消能石需深埋浅露，如布置得当，还能成为园林中动人的水景。

（2）挡水石和护土筋。利用坡度变化较大的山道边沟排水时，为减少大流速的水流对道路的冲击，常在道路旁或陡坡处设挡水石，如图 2-9 所示，挡水石结合道路曲线和植物种植可形成优美的景观。

利用山道边沟排水，在坡度大或同一坡度很长时，为减少水流对边沟的冲刷以及形成大的地表径流，往往在边沟中设置护土筋。护土筋是用砖石或其他块材成行布置露出地面30～50mm，每隔一定距离（10～20m）设置 3～4 道，与道路中线成 75°左右布置，成鱼骨状（图 2-10）。在山道边沟排水中，还可以用石衬砌，减少水土冲刷。

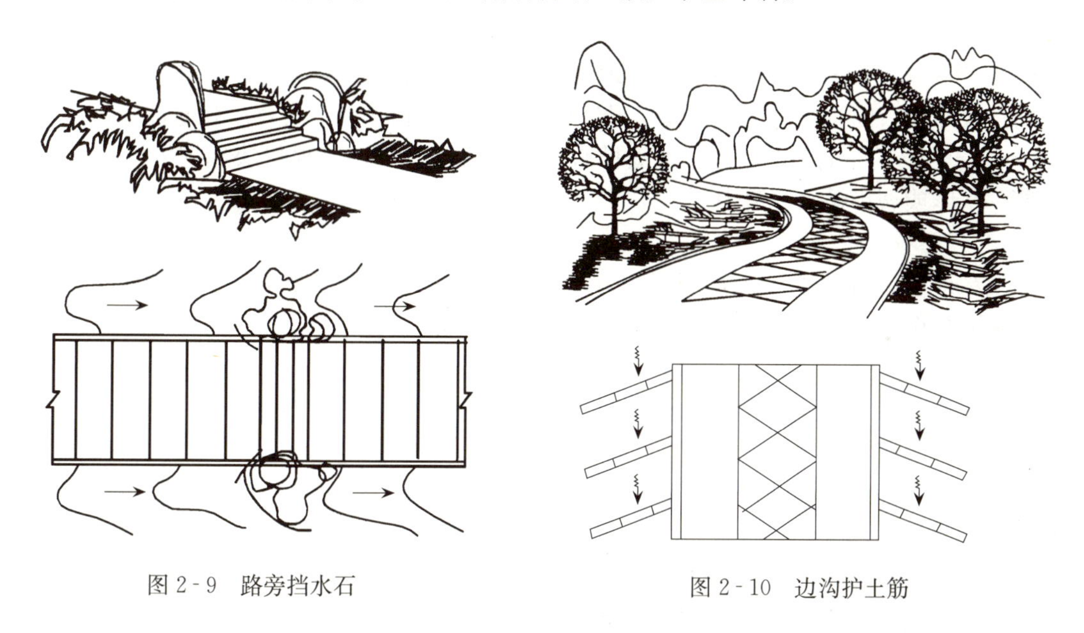

图 2-9　路旁挡水石

图 2-10　边沟护土筋

（3）出水口。利用地面或明渠排水，在排入园内水体时，为了保持岸坡结构稳定可结合造景，可以把出水口进行消能处理（图 2-11）。园林出水口的设置应结合理水、道路布局等，布置成各种不同的水景（图 2-12）。

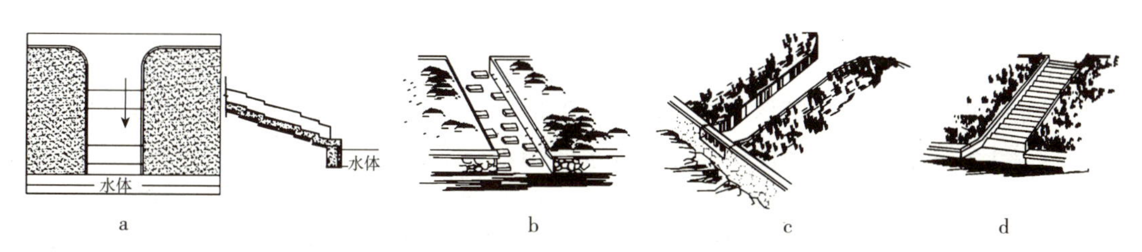

图 2-11　出水口消能方式

a. 消力阶　b. 消力块　c. 拦栅式　d. 礓礤

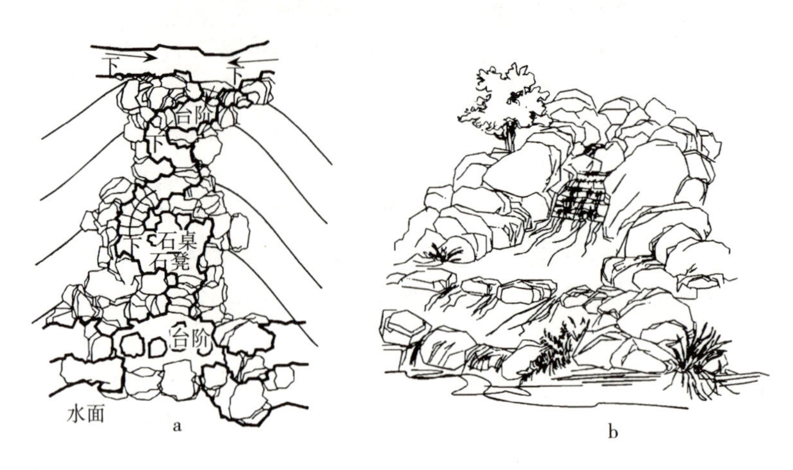

图 2-12　道路结合排水的处理

a. 平图画　b. 效果面

3. 利用植物　园林中要求没有裸露地面，一方面是为了减少扬尘，另一方面就是减少雨水对地表冲刷，同时植物可以吸收一部分水分，利用的植物主要是草皮和地被植物。

4. 埋管排水　在地势低洼处，地面排水不通畅时，可采用管渠尽快地把公园内的积水排入园内水体或城市排水管道中。

（二）管渠排水设计

公园绿地中，雨水主要靠地表排除，但局部地区如广场、建筑和难以利用地表排水的地段，需采取管渠排水形式，使园林绿地中积存的雨水迅速排除。

1. 布置原则

（1）充分利用地形，就近排入水体。

（2）结合园路规划布局。雨水管道一般宜沿园路设置。

（3）结合竖向设计。进行园林竖向设计时，应充分考虑排水的要求，以便能合理利用地形。

（4）雨水管渠形式的选择。自然或面积较大的园林绿地中，宜采取自然明沟形式，在城市广场、小游园以及没有自然水体的公园中可以采取盖板明沟和雨水暗管相结合的形式排水。

（5）雨水口布置应使雨水不致漫出园路而影响游人行走，在汇水点、低洼处要设雨水口、注意不要设在对游人不便的地方。道路雨水口的间距，取决于园路坡道，汇水面积及路面材料，一般在 25～60m 范围内设 1 个雨水口。

2. 雨水管渠布置　雨水管道一般采用圆形断面，但直径超过 2m 时，也可用矩形、半圆形和马蹄形。明渠一般采用矩形或梯形，也可以是三角形或自然弧性，材料的种类可以选用石料、混凝土和三合土等。为便于维修和排水通畅，矩形或梯形断面底宽不小于 0.3m，边坡视土壤及护面材料而不同（表 2-17），用砖石或混凝土块铺砌的明渠，一般采用 1∶0.75～1∶1 的边坡。为保证雨水管渠正常工作，避免发生淤积、冲刷等情况，规范对有关数据作了如下规定：

表 2-17　梯形明渠的边坡

明渠土质	边　坡	明渠土质	边　坡
粉砂	1∶3～1∶3.5	砂质黏土和黏土	1∶1.25～1∶1.5
松散的细砂、中砂、粗砂	1∶2～1∶2.5	砾石土与卵石土	1∶1.25～1∶1.5
细实的细砂、中砂、粗砂	1∶1.5～1∶2.0	半岩性土	1∶0.5～1∶1
黏质砂土	1∶1.5～1∶2.0		

（1）设计充满度在设计流量下，管道中的水深 h 和管径 D 之比值称设计充满度。雨水管按满流计算，即设计充满度为 1，明渠超高应大于或等于 0.2m（即水面高度与明渠顶的高差）。

（2）设计流速满流时管道内最小设计流速不小于 0.75m/s；起始管段地形平坦，最小设计流速不小于 0.6m/s。最大设计流速：金属管不大于 10m/s，非金属管不大于 5m/s。

明渠的最小设计流速不得小于 0.4m/s，最大设计流速根据沟渠材料不同而异（表 2-18）。

表 2-18　明渠允许最大流速

土质或构造	水深 h 为 0.4～1m 时的流速（m/s）
粗砂及贫砂土黏土	0.8
砂质黏土	1.0
黏土	1.2
石灰岩或中砂岩	4.0
草坡护面	1.6
干砌块面	2.0
浆砌砖	3.0
浆砌块石或混凝土	4.0

注：当水深 h 小于 0.4m 或大于 1m 时，表中最大允许流速应乘以下列系数：$h<0.4$m，0.85；$h>1$m，1.25；$h\geq 2.0$m，1.40

（3）最小管径和最小设计坡度。街道、厂区、绿地的雨水管道最小管径为 200mm，相应最小设计坡度为 0.004，街道下的雨水管道最小管径为 250mm，最小设计坡度为 0.003，雨水支干管最小管径为 300mm，最小设计坡度为 0.002，雨水口连接管最小管径为 200mm，最小设计坡度为 0.01。明渠的最小坡度为 0.003。

（4）覆土深度与埋深。最小覆土深度在车行道下不小于 0.7m，在冰冻深度小于 0.6m 地区，可采取无覆土的地面式暗沟。雨水管道最大覆土深度不超过 6m，理想的覆土深度1～2m。

（5）管道在检查井内的连接。一般都采用管顶平接，局部采取水面平接，有极少部分由于坡度的原因或者覆土深度的要求，也可采取管底平接，但下游的管底不能高于上游管段的管底。

3. 雨水灌渠设计计算　要确定雨水管渠的断面尺寸和坡度，就必须先确定管渠的设计流量，而雨水管渠的设计流量与所在地区的降雨强度、地面状况和汇水面积等因素有关。

（1）暴雨强度。雨量分析的目的是分析多年的降雨资料，找出表示暴雨特征的降雨历时、降雨强度与降雨重现期之间的关系，作为雨水管渠设计的基础。

降雨强度是指某一连续降雨时段内的平均降雨量。

$$i=\frac{h}{t}$$

式中：i——降雨强度（mm/min）；

t——降雨历时，即连续降雨的时间（min）；

h——降雨历时内的降雨量（用深度 mm 表示）。

降雨强度也可以用单位时间内单位面积上的降雨体积 q 表示。q 与 i 的关系如下：

$$q=\frac{1\times1000\times10000}{1000\times60}i=167\ i$$

在设计雨水管渠时，根据各地的雨量资料，可以推算出暴雨的强度公式。按照规划，暴雨强度公式一般采用下列形式：

$$q=\frac{167A_1\ (1+c\lg P)}{(t+b)^n}$$

式中： q——暴雨强度 [L/（s·hm²）]；

P——重现期（年）（也可用 T 表示）；

t——降雨历时（min）；

A_1，c，b，n——地方参数，由统计方法确定。

我国幅员辽阔，地方差异较大，因此暴雨强度计算公式也有差异，附表 2-3 是我国一些主要城市的暴雨强度公式。

（2）重现期（P）。暴雨强度的频率是指等于或大于该暴雨强度发生的机会，而暴雨强度的重现期是指等于或大于该暴雨强度发生一次的平均间隔时间，用 P 表示，以年为单位。暴雨强度的频率与重现期互为倒数。强度大的暴雨出现的频率越少其重现期也就越大，强度越小的暴雨重现期越短。针对不同重要程度地区的雨水管渠，应采取不同的重现期来设计。若重现期过大会造成雨水管渠投资过高；若重现期过小，会造成重要区域如城市中心区、干道等经常遭受积水危害。规范规定一般地区设计重现期为 0.5～3 年，重要地区为 2～5 年，园林中一般为 1～3 年。表 2-19 列出降雨重现期的取值要求。

表 2-19 设计降雨重现期（年）

地 形		地区使用性质		
地形分级	地面坡度	一般居住区 一般道路	中心区、工厂区、 仓库、干道、广场	特别重要地区
有双向地面排水出路的平缓地形	<0.002	0.333～0.5	0.5～1	1～2
有单向地面排水出路的谷线	0.002～0.01	0.5～1	1～2	2～3
没有地面排水出路的洼地	>0.1	1～2	2～3	3～5

注："地形分级"与"地面坡度"是地形条件的两种分类标准，符合某一种情况，即可选用。如两种同时占有，取数据最高值。

（3）集水时间。连续降雨的时段称为降雨历时，降雨历时可以指全部降雨的时间，也可以指其中任一时段。设计中通常用汇水面积最远点雨水流到设计断面时的集水时间作为设计降雨历时。

雨水管渠的设计降雨历时 t 由两部分组成：从汇水面积最远点流到第一个雨水口地面集水时间 t_1，雨水在设计雨水管的上游管段内的流行时间 t_2，可以用公式表示为：

$$t=t_1+mt_2$$

式中：t——设计降雨历时（min）；

t_1——地面集水时间（min）；

t_2——雨水在设计管段上游管段流行的时间（min）；

m——延续系数，管道 $m=2$，明渠 $m=1.2$。

地面集水时间 t_1 受地形、地面铺砌材料、地面种植情况以及汇水面积大小等因素的影响，规范规定 t_1 一般采用 5～15min。地形较陡、建筑密度大或其他重要地区，t_1 取 5～10min；而平坦地势以及次要的地区，t_1 可取 10～15min。而雨水在管段中的流行时间 t_2 可依下式计算。

$$t_2 = \sum \frac{L}{60v}$$

式中：L——上游各管渠的长度（m）；

v——上游各管渠的设计流速（L/s）。

（4）径流系数。降落到地面的雨水，只有一部分流入雨水管道，其径流量与降雨量的比值就是径流系数 ψ，与地表渗水性、地表材料、地面坡度等有关，同时也受降雨历时和暴雨强度的影响。

$$\psi = \frac{\text{径流量}}{\text{降雨量}}$$

不同材料覆盖表面的经流系数见表 2-20。由不同种类地面组成的汇水区，其径流系数 ψ 采用加权平均法计算获的平均径流系数（ψ_p）公式如下：

$$\psi_p = \frac{\sum (f_i \psi_i)}{\sum f_i}$$

式中：f_i——汇水面积上各类地面的面积；

ψ_i——各类地面相应径流系数；

$\sum f_i$——汇水总面积。

表 2-20　不同覆盖表面的径流系数

覆盖种类	径流系数	覆盖种类	径流系数
各种屋面、混凝土、沥青路面	0.90	干砌砖面和碎石路面	0.40
大块石中面、沥青表面处理的碎石路面	0.60	非铺砌路面	0.30
级配砂石路面	0.45	绿地和草地	0.15

（5）雨水管渠设计流量公式。

$$Q=167\psi Fi=\psi Fq$$

式中：Q——雨水设计流量（L/s）；

F——设计管段排水面积（hm^2）；

i——设计降雨强度（mm/min）；

q——设计降雨强度［L/（s·hm^2）］；

ψ——径流系数。

（6）雨水管渠水力计算。雨水管道一般采用圆形断面，但当直径超过 2m 时，也可用矩形、半园形和马蹄形。明渠一般采用矩形或梯形，也可以是三角形或自然弧性，材料的种类可以选用石料、混凝土和三合土等。为了便于维修和排水通畅，矩形或梯形断面的底宽不应小于 0.3m，边坡视土壤及护面材料而不同（表 2-21），用砖石或混凝土块铺砌的明渠，一般采用1∶0.75～1∶1的边坡。为保证雨水管渠正常工作，避免发生淤积、冲刷等情况，规范对有关数据作了规定。

表2-21　梯形明渠的边坡

明渠土质	边坡	明渠土质	边坡
粉沙	1∶3～1∶3.5	沙质黏土和黏土	1∶1.25～1∶1.5
松散的细沙、中沙、粗沙	1∶2～1∶2.5	砾石土与卵石土	1∶1.25～1∶1.5
细实的细沙、中沙、粗沙	1∶1.5～1∶2.0	半岩性土	1∶0.5～1∶1
黏质沙土	1∶1.5～1∶2.0		

①设计充满度。在设计流量下，管道中的水深h和管径D的比值称为设计充满度。雨水管按满流计算，即设计充满度为1，明渠超高应大于或等于0.2m（即水面高度与明渠顶的高差）。

②设计流速。满流时管道内最小设计流速不小于0.75m/s；起始管段地形平坦，最小设计流速不小于0.6m/s。最大设计流速：金属管不大于10m/s，非金属管不大于5m/s。

明渠的最小设计流速不得小于0.4m/s，最大设计流速根据沟渠材料不同而异（表2-22）。

表2-22　明渠允许的最大流速

土质或构造	水深h为0.4～1m时的流速（m/s）	土质或构造	水深h为0.4～1m时的流速（m/s）
粗沙及贫沙土黏土	0.8	草坡护面	1.6
沙质黏土	1.0	干砌块面	2.0
黏土	1.2	浆砌砖	3.0
石灰岩或中沙岩	4.0	浆砌块石或混凝土	4.0

注：当水深h小于0.4m或大于1m时，表中最大允许流速应乘以下列系数：$h<0.4$m，0.85；1m$<h<2.0$m，1.25；$h\geq 2.0$m，1.40。

③最小管径和最小设计坡度。街坊、厂区、绿地的雨水管道最小管径为200mm，相应最小设计坡度为0.004。街道下的雨水管道最小管径为250mm，最小设计坡度为0.003。雨水支干管最小管径为300mm，最小设计坡度为0.002。雨水口连接管最小管径为200mm，最小设计坡度为0.01。明渠的最小坡度为0.003。

④覆土深度与埋深。最小覆土深度在车行道下不小于0.7m，在冰冻深度小于0.6mm的地区，可采取无覆土的地面式暗沟。雨水管道最大覆土深度不超过6m，理想的覆土深度是1～2m。

⑤管道在检查井内的连接。一般都采用管顶平接，局部采取水面平接，有极少部分由于坡度的原因或者覆土深度的要求，也可采取管底平接，但下游管段的管底不能高于上游管段的管底。

⑥钢筋混凝土圆管（满流$n=0.013$）水力计算公式如下：

$$Q=\omega v$$

$$V = \frac{1}{n}R^{2/3}i^{1/2}$$

$$\omega = \frac{\pi}{4}D^2$$

$$X = \pi D$$

$$R = \frac{D}{4}$$

式中：D——管径（m）；

n——粗糙系数（表 2-23）；

i——水力坡降（排水坡度）；

X——湿周（m）；

V——流速（m/s）；

Q——流量（m^2/s）；

ω——水流断面（m^2）；

R——水力半径（m）。

从公式得出：Q、V、D、i 为函数关系，在 n 一定的前提下可得出钢筋混凝土圆管（满流，n=0.013）水力计算图（图 2-13）。

表 2-23　排水管渠粗糙系数

管渠种类	n 值	管渠种类	n 值
陶土管	0.013	浆砌砖渠道	0.013
混凝土和钢筋混凝土管	0.013～0.014	浆砌块石渠道	0.017
石棉水泥管	0.012	干砌块石渠道	0.020～0.030
铸铁管	0.013	土明渠（带或不带草皮）	0.025～0.030
钢管	0.012	木槽	0.012～0.014
水泥砂浆拌面渠道	0.013～0.014		

⑦梯形断面水力计算公式如下：

$$Q=Wv$$

$$V = \frac{1}{n}R^{2/3}i^{1/2}$$

$$W=bh+mh^2$$

$$X=b+2h\ (1+m^2)^{1/2}$$

$$R=W/X$$

式中：Q——流量（m^3/s）；

n——沟壁粗糙系数；

h——水深（m）；

v——流速（m/s）；

X——湿 周（cm）；

W——过面断面面积（m^2）；

b——沟底宽（m）；

m——沟侧边坡水平宽度与高度之比；

R——水力半径（cm）；

i——水力坡度。

式中在已知粗糙系数 n，设定明沟的底宽和不同材料的边坡系数后，可以得出 Q、h、v、i 相互之间的函数关系，求得明沟的水力计算表（表 2-24）。

表 2-24　梯形断面明沟（底宽 400mm）**计算**

坡度（‰）	流量与流速	边坡 1∶1.5					边坡 1∶2				
		水深（m）					水深（m）				
		0.2	0.4	0.6	0.8	1.0	0.2	0.4	0.6	0.8	1.0
0.6	Q	28.4	126.0	290.0	623.0	1078	34.00	152.0	399.0	800.0	1400
	v	0.21	0.31	0.41	0.49	0.57	0.21	0.32	0.42	0.50	0.58
0.8	Q	33.8	145.8	370.0	720.0	1240	38.2	175.0	461.0	917.0	1610
	v	0.24	0.36	0.47	0.56	0.65	0.24	0.37	0.48	0.57	0.67
1	Q	37.7	162.0	414.0	803.0	1380	43.00	196.0	517.0	1020	1810
	v	0.27	0.40	0.53	0.63	0.73	0.27	0.41	0.54	0.64	0.75
2	Q	53.3	230.0	581.0	1130	1970	60.70	276.0	732.0	1295	2570
	v	0.38	0.57	0.75	0.89	1.04	0.38	0.58	0.76	0.90	1.06
4	Q	75.30	327.0	828.0	1660	2770	96.00	395.0	1035	2060	3660
	v	0.54	0.81	1.06	1.25	1.46	0.54	0.82	1.08	1.29	1.52
6	Q	92.50	400.0	1020	1970	3390	105.7	482.0	1265	2500	4440
	v	0.66	1.00	1.30	1.54	1.79	0.66	1.00	1.41	1.57	1.84
8	Q	106.0	458.0	1162	2260	3930	122.0	553.0	1470	2900	5130
	v	0.76	1.15	1.50	1.77	2.07	0.76	1.20	1.53	1.82	2.15
10	Q	129.0	514.0	1300	2540	4380	136.0	621.0	1630	3254	5700
	v	0.85	1.28	1.67	1.97	2.30	0.85	1.30	1.70	2.02	2.38
30	Q	207.0	885.0	2250	4390	7590					
	v	1.47	2.21	2.88	3.42	3.98					
50	Q	267.5	1143	2910	5700	9800					
	v	1.90	2.87	3.75	4.43	5.17					

* 单位：流量 Q（L/s），流速 v（m/s）

4. 排水管材　排水管渠有暗沟和明渠之分。暗沟又有管道和沟渠之分，管道是指由预制管铺设而成，沟渠是指用土建材料在工程现场砌筑成的口径较大的暗沟。

排水管渠的材料必须满足一定要求，才能保证正常的排水功能：具有足够的强度，承受外部的荷载和内部的水压；具有抵抗污水中杂质的冲刷和磨损的作用，还应有抗腐蚀的性能；必须不渗水，以防止污水渗出或地下水渗入，而污染地下水或腐蚀其他管道、建筑盲物基础；内壁要整齐光滑，使水流阻力尽量减小；尽量就地取材，减少成本和运输费用。

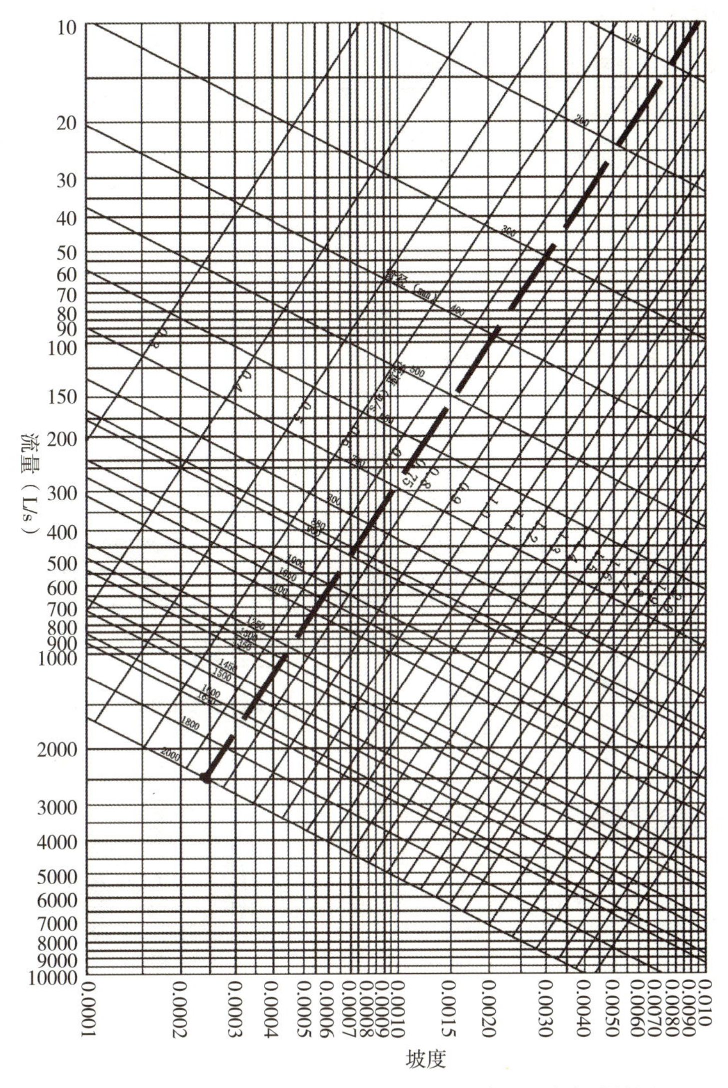

图 2-13 钢筋混凝土圆管（n=0.013 满流）水力计算图

常用管道多是圆形管，大多数为非金属管材，具有抗腐蚀的性能，且价格便宜。

(1) 混凝土管和钢筋混凝土管。制作方便、价低、应用广泛等优点；亦有抵抗酸碱侵蚀及抗渗性差、管节短、节口多、搬运不便等缺点。

(2) 陶土管。内壁光滑、水阻力小、不透水性能好、抗腐蚀；但易碎、抗弯和拉强度低、节短、施工不便、不宜用在松土和埋深较大之处。

(3) 塑料管。内壁光滑、水流阻力小、抗腐蚀性能好、节长接头少；抗压力不高，用在建筑的排水系统中很多。室外多用小管径排水管。

(4) 金属管。常用的铸铁管和钢管强度高、抗渗性好、内壁光滑、抗压抗震性能强、节长、接头少；但价贵、耐酸碱腐蚀性差。常用在压力管上。

5. 排水管渠系统附属构筑物

为排除污水，除管渠本身之外，还有许多排水附属构筑物，这些构筑物较多，占排水管渠投资很大一部分，常见的有检查井、跌水井、雨水口、出水口等。

表 2-25 直线道路上检查井最大间距

管线或暗渠净高（mm）	最大间距（m）	
	污水管道	雨水流的渠道
200～400	30	40
500～700	50	60
800～1 000	70	80
1 100～1 500	90	100
>1 500	100	120

（1）检查井。检查井用来对管道的检查和清理，同时也起连接管段的作用。检查井常设在管渠转弯、交汇、管渠尺寸和坡度改变处，在直线管段相隔一定距离也需设检查井。相邻检查井之间管渠应成一直线。直线管道上检查井间距见表 2-25。检查井分不下人的浅井和需下人的深井，井口为 600～700mm 常用，构造见图 2-14 所示。

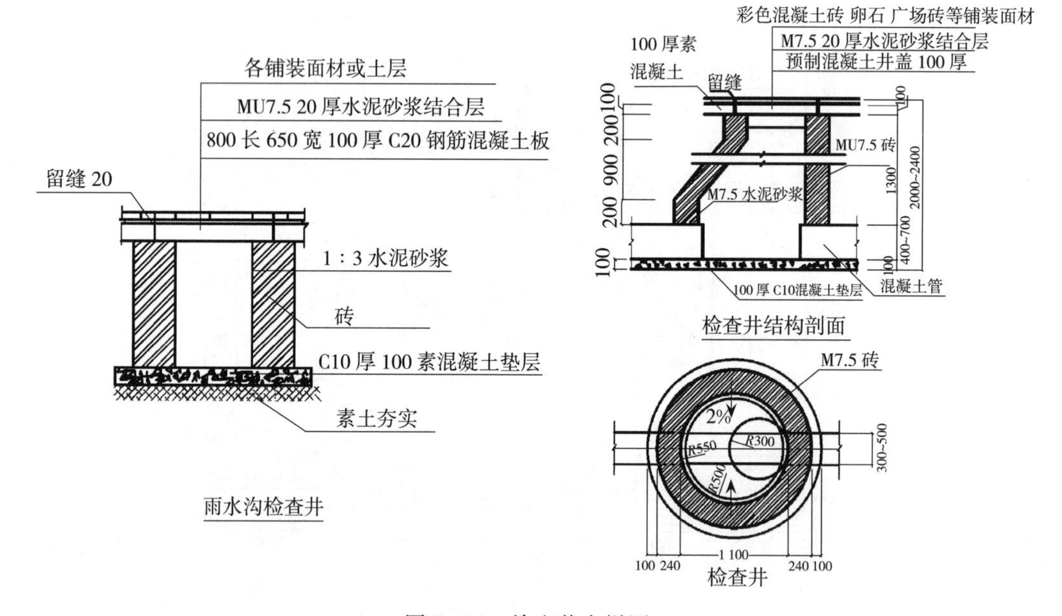

图 2-14 检查井大样图

（2）跌水井。跌水井是设有消能设施的检查井。当遇到下列情况且跌差大于 1m 时需设跌水井：管道流速过大，需加以调节处；管道垂直于陡峭地形的等高线布置，按原坡度将露出地面处；接入较低的管道处；管道遇地下障碍物，必须跌落通过处。常见跌水井有竖管式、阶梯式、溢流堰式等。构造见图 2-15 所示。

（3）雨水口。雨水口是雨水管渠上收集雨水的构筑物。地表径流通过雨水口和连接管道流入检查井或排水管渠。雨水口常设在道路边沟、汇水点和截水点上。雨水口的间距一般为 25～60m。雨水口由进水管、井筒、连接管组成，雨水口按进水比在街道上设置位置可分为：边沟雨水口、侧石雨水口、联合式雨水口等。构造见图 2-16 所示。

（4）出水口。出水口的位置和形式，应根据水位、水流方向、驳岸形式等而定，雨水管出水口最好不要淹没在水中，管底标高在水体常水位以上，以免水体倒灌。出水口与水体岸边连接处，一般做成护坡或挡土墙，以保护河岸及固定出水管渠与出水口。构造见图 2-17 所示。

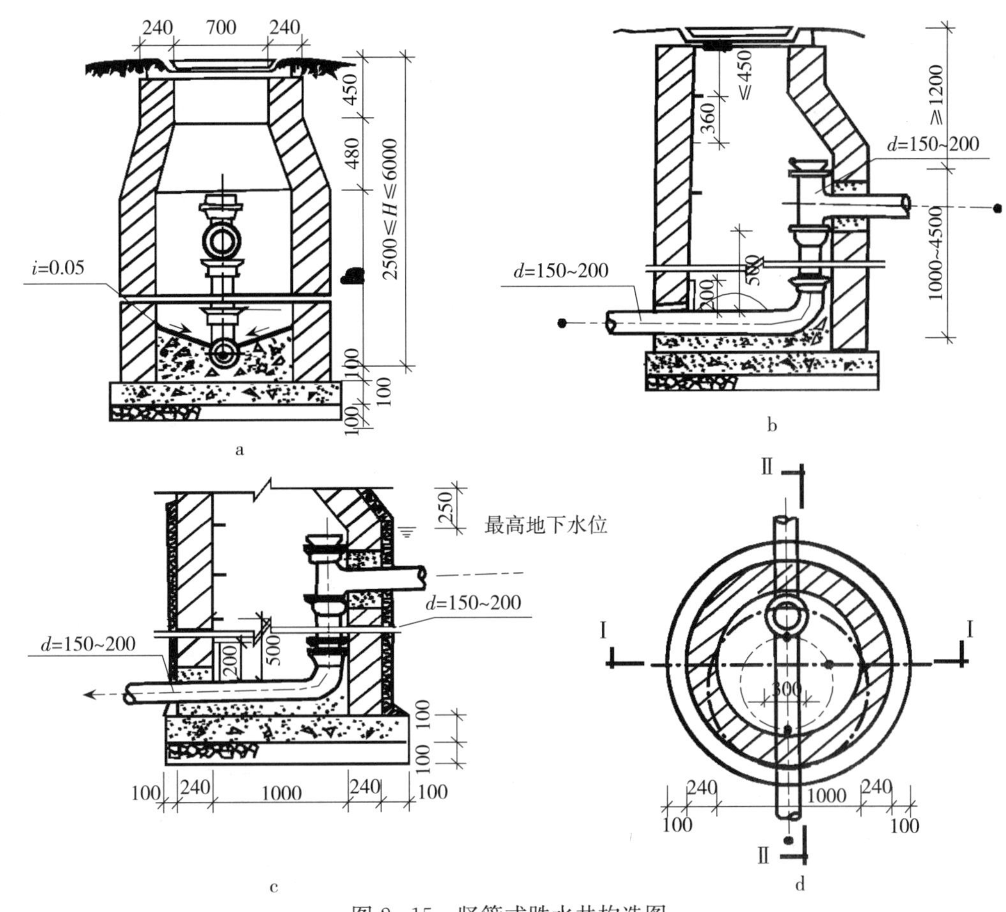

图 2-15 竖管式跌水井构造图

a. 无地下水Ⅰ-Ⅰ剖面图 b. 无地下水Ⅱ-Ⅱ剖面图 c. 有地下水Ⅱ-Ⅱ剖面图 d. 平面图

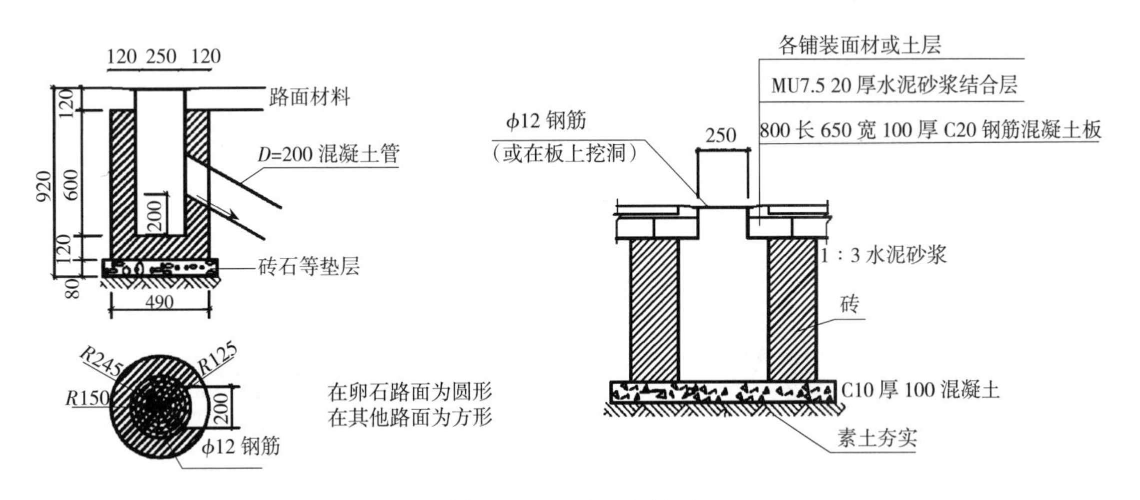

图 2-16 雨水口大样图

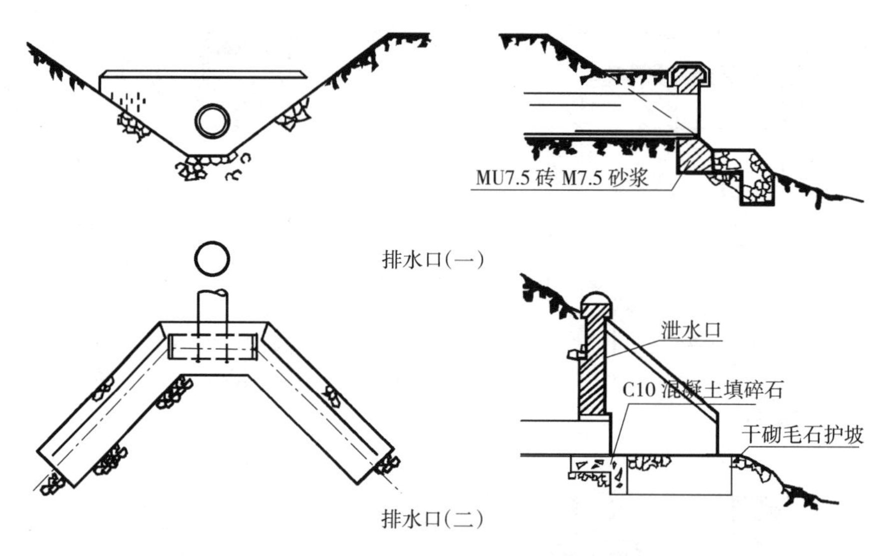

图 2-17　出水口大样图

园林的雨水口、检查井、出水口，在满足构筑物本身的功能要求以外，其外观应根据环境特点作相应的美化装饰，使之成为一景（图 2-18）。

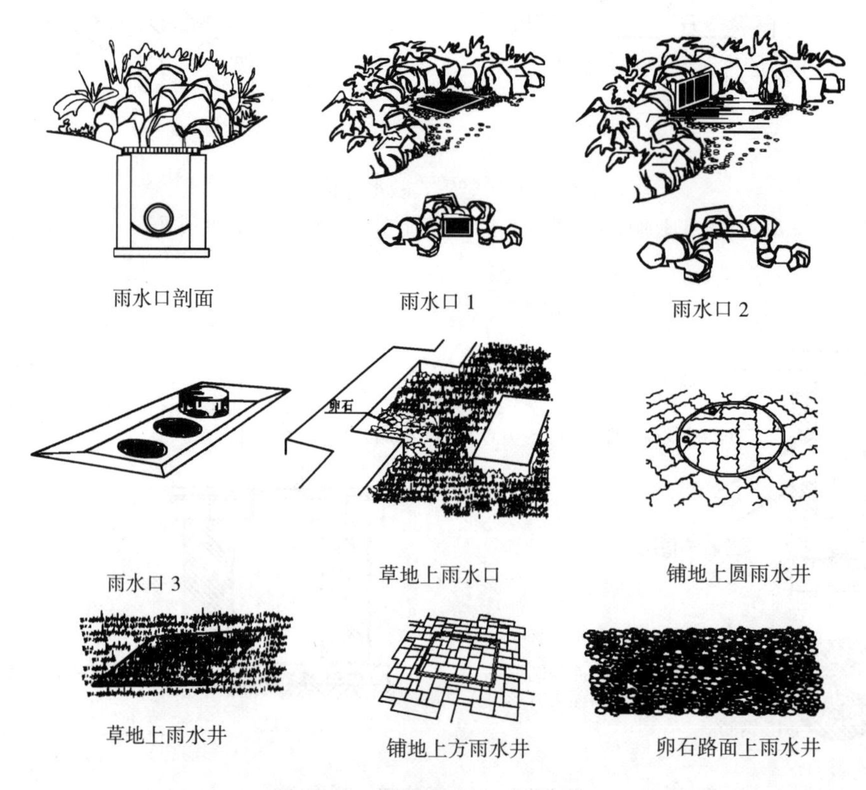

图 2-18　园林雨水口、雨水井

(三) 排水盲沟设计

盲沟又称暗沟，是一种地下排水渠道，用以排除地面积水，降低地下水，在一些要求排水良好的活动场地，如足球场、草坪、草泥地网球场、高尔夫球场、门球场等以及植物生长区、观赏草地等，都可以采取盲沟排水。

1. 盲沟的优点

(1) 取材方便，利用砖石等料，造价相对便宜。

(2) 地面没有检查井、雨水口之类构筑物，不破坏绿地整体景观，保持绿地草坪的完整性。

2. 布置形式　根据地形和水流方向而定，因不同作用而设，大致可分为以下几类，如图2-19所示：

(1) 树枝形——洼地。

(2) 鱼骨形——谷地。

(3) 铁耙式——坡地。

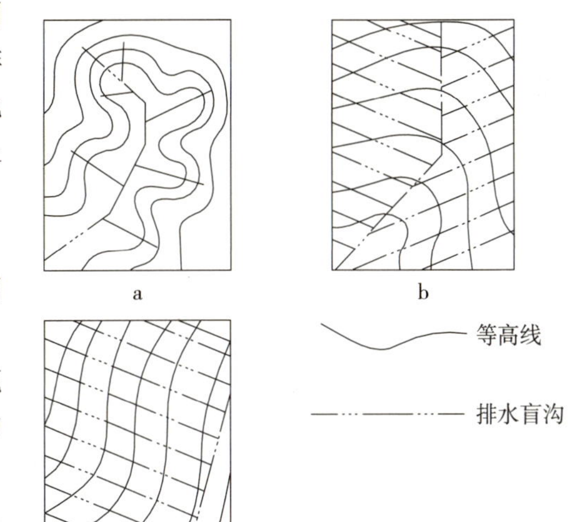

图2-19　盲沟布置形式
a. 树枝式　b. 鱼骨式　c. 铁耙式

3. 盲沟的埋深及间距　盲沟的排水量与其埋置深度、间距有关，而埋深与间距又取决于土壤条件和盲沟所起的作用。

(1) 埋置深度。影响埋置深度的因素有：

①植物对水位的要求。不同的植物要求不一，草皮浅，乔木深，特别是深根性乔木。

②土壤物理性能的影响。黏结度、孔隙比等，黏度越高，深度越深（表2-26）。

③气候的影响。北方冰冻，南方多雨。

暗沟埋置的深度不宜过浅，否则易造成表土中养分被水带走；但也不宜太深，否则土方量太大，而且造价也增高。

(2) 支管的设置间距。暗沟支管的数量和排水量与地下水的排除速度以及土壤的物理性能有直接的关系。可参照表2-27选择。

表2-26　不同土壤的盲沟埋深

土壤类别	埋深 (m)
沙质土	1.2
壤　土	1.4～1.6
黏　土	1.4～1.6
泥炭土	1.7

表2-27　盲沟管深管距

土壤种类	管距 (m)	管深 (m)
黏土	9～10	1.15～1.30
致密黏土和混岩黏土	10～12	1.20～1.35
沙质或黏壤土	12～14	1.10～1.60
沙质壤土	14～16	1.15～1.55
多沙壤土或砂中含腐殖质	16～18	1.15～1.55
沙	20～24	1.15～1.50

盲沟最小纵坡不小于5‰，只要地形许可，纵坡可加大，利于排水。

盲沟的做法材料很多，类型也很多，现列举一些类型供参考（图2-20）。

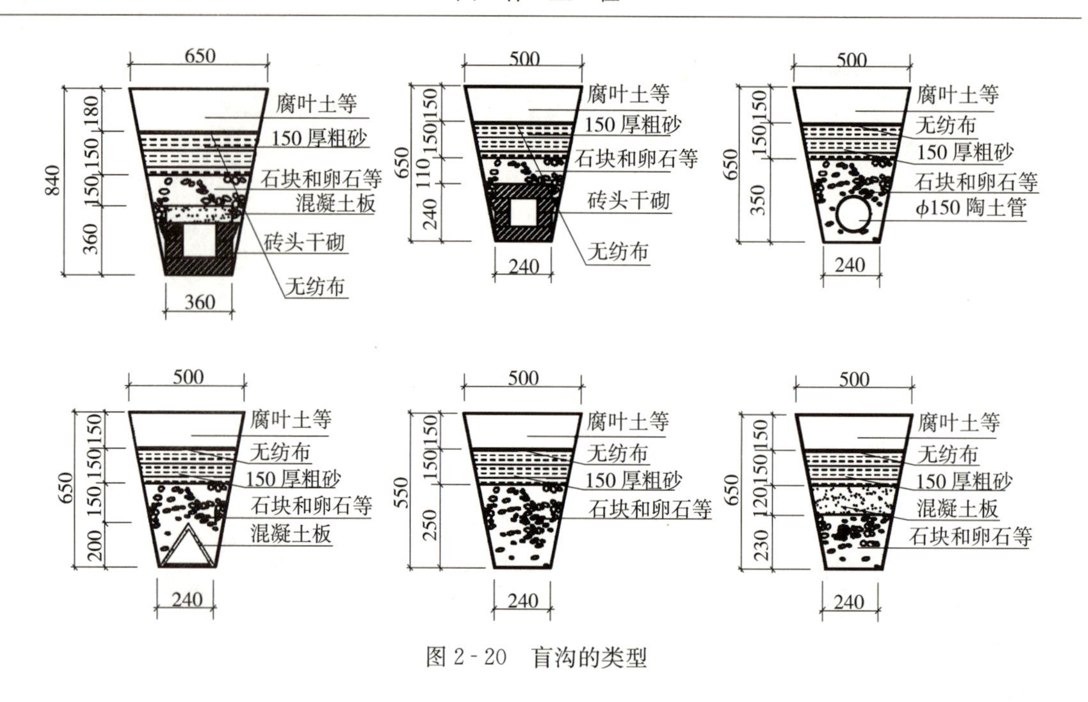

图 2-20 盲沟的类型

四、雨水花园建造

（一）雨水花园选址原则

在选择雨水花园的建造场地时，应充分考虑周边环境，注意遵循的原则是：雨水花园应设置在地表汇水的径流线上，方便雨水的自然收集；雨水花园选址地与建筑物的距离不少于3m，以避免地基渗水影响建筑安全；地下水位过高的区域不宜建雨水花园，不允许在供水系统或水井周边建雨水花园；雨水花园尽可能选址在全日照下，原则上在树下不设置雨水花园；不能选址于经常积水的低洼地区，应尽量选择平地，减少土方量；雨水花园具有蓄水的功能，因此不要将其建造在排水不良或已有池塘花园的地块上。排水不良的场地，雨水往地下渗透的速度较慢，会使雨水长时间聚集在雨水花园中，不仅对植物生长不利又容易滋生蚊虫。

（二）设计定位

雨水花园在建造位置确定之后，根据其周边区域内的水资源、水质的功能需求，对将要建造的雨水花园做出功能定位。雨水花园一般按其功能可以分为雨水渗透型和雨水收集型两种。在雨水花园的实际建设中，整个雨水花园为一种功能定位，也可以在同一雨水花园中按不同区域划分不同的功能。

1. 雨水渗透型 雨水渗透型的雨水花园通过滞留与渗透雨水控制径流量，在减少区域雨洪径流量的同时，地下水得以回灌。此类雨水花园多适用于处理水质相对较好的小汇流面积的雨洪，如公共建筑或小区中的屋面雨水、污染较轻的道路雨水、城乡分散的单户庭院径流等。

（1）完全渗透型。完全渗透型雨水花园强调雨水的就地渗入，基本不考虑雨水滞留。该类型的雨水花园需要在水资源相对充足、雨水污染较轻的地区，重在针对该地区的城市雨洪调节与地下水的补给。具体表现形式为采取低势绿地、渗透浅沟、渗透井、渗透塘等多种措施。

（2）部分渗透型。部分渗透型雨水花园是指径流流入绿地后大部分渗透掉，而少部分被滞留利用或排放。该类型以渗透为主，但却结合了雨水收集利用。同样是要求土壤有较好的渗透性，但是这种部分渗透却更加安全可靠。加入了雨水收集的部分功能，使得区域内的雨水在渗入地下补充地下水的过程中，水质得到有效的保证。

2. 雨水收集型　雨水收集型的雨水花园强调在雨水的收集过程中对雨水水质净化的作用。该类雨水花园又称为生物滞留区，强调了其控制径流污染的能力。适用于城市环境污染相对严重的地块，如城市中心、停车场、广场、道路的周边等地。由于要去除雨水中的污染物质，因此在土壤配比、植物选择以及底层结构上需要更严密的设计。

（1）完全收集型。完全收集型雨水花园是指尽可能的储存利用雨水，并且借助雨水花园的生态技术充分控制径流污染。在我国部分干旱地区，对雨水的收集利用已经成为习俗，完全收集型雨水花园正适于建设在这些地区，但首先应保证水量与水质。

（2）部分收集型。部分收集型雨水花园是以收集雨水、控制径流污染为主，小部分结合雨水渗透设置的雨水花园。此类雨水花园同样适用于有用水要求的、污染的地区。建造时根据用水量要求设计，以此确定集雨面的大小和采取的技术措施来加强集雨效率。当降雨量大雨水收集超过需求量时，雨水按土壤渗透或修建渗透设施来进行处理。

（三）土壤要求

1. 现状土壤检测　在设计建造雨水花园之前，应对用地现状进行土壤检测。场地内土壤的渗透性是建造雨水花园的前提，更是决定建造何种类型的雨水花园的重要指标。沙土的最小吸水率为210mm/h，沙质壤土的最小吸水率为25mm/h，壤土最小吸水率为15mm/h，而黏土的最小吸水率仅为1mm/h。比较适合建造雨水花园的土壤是沙土和沙质壤土。

2. 不同类型雨水花园的土壤要求

（1）渗透型。当雨水花园的主要功能是控制径流量时，只要土壤的渗透性达到要求即可。土壤渗透性的简易测试方法，即在场地内挖一约15cm深的坑，充满水后如果能在24h内渗完，即适合作为雨水花园的土壤。如果土壤达不到渗透要求，可以通过局部换土达到要求。换土的配制比例可参照50%～60%的沙土和碎石加20%～30%的腐殖土和20%～30%的表层土。

（2）收集型。收集型雨水花园对土质的要求比较高，一般要求为壤质沙土，含35%～60%的沙土，黏土含量≤25%，渗透系数>0.3m/d；而土壤中含有大量的直径>25mm的碎石、木屑、树根或其他腐质材料以及大量的无害草籽等。另外，雨水花园的土质比较疏松，应用锄或铲轻轻夯实。

（四）建造结构

雨水花园的建造结构有其通用的结构配置。雨水渗透型和雨水收集型的雨水花园也基本符合通用建造结构，只是因为其功能特色的不同，相关的结构会略有不同。

1. 通用结构　雨水花园的建造结构主要是为了配合其特定的渗水、集水、净化等生态功能而设计。其中比较常见的结构由7部分构成（图2-21）。

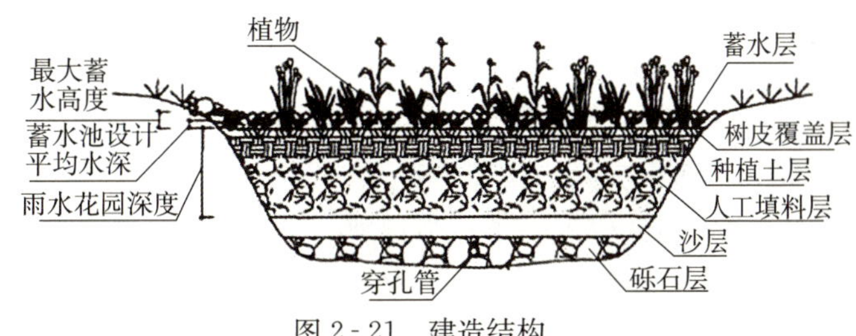

图2-21　建造结构

（图片来源：archcy.com）

（1）蓄水层。蓄水层位于最上层，能暂时滞留雨水，将雨水储存在内，发挥雨洪调节作用。同时具有沉淀作用，使部分沉淀物在此层沉淀，进而促使附着在沉淀物上的有机物和金属离子得以去除。其深度根据周边地形和当地降雨特性等因素而定，一般为100～250mm。

(2) 覆盖层。覆盖层一般采用3～5cm厚的树皮，它能保持土壤的湿度，避免土壤板结而导致土壤渗透性能下降。同时在树皮土壤界面上形成一个微生物环境，使微生物得到了良好的生长和发展。而微生物可以对有机物进行降解，从而净化水体。同时树皮之间的空隙使得这一层拥有了缓冲作用，有助于减少径流雨水的侵蚀。其深度一般为50～80mm。

(3) 植被及种植土层。种植土层拥有很好的过滤和吸附作用。雨水内的碳氢化合物、金属离子、营养物和其他污染物被植物根系吸附和微生物所降解。一般选用渗透系数较大的沙质土壤，其主要成分中沙子含量为60%～85%，有机成分含量为5%～10%，黏土含量不超过5%。种植土的厚度根据所种植的植物来决定。如果只是花卉与草本植物，采用草本植物时一般厚度为25cm左右，灌木需59～80cm厚，乔木需在1m以上。

(4) 人工填料层。人工填料层多选用渗透性较强的天然或人工材料。具体厚度根据当地的降雨特性、雨水花园的服务面积等确定，多为0.5～1.2m厚。当选用沙质土壤时，其主要成分与种植土层一致。

(5) 沙层。在人工填料层和砾石层之间铺设一层150mm厚的沙层，目的是防止土壤颗粒进入砾石层而引起管道的堵塞，也起到通风作用。

(6) 砾石层。砾石层作为最下部的基础层由直径50mm不超过的砾石组成，厚度200～300mm。通常在填料层和砾石层之间铺一层土工布是为了防止土壤等颗粒物进入砾石层，但是这样容易引起土工布的堵塞。同时也可防止土壤颗粒堵塞穿孔管。

(7) 水管与防渗。雨水花园中的水管一般会有溢水管和穿孔管两种。穿孔管一般埋在砾石层中，经过渗滤的雨水由穿孔管收集进入其他排水系统。满足雨水净化后的利用要求。溢水管主要是为了雨水的收集量超出雨水花园的承载量时将多余的雨水排除，一般直接接入场地附近的雨水管道。

2. 不同渗透型对结构的要求

(1) 雨水渗透型结构要求。渗透型的主要功能是渗透、集蓄，控制径流量，其结构与通用结构基本符合，值得注意的是，在建造时调整各部分的结构比例，保证其设计的渗水功能。在结构中必须安装溢水管，保证当雨水量超过其设计能力后排入排水系统。

(2) 雨水收集型结构要求。收集型既要保证雨水收集过程中水质的净化，又要将净化后可利用的水导出，其结构在通用型结构上增加植物缓冲带、有机覆盖层、地下穿孔管、溢流管。植物缓冲带起到过滤预处理的作用，停车场、公路等表面垃圾等较多，雨水径流中含有大量的悬浮物及碎片，必须进行预处理。有机覆盖层在种植土层上加入，目的在于防止表面土壤侵蚀，保持植物根部区域潮湿，为微生物的生长及有机物质的分解停工场所。地下穿孔管是将净化后水质较好的雨水，由穿孔管引出用于喷洒道路、浇灌绿地等，以实现雨水资源利用。溢流管与雨水渗透型中的目的一样，排出雨水花园峰值的多余水量。

（五）雨水花园的管理维护

雨水花园的管理维护较为粗放，呈自然野趣不加人工修饰的景观形态。一般采取的管理维护措施是：对建在距离地下水和水井较近的雨水花园，要定期检验水质，以防地下水遭受污染；定期观测雨水花园表面，及时清除沉积物，保证其雨水渗透能力；雨后检查雨水花园的植被和结构层的受损情况，及时维修覆盖层材料和更换植被；根据植物生长状况及降水情况，适当对植物进行灌溉；定期检查植物群落，做到病虫害防治与杂草清除。

五、园林污水处理与污水管网设计

（一）园林污水处理

园林污水是城市污水的一部分。但相对城市污水来讲，其成分相对较单一，主要是生活污水，且污水量较少。有时在动物园或带有动物展览区的公园里还有部分动物粪便及清扫禽兽笼的脏水。园林污水含有大量的碳水化合物、蛋白质、脂肪等有机物，具有一定的肥效，可用于农用灌溉，污水中一般不含有毒物质，但含有大量细菌和寄生虫卵，其中也可能包括致病菌，具有一定危害，必须经过处理后才能排入自然水体之中。

1. 污水的成分及污染指标　污水中含有各种有机物、无机物及有毒物质，一般用污染指标来衡量水在使用过程中被污染的程度，也称污水的水质指标。

（1）生物化学需氧量（BOD）。污水中含有大量的有机物质，其中一部分进行好氧分解，使水中溶解氧降低，至完全缺氧；在无氧时进行厌氧分解，放出恶臭气体，水体变黑，使水中生物灭绝。由于有机物种类繁多，难以直接测定，就采用生化需氧量指标。生化需氧量就是反映水中可生物降解的含碳有机物的含量及排到水体后所产生的耗氧影响指标；与温度、时间有关。为便于比较，一般以 20℃时，经过 5d 时间，有机物分解前后水中溶解氧的差值称为5d20℃的生物需养量，即 BOD_5，单位为 mg/L。BOD 越高，污水中可生物降解的有机物越多。

（2）化学需氧量（COD）。即高温、有催化剂及强酸等环境下采用强氧化剂氧化水中有机物所消耗的氧量。单位 mg/L，通常 COD>BOD。

（3）悬浮固体。水中未溶解的非胶态的固体物质。在条件适宜时可以沉淀，单位 mg/L。悬浮固体属于感官性指标。

（4）pH。确定污水酸碱度指标，生活污水一般 pH 为 7～8.5，呈中性或弱碱性。

（5）氮和磷。氮和磷是植物营养性物质，会使水体富营养化，加速水体老化。生活污水中含有丰富的氮和磷。

（6）有毒化合物。对人和生物有危害作用。主要有氰化物、砷化物、汞、镉、铬、铅等。

（7）感官性指标。颜色、嗅味、气味等是一种感官指标，同时也是污染的一种表现。

生活污水的成分比较固定，只是浓度跟生活习惯、生活水平有所不同，表 2-28 是国内若干城市生活污水成分及污染负荷范围。

表 2-28　生活污水成分组成和污染负荷

成分项目	pH	BOD_5 (mg/L)	COD (mg/L)	悬浮物 (mg/L)	氨氮 (mg/L)	磷 (mg/L)	总有机碳 (mg/L)
数量	7.5～8.5	110～400	250～1 000	100～350	20～85	4～15	80～290

2. 污水处理方法　污水处理就是采取各种方法将污水中所含有的污染物分离出来，或将其转化为无害和稳定的物质，从而使污水得到净化，排出时水通常称为中水，其水质达到国家标准（这类标准很多，而且不同地域、不同用途有不同的标准）。

污水处理方法按其作用原理可分为物理法、化学法和生物法三类。

（1）物理法。污水的物理处理法就是利用物理作用，分离污水中主要呈悬浮状态的污染物质，处理过程中不改变其化学性质。主要用于污水初级处理，对生活污水处理较多。物理法又分重力分离法、离心分离法和过滤法。

（2）化学法。利用化学方法，通过投放化学物质引起化学反应来分离和回收水污染物，使之转化成无害物质。有凝固、分解、化学沉淀及氧化还原等手段。

（3）生物法。利用微生物新陈代谢功能，将污水中的有机物分解成稳定的无机物的方法，称生物法。有天然生物处理和人工生物处理两类。天然生物处理就是利用自然条件生长、繁殖的微生物处理污水，形成水体（土壤）—微生物—植物组成生态系统对污染物进行一系列物理、化学和生物的净化；如生物氧化塘（包括稳定塘、水生植物塘、水生动物塘、湿地、土地处理系统等）。人工生物处理就是人工创造生物条件进行污水处理。有活性污泥法和生物脱膜法。

中水处理的工艺流程：废水→隔栅→调节池→氧化池→斜管沉淀池→活性吸附→清水池→消毒。废水进入氧化池后就开始了中水的处理，首先是暴气到氧化池里，进行好氧菌的氧化，这是为了氧化有机物，这里同样要有污泥和细菌生存所需要的养分，在氧化池里大约要经过3h的氧化才能氧化掉有机物。经过氧化池的氧化后进入下一个过程，到达沉淀池，在沉淀池把水中的污泥得到进一步的沉淀，经过一个吸附槽后就到了清水池，那里有消毒药品，能杀死水中的细菌。

园林污水处理一般采用物理法和生物法相结合的办法，即先进行物理处理，处理后的污水再经生物氧化塘处理，处理后的水再排入自然水体中，而污泥可以用来栽植植物。

（二）污水管网设计

公园中有许多地域没有条件处理污水，需要把污水组织利用管道或暗沟排入城市污水管网中，它的布置采取就近的原则，使公园中的污水尽快排入城市的污水管网中。

1. 污水量的测算

（1）居民生活污水量标准。城市居民每人每日的平均污水量称污水量标准。它取决于用水量标准，并与城市气候、居民生活习惯、生活水平及建筑设备有关。《室外排水设计规范》建议根据生活用水定额的80%～90%确定生活污水排水定额。表2-29列有我国城市居民生活污水量预测值，供参考。

表2-29　城市居民生活污水量预测［单位：L/(人·d)］

年份（年）	特大城市（>100万人口）	大城市（50万～100万人口）	中等城市（20万～50万人口）	小城市（<20万人口）
1990	90	80	70	60
2000	100	90	80	70
2010	120～110	100	90	80
2020	130～120	110	100	90

（2）变化系数

$$\text{日变化系数 } K_d = \frac{\text{最高日污水量}}{\text{平均水污水量}}$$

$$\text{时变化系数 } K_h = \frac{\text{最高日最高时污水量}}{\text{最高日平均时污水量}}$$

$$\text{总变化系数 } K_z = K_d \times K_h$$

污水量变化系数随污水流量的大小而不同。污水流量越大，其变化系数越小，反之则变化系数越大。生活污水量总变化系数一般按表2-30采用。当污水平均日流量为表中所列污水平均日流量的中间值时，其总变化系数可以依插入法计算。

表 2-30　生活污水量总变化系数

污水平均日流量（L/s）	5	15	40	70	100	200	500	1 000	≥1 500
K_z	2.3	2.0	1.8	1.7	1.6	1.5	1.4	1.3	1.2

（3）污水量的计算。设计所需的最高日最高时污水量可以由平均日污水量与 K_z 的乘积求得。

$$Q_0=\frac{q_0 N}{24\times 3\ 600}$$

式中：Q_0——居民平均日污水量（L/s）；

q_0——居民生活污水量标准［L/（人·d）］；

N——规划人口数（人）。

那么最高日最高时污水量：

$$Q_t=Q_0 K_z$$

式中：Q_t——最高日最高时污水量（L/s）；

K_z——总变化系数。

园林及风景区中可以根据设计游人量来计算，即 N 为设计游人量，园林总干管布局可按全园的游人量计算，具体到每个分区可根据每区的具体情况来定。

建筑生活污水量根据其用水量定额和相对的污水排放率获得，可以参考表 2-31。而作为园林中的设施如果是对外开放的如展室、茶室等，其标准应适当提高。如果其卫生设施是提供给全园使用，应当纳入全园的设计范围。

表 2-31　各种建筑的污水排放率

建筑类型	污水排放率	建筑类型	污水排放率
住宅	0.95	学院、医院	0.85～0.90
办公、科研	0.90	茶室	0.95
饭店、宾馆	0.95		

2. 污水管网的计算　污水管道的计算与雨水管道基本相同，但也有一些不相同的地方，为保证排水管设计的经济合理，规范对充满度、流速、管径及坡度作了规定。

（1）充满度 h/d。雨水管道的计算是按满流计算，而污水管道是按不满流的情况下计算的。设计充满度有一个最大的限值，即规范中规定的最大设计充满度 h/d，如表 2-32。对明渠与雨水明渠一样，其超高应不小于 0.2m。

（2）设计流速 v。指管渠在设计充满度情况下，排泄设计流量的平均流速。在表 2-32 中对设计流速提出了最小设计流速和最大设计流速。就整个污水管道系统讲，各设计管段的设计流速从上游至下游最好是逐渐增加的。

（3）最小管径 d 和最小设计坡度 i。污水是自流管道，也就是重力流管道，如果没有一定的坡度就不能流动。另外，污水中含有大量的固体及其他物质，如果没有足够的管径就会出现经常性堵塞，留下不安全的隐患。规范在对设计充满度、流速规定的同时，也规定了最小设计坡度和最小管径（表 2-33）。

表 2-32　水管道最大允许流速、最大设计充满度、最小允许流速、最小设计充满度

<table>
<tr><th rowspan="2">管径
(mm)</th><th colspan="2">最大允许流速
(m/s)</th><th rowspan="2">最大设计充满度</th><th rowspan="2">设计充满度下最小设计流速
(m/s)</th><th colspan="2">按照设计充满度下最小设计流速控制的最小坡度</th><th rowspan="2">最小设计充满度</th><th rowspan="2">最小设计充满度下不淤流速
(m/s)</th><th colspan="2">按照最小设计充满度下不淤流速控制的最小坡度</th></tr>
<tr><th>金属管</th><th>非金属管</th><th>坡度</th><th>相应流速
(m/s)</th><th>坡度</th><th>相应流速
(m/s)</th></tr>
<tr><td>150</td><td rowspan="16">≤10</td><td rowspan="16">≤5</td><td rowspan="3">0.6</td><td rowspan="5">0.7</td><td>0.007</td><td>0.72</td><td rowspan="5">0.25</td><td rowspan="5">0.4</td><td>0.005</td><td>0.40</td></tr>
<tr><td>200</td><td>0.005</td><td>0.74</td><td>0.004</td><td>0.43</td></tr>
<tr><td>300</td><td>0.002 7</td><td>0.71</td><td>0.002</td><td>0.40</td></tr>
<tr><td>400</td><td>0.7</td><td>0.002</td><td>0.77</td><td>0.001 5</td><td>0.42</td></tr>
<tr><td>500</td><td rowspan="7">0.75</td><td>0.001 6</td><td>0.81</td><td>0.001 2</td><td>0.43</td></tr>
<tr><td>600</td><td rowspan="6">0.8</td><td>0.001 3</td><td>0.82</td><td rowspan="5">0.3</td><td rowspan="5">0.5</td><td>0.001</td><td>0.50</td></tr>
<tr><td>700</td><td>0.001 1</td><td>0.84</td><td>0.000 9</td><td>0.52</td></tr>
<tr><td>800</td><td>0.001</td><td>0.88</td><td>0.000 8</td><td>0.54</td></tr>
<tr><td>900</td><td>0.000 9</td><td>0.90</td><td>0.000 7</td><td>0.54</td></tr>
<tr><td>1 000</td><td>0.000 8</td><td>0.91</td><td>0.000 6</td><td>0.54</td></tr>
<tr><td>1 100</td><td>0.000 7</td><td>0.91</td><td rowspan="6">0.35</td><td rowspan="6">0.6</td><td>0.000 6</td><td>0.62</td></tr>
<tr><td>1 200</td><td rowspan="5">0.8</td><td rowspan="3">0.9</td><td>0.000 7</td><td>0.97</td><td>0.000 6</td><td>0.66</td></tr>
<tr><td>1 300</td><td>0.000 6</td><td>0.94</td><td>0.000 5</td><td>0.63</td></tr>
<tr><td>1 400</td><td>0.000 6</td><td>0.99</td><td>0.000 5</td><td>0.67</td></tr>
<tr><td>1 500</td><td rowspan="2">1.0</td><td>0.000 6</td><td>1.04</td><td>0.000 5</td><td>0.70</td></tr>
<tr><td>>1 500</td><td>0.000 6</td><td></td><td>0.000 5</td><td></td></tr>
</table>

注：1. $n=0.014$。

2. 计算污水管道充满度时，不包括淋浴水量或短时间内忽然增加的污水量。但管径≤300mm 时，按满流复核。含有机械杂质的工业废水管道，其最小流速宜适当提高。

表 2-33　污水管道的最小管径和最小设计坡度

管道位置	最小管径（mm）	最小设计坡度
在街坊、厂区、绿地中	200	0.004
在街道下	300	0.003

（4）水力计算公式。计算公式与雨水管渠是一样的。

$$Q=W\cdot v$$

$$V=C\sqrt{Ri}$$

式中：Q——设计管段的设计流量（m^3/s）；

W——设计过水断面面积（m^2）；

v——过水断面的平均流速（m/s）；

R——水力半径（过水断面面积与湿周的比值）；

i——水力坡度；

C——流速系数（谢才系数）。

一般

$$C=\frac{1}{n}R^{1/6}$$

式中：n 为管渠粗糙系数。见表 2-34。

表 2-34　排水管渠粗糙系数表

管渠种类	n 值	管渠种类	n 值
陶土管	0.013	浆砌砖渠道	0.013
混凝土和钢筋混凝土管	0.013～0.014	浆砌块石渠道	0.017
石棉水泥管	0.012	干砌块石渠道	0.020～0.030
铸铁管	0.013	土明渠（带或不带草皮）	0.025～0.030
钢管	0.012	木槽	0.012～0.014
水泥砂浆拌面渠道	0.013～0.014		

Q、R 均与管径 D 和充满度有关，除 Q、n 为已知外，其他均未知，为了方便计算，可查阅给排水设计手册的水力计算图或计算表，根据管材、管径，在已知流量的情况下，水力坡度（i）、设计流速（v）和设计充满度（h/d）三个之中可先确定一个适宜值，再查出另外两个，综合前面规范提供的数据及现状条件，合理地确定各项值。

六、园林排水管道施工

（一）常用材料选用

园林排水管道使用的管材有：钢筋混凝土管、预应力钢筋混凝土管、混凝土管、石棉水泥管、陶土管和缸瓦管等。

室外排水管道和管件的品种、规格应符合设计要求，并有出厂合格证明。

（二）常用机具

链式手拉葫芦、千斤顶、皮老虎、撬杠、捻口凿、扁器、手锤、钢卷尺、水平仪、量角规等。

（三）作业条件

（1）施工图纸已经过会审、设计交底，施工方案已编制。施工技术人员向班组作了图纸和施工方案交底，填写了“施工技术交底记录”和“工程任务单”，并且签发了“限额领料记录”。

（2）管材、管件均已检验合格，并具备所要求的技术资料。暂设工棚已搭设可用，水源、电源均具备。

（3）室外地坪标高已基本定位。非安装单位开挖沟槽，沟槽应验收合格，并填写签证了“管沟开挖及回填质量验收单”。

（4）在雨季施工时，应挖好排水沟槽、集水井，准备好水泵、胶管等抽水设备，以便抽水，要严防雨水浸泡沟槽。

（四）操作工艺

1. 工艺流程室外排水管道安装操作工艺流程（图 2-22）

安装设备 → 清扫管膛 → 管道就位 → 灰口养护 → 检查并砌筑 → 闭水试验

图 2-22　园林排水管道安装操作工艺流程

2. 混凝土管道安装

(1) 管道基础。排水管道基础的好坏，对排水工程的质量有很大影响。目前常用的管道基础有：砂土基础、混凝土枕基、混凝土带形基础。

①砂土基础。砂土基础包括弧形素土基础及砂垫层基础两种。弧形素土基础是在原土层上挖一弧形管槽，管子落在弧形管糟内。砂垫层基础是在挖好的弧形槽内铺一层粗砂，砂垫层厚度通常为：100～150mm。

②混凝土枕基。混凝土枕基是设置在管道接口处的局部基础，通常在管道接口下用C7.5混凝土做成枕状垫块，适用于管径 $d \leqslant 600$mm 的承插接口管道及管径 $d \leqslant 900$mm 的抹带接口管道。枕基长度取决于管道外径，其宽度一般为 200～300mm，

③混凝土带形基础。混凝土带形基础是沿管道全长铺设的基础。按管座形式分为 90°、135°、180°三种。施工时，先在基础底部垫 100mm 厚的砂砾石，然后在垫层上浇灌 C10 混凝土。混凝土带形基础的几何尺寸应按施工图的要求确定。

管道施工究竟选用哪种形式的基础，应根据施工图纸的要求而定。在管道基础施工时，同一直线管段上的各基础中心应在一条直线上，并根据设计标高找好坡度。采用预制枕基时，其上表面中心的标高应低于管外底 10mm。

(2) 下管。沟槽的开挖及散管可参照室外给水管道安装的有关要求。下管前应检查管道基础标高和中心线位置是符合设计要求，基础混凝土强度达到设计强度的 50%，且不小于 5MPa 时才可下管。下管由两个检查井间的一端开始，管道应慢慢下落到基础上，防止下管绳索折断或突然冲击砸坏管基。管道进入沟槽内后，马上进行校正找直。校正时，管道接口一般保留一定间隙。管径 $d<600$mm 的平口或承插口管道应留 10mm 间隙；管径 $d>600$mm 时，应留有不小于 3mm 的对口间隙。待两个检查井的管道全部下完，对管道的位置设置、标高进行检查，核实无误后，再进行管道接口处理。

(3) 接口。园林排水管道的接口形式有承插接口、平口接口及套箍接口 3 种。

①承插接口。带有承插接口的排水管道连接时，承口应迎着水流方向，可采用沥青油膏或水泥砂浆填塞承口。沥青油膏的配合比（重量比）为：6 号石油沥青 100，重松节油 11.1，废机油 44.5，石棉灰 77.5，滑石粉 119。调制时，先把沥青加热至 120℃，加入其他材料搅拌均匀，然后加热至 140℃即可使用。施工时，先将管道承口内壁及插口外壁刷净，涂冷底子油一道，再填沥青油膏。采用水泥砂浆作为接口填塞材料时，一般用 1∶2 水泥砂浆。施工时应将插口外壁及承口内壁刷干净，然后将和好的水泥砂浆由下往上分层填入捣实，表面抹光后覆盖湿土或湿草袋养护。敷设小口径承插管时，可在稳好第一节管段后，在下部承口上垫满灰浆，再将第二节管插入承口内稳好。挤入管内的灰浆用于抹平内口，多余的清除干净。接口余下的部分应填灰打严或用砂浆抹平。按上述程序将其余管段敷完。

②平口和企口管子接口。平口和企口管子均采用 1∶2.5 水泥砂浆抹带接口。抹带工作必须在八字枕基或包接头混凝土浇筑完后进行。操作前应将管接口处进行局部处理，管径 $d \leqslant 600$mm 时，应刷去抹带部分管口浆皮；管径 $d>600$mm 时，应将抹带部分的管口凿毛刷净，管道基础与抹带相接处混凝土表面也应将凿毛刷净，使之黏接牢固。抹带时，应使接口部位保持湿润状态，先在接口部位抹上一层薄薄的素灰浆，并分两次抹压，第一层为全厚的 1/3，抹完后在上层割划线槽使其表面粗糙，待初凝后再抹第二层，并赶光压实。抹好

后，立即覆盖湿草袋并定期洒水养护，以防龟裂。排水管道抹带接口操作中，如遇管端不平，应以最大缝隙为准。接口时不应往管缝内填塞碎石、碎砖，必要时应塞麻绳或管内加垫托，待抹完后再取出。抹带时，禁止在管上站人、行走或坐在管上操作。

③套箍接口。采用套箍接口的排水管道下管时，稳好管子后，立即套上一个预制钢筋混凝土套箍。接口一般采用石棉水泥作填充材料，接口缝隙处填塞一圈油麻。接口时，先检查管子的安装标高和中心位置是否符合设计要求，管道是否稳定，然后调整套箍，使管子接口处于套箍正中。套箍与管外壁间的环形间隙应均匀，套箍和管子的接合面要用水冲刷干净，将油麻填入套箍中心，再把和好的石棉水泥用捻口凿自下而上填入套箍环缝内。石棉水泥的配合比（重量比）为：水∶石棉∶水泥＝1∶3∶7。水泥标号应不低于325号，且不得采用膨胀水泥，以防套箍胀裂。打灰口时应使每次捻口凿重叠一半。打好的灰口与套箍边口齐平，环形间隙均匀，填料凹入接口边缘不得大于5mm，管径d>700mm的管道，对口处缝隙较大时，应在管内用草绳填塞，待打完外部灰口后，再取出内部草绳，用1∶3水泥砂浆将内缝抹平抹严。打完的灰口应立即用湿草袋盖好，并定期洒水养护2～3d。采用管箍接口的排水管道应先作接口，后作接口处混凝土基础。

敷设在地下水位以下且地基较差，可能产生不均匀沉陷地段的排水管，在用预制套箍接口时，接口材料应采用沥青砂浆。沥青砂浆的配制及接口操作方法应按施工图纸要求。

在有侵蚀性土壤或水中，管道接口应使用耐腐蚀性的水泥。

3. 石棉水泥管道安装　管道安装与混凝土管道一样，但使用管箍作接口时，可填水泥砂浆。

4. 陶土管（缸瓦管）安装　陶土管一般采用承插连接，接口填料用水泥和砂按1∶1配合比（重量比）填实接口即可。

5. 管道埋设深度和坡度　园林排水管道施工图中所列的管道标高均指管道内底标高。管道的埋深要符合设计要求或规范规定。排水管的埋设深度包括覆土厚度及埋设深度两种含意，覆土厚度指管道外壁顶部到地面的距离；埋设深度指管道内壁底到地面的距离。

对生活污水、生产废水（污水）、雨水管道敷设坡度的要求，应满足设计要求或规范规定。

6. 室外排水管道闭水试验　室外生活排水管道施工完毕，接口填料强度达到要求后，按规范要求应作闭水试验。试验时：

（1）将被试验的管段起点及终点检查井的管子两端用钢制堵板堵好。

（2）在起点检查井的管沟边设置一个试验水箱，如管道设在干燥型土层内，要求试验水位高度应高出起点检查井管顶4m。

（3）将进水管接至堵板的下侧，终点检查井内管子的堵板下侧应设泄水管，并挖好排水沟。管道应严密，并从水箱向管内充水，管道充满水后，一般应浸泡1～2昼夜再进行试验。

（4）量好水位，观察管道接头处是否严密不漏，如发现漏水应及时返修。作闭水试验，观察时间不应少于30min。

（5）如污水管道排出有腐蚀性污水时，管道不允许有渗漏。

（6）雨水管道及与其性质相似的管道，除湿陷性黄土及水源地区外，可不作渗水量试验。

（7）闭水试验完毕后应及时将水排出。

7. 管沟回填土　在闭水试验完成，并办理“隐蔽工程验收记录”后，即可进行回填土。

（1）管顶上部500mm以内不得回填直径大于100mm的块石和冻土块；500mm以上部分回填块石或冻土不得集中；用机械回填，机械不得在管沟上行驶。

（2）回填土应分层夯实，虚铺厚度：机械夯实不大于300mm；人工夯实不大于200mm。管道接口坑的回填必须仔细夯实。

8. 检查井

（1）检查井的尺寸应符合设计要求，允许偏差为±20mm（圆形井指其内径；矩形井指内边长）。

（2）安装混凝土预制井圈，应将井圈端部洗干净并用水泥砂浆将接缝抹光。

（3）砖砌检查井，地下水位较低，内壁可用水泥砂浆勾缝；地下水位较高，井的外壁应用防水砂浆抹面，其高度应高出最高水位200～300mm。含酸性污水检查井，内壁应用耐酸水泥砂浆抹面。

（4）排水检查井内需做流槽，应用混凝土或用砖砌筑，并用水泥砂浆抹光。流槽的高度等于引入管中的最大管径，允许偏差为±10mm。流槽下部断面为半圆形，其直径同引入管管径。流槽上部应作垂直墙，其顶面应有0.05的坡度。排出管同引入管直径不相等，流槽应按两个不同直径作成渐扩形。弯曲流槽同管口连接处应有0.5倍直径的直线部分，弯曲部分为圆弧形，管端应同井壁内表面齐平。管径大于500mm，弯曲流槽同管口的连接形式应由设计确定。

（5）井盖上表面应同路面相平，允许偏差为±5mm。无路面时，井盖应高出室外设计标高50mm，并应在井口周围以0.02的坡度向外做护坡。如采用混凝土井盖，标高应以井口计算。用铸铁井盖，应与其他管道井盖有明显区别，重型和轻型井盖不得混用。

（6）管道穿过井壁处，应严密、不漏水。

（五）成品保护

（1）钢筋混凝土管、混凝土管、石棉水泥管、陶土管均承受外压较差，易损坏，所以搬运和安装过程中不能碰撞，不能随意滚动，要轻放，尤其是陶土管不能随意踩踏或在管道上压重物。

（2）管道施工完毕符合要求后，应及时进行回填，严禁晾沟。浇注混凝土管墩、管座时，应待混凝土的强度达到5MPa以上方可回填土。

（3）填土时，不可将土块直接砸在接口抹带部位。管顶500mm范围内，应采用人工夯实。

七、园林管线工程的综合

管线综合的目的是为了合理安排各种管线，综合解决各种管线在平面和竖向上的相互关系。如果这方面缺乏考虑或考虑不周，则各种管线在埋设时将会发生矛盾，从而造成人力物力及时间的浪费，因此园林管线综合是很重要的。

城市管线很多，主要有给水、排水（污水、雨水）、电力、电信、热力和燃气管线等，园林中管线较少，一般只有前4种管线，管线综合一般采用综合平面图表示。

（一）管线敷设的一般原则

（1）管线综合布置应与总平面布置、竖向设计和绿化布置统一进行，其平面坐标系统和标高系统应与总平面布置相同。使管线之间、管线与建（构）筑物之间在平面及竖向上相互协调，紧凑合理。

（2）地下管线的布置，一般按管线的埋深，由浅至深（由建筑物向道路）布置，常用的顺序如下：电信电缆、电力电缆、热力管道、燃气管道、给水管、雨水管道和污水管道。

（3）综合布置地下管线产生矛盾时，应按下列原则处理：

压力管让自流管；管径小的让管径大的；易弯曲的让不易弯曲的；临时性的让永久性的；新建的让现有的；检修次数少的、方便的让检修次数多的、不方便的。

（4）管线布置应尽量与道路中心线和主要建筑物平行，做到管线短，转弯少，减少管线与道路及其他管线的交叉，当管线与道路交叉时应为正交，在困难的情况下，其交叉角不宜小于45°。

（5）干管应靠近主要使用单位和连接支管较多的一侧布置。

（6）地下管线一般布置在人行道和绿地下，但检修较少的管道（如污水管、雨水管、给水管）也可布置在道路下面。

（7）雨水管应尽量布置在路边，带消火栓的给水管也应沿路敷设。

（二）管线综合平面图的表示方法

园林中管线种类较少，密度也小，因此其交叉的几率也较少。一般可在 1∶2 000～1∶500 的图纸（规划或设计图）上确定其平面位置，遇到管线交叉处可用垂距简表表示（图2-23）。

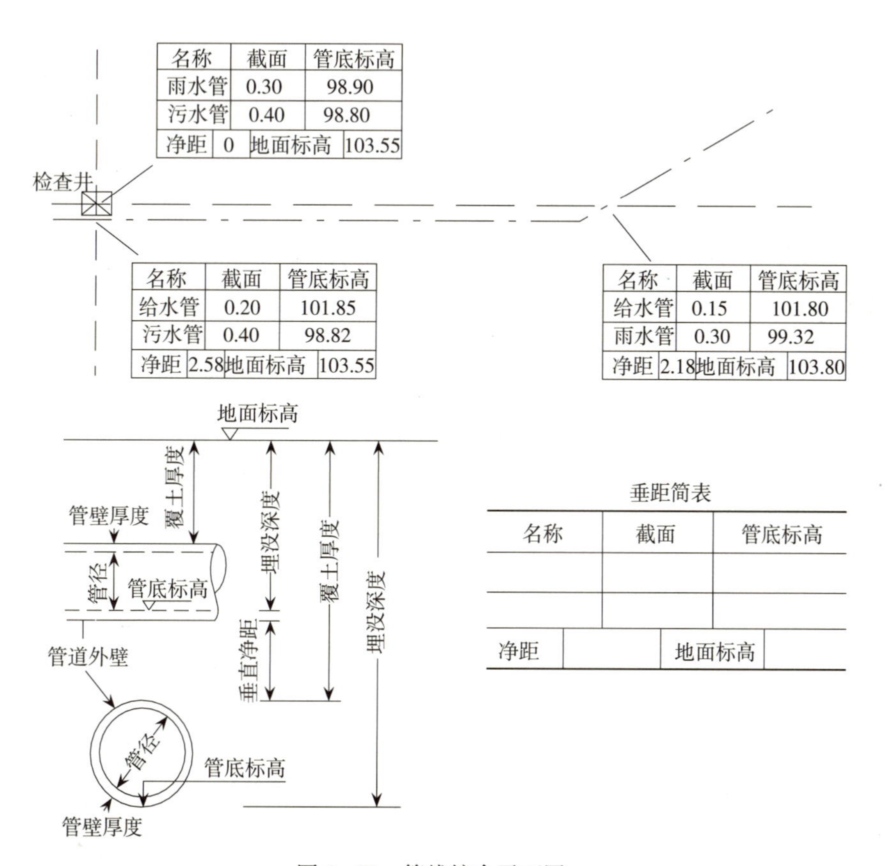

图 2-23　管线综合平面图

管线水平和垂直净距等的确定，可参考表 2-35、表 2-36，常用管线的最小覆土深度可参考表 2-37。

表 2-35　各种管线最小水平净距表（m）

顺序	管路名称	1 建筑物	2 给水管	3 排水管	4 热力管	5 电力电缆	6 电讯电缆	7 电讯管道	8 乔木（中心）	9 灌木	10 地上柱干	11 道路路缘石
1	建筑物		3.0	3.0①	3.0	0.6	0.6	1.5	3.0④	1.5	3.0	
2	给水管	3.0		1.5②	1.5	0.5	1.0③	1.0③	1.5	⑥	1.0	1.5⑧
3	排水管	3.0①	1.5②	1.5	1.5	0.5	1.0	1.0	1.5⑤	⑥	1.5⑦	1.5⑧
4	燃力管	3.0	1.5	1.5		2.0	1.0	1.0	2.0	1.0	1.0	1.5⑧
5	电力管	0.6	0.5	0.5	2.0		0.5	0.2	2.0		0.5	1.0⑧
6	电讯电缆（直埋式）	0.6	1.0③	1.0	1.0	0.5		0.2	2.0		0.5	1.0⑧
7	电讯管道	1.5	1.0③	1.0	1.0	0.2	0.2		1.5		1.0	1.0⑧
8	乔木（中心）	3.0④	1.5	1.5⑤	2.0	2.0	2.0	1.5			2.0	1.0
9	灌木	1.5	⑥	⑥	1.0						⑥	0.5
10	地上柱干（中心）	3.0	1.0	1.5⑦	1.0	0.5	0.5	1.0	2.0	⑥		0.5
11	道路路缘石		1.5⑧	1.5⑧	1.5⑧	1.0⑧	1.0⑧	1.0⑧	1.0	0.5	0.5	

注：①排水管埋深浅于建筑物基础时，其净距不小于 2.5m；②、③表中得数值适用于给水管径 $d \leqslant 200$mm；④尽可能大于 3.0m；⑤与现状大树距离为 2.0m；⑥不需间距；⑦先埋管后立干时，可减至 1.0m；⑧距道路边沟的边缘或路基边坡底均应≥1.0m。

表 2-36　地下管线交叉时最小垂直净距表（m）

埋设在下面的管线名称	安设在上面的管线名称									
	给水管	排水管	热力管	燃气管	电讯		电力电缆		明底（沟底）	涵洞（基础底）
					铠装电缆	管道	高压	低压		
	净距									
给水管	0.15	0.15	0.15	0.15	0.50	0.15	0.50	0.50	0.50	0.15
排水管	0.15	0.15	0.15	0.15	0.50	0.15	0.50	0.50	0.50	0.15
热力管	0.15	0.15		0.15	0.50	0.15	0.50	0.50	0.50	0.15
燃力管	0.15	0.15	0.15	0.15	0.50	0.15	0.50	0.50	0.50	0.15
铠装电缆	0.50	0.50	0.50	0.50	0.50	0.25	0.50	0.50	0.50	0.50
电讯管道	0.15	0.15	0.15	0.15	0.25	0.15	0.25	0.25	0.50	0.25
电力电缆	0.50	0.50	0.50	0.50	0.50	0.50	0.50	0.50	0.50	0.50

注：1. 电讯电缆或电力管道一般在其他管线上面通过。

2. 电力电缆一般热力管道和通讯管缆下面，但在其他管线上面越过。

3. 热力管道一般在电缆、给水、排水和燃气管道上越过。

4. 排水管通常在其他管线下面越过。

表 2-37　地下管线的最小覆土深度表

管线名称	电力电缆（10kV 以下）	电　　讯		给水管	雨水管	污水管 $D \leqslant 300$mm
		铠装电缆	管道			
最小覆土深度（m）	0.7	0.8	混凝土管 0.8 石棉水泥管 0.7	在冰冻线以下，在不冻地区可埋设较浅①	应埋在冰冻线以下，但不小于 0.7②	冰冻线以上 30cm，但不小于 0.7③

注：①不连续供水的给水管（大多为枝状管网），应埋设在冰冻线以下，连续供水的管道在保证不冻结情况下（在南方不冻或冻层很浅的地区）可埋设较浅。②在严寒地区，有防止土壤冻胀对管道破坏的措施时，可埋设在冻线以下，并应以外部荷载验算；在土壤冰冻很浅的地区，如管道不受外部荷载损坏，可小于 0.7m。③当有保温措施时，或在冰冻线很浅的地区，或排温水管道，如保证水管不受外部荷载损坏时，可小于 0.7m。

复习思考题

1. 园林用水分为哪些方面？
2. 简述园林给水的特点。
3. 如何选择公园或风景区的水源？
4. 管网布置的一般原则是什么？布置形式有哪些？
5. 什么叫用水量标准、水头损失、沿程水头损失、局部水头损失、树枝状管网、环形管网？
6. 树枝状管网如何计算？
7. 喷灌的形式有哪些？喷头的组合形式有哪些？
8. 什么是设计灌水定额、土壤的田间持水量、土壤有效持水量、喷灌强度、喷灌有效控制面积？
9. 如何计算喷灌管网？
10. 园林排水的特点有哪些？
11. 生活污水排水系统、雨水排水系统有哪些组成部分？
12. 园林排水的方式有哪些？园林中如何减少地表径流？
13. 熟悉管渠排水设计的原则和一般规定。
14. 了解雨水管渠和污水管设计和计算的基本步骤。
15. 什么叫暴雨强度、覆土深度和排水盲沟？
16. 熟悉园林排水附属构筑物、排水盲沟的构造。
17. 雨水花园的选址原则是什么？有哪几种结构分类？
18. 污水的污染指标、处理方法有哪些？
19. 掌握园林管线综合布置的一般原则和园林管线综合平面图的表示方法。

实验实训

喷灌设计与施工

（一）目的

1. 通过实训，使学生掌握场地实测的方法。
2. 掌握喷灌设计的基本原理，并绘制喷灌设计图。
3. 掌握管道、管沟的开挖、下管、闭水实验及管道回填土的方法。
4. 掌握喷灌系统喷头喷水调试的方法。

（二）内容及方法

教学实训安排要与当地园林公司的具体工程项目相结合或虚拟一处场地进行喷灌系统的布置。主要内容：

1. 熟悉喷灌系统布置的有关技术要求。
2. 施工场地的测量。
3. 进行喷灌系统的施工图设计。
4. 利用必要的工具将喷灌系统施工图准确无误的放在地面上。
5. 基槽开挖和验收，管道连接、闭水实验。
6. 喷头连接，喷水实验。
7. 管沟回填，施工现场清理。

（三）要求

以实习小组为单位，进行场地实测、施工图设计、备料和放线施工。实习报告每小组交一份，内容包括施工组织设计与施工记录报告。

第三章　景观墙体工程

目标： 培养学生运用景观材料和景观墙体设计的基本原理进行简单的花坛、树池、景墙和挡土墙的设计能力，具有理解和识别景观墙体设计施工图的能力，能按有关规定、有效地组织小型景观墙体工程的施工与管理。

任务： 通过本章的学习，了解常见硬质景观材料的特性，认识硬质景观建设的常用材料，掌握墙体砌筑和装饰的施工方法；了解花坛设计的基本规律，掌握花坛与树池的设计和施工方法；理解掌握景墙、挡土墙的设计基本规律和施工方法。

景观墙体工程是指在园林建设过程中，硬质景观的墙体砌筑及装饰工程。景观墙体工程涉及的范围很广，在园林中被广泛采用，它既是承重构件，维护构件，也是主要的造景元素之一；在分隔空间、改变设施的景观面貌、反映地方乡土景观特征等方面得到广泛而灵活的运用，是园林硬质景观设计中最具表现力的要素之一。景观墙体工程在园林建设中的应用除了园林建筑的外墙与分隔墙等外，还有许多地方如花坛、水池、挡土墙、驳岸、围墙、景墙、台阶等构筑物都应用到景观墙体工程。本章仅涉及花坛、树池、挡土墙及景墙，其他景观墙体内容将在园林建筑或本教材相应章节阐述。

第一节　硬质景观材料的认识

花坛、树池、挡土墙和景墙都属硬质景观，它们的工程材料大致可分为墙体砌筑材料（也称砌体材料）和墙面装饰材料两大类。

一、砌体材料

大多数砌体系指将块材用砂浆砌筑而成的整体。砌体结构所用的块材有：烧结普通砖、黏土空心砖、混凝土空心砖、小型砌砖、粉煤灰实心中型砌块、料石、毛石和卵石等。

（一）普通砖

凡是孔洞率（砖面上孔洞总面积占砖面积的百分率）不大于15%或没有孔洞的砖，称为普通砖。由于其原料和工艺不同，普通砖又分为烧结砖和蒸养（压）砖。烧结砖包括：黏土砖、页岩砖、烧结煤矸石砖、烧结粉煤灰砖等；蒸养（压）砖包括：灰砂砖、粉煤灰砖、炉渣砖等。

1. 黏土砖　黏土砖是以黏土为主要原料，经搅拌成可塑状，用机械压成型的砖坯，经风干后入窑煅烧即成为砖。这种黏土砖称为普通烧结黏土砖。黏土砖随着发展又分为两类：

（1）实心黏土砖（简称砖）。它分为按国家标准尺寸制作的标准砖，其尺寸为240mm×115mm×53mm。实心黏土砖按生产方法不同，分为手工砖和机制砖，按砖的颜色可分红砖和青砖，一般来说青砖较红砖结实，耐碱、耐久性好。

（2）空心砖（大孔砖）和多孔砖。这是为了节省用土和减轻墙体自重而由实心砖改进而来的，见图3-1所示。根据我国《承重黏土实心砖》（TJ 196—75）的规定，黏土空心砖可分为以下三种型号：

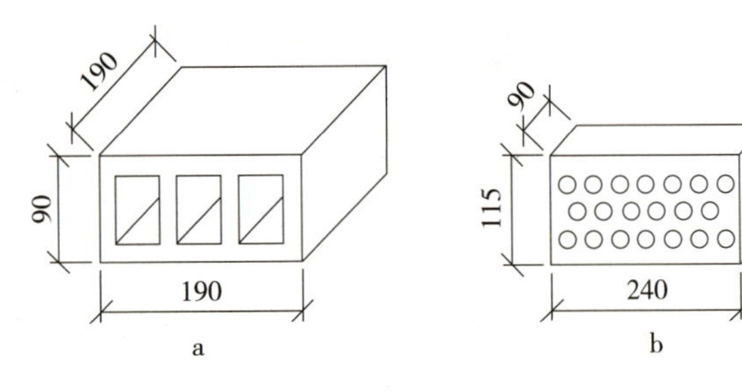

图3-1 空心砖和多孔砖
a. 空心砖（大孔砖） b. 多孔砖

KP_2：标准尺寸为240mm×180mm×115mm。

KM_1：标准尺寸为190mm×190mm×90mm。

KP_1：标准尺寸为240mm×115mm×90mm。

其中，KM_1型具有符合建筑模数的优点，但无法与标准砖同时使用，必须生产专门的“配砖”方能解决砖墙拐角、丁字接头处的错缝要求；KP_1与KP_2型则可以与标准砖同时使用。多孔砖可以用来砌筑承重的砖墙，而大孔砖则主要用来砌框架围护墙、隔断墙等承自重的砖墙。

黏土砖的强度等级用MUXX表示，例如，我们过去称为100号砖的强度等级用MU10表示。他的强度等级是以它的试块受压能力的大小而定的。根据国家标准GB 5101—93，抗压强度分为：MU30、MU25、MU20、MU15、MU10、MU7.5六个强度等级。其要求可见表3-1。但实际上我们的工艺水平达不到MU30、MU25、MU20，一般常用的为及MU10、MU7.5。

表3-1 强度等级表

强度等级	抗压平均值$R\geq$（MPa）	标准值$f_k\geq$（MPa）	强度等级	抗压平均值$R\geq$（MPa）	标准值$f_k\geq$（MPa）
MU30	30.0	23.0	MU15	15.0	10.0
MU25	25.0	19.0	MU10	10.0	6.5
MU20	20.0	14.0	MU7.5	7.5	5.0

2. 其他类砖 除黏土砖外，还有硅酸盐类砖、煤矸石砖等，它们是利用工业废料制成的。优点是化废为宝、节约土地资源、节约能源。但由于其化学稳定性等因素，使用没有黏土砖广。其种类有：灰砂砖、炉渣砖、粉煤灰砖、煤矸石砖等。其强度等级为MU7.5～MU15，尺寸与标准砖相同。

园林中的花坛、挡土墙等墙体所用的砖，须经受雨水、地下水等侵蚀，故采用黏土烧结实心砖、煤矸石砖、页岩砖，而灰砂砖、炉渣砖、粉煤灰砖则不宜使用。

3. 普通砖的砌筑 普通砖墙厚度有半砖、一砖、四分之三砖、一砖半、二砖等，常用砌合方法有一顺一丁、三顺一丁、梅花丁、条砌法等，其排砖方法见图3-2至图3-6。砖墙的水平灰缝厚度和竖向灰缝宽度一般为10mm，但不应小于8mm，也不应大于12mm。灰缝的砂浆应饱满，水平灰缝的砂浆饱满度不得低于80%。

实心黏土砖用作基础材料，这是园林中作花坛砌体工程常用的基础形式之一。它是属于刚性基础，以宽大的基底、逐步收退，台阶式的收到墙身厚度，收退多少应按图纸实施，一般有：等高式大放脚每两层一收，每次收退60mm（1/4砖长）；间隔式大放脚是两层一收

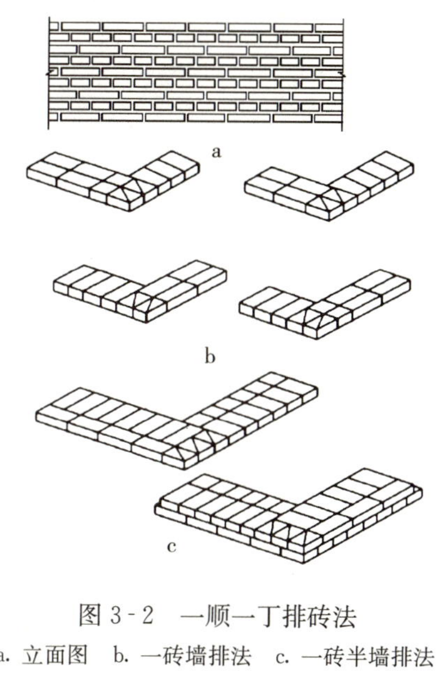

图 3-2　一顺一丁排砖法
a. 立面图　b. 一砖墙排法　c. 一砖半墙排法

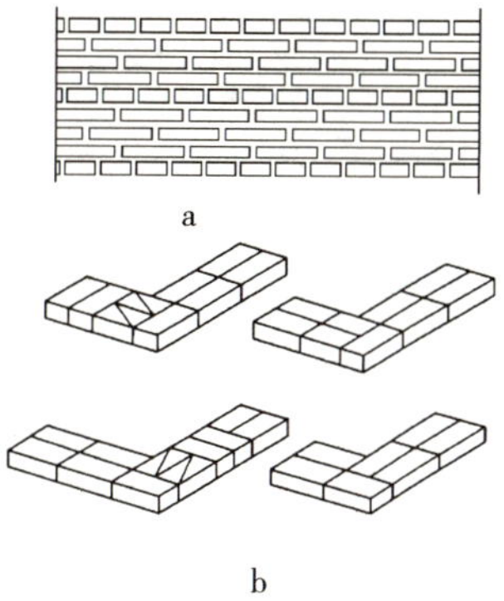

图 3-3　三顺一丁排砖法
a. 立面图　b. 一砖墙排法

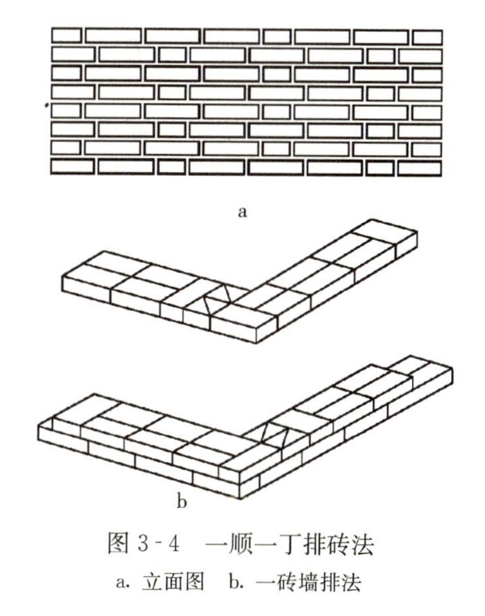

图 3-4　一顺一丁排砖法
a. 立面图　b. 一砖墙排法

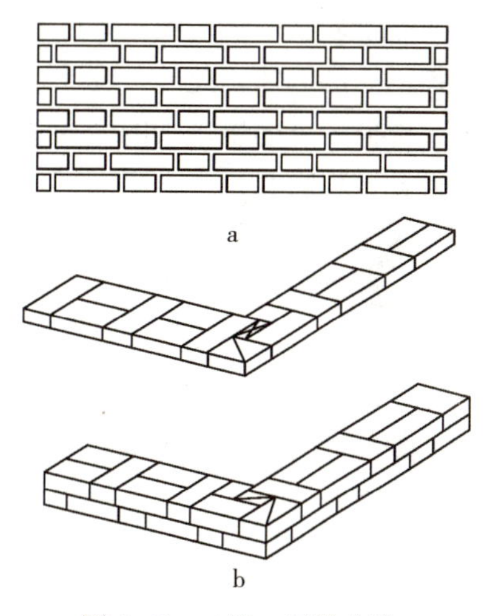

图 3-5　三顺一丁排砖法
a. 立面图　b. 一砖半墙排法

及间一层一收交错进行，其断面形式可见图 3-7。

（二）石材

由于我国地域广阔，各地地质结构和岩石成因条件不同，不同地区所产石材不尽相同。但在园林工程建设中，常用的岩石有三大类：一类是熔融岩浆在地下或喷出地面后冷凝结晶而成的岩石，如花岗石、正长石等，一类是沉积岩，如石灰岩、砂岩；另一类是地壳中原有的岩石，由于岩浆活动和构造活动的影响，原岩在固态下发生在结晶，是它们的矿物成分、结构构造以至化学成分发生部分或全部改变形成的新岩石，故称变质岩，如大理石、石英岩、片麻岩等。

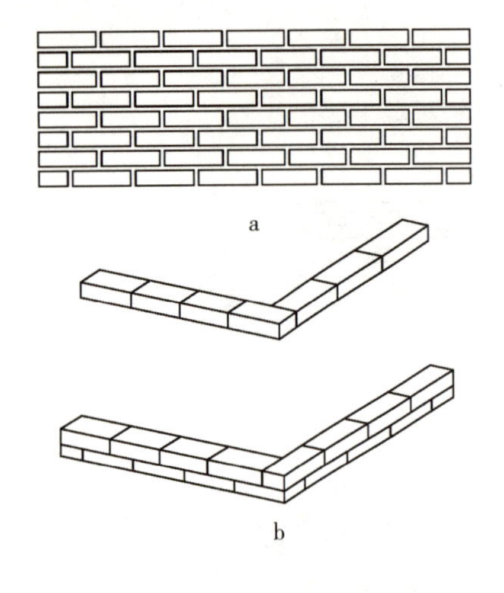

图 3-6 条砌排砖法图
a. 立面图 b. 半砖墙排法

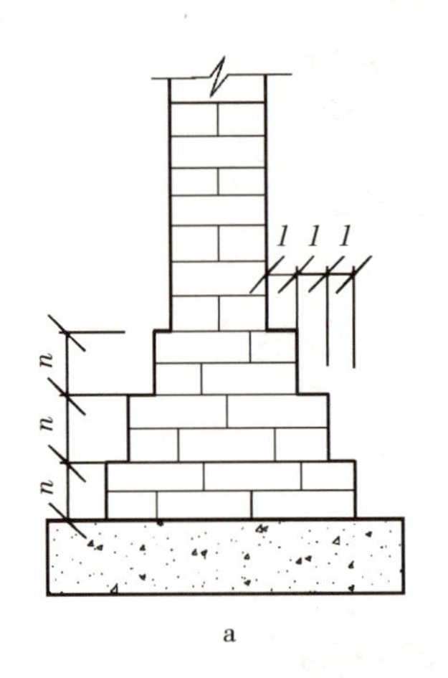

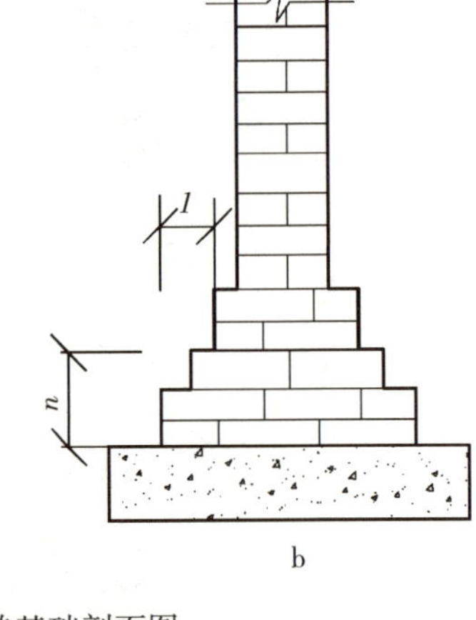

图 3-7 砖基础剖面图
a. 等高式 b. 不等高式

在具有石材资源的地方，应因地制宜的应用各种材料来砌筑墙体或做基础。用于砌筑的石材从外观上分可以有毛石、料石两种。毛石是由人工采用撬凿法和爆破法开采出来的不规则石块。由于岩石层理的关系，往往可以获得相对平整的和基本平行的两个面。它适宜于基础、勒脚、一层墙体，此外，在土木工程中用于挡土墙、护坡、堤坝等。料石亦称条石，系由人工或机械开采的较规则的六面体石块，经人工略加凿琢而成，依其表面加工的平整程度分为毛料石、粗料石、半细料石和细料石四种。毛料石一般仅稍加修整，厚度不小于 20cm，长度为厚度的 1.5～3 倍；粗料石表凸凹深度要求不大于 2cm，厚度和宽度均不小于 20cm，长度不大于厚度的 3 倍；半细料石除表面凸凹深度要求不大于 1cm 外，其余同粗料石；细料石经细加工，表面凸凹深度要求不大于 0.2cm，其余同粗料石。料石常由砂岩、花岗石、大理石等质地比较均匀的岩石开采琢制，至少有一个面的边角整齐，以便互相合缝，主要用于墙身、踏步、地坪、挡土墙等。粗料石部分可选来用于毛石砌体的转角部分，控制两面毛石墙的平直度。

石材的强度等级可分为：MU200、MU150、MU100、MU80、MU60、MU50 等。它是由把石块做成 70mm 立方体，经压力机至破坏后，得出的平均极限抗压强度值来确定的。

（三）砂浆

砂浆是由骨料（砂）、胶接料（水泥）、掺和料（石灰膏）和外加剂（如微沫剂、防水剂、抗冻剂）加水拌和而成。当然，掺和料及外加剂是根据需要而定的。砂浆是园林中各种砌体材料中块体的胶结材料，使砌块通过它的黏结形成一个整体。砂浆起到填充块体之间的缝隙，把上部传下来的荷载均匀地传到下面去，还可以阻止块体的滑动。砂浆应具备一定的强度、黏结力和工作度（或叫流动性、稠度）。

1. 砂浆的类型 砂浆按用途不同分为：砌筑砂浆、抹面砂浆、防水砂浆、装饰砂浆等。也可按胶结材料不同分为：

（1）水泥砂浆。是由水泥和沙子按一定重量的比例配制搅拌而成的。主要用在受湿度大的墙体、基础等部位。

（2）混合砂浆。是由水泥、石灰膏、沙子（有的加少量微沫剂节省石灰膏）等按一定重量比例配制搅拌而成的。主要用于地面以上墙体的砌筑。

（3）石灰砂浆。是由石灰膏和沙子按一定比例搅拌而成的。强度较低，一般只有0.5MPa左右。但作为临时性建筑、半永久性建筑仍可作砌筑墙体使用。

（4）防水砂浆。是在1∶3（体积比）水泥砂浆中，掺入水泥重量3%～5%的防水粉或防水剂搅拌而成的。主要用于防潮层，水池内外抹灰等。

（5）勾缝砂浆。是水泥和细砂以1∶1（体积比）拌制而成的。主要用在清水墙面的勾缝。

2. 组成砂浆的材料

（1）水泥。水泥呈粉末状物质，它和适量的水拌和后，即由塑性浆状体逐渐变成坚硬的石状体，是一种水硬性胶凝材料。主要是用石灰石、黏土含铝、铁、硅的工业废料等辅料，经高温烧制、磨细而成。具有吸潮硬化的特点，因而在储藏、运输时注意防潮。

目前我国生产的常用水泥有5种：硅酸盐水泥、普通硅酸盐水泥、矿渣硅酸盐水泥、火山灰质硅酸盐水泥和粉煤灰硅酸盐水泥。

水泥具有以下几方面的性能：

①密度。约为3.10g/cm^3。

②表观密度。为1 300～1 600kg/m^3。

③细度。按国家标准，硅酸盐水泥应比表面积大于300m^2/kg；其他水泥80μm方孔筛筛余不得超过10.0%。

④凝结时间。初凝不得早于45min；终凝不得迟于10h。

⑤安定性。水泥安定性相当重要，用沸煮法检验必须合格。凡不合格者不能使用，否则硬化后会发生裂缝成为碎块而破坏。因此，对一些水泥厂生产的水泥，必须进行复试，包括安定性检验。

⑥水泥的强度。水泥强度是用软练法做成试块后，经抗压试验取得的值作为它的标号。目前我国生产的水泥标号有：225、275、325、425、525、725六个等级。

⑦水化热。水泥和水拌和后，产生化学反应会放出热量，这种热量称为水化热。水化热大部分在水化初期内（约7d）放出，以后渐渐减少。在浇筑大体积混凝土时，要注意这个问题，防止内外温度差过大引起混凝土裂缝。

（2）石灰膏。是用生石灰块料经水化和网滤在沉淀池中沉淀熟化，贮存后为石灰膏，要求在池中熟化的时间不少于7d。沉淀池中的石灰膏应防止干燥、冻结、污染。砌筑砂浆严禁使用脱水硬化的石灰膏。

（3）砂。粒径在5mm以下的石质颗粒，称为砂。砂是混凝土中的细骨料，砂浆中的骨料，可分为天然砂和人工砂两类。天然砂是由岩石风化等自然条件作用形成的。可分为：河沙、山砂、海砂等。由于河沙比较洁净，质地较好，所以，配制混凝土时宜采用河沙。人工砂是岩石用轧碎机轧碎后，筛选而成的。但它细粉、片状颗粒较多，且成本也高，只有天然砂缺乏时才考虑用人工砂。一般砂的平均粒径可分为粗、中、细、特细四类（表3-2）。

将不同粒径的沙子按一定的比例搭配，砂粒之间彼此互相填充使孔隙率最小，这种情况就称为良好的颗粒级配。良好的级配，可以降低水泥用量，提高砂浆和混凝土的密实度，起到防水的作用。

表 3-2 砂的分类

类 别	平均粒径（mm）	细度模数	类 别	平均粒径（mm）	细度模数
粗 砂	＞0.5	3.7～3.1	细 砂	0.25～0.35	2.2～1.6
中 砂	0.35～0.5	3.0～2.3	特细砂	＜0.25	1.5～0.7

注：细度模数是反映砂子粒径的指标。

砌筑砂浆应采用中砂，使用前要过筛，不得含有草根等杂物。此外，对含泥量亦有控制，如水泥砂浆和强度等级等于或大于 M5 的水泥混合砂浆所用的砂，其含泥量不应超过 5%；而强度等级小于 M5 的水泥混合砂浆所用的砂，其含泥量不应超过 10%。

（4）微沫剂。是一种憎水性的有机表面活性物质，是由松香与工业纯碱熬制而成的。它的掺量应通过试验确定，一般为水泥用量的 0.5/10 000～1.0/10 000（微沫剂按 100%纯度计）。它能增加水泥的分散性，使水泥石灰砂浆中的石灰用量减少许多。

（5）防水剂。是与水泥结合形成不溶性材料和填充堵塞砂浆中的空隙和毛细通路。它分为：硅酸钠类防水剂、金属皂类防水剂、氯化物金属盐类防水剂、硅粉等。应用时要根据品种、性能和防水对象而定。

（6）食盐。是作为砌筑砂浆的抗冻剂而用的。

（7）水。砂浆必须用水拌和，因此所用的水必须洁净未污染。若使用河水必须先经化验才可使用。一般以自来水等饮用水来拌制砂浆。

砂浆按其强度等级分为：M15、M10、M7.5、M5、M2.5、M1 和 M0.4。砂浆强度是以一组 7cm 立方体试块，在标准养护条件下（温度为 20℃±3℃，湿度为相对湿度 90%以上环境中）养护 28d 测其抗压极限强度值的平均值来划分其等级的。

（四）混凝土

混凝土是由胶凝材料、水和粗、细骨料按适当比例配合、拌制成拌和物，经一定时间硬化而成的人造石材。混凝土具有许多优点，可以配制浇注成各种形状、各种作用和性质的混凝土构件或结构物。具有抗压强度高与耐久性良好的特征。一般分为普通混凝土（又称素混凝土）和钢筋混凝土（简称 RC）。

普通混凝土（简称为混凝土）是由水泥、砂、石和水所组成，另外还常加入适量的掺和料和外加剂。

钢筋混凝土，是经由水泥、粒料级配、加水拌和而成混凝土，在其中加入一些抗拉钢筋，在经过一段时间的养护，达到建筑设计所需的强度。

混凝土按其强度等级分为：C7.5、C10、C15、C20、C25、C30、C35、C40、C45、C50、C55、C60 十二级。混凝土强度是以一组边长 15cm 的立方体试块，在标准条件下［温度（20±3）℃，相对湿度在 90%以上］养护 28d 测得的抗压强度标准值来划分其等级的。标号越高，混凝土的抗压强度越高。

二、墙面装饰材料

墙面装饰的方法一般有砌体材料装饰、贴面饰面和装饰抹灰三大类。

（一）砌体材料装饰

花坛砌体材料主要是砖、石块、卵石等，通过选择砖、石的颜色、质感，以及砌块的组合变化，砌块之间勾缝的变化，形成美的外观（图 3-8，图 3-9）。石材表面加工通过留自然荒包、打钻路、扁光、钉麻丁等方式可以得到不同的表面效果。

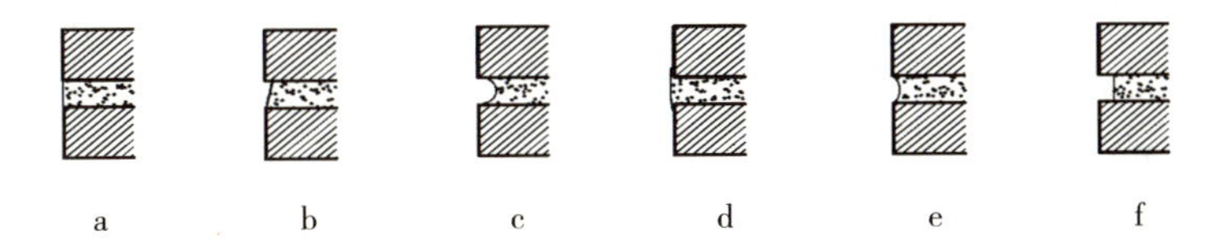

图 3-8　砖的勾缝类型

a. 齐平　齐平是一种平淡的装饰缝，雨水直接流经墙面，适用于露天的情况。通常用泥刀将多余的砂浆去掉，并用木条或麻袋布打光。

b. 风蚀　风蚀的坡形剖面有助于排水。其上方 2～3mm 的凹陷在每一砖行产生阴影线。有时将垂直勾缝抹平以突出水平线。

c. 钥匙　钥匙是用窄小的弧线工具压印的更深的装饰缝。其阴影线更加美观，但对于露天的场所不适用。

d. 突出　突出是将砂浆抹在砖的表面。它将起到很好的保护作用，并伴随着日晒雨淋而形成迷人的乡村式外观。可以选择与砖块的颜色相匹配的砂浆，或用麻布进行打光。

e. 提桶把手　提桶把手的剖面图是曲线形的，利用圆形工具获得，该工具是镀锌桶的把手。提桶把手适度地强调了每块砖的形状，而且能防日晒雨淋。

f. 凹陷　凹陷是利用特制地"凹陷"工具将砖块间的砂浆方方正正地按进去，强烈的阴影线夸张地突出了砖线。本方法只适用于非露天的场地。

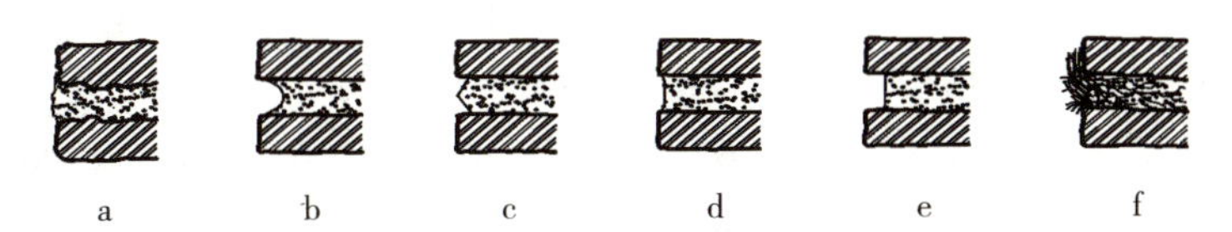

图 3-9　石块勾缝装饰

a. 蜗牛痕迹　蜗牛痕迹使线条纵横交错，使人觉得每一块石头都与相邻的石头相配。当砂浆还是湿的时候，利用工具或小泥刀沿勾缝方向划平行线，使砂浆的砌合更光滑、完整。

b. 圆形凹陷　利用湿的卵石（或弯曲的管子或塑料水管）在湿砂浆上按入一定深度。这使得每块石头之间形成强烈的阴影线。

c. 双斜边　利用带尖的泥刀加工砂浆，产生一种类似鸟嘴的效果。本方法需要专业人士去完成，以求达到美观的效果。

d. 刷　"刷"是在砂浆完全凝固之前，用坚硬的铁刷将多余的砂浆刷掉。

e. 方形凹陷　如果是正方形或长方形的石块，最好使用方形凹陷。方形凹陷需使用专用的工具。

f. 草皮勾缝　利用泥土或草皮取代砂浆只有在石园或植有绿篱的清水石墙上才适用。要使勾缝中的泥土与墙的泥土相连以保证植物根系的水分供应。

（二）贴面饰面

是把块料面层（贴面材料）镶贴到基层上的一种装饰方法。贴面材料的种类很多，常用的有饰面砖、天然饰面板和人造饰面板等，园林中常用不同颜色、不同大小的卵石贴面。

1. 饰面砖　适合于景观墙体饰面的砖有：

（1）外墙面砖（墙面砖）。其一般规格（单位：mm）为 200×100×12、150×75×12、75×75×8、108×108×8 等，表面分有釉和无釉两种。

（2）陶瓷锦砖（马赛克）。是以优质瓷土烧制的片状小瓷砖拼成各种图案贴在纸上的饰面材料。

（3）玻璃锦砖（玻璃马赛克）。是以玻璃烧制而成的小块贴于纸上的饰面材料，有金属透明和乳白色、灰色、蓝色、紫色等多种花色。

2. 饰面板 用于景观墙体的饰面板有花岗石饰面板，是用花岗岩荒料经锯切、研磨、抛光及切割而成；因加工方法及加工程序的差异，分为下列 4 种：

（1）剁斧板。表面粗糙，具有规则的条状斧纹。

（2）机刨板。表面平整，具有相互平行的刨纹。

（3）粗磨板。表面光滑、无光。

（4）磨光板。表面光亮、色泽鲜明、晶体裸露。不论采用上述哪一种面板，装饰效果都好，而且经久耐用。

3. 青石板 系水成岩，材质软，较易风化，其材性纹理构造易于劈裂成面积不大的薄片。使用规格一般为长宽 300～500mm 不等的矩形块，边缘不要求很直。青石板有暗红、灰、绿、蓝、紫等不同颜色，加上其劈裂后的自然形状，可掺杂使用，形成色彩富有变化而又具有一定自然风格的装饰效果。

4. 水磨石饰面板 是用大理石石粒、颜料、水泥、中砂等材料经过选配制坯、养护、磨光打亮制成，色泽品种较多，表面光滑，美观耐用。

（三）装饰抹灰

装饰抹灰根据使用材料、施工方法和装饰效果的不同，分为水刷石、水磨石、斩假石、干黏石、喷砂、喷涂、彩色抹灰等。为使抹灰层与基体粘得牢固，防止起鼓开裂，并使抹灰表面平整，保证工程质量，一般应分层涂抹，即底层、中层和面层（图 3-10）。底层主要起与基体黏结的作用，中层主要起找平的作用，面层起装饰作用。

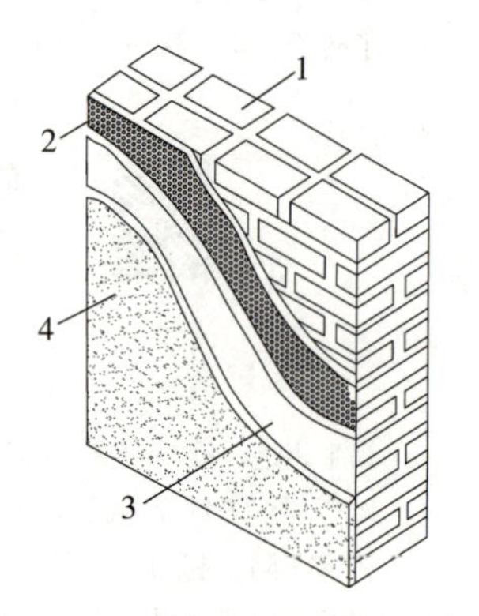

图 3-10 砖墙面抹灰分层示意图
1. 基体 2. 底层 3. 中层 4. 面层

1. 一般规定

（1）装饰抹灰面层的厚度、颜色、图案均应按设计图纸要求实施。

（2）底层、中层的糙板均已施工完成，并符合质量要求（如不空、不裂、平整、垂直均达到要求）。

（3）装饰抹灰面层施工前，其基层的水泥砂浆抹灰要求已做好并硬化，具有粗糙而平整的中层，施工程序应自上而下进行，墙面抹灰，应防止交错污染。

（4）装饰抹灰必须分格，分格条要求事先准备好，贴前要求在水中浸泡，泡足水分，分格条应平直通顺。贴条在中层达到六七成干燥时进行；施工缝留在分格缝、阴角、落水管背面或单独装饰部分的边缘。

（5）施工前要做样板，按设计图纸要求的图案、色泽、分块大小、厚度等做成若干块，供设计、建设方等选择定型。

（6）装饰抹灰所用的材料的产地、品种、批号、色泽应力求相同，能做到专材专用。在配合比上要统一计量配料，并达到色泽一致。砂浆所用配比应符合设计要求，如设计无规定时按规范及本地区成熟的、质量可靠的配比施工。

（7）做装饰抹灰前检查水泥糙板，凡有缺棱掉角的应修补整齐后才能做装饰抹灰面层。装饰抹灰时环境温度不应低于5℃，避开雨天施工，保证在施工中及完工后24h之内不受雨水冲淋。

（8）装饰抹灰面层施工完成后，严禁开凿和修补，以免损坏装饰的完整。

2. 材料要求　装饰抹灰所用材料，主要是起色彩作用的石渣、彩砂、颜料及白水泥等。具体要求如下：

（1）选定的装饰抹灰面层对其色彩确定后，应对所用材料事先看样订货，并尽可能一次将材料采购齐，以免不同批、矿的来货不同而造成色差。

（2）所用材料必须符合国家有关标准，如白水泥的白度、强度、凝结时间，各种颜料、107胶、有机硅憎水剂、氯偏磷酸钠分散剂等都应符合各自的产品标准。

（3）彩色石渣。是由大理石、白云石等石材经破碎而成的。用于水刷石、干黏石等，要求颗粒坚硬、洁净，含泥量不超过2%。使用前根据设计要求选择好品种、粒径和色泽，并应进行清洗除去杂质，按不同规格、颜色、品种分类保洁放置。

（4）花岗石石屑。主要用于斩假石面层，平均粒径2～5mm，要求洁净、无杂质和泥块。

（5）彩砂。有用天然石屑的，也有烧制成的彩色瓷粒，主要用于外墙喷涂。其颗粒粒径1～3mm，要求其彩色的大气稳定性好，颗粒均匀，含泥量不大于2%。

（6）其他材料。

①颜料。要求耐碱、耐光晒的矿物质颜料。掺量不大于水泥用量的12%，作为配制装饰抹灰色彩的调刷材料。

②107胶。为聚乙烯醇缩甲醛。是拌入水泥中增加黏结能力的一种有机类胶黏剂。目的是加强面层与基层的黏结，并提高涂层（面层）的强度及柔韧性，减少开裂。

③有机硅憎水剂。如甲基硅醇钠。它是无色透明液体，主要在装饰抹灰面层完成后，喷于面层之外，可起到憎水、防污作用，从而提高饰面的洁净及耐久性。也可掺入聚合物水泥砂浆进行喷涂、滚涂、弹涂等。该液体应密封存放，并应避光直射及长期暴露于空气之中。

④氯偏磷酸钠。主要用于喷涂、滚涂等调制色浆的分散剂，使颜料能均匀分散和抑制水泥中游离成分的析出。一般掺量为水泥用量的1%。储存要用塑料袋封闭，做到防潮和防止结块。

总之，有些新产品材料在使用前要详细阅读产品说明书，了解各项指标性能，从而可进行检验及按产品说明书要求进行操作使用。

3. 施工需用机具　装饰抹灰除一般抹灰需用机具外，还要根据其抹灰特点需配备一些专用工具和机械。如空气压缩机、挤压式砂浆、输送泵、喷枪、喷斗等。

工具有：斩斧、花锤、单刀或多刀，用于斩假石；辊筒，用于滚涂；弹涂器，用于弹涂；铁梳子、划线钩子、拉毛抹灰模具、猪鬃刷、鸡腿刷、长毛刷等用于拉毛灰等操作；还有水壶加刷子或用手压水泵作水刷石操作等。

4. 装饰抹灰的施工　装饰抹灰的工艺较多，在这里仅以花坛饰面用得较多的斩假石、水磨石作施工介绍。斩假石（水磨石）的工艺流程和要点：

工艺流程为：基层（结构层面）处理→做灰饼→抹底层砂浆→设置标筋→抹中层灰→粘贴分格条→抹素水泥浆一遍→抹水泥石屑浆→养护→剁斩面层形成假石面（打磨形成磨石面）。

施工要点为：

（1）底层和中层砂浆宜采用1∶2水泥砂浆，总厚度控制在12mm。严禁在砂浆中添掺石灰膏！待中层硬结后才可抹面层石屑水泥砂浆。

（2）面层采用水泥：石屑＝1：1.25的体积比，石屑粒径为2～4mm（北方称小八厘），水泥标号应不低于425号。如为大面积的施工，亦应按图纸要求进行分格，施工时要粘贴分格条，方法同水刷石。

（3）抹面层时，应在底糙上洒水湿润后抹一层水灰比为0.37～0.4的水泥素浆，随即抹水泥石屑浆，再用刮尺刮平，用木抹子横向、竖向反复压实压平。达到表面平整、阴阳角方正、边角无空隙、石子颗粒均匀。抹前一定要对底糙进行检查，有无空壳、裂缝，不合要求应砸去返工，否则剁斩假石时加剧壳裂，使整个面层一起报废，这是必须注意的！

抹好后隔24h洒水养护，常温时养护3～5d，待硬化后先试斩，石子不脱落才可正式进行全面剁斩。

（4）剁石。为保证斩出的纹理有垂直和平行之分，应在分格条内先用粉线弹出垂直部位的控制线。斩假石用的斩斧要扁阔，斧子应垂直于要斩毛的画，斩石时刀口应平直，用力一致，顺一个方向斩剁，以保持斩纹均匀顺直。斩剁的深浅以石粒径1/3为宜，斩的深浅要一致。在斩剁阴阳角处应防止损坏相邻面，在阳角及分格缝四周一般留出20mm左右宽，不斩或斩成横纹，要求斩时保证棱角完整无缺，具有仿古面的效果。最后取出分格条，并用素水泥浆把缝勾抹好，使分格条清晰，观感良好。

第二节　花坛和树池的设计与施工

花坛是在具有一定几何轮廓的植床内，种植各种不同色彩的观花、观叶或观果的园林植物，从而构成一幅富有鲜艳色彩或华丽纹样的装饰图案，以供观赏。树池也是在具有一定几何轮廓的植床内，种植各种不同的灌木和乔木，以供观赏。花坛和树池在庭院、园林绿地中广为存在，近些年甚至出现在水中布置树池花坛，它们常常成为局部空间环境的构图中心和焦点，对活跃庭院空间环境，点缀环境绿化景观起到十分重要的作用。花坛和树池在本质上是一样的，它们都是由砌体围合而成，只不过一个是以种花为主，一个是以种树为主，因此本节将对二者合并讲述。对于花坛内植物种植方式与图案布置式样；花池内的覆盖方式和图案布置式样在本节内不作探讨，本节主要从花坛和树池的平面布局、造型和墙体施工来讲述，即从硬质景观的角度来探讨。

一、花坛和树池的分类与布局

花坛和树池作为硬质景观和软质景观的结合体，具有很强的装饰性，可作为主景，也可作为配景。根据它的外部轮廓造型与形式，可分为如下几种形式：

独立花坛或树池：以单一的平面几何轮廓做局部构图主体，在造型上具有相对独立性。如圆形、方形、长方形、三角形、六边形等为常见形式（图3-11）。在庭院中也常用自然山石做独立的花坛，如图3-12所示。

  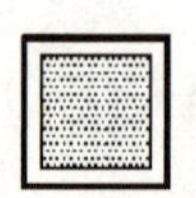 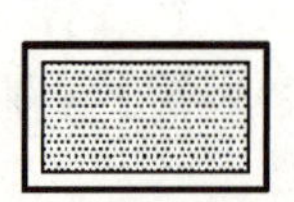   

图3-11　常见花坛形式

组合花坛或树池：由两个以上的个体花坛或树池，在平面上组成一个不可分割的构图整体，称花坛群或树阵（图 3-13）。组合花坛的构图中心，可以采用独立花坛，也可以是水池、喷泉、雕塑、纪念碑或亭等。组合花坛或树池内的铺装场地和道路允许游人入内活动。大规模的组合花坛或树池的铺装场地的地面上有时可设置坐椅、花架，供人休息，也可利用花坛边缘设置隐形坐凳。

图 3-12　自然山石花坛

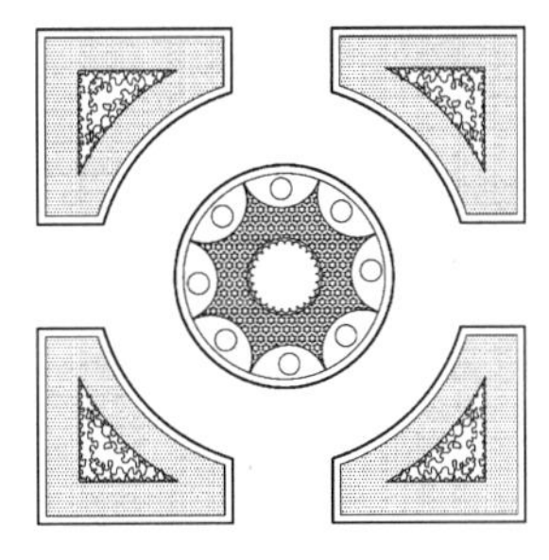

图 3-13　组合花坛

立体花坛或树池：由两个以上的个体花坛或树池经叠加、错位等在立面上形成具有高低变化和协调统一的外观造型（图 3-14）。

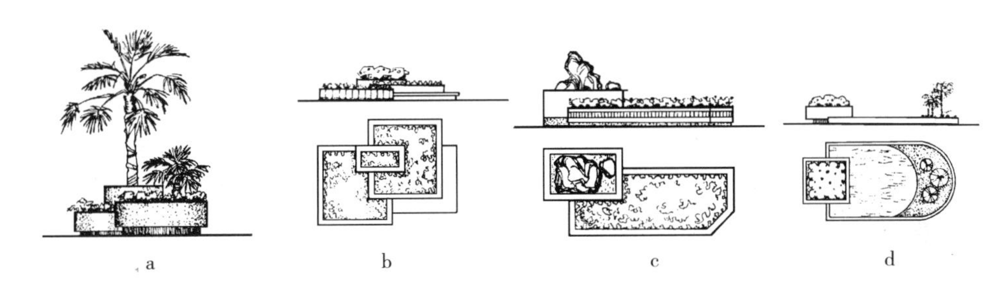

3-14　立体花坛

a. 立体花坛　b. 与坐凳结合　c. 与山石结合　d. 与水景结合

异形花坛：在园林中常将花坛做成树桩、花篮等形式，造型独特不同于常规。

花坛在布局上，一般设在道路的交叉口，公共建筑的正前方或园林绿地的入口处，或在广场的中央，即游人视线交汇处，构成视觉中心，常见布置方式见图 3-15 所示。花坛的平、立面造型应根据所在园林空间环境特点、尺度大小、拟栽花木生长习性和观赏特点来定。树池在布局上，一般设在道路的两侧和道路的分车带上、广场上、建筑前或与花坛结合布置。

常见花坛和树池砌体结构：园林中花坛和树池由砖、石、混凝土或钢筋混凝土土砌筑而成（图 3-16）。

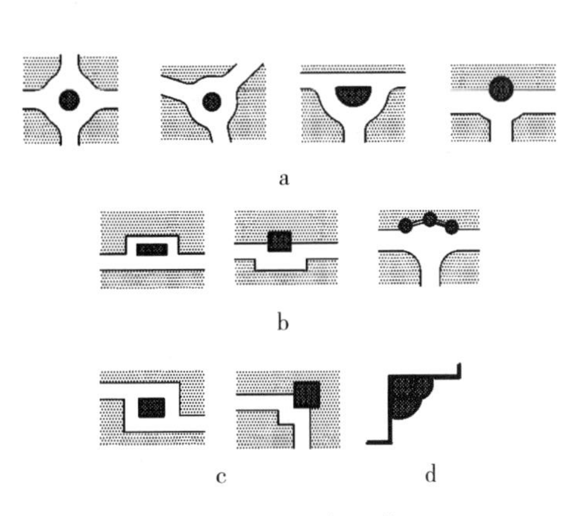

图 3-15　花坛布置位置

a. 位于道路交叉口　b. 位于道路一侧

c. 道路转折处　d. 位于建筑一角

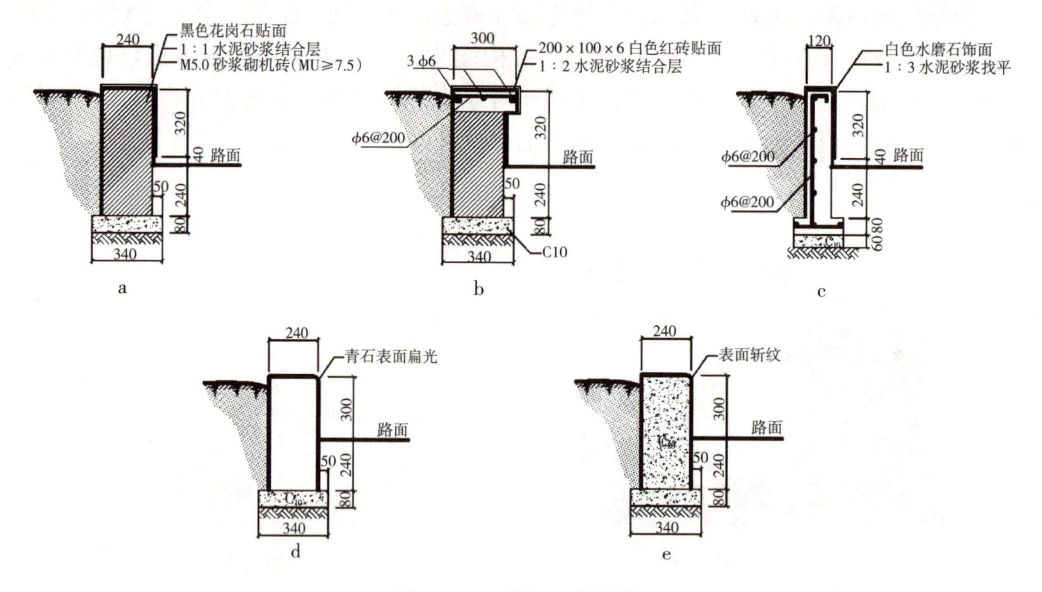

图 3-16　花坛砌体结构

a. 砖　b. 钢筋混凝土与砖　c. 钢筋混凝土　d. 石材　e. 混凝土

二、花坛和树池施工

把花坛和树池搬到地面上去，就必须要经过定点放线、砌筑花坛或树池墙体、表面装饰、填土整地、图案放样、花卉和树木栽植等几道工序。

首先根据施工复杂程度准备工具，常用工具为皮尺、绳子、木桩、木槌、铁锹、经纬仪等，按规范要求清理施工现场。

（一）定点放线

根据设计图和地面坐标系统的对应关系，用测量仪器把花坛或树池中心点坐标测设到地面上，再把纵横中轴线上的其他中心点的坐标测设下来，将各中心点连线即在地面上放出了花坛或树池的纵横线。据此可量出各处个体花坛或树池的中心，最后将各处个体花坛或树池的边线放到地面上就可以了。

（二）花坛和树池墙体的砌筑

花坛和树池工程的主要工序就是砌筑花坛墙体。放线完成后，开挖墙体基槽，基槽的开挖宽度应比墙体基础宽 10cm 左右，深度根据设计而定，一般为 12～20cm。槽底土面要整齐、夯实，有松软处要进行加固，不得留下不均匀沉降的隐患。在砌基础之前，槽底应做一个 3～5cm 的粗砂垫层，作基础施工找平用。墙体一般用砖砌筑，高 15～45cm，其基础和墙体可用 1∶2 水泥砂浆或 MU7.5 标准砖做成。墙砌筑好之后，回填泥土将基础埋上，并夯实泥土。再用水泥和粗砂配成 1∶2.5 的水泥砂浆，对墙抹面，抹平即可，不要抹光；或按设计要求勾砖缝。最后，按照设计，用磨制花岗岩片、釉面墙地砖等贴面装饰，或者用彩色水磨石、水刷石、斩假石、喷砂等方法饰面。

如果用毛石块砌筑墙体，其基础采用 C7.5～C10，厚 6～8cm，砌筑高度由设计而定，为使毛石墙体整体性强，常用料石压顶或钢筋混凝土现浇，再用 1∶1 水泥砂浆勾缝或用石材本色水泥砂浆勾缝作装饰。

有些花坛和树池边缘还有可能设计有金属矮栏花饰，应在饰面之前安装好。矮栏的柱脚要埋入墙内，并用水泥砂浆浇注固定。待矮栏花饰安装好后，再进行墙体饰面工序。

（三）花坛和树池种植床整理

在已完成的边缘石圈子内，进行翻土作业。一面翻土，一面挑选、清除杂物，一般花坛土壤翻挖深度不应小于 25cm，树池土壤翻挖深度视栽植树木土球大小而定，若土质太差，应当将劣质土全清除掉，另换新土填入花坛中。在填土之前，先填进一层肥效较长的有机肥作为基肥，然后再填进栽培土。

一般的花坛，其中央部分填土应该较高，边缘部分填土则应低一些。单面观赏的花坛，前边填土应低些，后边填土应高些。花坛土面应做成坡度为 5%～10%的坡面（图 3-17）。花坛内土面一般要填成弧形面或浅锥形面，单面观赏花坛的上面则要填成平坦土面或是向前倾斜的直坡面。填土达到要求后，要把上面的土粒整细、耙平，以备植物图案放线，栽种花卉植物。在花坛和树池边缘地带，土面高度填至填体顶面以下 2～3cm，以后经过自然沉降，土面即降到比缘石顶面低 7～10cm 之处，这就是边缘土面的合适高度。

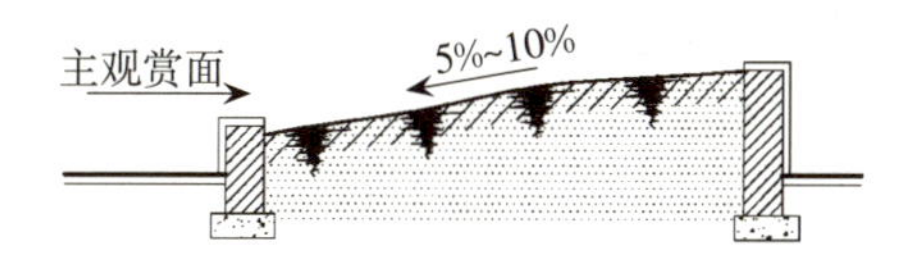

图 3-17 单面观赏花坛

树池在栽植完毕后，一般会对树池进行覆盖处理，以便达到美化造景和保护树木的目的。覆盖方式通常两种，即硬质处理和软质处理。硬质处理是指使用不同的硬质材料用于架空、铺设树池表面的处理方式。如园林中传统使用的铁箅子，以及近年来使用的塑胶箅子、玻璃钢箅子、碎石砾粘合铺装、卵石、树皮、陶粒覆盖等。软质处理则指采用低矮植物植于树池内，用于覆盖树池表面的方式。一般北方城市常用大叶黄杨、金叶女贞等灌木或冷季型草坪、麦冬类、白三叶等地被植物进行覆盖。

第三节 挡土墙的设计与施工

在园林建设过程中，由于使用功能、植物生长、景观要求等的需要，常将不同坡度的地形按要求改造成所需的场地。在改造过程中，当斜坡超过容许的极限强度时，原有的土体平衡即遭到破坏，发生滑坡和坍方。如果在土坡外侧修建人工的防御墙则可维持稳定，这种用以支持并防止土体坍塌的工程结构体称为挡土墙。上节讲的花坛墙体实际为挡土墙。园林中的堤岸、台阶等都是园林挡土墙不同表现形式。园林挡土墙总是以倾斜或垂直的面迎向游人，其对环境视觉心理的影响要比其他景观工程更为强烈，因而，要求设计者和施工者在考虑工程安全性的同时，必须进行空间构思，仔细处理其形象和表面的质感，即仔细处理细部、顶部和底脚，把它作为风景园林硬质景观的一部分来设计、施工。当然，这一切都应在园林总体规划的指导下进行。挡土墙景观也是山地园林的重要特征之一。

一、挡土墙断面结构选择与断面尺寸的决定

（一）挡土墙断面结构选择

挡土墙类型区分的方法很多，但从使用的材料和挡土墙构造断面形式等方面来看可分为：

1. 重力式挡土墙 是园林中常采用的一类挡土墙，它借助于墙体的自重来维持土坡的

稳定。土壤侧向推力小，在构筑物的任何部分不存在拉应力，通常用砖、毛石和不加筋混凝土建成。如果用混凝土时，墙顶端宽度至少应为20cm，以便于灌浇和捣实。断面形式有3种（图3-18）。

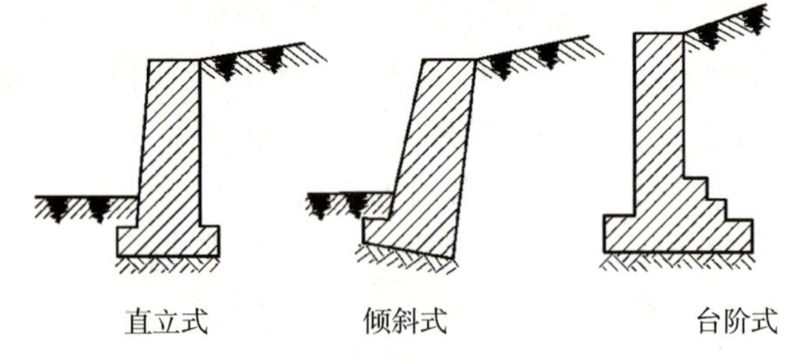

图3-18 重力挡土墙

直立式挡土墙指墙面基本与水平面垂直，但也允许有10∶0.2～10∶1的倾斜度的挡土墙，直立式挡土墙由于墙背所承受的水平压力大，只宜用于几十厘米到两米高度的挡土墙。

倾斜式挡土墙常指墙背向土体倾斜，倾斜坡度在20°左右的挡土墙。这样使水平压力相对减少，同时，墙背坡度与天然土层比较密贴，以减少挖方数量和墙背回填土的数量，适用于中等高度的挡土墙。

对于更高的挡土墙，为了适应不同土层深度的土压和利用土的垂直压力增加稳定性，可将墙背做成台阶形。

2. 半重力式挡土墙 在墙体除了使用少量钢筋以加固挡土墙外，其他各方面都与重力挡土墙类似（图3-19）。

3. 悬臂式挡土墙 通常做倒"T"形或"L"形。高度不超过9m时较为经济。断面参考比例见图3-20所示。根据设计要求，悬臂的脚可以向墙内侧伸出，或伸出墙外，或两面都伸出。如果墙的底脚折入墙内侧，它便处于它所支承的土壤的下面，优点是利用上面土壤的压力，使墙体的自重增加。底脚折向墙外时，其主要优点是施工方便，但经常为了稳定而要有某种形式的底脚。

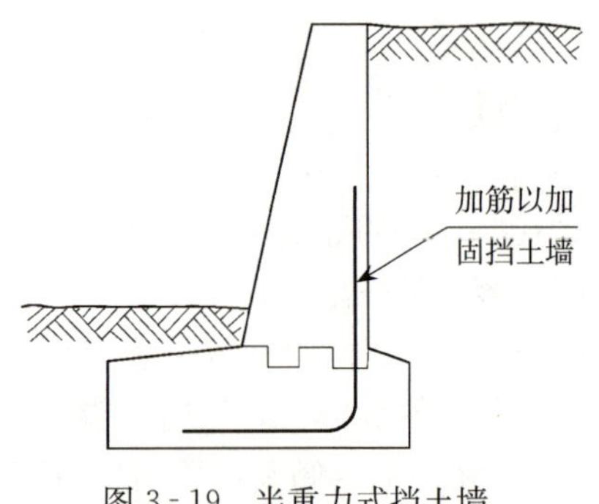

图3-19 半重力式挡土墙

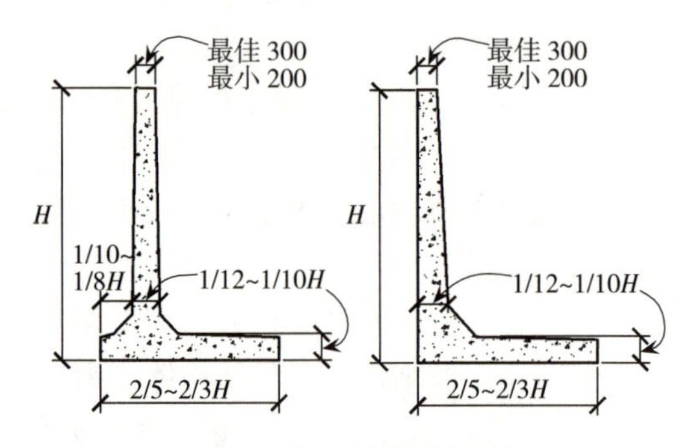

图3-20 悬臂式挡土墙

4. 后扶垛挡土墙 后扶垛墙的普通形式是在基础板和墙面板之间有垂直的间隔支承物。墙的高度在10m之内，扶垛间距最大可达墙高的2/3，最小不小于2.5m（图3-21）。

5. 木笼挡土墙 木笼挡土墙通常采用1∶75倾斜度，其基础宽度一般为墙高的0.5～1倍。在开口的箱笼中填充石块或土壤，可在上面种植花草，极具自然特色。木笼挡土墙基本属于重力式挡土墙（图3-22）。

6. 园林式挡土墙 将挡土墙的功能与园林艺术结合，融于华墙、围墙、照壁等建筑小品之中，为了施工的便利，常做成小型花的装配式预制构件，也便于作为基本单元进行图案的构成和花草的种植。如图3-23所示。

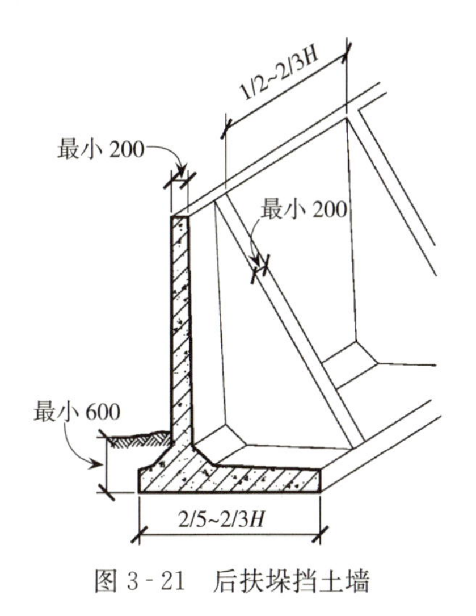

图 3-21　后扶垛挡土墙

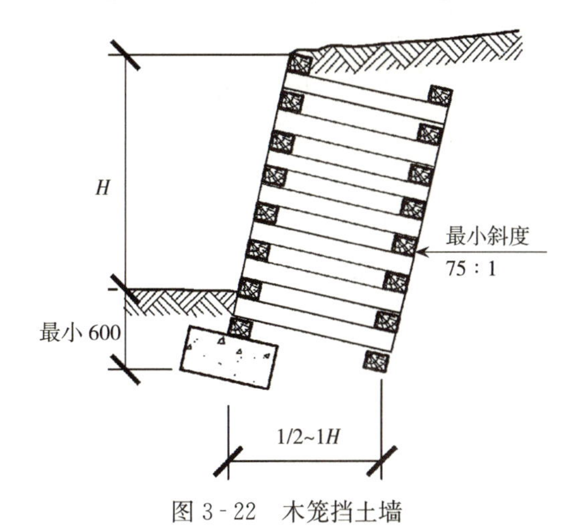

图 3-22　木笼挡土墙

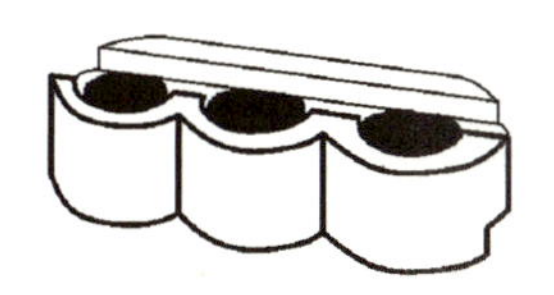

图 3-23　园林式挡土墙

（二）挡土墙断面尺寸的确定

挡土墙的结构形式和断面尺寸的大小，受挡土墙背后的土壤产生的侧向压力的大小、方向、地基承载能力、防止滑移情况、结构稳定性等因素的影响，因而挡土墙力学计算是十分复杂的工作，需要机构师参与完成，在此仅作一般介绍，以浆砌块石挡土墙为例，挡土墙断面的结构尺寸根据墙高来敲定墙的顶宽和底宽（图 3-24）。其墙高与顶宽、底宽的关系见表 3-3。

料石砌筑阶梯挡土墙（图 3-25）。根据具体情况放大或缩小，对于有滑坡的挡土墙，应把基础挖在滑坡层以下。块石砌挡土墙，基础要比条石砌筑的基础深 20～10cm。

表 3-3　浆砌块石挡土墙尺寸表

单位：cm

类　别	墙　高	顶　宽	底　宽	类　别	墙　高	顶　宽	底　宽
1∶3	100	35	40	1∶3	400	60	180
白灰	150	45	70	白灰	450	60	205
浆砌	200	55	90	浆砌	500	60	225
	250	60	115		550	60	250
	300	30	135		600	60	300
	350	60	160				

（续）

类别	墙高	顶宽	底宽	类别	墙高	顶宽	底宽
1∶3 水 泥浆砌	100	30	40	1∶3 水 泥浆砌	400	60	160
	150	40	50		450	60	180
	200	50	80		500	60	200
	250	60	100		550	60	230
	300	60	120		600	60	270
	350	60	140				

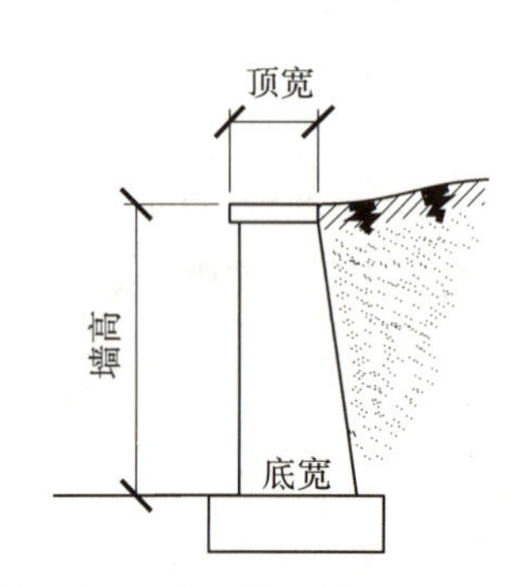

图 3-24　浆砌块石挡土墙尺寸图

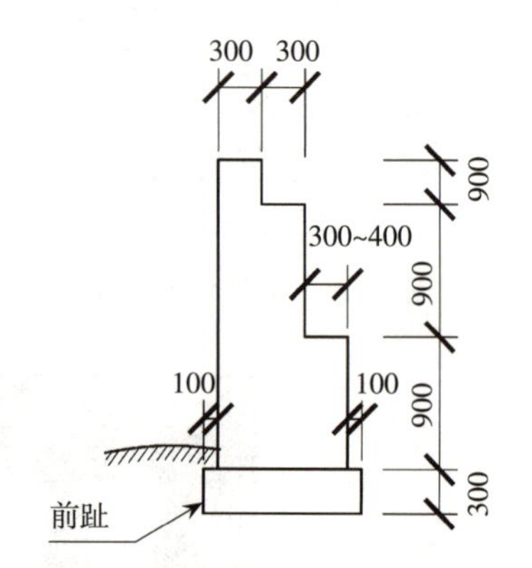

图 3-25　条石阶梯挡土墙断面尺寸

（三）典型挡土墙结构

典型的挡土墙通过其“坡脚”、扩展的墙基、按一定间距设置的钢筋进行加固。墙基的深度取决于墙前的土壤是否压实，是否保持原状，是否准备栽树。通过加固钢筋与混凝土后墙相连，面对坡地的石块略微后缩，以增加稳定性。墙背的防水涂层和坡形的压顶使得挡土墙不受水的破坏。排水措施则防止墙后的水的聚集，如墙后放置石块以及在滴水洞下挖掘水道（图 3-26）。

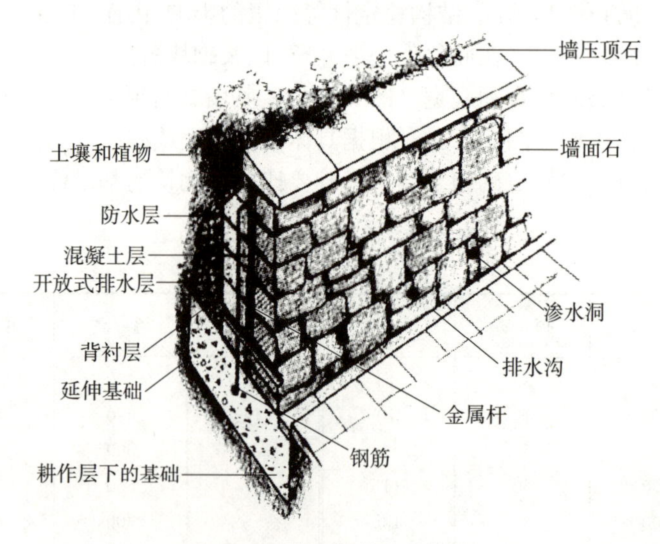

图 3-26　典型的挡土墙结构

二、挡土墙的美化设计手法

园林挡土墙除必须满足工程特性要求外，更应突出它的“美化空间、美化环境”的外在形式，通过必要的设计手法，打破挡土墙界面僵化、生硬的表情，巧妙地重新安排界面形态，充分运用环境中各种有利条件，把它潜在的“阳刚之美”挖掘出来，设计建造出满足功能、协调环境、有强烈空间艺术感受的挡土墙。

1. 从挡土墙的形态设计上，应遵循宁小勿大、宁缓勿陡、宁低勿高、宁曲勿直等原则
在土质好，高差在1m以内的台地，尽可能不设挡土墙而按斜坡处理，以绿化过渡；高差较大的台地，挡土墙不宜一次砌筑成，以免造成过于庞大的挡墙断面，而宜分成多阶修筑，中间跌落处设平台绿化，从视觉上解除挡墙的庞大笨重感；从视觉上看，由于人的视角所限，同样高度的挡墙，对人产生的压抑感大小常常由于挡墙界面到人眼的距离远近的不同而不同，故挡墙顶部的绿化空间，在直立式挡墙不能见时，在倾斜面时则可能见到，环境空间将变得开敞、明快；直线给人以刚毅、规则、生硬，而曲线给人以舒美、自然、动态的感觉，曲线型挡土墙更容易与自然地形相结合、相协调。

2. 结合园林小品，设计多功能的造景挡土墙　将画廊、宣传栏、广告、假山、花坛、台阶、坐椅、地灯、标识等与挡土墙统一设计，使之更能强烈地吸引游人，分散人们对墙面的注意力，产生和谐的亲切感（图3-27）。

图3-27　多功能挡土墙
a. 拱桥式造景挡土墙　b. 香蕉座式挡土墙
c. 坐椅式造景挡土墙　d. 假山式雕塑（混凝土）挡土墙

3. 精心设计垂直绿化，丰富挡土墙空间环境　挡土墙的设计应尽可能为绿化提供条件，如设置花坛、种植穴、利用绿化隐蔽挡土墙之劣处。

4. 充分利用建筑材料的质感、色彩　质感的表现可分为自然与人工斧凿两种，前者突出粗犷、自然，后者突出细腻、耐看。色彩与材料本身有关，变化无穷。

三、挡土墙排水处理

挡土墙后土坡的排水处理对于维持挡土墙的正常使用有重大影响，特别是雨量充沛和冻土地区。据某山城统计，表明因未作排水处理或排水不良者占发生墙身推移或坍倒事故的70%～80%。

（一）墙后土坡排水、截水明沟、地下排水网

在大片山林、游人比较稀少的地带，根据不同地形和汇水量，设置一道或数道平行于挡土墙明沟，利用明沟纵坡将降水和上坡地面径流排除，减少墙后地面渗水（图3-28）。必要时还需设纵、横向盲沟，力求尽快排除地面水和地下水。

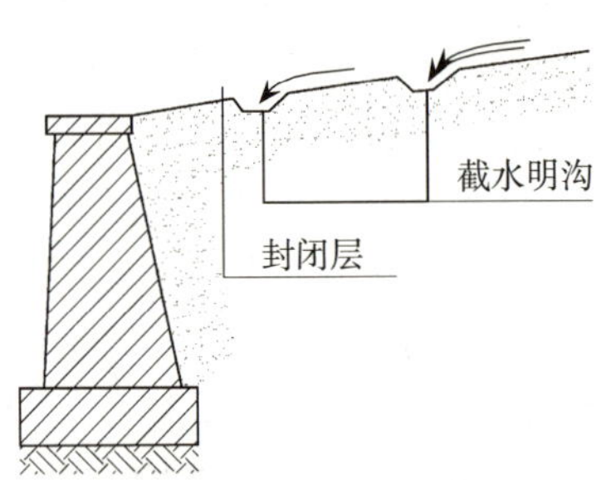

图 3-28　墙后土坡排水明沟

（二）地面封闭处理

在墙后地面上根据各种填土及使用情况采用不同地面封闭处理以减少地面渗水。在土壤渗透性较大而又无特殊使用要求时，可作 20～30cm 厚夯实黏土层或种植草皮封闭。还可采用胶泥、混凝土或浆砌毛石封闭。

（三）泄水孔

泄水孔墙身水平方向每隔 2～4m 设一孔。竖向每隔 1～2m 设一孔。每层泄水孔交错设置。泄水孔尺寸在石砌墙中宽度 2～4cm，高度为 10～20cm。混凝土墙可留直径为 5～10cm 的圆孔或用毛竹筒排水。干砌石墙可不专设墙身泄水孔。

（四）暗沟

有的挡土墙基于美观要求不允许设墙面排水时，除在墙背面刷防水砂浆或填一层不小于 50cm 厚黏土隔水层外，还需设毛石盲沟，并设置平行于挡土墙的暗沟（图 3-29）。引导墙后积水，包括成股的地下水及盲沟集中之水与暗沟连接。园林中室内挡土墙亦可这样处理。或者破壁组成叠泉造水景。

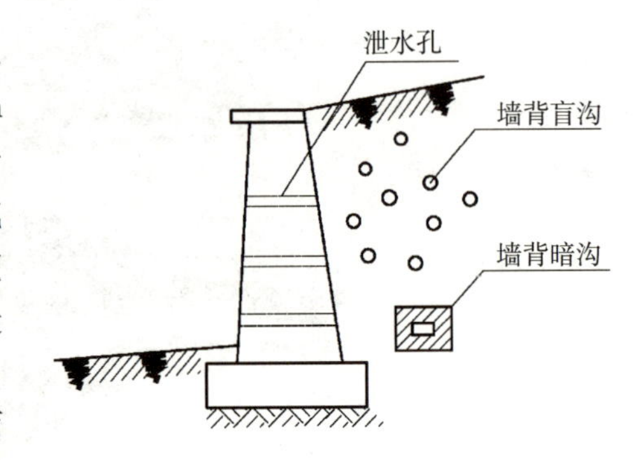

图 3-29　墙背排水盲沟和暗沟

在土壤或已风化的岩层的室外挡土墙前，地面应作散水和明、暗沟排水。必要时作灰土或混凝土隔水层，以免地面水浸入地基而影响稳定。明沟距墙底水平距离不小于 1m。

利用稳定岩层作护壁处理时，根据岩石情况，应用水泥砂浆或混凝土进行防水处理和保持相互间有较好的衔接。如岩层有裂缝则用水泥砂浆嵌缝封闭。当岩层有较大渗水外流时应特别注意引流而不宜做封闭处理。这正是作天然壁泉的好条件。在地下水多、地基软弱的情况下，可用毛石或碎石作过水层地基以加强地基排除积水。

四、挡土墙施工

园林常以砖、石砌筑挡土墙，其施工的工艺程序见图 3-30 所示。

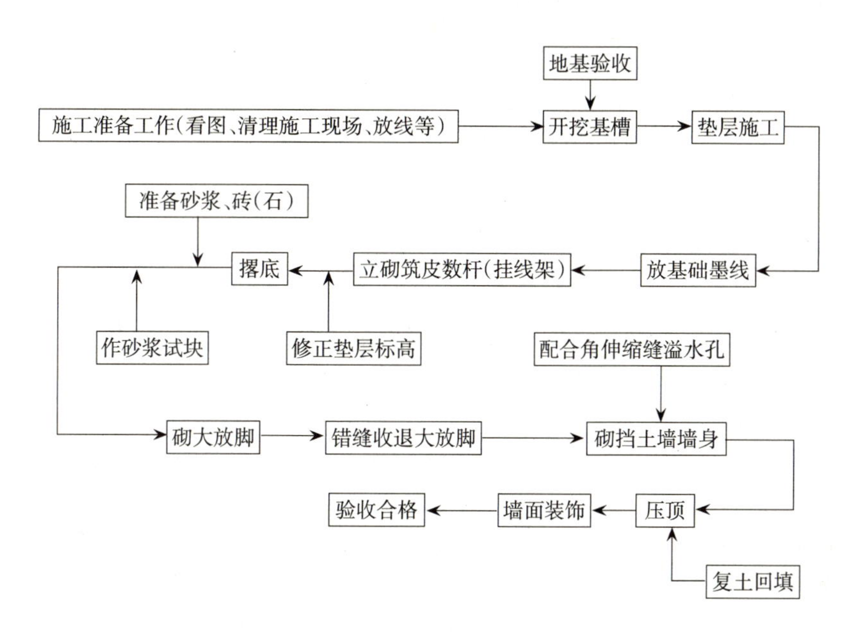

图 3-30　施工工艺程序图

1. 挡土墙材料要求

（1）石材应坚硬，不易风化，毛石等级＞MU10，最小边尺寸≥15cm。黏土砖等级≥MU10，一般用于低挡土墙。

（2）砌筑砂浆标号≥M5，浸水部分用 M7.5；墙顶用 1∶3 水泥砂浆抹面厚 20mm。

（3）干砌挡土墙不准用卵石，地震地区不准用干砌挡土墙。

2. 条石挡土墙砌筑基本要求

（1）地基。应在老土层至实土层上，若为回填土层，应把土夯实。

（2）砌筑砂浆。水泥∶石灰膏∶砂（粗砂）＝1∶1∶5 或 1∶1∶4。

（3）墙身应向后倾斜，保持稳定性。用条石砌筑时，应有丁有顺，注意压茬。

（4）墙面上每隔 3～4m 做泄水缝一道，缝宽 20～30cm。

（5）墙顶应作压顶，并挑出 6～8cm，厚度由挡土墙高度而定。

第四节　景墙的设计与施工

在园林建设中，由于使用功能、植物生长、景观要求等的需要，常用不同形式的挡墙围合、界定、分隔这些空间场地。如果场地处于同一高程，用于分隔、界定、围合的挡墙仅为景观视觉需要而设，则称为景观墙体。景观墙体作为硬质景观设计的一个元素，在空间划分、界定、形成视觉景观方面是最为活跃和积极的，比视平线高的墙体常作为可见的屏障，用于形成一种完整的封闭空间，并常常与建筑相结合使用。比视平线低的墙体可以形成半封闭的空间，当某一景观可以静态地观赏时，使用这种墙体是非常有效的；当既需要保留所有视觉上的特性，又需要一定的分隔力度时，经常使用矮墙作为界限。用于砌筑景观墙体的材料主要有石材、砖、混凝土和木材等，利用当地石材修建景观墙体，更容易形成地域特点。近些年也出现了一种新型的景墙，以钢管或钢材搭构骨架，在景墙上方布置植物绿化形成的生态景墙。

一、景观墙体设计要点

在室外环境中，设计独立式景观墙体应特别注意以下几点：

（一）足够的稳定性

景观墙体的稳定性是设计首先应考虑的，其高度和厚度的比值（高厚比）是影响稳定性的主要因素；一般说来，一砖厚的墙看起来不够稳定，而两砖厚的墙体看起来就更加安全和坚固，一堵没有扶壁的两砖厚墙体，完全可以达到 2.0m 高。影响景观墙体稳定的因素主要体现在以下几个方面：

1. 墙体的平面布置形式 直线形景观墙体的稳定性差，但可通过许多方式来提高其稳定性，例如，加柱子，使墙在跨间错开或增加墙厚、扶壁等来提高墙体的稳定性。一般来说墙体以锯齿形错开或墙的轴线根据砖的厚度前后错动，折线、曲线墙体和蛇形墙体等，它们就不需要任何柱子和扶壁来支撑，自身就具有较稳定的结构。景观墙体常采取组合的方式进行布置，如景观墙体与景观墙体建筑、景观挡土墙、花坛之间的组合，都将大大提高景观墙体的稳定性。

2. 墙基础 基础设计是否合理是决定景观墙体稳定的重要条件。基础的宽度和深度往往由地基土的土质类型决定。在普通的地基土上 45～60cm 的深度已经足够了。在收缩性的黏土上，基础埋深要求达到 90cm 甚至更深。当一堵墙的高度低于 50cm 时，可不必设置基础，但地表土壤需要移走，砖要砌在被彻底压实的地面上。如果有超过 15cm 的地表土需要运走时，挖土坑道的表面可以用紧密压实的颗粒材料铺设；地面以下的砖体表面深度不宜超过 20cm。当地基质地不均匀时，景观墙体基础采用混凝土、钢筋混凝土，基础的宽度与埋深最好咨询结构工程师。

3. 风荷载 在建筑物中，高度相近的墙会在顶部和底端分别与屋顶和建筑物基础相连，并在侧面同纵墙相连。而与此相对照的是，独立式景观墙体就像无约束的竖直的悬臂梁，当受侧向风的作用时，易造成倒伏。在很多情况下，景墙往往未经任何结构上的计算。

（二）能抵御雨雪的侵蚀

当景墙处于露天环境，雨、雪可以从墙体两侧和上方浸入墙体，使墙体的耐久性和外观效果受到影响。因此应选用吸水率低、抗风化能力强的材料来砌筑，在外观细部设计上应注意雨、雪的影响。

（三）防止热胀冷缩的破坏

在自然环境下，因昼夜温差、四季气温变化的情况下，各种材料都要产生伸缩变化。为适应因热和潮湿产生的膨胀，需要做伸缩缝和沉降缝。一般对于砖、混凝土砌块所做的景观墙体，每隔 12m 需留一条 10mm 宽的伸缩缝，并用专用的有伸缩的胶粘水泥填缝。

（四）具有与环境景观相协调的造型与装饰

景观墙体是以造景为第一目的，其外观极其重要，应稳妥处理好外观的色彩、质感和造型。其设计手法有：

1. 在景墙上进行雕刻或者彩绘艺术作品 艺术作品类型多样，植物、动物、人物、历史、取材于当地的故事等题材都可以作为景墙外观的艺术品。

2. 文字或者象征符号 在居住区、企业、商业步行街等场所通常采用显著的中文或者英文文字提供关键的信息。如名称、标志符号等信息。

3. 镂空 镂空可以避免墙所造成的封闭、紧迫感，使视线通透并保持空间的连续。

4. 透空 通过各种形式的透空可以形成框景，有助于增加景观的层次和景深，尤其在景墙后有优质景观或者搭配竹子、芭蕉等植物时，透空的效果更好（图 3-31）。

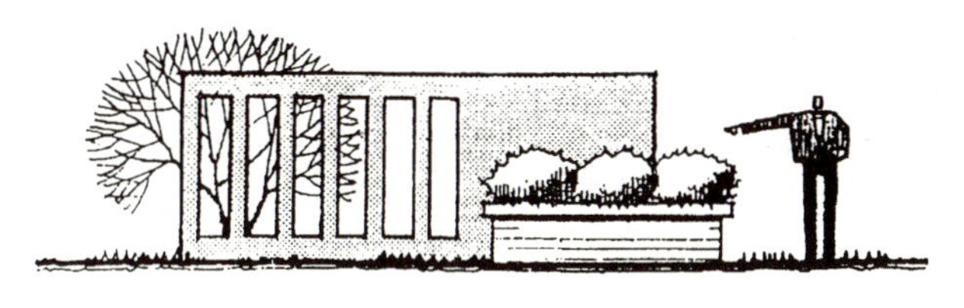

图 3-31 透空景墙

5. 组合 景墙的组合方式多种多样，可以高低错落，调整朝向（图 3-32）。

图 3-32 组合景墙

6. 科技 现代景墙的设计更多地使用科技手段，常见的如与喷泉、涌泉、水池等搭配，加上强烈的灯光效果，甚至优美动听的音乐，使景墙更具观赏性。

二、常见景观墙体形式

1. 砖砌景观墙体 砖墙的外观部分取决于砖的质量，部分取决于砌合的形式。如果为清水墙，其砖表面的平整度、完整性、尺度误差和砖与砖之间勾缝，砌砖排列方式，将直接影响其美观，如图3-33所示为砖砌景观墙体构造，如果砖墙表面作装饰抹灰、贴各种饰面材料，则对砖的外观、砖的灰缝要求不高。但无论采用哪一种形式，在垂直方向上的砖缝应错缝，避免一通到底。

2. 石砌景观墙体 石墙给环境景观带来永恒的感觉。石块的类型多种多样，石材表面加工时通过留自然荒包、打钻路、扁光、钉麻丁等方式可以得到不同的表面效果，天然石块（卵石）的应用也是多种多样的，这就使石砌景观墙体在砌合方式上也灵活多样（图 3-34）。

3. 混凝土砌块景观墙 混凝土砌块常常模仿建墙用的天然石块的各种形状，在景观设计中不加修饰的混凝土砌块也能取得较好的效果，特别是与现代建筑搭配时。混凝土砌块在质地、色泽和形状上的多种变化，使景观墙体更好地为整体环境景观服务（图3-35）。

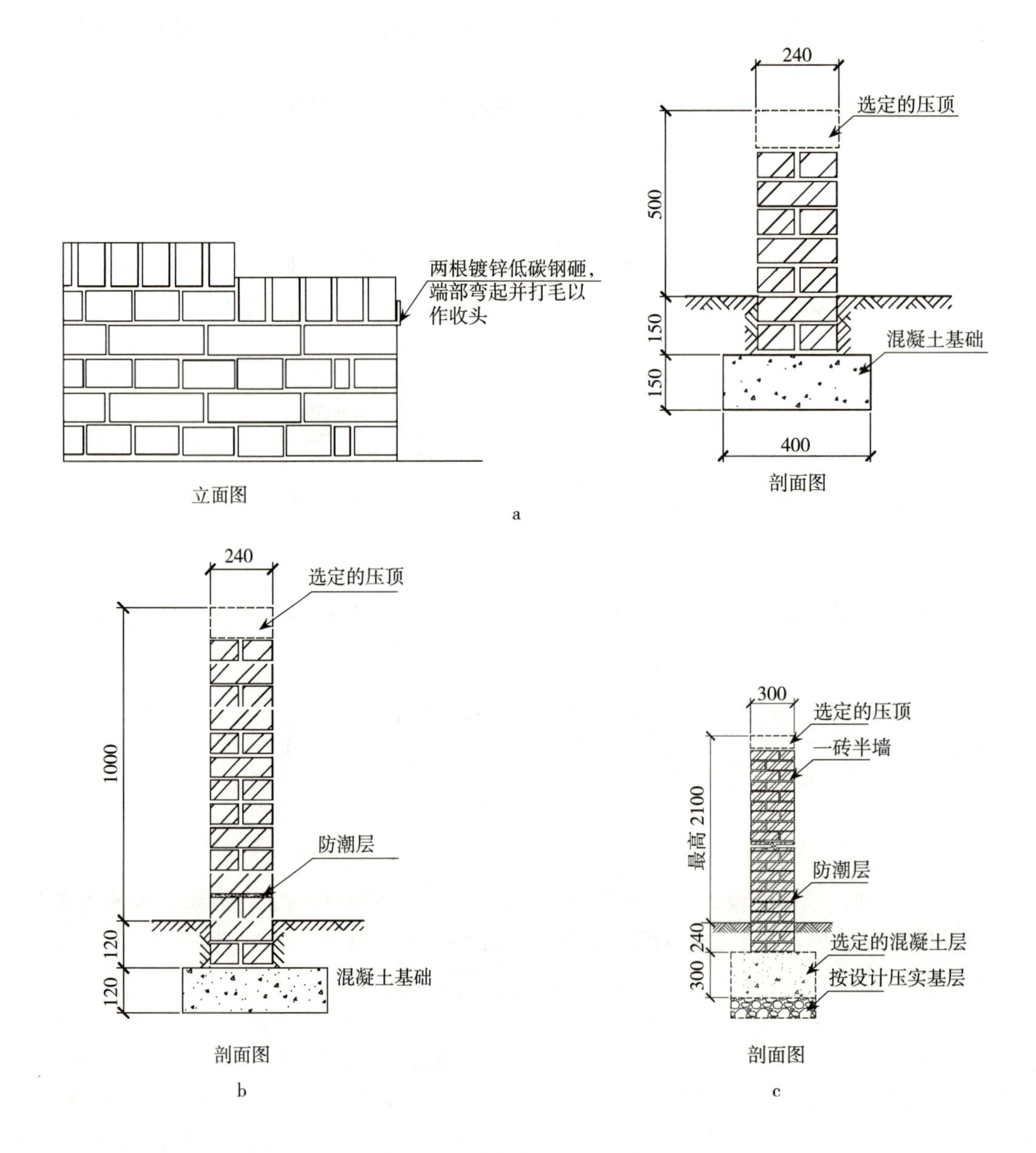

图 3-33　砖砌景观墙体的构造

a. 矮墙　b. 中高挡墙　c. 高墙

4. 不锈钢景观墙体　不锈钢景观墙体是一种新兴的景观墙体类型，主要采用不锈钢材料作为底板，在此基础上进行深加工制造而成。其先进的工艺，不但满足了消费者装饰和装修的需要，更体现了艺术的气质。

5. 生态景观墙体　构造与前几种景墙相似，是在它们的基础上于墙面搭建骨架，利用植物实现墙体绿化，常见的有模块式、铺贴式、攀爬或垂吊式、摆花式、布袋式以及板槽式（图 3-36）。

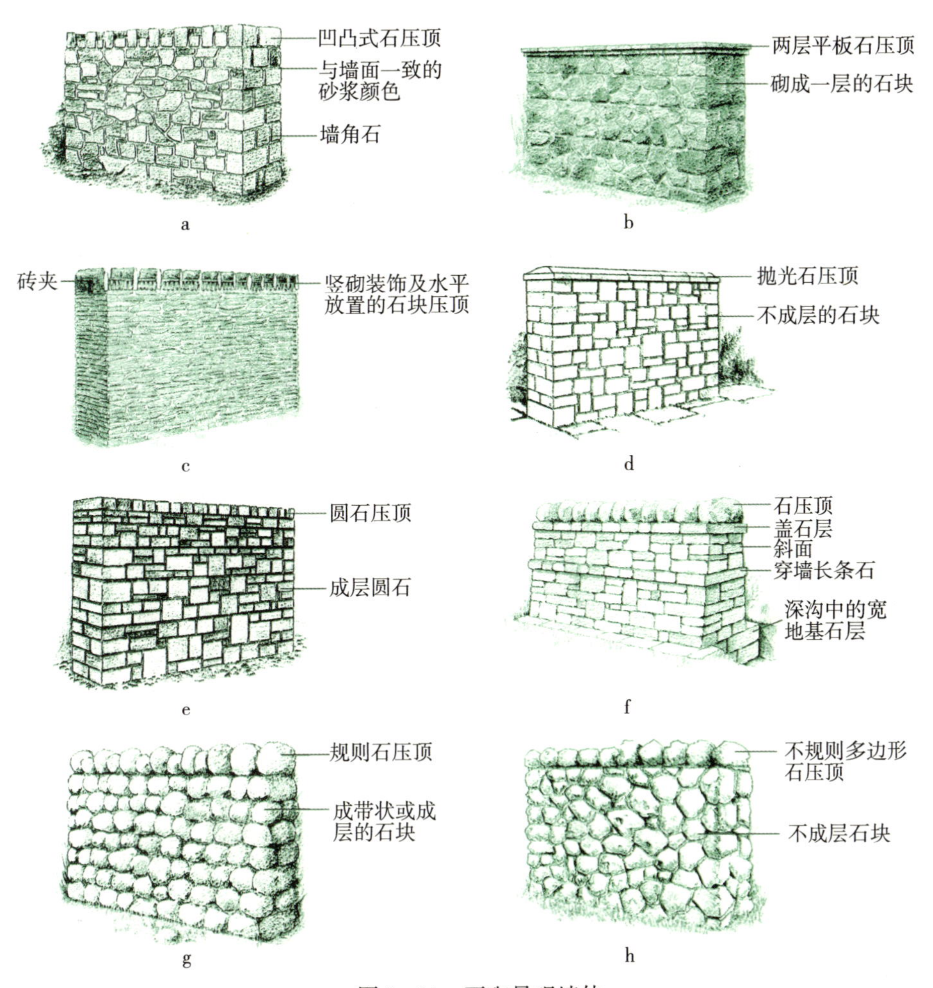

图 3-34　石砌景观墙体

a. 非成层不规则毛石墙　b. 成层不规则毛石墙　c. 不规则水平薄片毛石　d. 不规则方形毛石墙
e. 成层不规则方形毛石　f. 多边形毛石墙　g. 砾石墙　h. 清水石墙

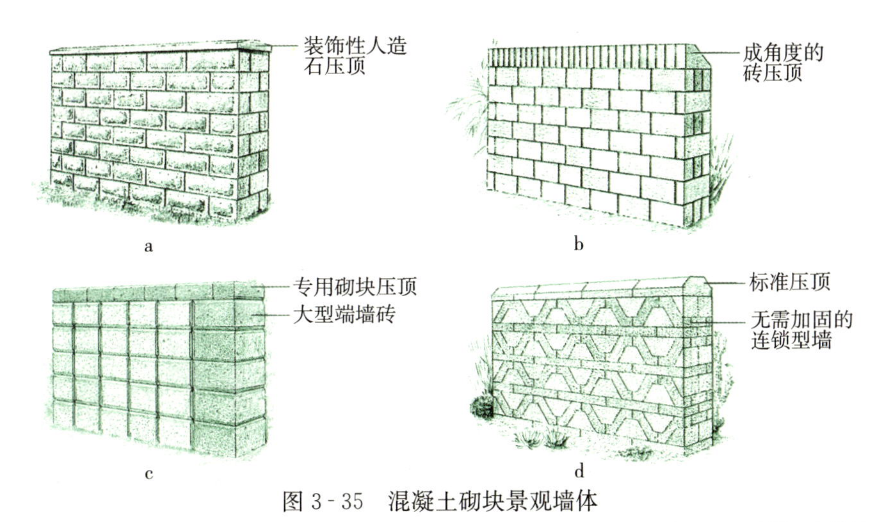

图 3-35　混凝土砌块景观墙体

a. 普通混凝土砌块墙　b. 仿浮雕石混凝土砌块墙　c. 斜块剖面混凝土砌块墙　d. 混凝土砌块墙

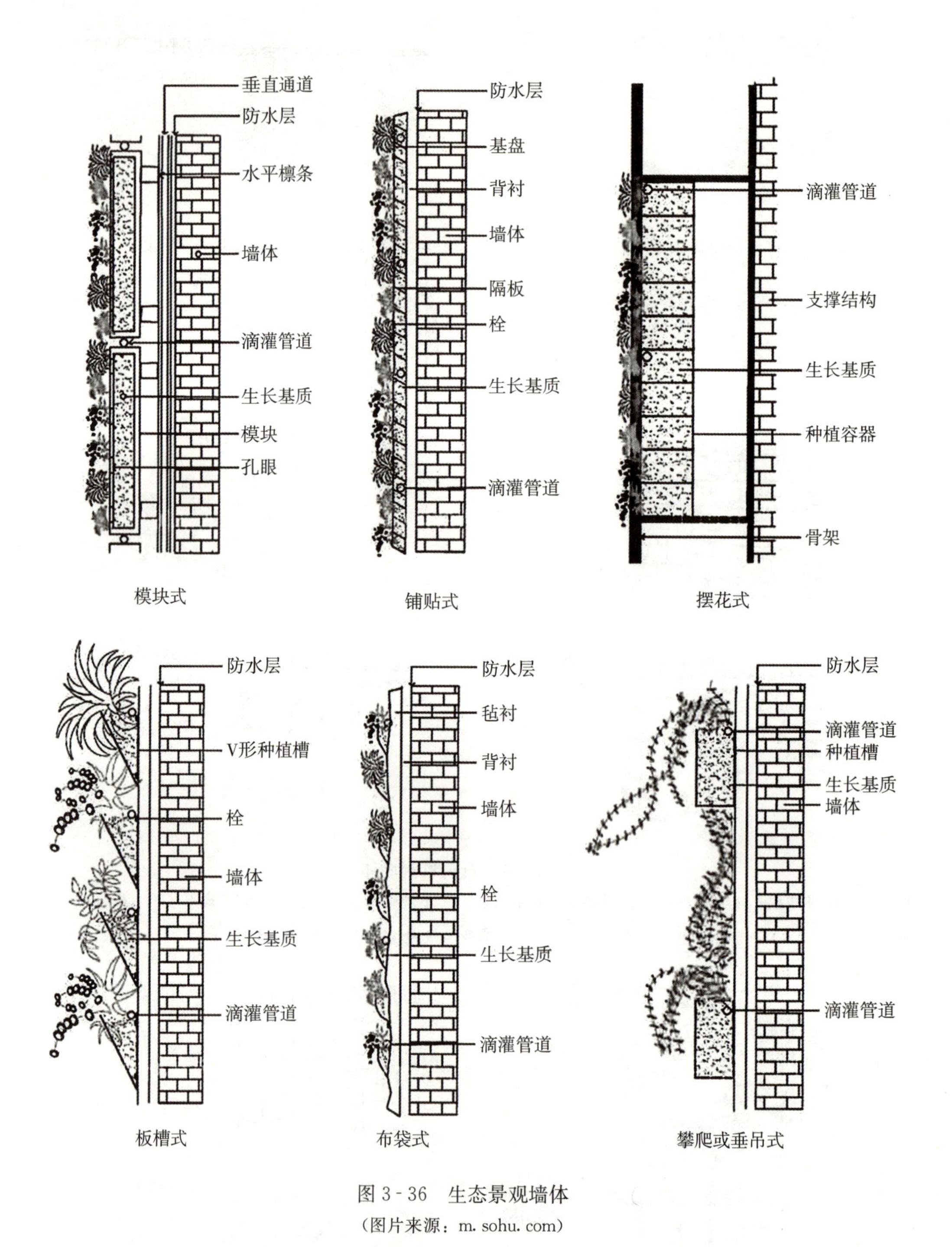

图 3-36 生态景观墙体

（图片来源：m. sohu. com）

三、景墙的施工

景墙的墙体多为砖砌墙体，构造形式与一般墙体相似，建造形式也基本形同，其施工的工艺流程见图 3-37 所示。

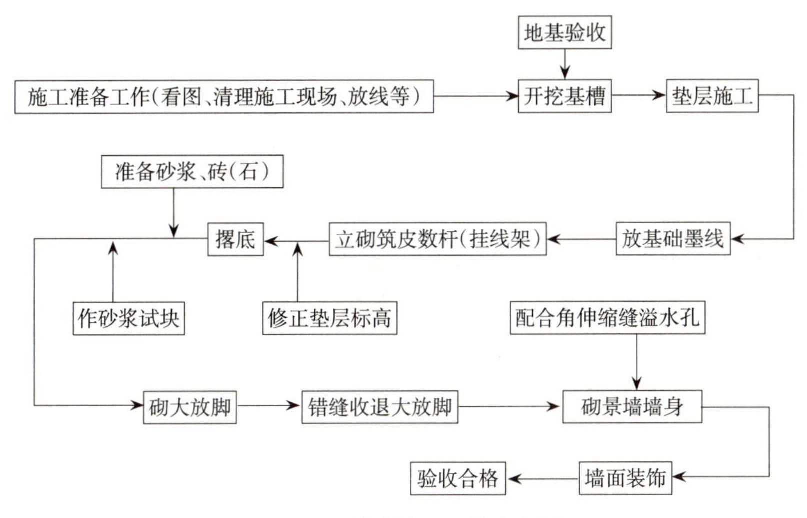

图 3-37　景墙施工工艺流程图

1. 材料要求

(1) 砖的品种、强度等级必须符合设计要求。清水墙的砖应色泽均匀，边角整齐。

(2) 水泥的品种及标号应根据砌体部位及所处环境条件选择，一般宜采用 325 号普通硅酸盐水泥或矿渣硅酸盐水泥。

(3) 砂用中砂，配制 M5 以下砂浆所用砂的含泥量不超过 10%，M5 及其以上砂浆所用砂的含泥量不超过 5%，使用前用 5mm 孔径的筛子过筛。

(4) 白灰熟化时间不少于 7d，或采用粉煤灰等。

2. 砌筑基本要求

(1) 基础应在老土层至实土层上，若为回填土层，应把土夯实。

(2) 砌体宜采用一顺一丁的砌筑形式。

(3) 砖砌体应上、下错缝，内外搭砌，水平灰缝和垂直灰缝宽度宜为 10mm，但不应小于 8mm，也不应大于 12mm。

复习思考题

1. 普通砖砌筑方法有哪些?
2. 砂浆类型及组成砂浆材料有什么特点?
3. 景观墙体外表装饰途径和方法有哪些?
4. 装饰抹灰的基本要求有哪些?
5. 花坛土建施工要点有哪些?
6. 挡土墙的类型有哪些? 并有哪些特点?
7. 园林挡土墙美化设计有哪些方法与措施?
8. 对用于挡土墙的材料和条石挡土墙砌筑有哪些基本要求?
9. 设计景墙时应注意哪些方面?
10. 用于景墙的材料和砌筑有哪些基本要求?

实验实训

花坛施工

一、目的

1. 通过实训，使学生了解修建花坛材料的外观特征。

2. 掌握花坛放线的基本要领和砖砌花坛的施工要点。

3. 熟悉水泥砂浆的配制。

4. 掌握花坛填土的施工要求。

二、内容

教学实训安排与当地园林工程公司的具体工程项目相结合或虚拟一块地作花坛。主要内容：

1. 熟悉花坛施工图及有关技术要求。

2. 施工场地的清理，材料的准备（包括市场价格的调查）。

3. 利用必要的工具将花坛平面形状准确无误地放线在地面上。

4. 基槽开挖和验收，砌筑砂浆与抹面砂浆的配制（查工具书）。

5. 砖的铺砌和按设计要求进行表面的装饰。

6. 花坛填土与整理的一般要求。

三、要求

以实习小组为单元，进行备料、放线施工。实习报告每小组交一份，内容包括施工组织与施工记录报告。

第四章　水景工程

目标： 培养学生运用水景工程的基本知识进行简单的园林水景设计的能力，通过学习，让学生具有理解和识别水景设计施工图的能力，掌握传统与现代水景的理水规律和常见水景的设计与施工。

任务： 通过本章的学习，了解园林水景的形式与特点，掌握典型的园林水景的理水方法与一般设计原则、工程设计内容、施工工艺流程和施工技能，如湖池工程、溪涧工程、瀑布工程、喷泉工程。

水是园林中一个永恒的主题。古今中外之造园，水体是不可缺少的。园林中的水体是城市水系的一个重要组成部分，园林水体不仅要满足园林绿地本身的要求，而且必须担负城市水系规划所赋予的任务，因此，在设计园林水体时，应主要了解和调查5个方面：所在城市水系规划赋予的功能和任务，具体从河段的等级划分及其主要功能；河段的近期及远期水位，包括最高水位、最低水位、常水位、水体高程、驳岸线高程；通过河段在城市负担任务的大小，确定水面面积及水体容积；确定滨河路高程及断面形式；水工构筑物的位置、规格和要求。需要掌握的基本水文数据有：

（1）流速。水在单位时间所经过的距离，单位为m/s。水中一般上表面流速大于下表面流速，中心流速大于岸边流速，因此要从多部位观察并取其平均值。对一定深度水流的流速必须用流速仪测定。

（2）流量。在一定水流断面内，单位时间内流过的水量称流量。

（3）水位。水体上表面的高程称为水位，通常通过水位标尺判定。

水景工程，是与水体造园相关的所有工程的总称。水景形式和种类众多，本章主要选取静水、流水、落水、喷水中有代表性的水景形式来讨论，即湖池工程、溪涧工程、瀑布工程、喷泉工程。

第一节　湖池工程

湖池是湖塘和水池的统称，是最为常见的静态水景形式之一。水池特指人造的蓄水容体，边缘线条分明，其外形多为简单的几何形或几何形组合。湖塘特指自然的或人造模仿自然的湖泊和池塘，其平面形状通常由自然曲线构成，曲折有致，宽窄富有变化。

一、湖塘工程

在园林中建造人工湖塘，首先应确定规模和平面形状，其次确定水体的水深和水位，然后对湖底结构与岸坡进行设计，并综合考虑水景附属设施，如植物种植池、观景平台、码头等。

（一）湖塘的规模与平面形状

1. 湖塘规模的确定与限制因素 确定湖塘的规模，既要考虑周边环境的关系、基址的土壤条件、当地气候和补充水源等工程因素，又要考虑水面蒸发量、渗漏损失和功能用途等方面的因素，切忌贪大求功。

（1）周边环境关系。湖塘水面的大小宽窄与环境的关系比较密切。水面的纵、横长度与水边景物高度之间的比例关系对水景效果影响很大。水面窄、水边景物高，则在水区内视线的仰角比较大，水景空间的闭合性也比较强。在闭合空间中，水面的面积看起来一般都比实际面积要小。如果水面纵、横长度不变，而水边景物降低，水区视线的仰角变小，空间闭合度减小，开敞性增加，则同样面积的水面看起来就会比实际面积要大一些。

（2）基址对土壤的要求。水体的底盘和岸坡的土壤、地质情况对水体渗漏损失的影响较大。一般来说，砂质黏土、壤土，土质细密，土层厚实，渗透能力小，适合挖湖。砂质、卵石，易漏水，应避免挖湖，若不然应采取防渗工程措施。黏土虽透水性小，但干时容易干裂，湿时又会形成橡皮土或泥浆，因此用纯黏土做湖塘的岸坡也不好。

计算湖塘水体的渗漏损失是非常复杂的，需要对湖塘的底盘和岸坡进行地质和水文等方面的研究后方可进行。对于园林水体，可用表 4 - 1 的方法进行估算。

表 4 - 1 渗漏损失估算表

底盘的地址情况	全年水量的损失（占水体体积的百分比，%）
良好	5～10
一般	10～20
不好	20～40

（3）水面蒸发量的测定和估算。如果湖的面积较大，渗漏损失和水面蒸发量也会相应的增加，一旦超过湖池水源的补充能力，就将出现水位较低或干枯等现象，从而影响景观效果。目前我国主要采用 E—601 型蒸发器测定水面的蒸发量。但其测定的数值比水体实际蒸发量大，因此需考虑折减系数，年平均蒸发折减系数为 0.75～0.85。在缺乏实测资料时。

$$E=22\times(1+0.17\omega_{200}{}^{1.5})(e_0-e_{200})$$

式中：E——水面蒸发量（mm）；

e_0——对应水面温度的空气饱和水汽压（Pa）；

e_{200}——水面上空 200cm 处的空气水气压（Pa）；

ω_{200}——水面上空 200cm 处的风速（m/s）。

（4）不同湖塘的用途对水面面积大小和水体的深度的要求也不同，应根据不同的水上活动项目选取（表 4 - 2）。

表 4 - 2 各种活动对水体深度与面积的要求

项 目	水深（m）	面积（m²）	备 注
划船	＞0.5	＞2 500	800～1 000m²/只
滑水	—	—	3～5m²/人
游泳	1.2～1.7	400～1 500	5～10m²/人
儿童游泳	0.4	200～800	3～5m²/人

（续）

项　　目	水深（m）	面积（m^2）	备　注
儿童戏水池	0.3	200～800	—
养鱼	0.3～1.0	—	—
观赏鱼池	1.2～1.5	—	—

注：养金鱼要求水深 0.30m，鲤鱼 0.3～0.6m，鱼过冬要求水深 1.0m。

2. 湖的平面形状　水是液体，本身没有固定的形状，水形由容器的形状所定。因水被岸坡、景石、建筑、植物等要素限制而改变形成各种式样的湖池形态。园林中的湖塘多为自然式，指自然形成或模仿自然湖泊的水体，由自由曲线围合成的水面，其形状是不规则的。根据曲线岸边的不同围合情况，水面可设计为多种形状，如肾形、葫芦形、兽皮形、钥匙形、菜刀形、聚合形等（图 4－1）。设计这类水体形状时主要应注意的是：水面形状宜大致与所在地块的形状保持一致，仅在具体的岸线处给予曲折变化；设计成的水面要尽量减少对称、整齐的因素。

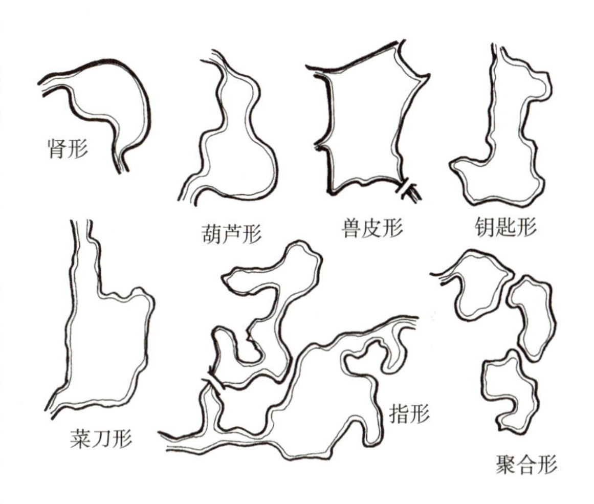

图 4－1　自然式湖塘平面示例

（二）水质、水位与水深

1. 水质　水体可满足观赏、戏水、养鱼、游泳等不同功能，不同水体对于水质及其处理方式也有不同的要求。游泳水质要求最高，要达到城市饮用水标准。一般水源都采用城市自来水，小型游泳池多采用外挂式水质处理器，而中、大型泳池一般采用专门的水处理机房及专用设备。观赏水与戏水要保持一定的清洁度与透明度，防止藻类过多滋生。一般采用砂滤即可。水源可以采用天然河水、湖水，也可采用自来水。

养鱼用水宜用天然河水、湖水。如果要采用城市自来水，应脱氯（可采用自然曝气）。在养鱼过程中应采用机械曝气设备随时补充水中氧气，也可以用生态水中的植物来净水与补氧。不同的使用要求决定了水体水质的要求不同，故其处理体系与设备也不同。水景设计中必须按照不同的水质要求将水体分开，但在外表又要处理成一个水系。

2. 水位　水位即水的高程，高程不同给人的感受不同。高水位给人亲切感，低水位给人疏远感。水位低于 1m 以下，给人以凭栏之感。水位以距离岸顶 15～50cm。大小由水体大小而定。

3. 水深　水深是指水池底部到水面的高度。园林中的湖池水体的水深应充分考虑安全、功能和水质的要求。水面的安全应放在首位考虑，规范规定：硬底人工水体距岸边、桥边、汀步边以外宽 2.0m 的带状范围内，要设计为安全水深，即水深不超过 0.7m，否则应设栏杆。无护栏的园桥、汀步附近 2.0m 范围以内的水深不得大于 0.5m。在住宅区中，安全水深一般为 2.3～0.4m。各种活动对水体深度与面积的要求见表 4－2 所示。如为喷泉，水深一般应按管道、设备的布置要求确定。死水自净为 1.5m 左右。

为了保证湖池的水体质量，人工湖池应尽可能的扩大为≥1.5m 的水面范围，但近岸 2.0m 内又要设计为安全水深，所以通常人工湖池作阶梯状的池底设计。在住宅区中，当水深超过 0.3m（安全水深）时，必须采取防护措施，以保护小孩的安全。一般可在非亲水区及成人游泳区处设栏杆，而亲水区采用护岸缓坡，或在岸边设≥2m 的浅水区，转入深水区之前设水下拦网（图 4-2）。

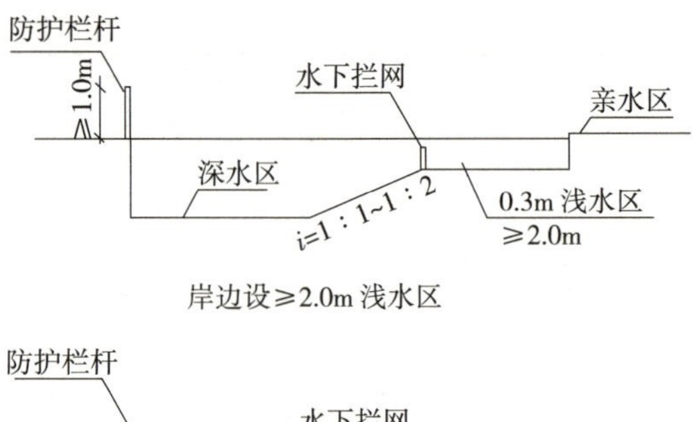

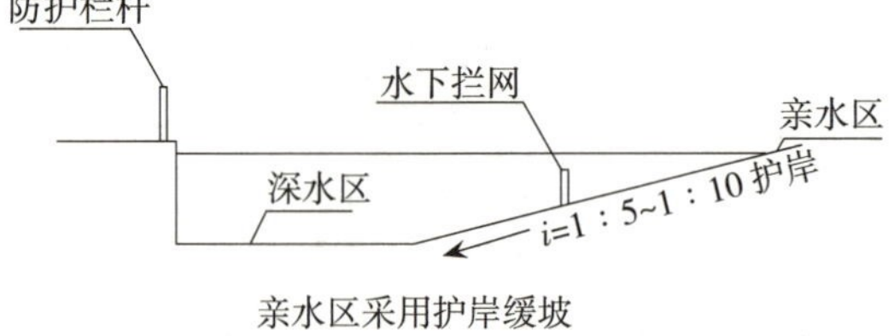

图 4-2　亲水区防护网做法

（三）湖塘湖底做法

园林中的湖、塘一般为自然改造或人工开挖形成的，湖底做法的要点是如何减少水的渗漏。

1. 湖底对土壤的要求　湖池的底部构造设计要考虑基址的土壤条件，采取不同的利用和处理方法。

（1）基址如为天然水体，年代久远，池底渗漏少，一般不宜再动，以利用改造为好。

（2）基址如为砂质黏土，土层厚，渗透能力小（0.007～0.009m/s），不用处理地基，采用较简单的防水构造即可。

（3）基址如有淤泥层，应挖掉全部淤泥层，重新回填好土后再做防水构造。如淤泥层较厚，不能挖干净时，必须采用钢筋混凝土底板，再做防水构造。此类地基不宜做大型水面。

（4）易造成大量水损失的地段，不宜建湖，如可溶于水的沉积岩（石灰岩、砂岩）、粗粒和大粒碎屑岩（砾岩、砂砾岩）。

2. 湖底构造　湖池在池底结构设计通常应根据其基址条件、使用功能、规模大小等的不同作不同的底部构造选择。

园林中湖塘多为人工或自然湖塘改造，通常面积较大，湖底常见的有黏土层湖底、灰土层湖底、塑料薄膜湖底和混凝土湖底，其中灰土层湖底做法适于大面积湖体，混凝土湖底适于较小湖体或基址土壤较差的湖体（图 4-3）。

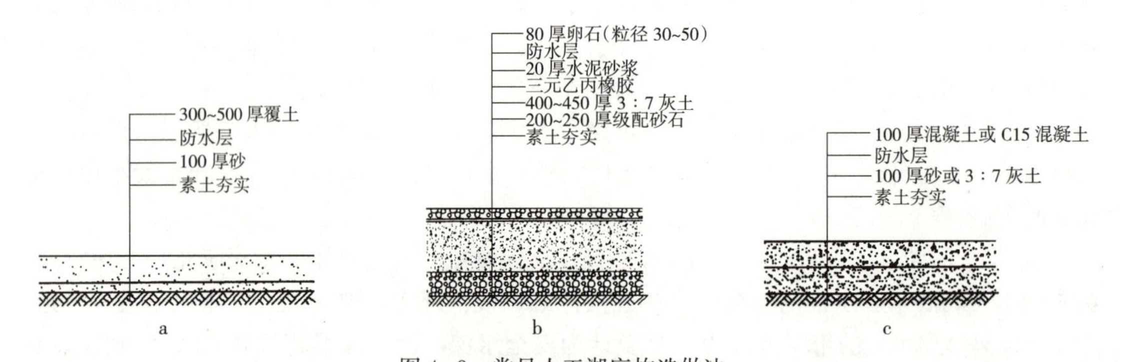

图 4-3　常见人工湖底构造做法

a. 大型人工湖底做法（一）　b. 大型人工湖底做法（二）　c. 中小型人工湖底做法

湖底若为非渗透性土壤，应先敷以黏土，浸湿捣实；如果是透水性土壤则应经过碾压平后，面上需再铺 15～30cm 细土层。如遇有城市生活垃圾等废物应全部清除，用土回填压实。如果湖底土壤条件渗透性较强或不均匀时，可用硬质材料如混凝土或钢筋混凝土。

人工湖防渗还可采用柔性防水材料，主要有聚乙烯防水毯、聚氯乙烯防水毯、三元乙丙橡胶、膨润土防水垫等。在防水层上平铺 15cm 过筛细土或 100 厚混凝土，以保护其不被破坏。

（四）岸坡工程

人工湖的平面形态是依靠岸边的围合来形成的。根据其构筑形式，岸坡又分为驳岸和护坡两种形式。驳岸是在水体边缘与陆地交界处，为稳定岸壁，防止水冲刷或水淹等破坏因素而设置的垂直构筑物。护坡主要是保护坡面、防止雨水径流冲刷及风浪拍击，以保证岸坡稳定的一种措施。园林水景工程中，人工湖和许多种类的水体都涉及到岸边建造问题，这种专门处理和建造水体岸边的建设工程，我们称之为水体岸坡工程。包括驳岸工程和护坡工程。

1. 岸坡的作用 岸坡不仅是水体的维护者，更是湖池水景的重要组成部分。岸坡可以防止因冻胀、浮托、风浪的冲刷或超重荷载而导致的岸边塌陷，对维持水体稳定起着重要作用。同时，岸坡也是园林水景构成要素的一部分，既可以方便游览起到交通的作用，也可以独立成景。岸坡之顶，可为水边游览道提供用地条件。游览道临水而设，有利于拉近游人与水景的距离，提高水景的亲和性。通过丰富的驳岸设计，强化岸线的景观层次，使岸坡成为水边的一种带状风景，丰富水景立面层次，加强景观艺术效果。因此，在岸坡的设计中，要坚持实用、经济和美观相统一的原则，统筹考虑，相互兼顾，达到水体稳定、岸坡牢固、水景和岸景的协调统一、美化效果表现良好的设计目的。

2. 破坏岸坡的主要因素 岸坡可分为湖底以下基础部分、常水位至湖底部分、常水位与最高水位之间的部分和不受淹没的部分。破坏岸坡主要因素有：

（1）地基不稳下沉。由于湖底地基荷载强度与岸顶荷载不相适应而造成均匀或不均匀沉陷，使驳岸出现纵向裂缝，甚至局部塌陷。在冰冻地带湖水不深的情况下，可由于冻胀而引起地基变形。如果以木桩做桩基，则因桩基腐烂而下沉。在地下水位较高处则因地下水的托浮力影响地基的稳定。

（2）湖水浸渗和冬季冻胀力的影响。从常水位线至湖底被常年淹没的层段，其破坏因素是湖水浸渗。我国北方天气较寒冷，因水渗入岸坡中，冻胀后便使岸坡断裂。湖面的冰冻也在冻胀力作用下，对常水位以下的岸坡产生推挤力，把岸坡向上、向外推挤；而岸壁后土壤内产生的冻胀力又将岸壁向下、向内挤压；这样，便造成岸坡的倾斜或移位。因此，在岸坡的结构设计中，主要应减少冻胀力对岸坡的破坏作用。

（3）风浪的冲刷与风化。常水位线以上至最高水位线之间的岸坡层段，经常受周期性淹没。随着水位上下变化，便形成对岸坡的冲刷。水位变化越频繁，岸坡受冲蚀破坏越严重。在最高水位以上不被水淹没的部分，则主要受波浪的拍击、日晒和风化的影响。

（4）岸坡顶部受压影响。岸坡顶部可因超重荷载和地面水冲刷而遭到破坏。另外，由于岸坡下部被破坏也将导致上部的连锁破坏。

了解各种破坏水体岸坡的因素，设计中再结合具体条件，便可以制定出防止和减少破坏的措施，使岸坡的稳定性加强，达到安全使用的目的。

3. 驳岸的结构形式 驳岸实际上是一面临水的挡土墙，以重力式结构为主，主要依靠墙身自重来保证岸壁稳定，抵抗墙体背后的土壤压力。重力式驳岸按其墙身结构分为整体式、方块式、扶壁式；按其所用材料分为浆砌块石、混凝土及钢筋混凝土结构等。

常见园林驳岸的构造及名称如下（图 4-4）：

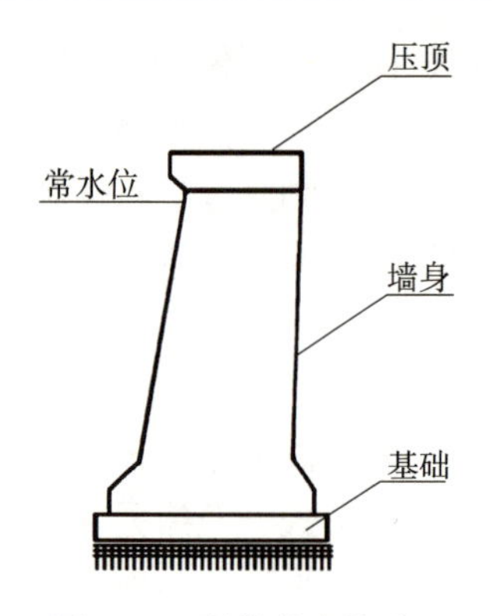

图 4-4 驳岸基本构造

（1）压顶。驳岸顶端结构的作用是加强驳岸稳定，防止墙后水土流失，美化水岸线。压顶常采用条石、大块石和预制混凝土方砖等材料做成，宽度一般为 30～50cm，高出最高水位30～40cm。压顶外边线即为岸线，体现水体轮廓线，一般向水面有所悬挑。如果水位变化较大可将岸壁迎水面做成台阶状，以适应水位的升降。

（2）墙身。驳岸主体多用毛石、条石、混凝土块、砖等多种建筑材料砌筑而成，也可用木板、毛竹板等材料作为临时性驳岸的材料。墙身承受压力主要来自墙体自身的垂直压力、水的水平压力及墙后土壤的侧压力，所以墙身要确保一定厚度。墙体的高度应根据最高水位和水面的波浪来定。驳岸墙身并不是绝对与水平面垂直，迎水面通常采用 1∶10 的边坡倾斜。为了美观，常常对墙身进行水泥砂浆勾缝，使岸壁壁面形成冰裂纹、松皮纹等装饰性缝纹。当墙高不等、墙后土壤压力不同或地基沉降不均匀时，必须考虑设置沉降缝。为避免热胀冷缩而引起墙体破裂，一般 10～15m 设置一道伸缩缝，宽度一般为 10～20mm，有时也兼作沉降缝。伸缩缝用涂有防腐剂的木板条嵌入而上表略低于墙面。

（3）基础。驳岸的底层结构作为承重部分，将上部荷载均匀地传给地基，因此要求基础稳固。基础宽度要求在驳岸高度的 0.6～0.8 倍范围内，厚度常为 400mm，埋入湖底深度不小于 50cm。基础多为浆砌块石或浇灌混凝土，使驳岸地基的整体性加强而不易产生不均匀沉陷。

（4）垫层。基础的下层，常用矿渣、碎石、碎砖等整平地基，保证基础与土基均匀接触。

（5）基础桩。增强驳岸的稳定性，是防止驳岸滑移或倒塌的有效措施，同时也起加强土基的承载能力作用。材料可以用木桩、灰木桩等。

由于园林中驳岸高度一般不超过 2.5m，常常根据经验数据来确定各部分的构造尺寸，也可以参考挡土墙构造尺寸来进行设计，省去繁杂的结构计算。

4. 驳岸实例 园林水体岸坡应根据不同的园林环境和驳岸自身的特点来确定具体的驳岸适用类型。以下是驳岸的设计实例，可供参考。

（1）木桩沉排驳岸。木桩沉排驳岸又称沉褥，即用树木干枝编成的柴排。在柴排上加载块石使下沉到坡岸水下的地表。其特点是当底下的土被冲走而下沉时，沉褥也随之下沉。因此坡岸下部可随之得到保护。在水流流速不大、岸坡坡度平缓、硬层较浅的岸坡水下部分使用较合适。同时，可利用沉褥具有较大面积的特点，作为平缓岸坡自然式山石驳岸的基底。藉以减少山石对基层土壤不均匀荷载和单位面积的压力。因此也减少了不均匀沉陷（图 4-5）。

沉褥的宽度视冲刷程度而定，一般约为 2m。柴排的厚度为 30～75cm。块石层的厚度约为柴排厚度 2 倍。沉褥上缘即块石顶应设在低水位以下。沉褥可用柳树类枝条或用一般条柴编成方格网状。交叉点中心间距为 30～60cm。条柴交叉处用细柔的藤皮、枝条或涂焦油的绳子扎结。也可用其他方式固定。

（2）砌石驳岸。砌石驳岸应用广泛，是湖池水景中主要的护岸形式，设计时调整墙体的材料和压顶形式可得到诸多的变化，如条石驳岸、假山石驳岸、虎皮石驳岸、浆砌块石和干砌块石驳岸等（图 4－6）。

（3）钢筋混凝土驳岸。以钢筋混凝土材料做成驳岸，这种驳岸的整齐性、光洁性和防渗漏性都较好，但造价高，适用于重点水池、规则式水池或地质条件较差的地形上修建的水池（图 4－7）。

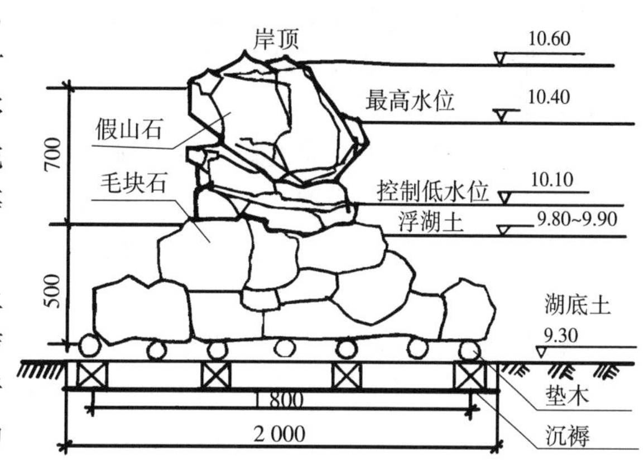

图 4－5　木桩沉排驳岸

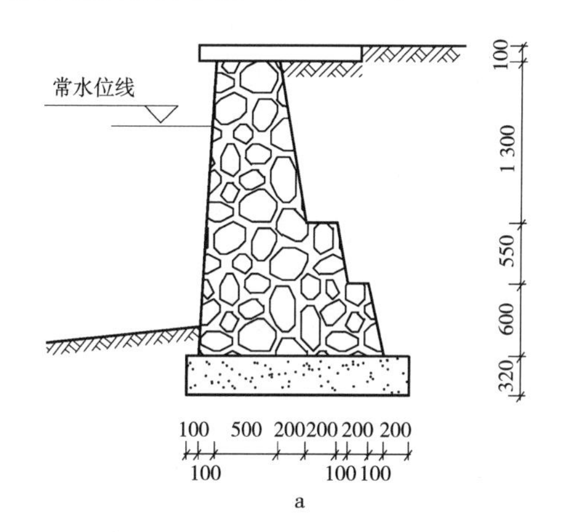

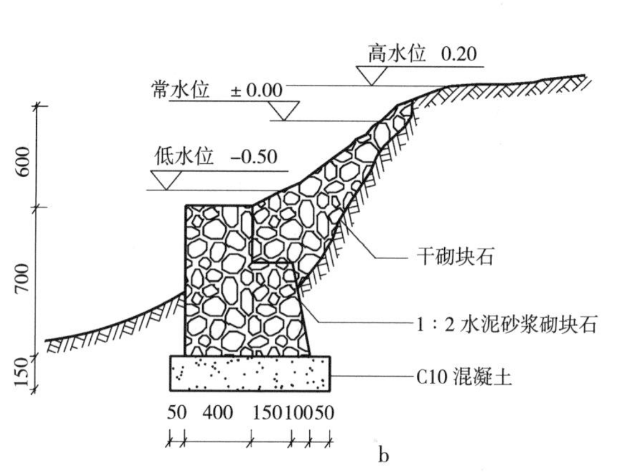

图 4－6　砌石驳岸

a. 浆砌块石驳岸　b. 干砌块石驳岸

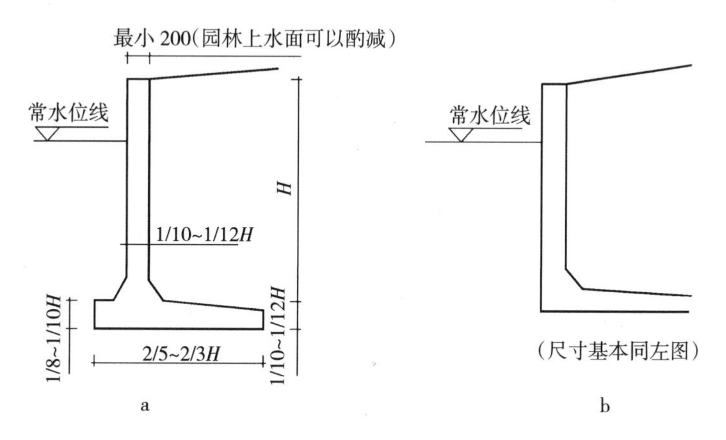

图 4－7　混凝土驳岸

a. T 型混凝土驳岸　b. L 型混凝土驳岸

（4）竹、木驳岸。利用钢筋混凝土和掺色水泥砂浆　塑造出竹木、树桩形状作为岸壁，一般设置在小型水面局部或溪流之小桥边，也别有一番情趣（图4－8）。

5. 护坡实例 如河湖坡岸因陡直而采用岸壁直墙时，则要采用护坡的方式保护水岸。园林中常用的护坡形式包括：

(1) 编柳抛石护坡。采用新截取的柳条成十字交叉编织。编柳空格内抛填厚 20～40cm 厚的块石。块石下设 10～20cm 厚的砾石层以利于排水和减少土壤流失。柳格平面尺寸为 0.3m×0.3m 或1m×1m。厚度为 30～50cm。柳条发芽便成为保护性能较强的护坡设施。编柳时在岸坡上用铁锹开间距为 30～40cm、深度为 50～80cm 的孔洞。在孔洞中顺根的方向打入顶面直径为 5～8cm 的柳橛子。橛顶高出块石顶面 5～15cm。

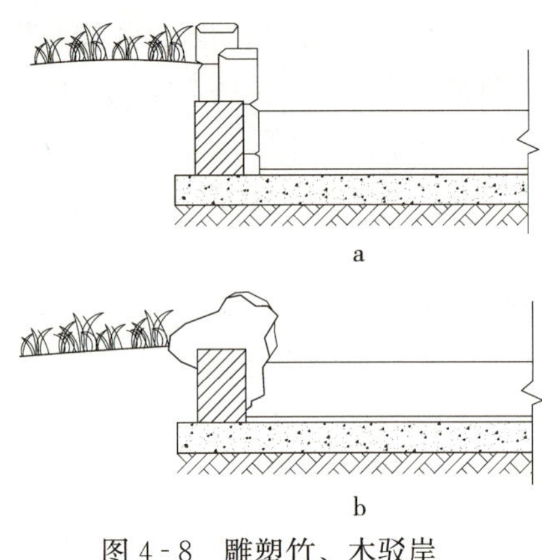

图 4-8 雕塑竹、木驳岸
a. 朔松竹驳岸 b. 朔山石驳岸

(2) 铺石护坡（图 4-9）。铺石护坡是园林中常采用的护坡形式。护坡石料最好选用石灰岩、花岗岩等顽石，且石材大小为 18～25cm 的长方形石料。要求石料比重大、吸水率小。为防止土壤从石头下面流失，块石下面需要设倒滤层，并在护坡坡脚设挡板。护坡应留排水孔，每隔 25m 左右设一伸缩缝。如单层铺石厚度为 20～30cm 时，垫层可采用15～25cm。如水深在 2m 以上则可考虑下部护坡用双层铺石。如上层厚 30cm，下层厚 20～25cm，砾石或碎石层厚 10～20cm（图 4-9）。在不冻土地区的园林浅水缓坡岸，如风浪不大，则只需作单层块石护坡。有时还可用条石或块石干砌。坡脚支撑亦可相对简化。

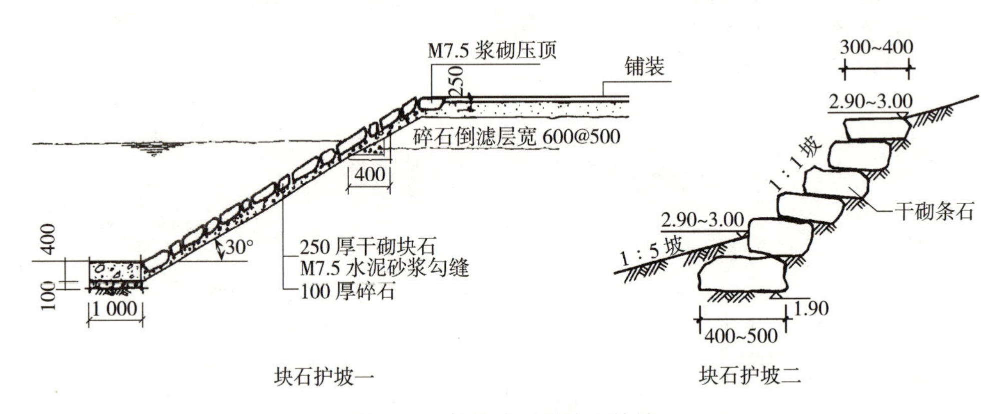

图 4-9 斜坡式干砌块石护坡

(3) 草皮护坡。护坡由低缓的草坡构成。由于护坡低浅，能够很好突出水体的坦荡辽阔；而坡岸上青草绿茵，景色优美，风景效果好，因此这种护坡在园林湖池水体中应用十分广泛，岸坡土壤以轻亚黏土为佳，其护坡方式有喷混植草护坡、三维网植草防护、植生袋护坡等，如图 4-10 所示。

(4) 卵石及其贝壳岸坡。将大量的卵石、砾石与贝壳按一定级配与层次堆积于斜坡的岸边，既可适应池水涨落和冲刷，又带来自然风采。有时将卵石或贝壳黏于混凝土上，组成形形色色的花纹图案，能倍增观赏效果（图 4-11）。

(5) 预制框格网护坡。预制框格工程就是在工厂预制好的混凝土或钢铁、塑料、金属网格在边坡上装配成不同的形状。用锚或桩固定后，在框格内堆填土或土袋，然后进行植被建

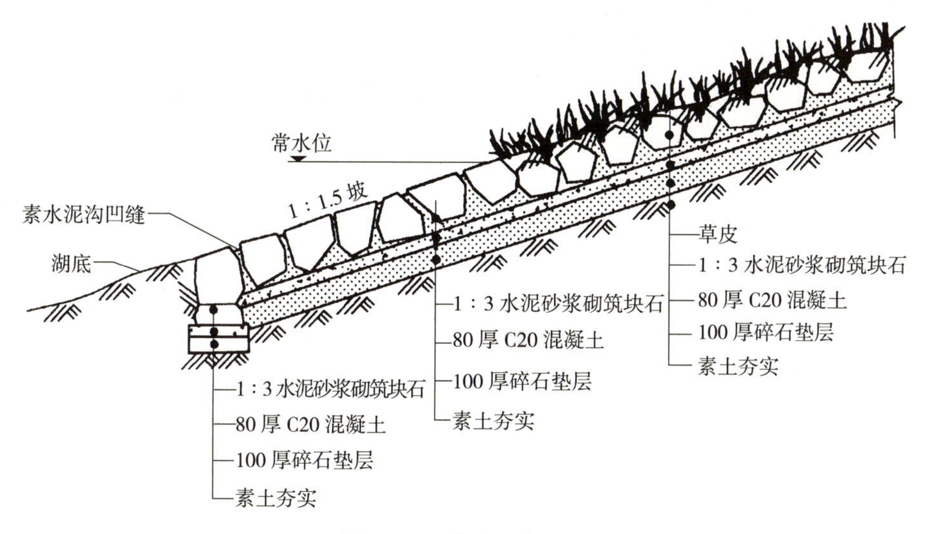

图 4－10　草皮入水护坡

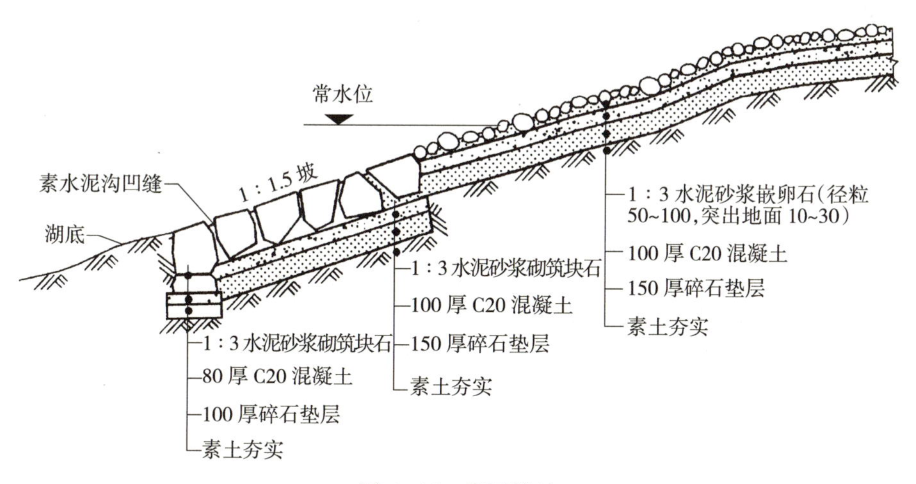

图 4－11　卵石护坡

造工程。框格通常有正方形、菱形、拱形以及多种几何图形组合等。这种方法广泛用于高等级公路的路基边坡及隧道进出口边坡防护工程中。

6. 岸坡施工　水体岸坡的施工材料和施工做法，随岸坡的设计形式不同而有一定的差别。但在多数岸坡种类的施工中，也有一些共同的要求。现以砌石驳岸说明其施工要点。

砌石驳岸施工工艺流程为：放线→挖槽→夯实地基→浇注混凝土基础→砌筑岸墙→砌筑压顶。

（1）准备。岸坡施工前必须放干湖水或分段堵截围堰，逐一排空；准备各类施工机具；复核图纸。

（2）放线。布点放线应依据施工设计图上的常水位线来确定驳岸的平面位置，并在基础两侧各加宽 20cm 放线。具体可参阅人工湖湖体施工。

（3）挖槽。可人工开挖或机械挖掘。为了保证施工安全，挖方时要保证足够的工作面，对需要放坡的地段，务必按规定放坡。岸坡的倾斜可用木制边坡样板校正。

（4）夯实地基。基槽开挖完成后将基槽夯实，遇到松软的土层时，必须铺厚14～15cm灰土（石灰与中性土之比为3∶7）一层加固。

（5）浇注基础。采用块石混凝土基础。浇注时要将块石垒紧，不得列置于槽边缘。然后浇灌M15或M20水泥砂浆，基础厚度40～50cm，高度常为驳岸高度的0.6～0.8倍。灌浆务必饱满，要渗满石间空隙。北方地区冬季施工时可在砂浆中加入3%～5%的$CaCl_2$或NaCl进行防冻。

（6）砌筑墙体。M5水泥砂浆砌块石，砌缝宽1～2cm，要求岸墙墙面平整、美观，砂浆饱满、勾缝严密。每隔10～25cm设置伸缩缝，缝宽3cm，用板条、沥青、石棉绳、橡胶、止水带或塑料等材料填充，填充时最好略低于砌石墙面。缝隙用水泥砂浆勾满。如果驳岸高差变化较大，应做沉降缝，宽20mm。另外，也可在岸墙后设置暗沟，填置砂石来排除墙后积水，保护墙体。

（7）砌筑压顶。压顶宜用大块石（石的大小可视岸顶的设计宽度选择）或预制混凝土块砌筑。

二、水池工程

（一）水池的基本组成

水池的形态种类众多，形式多样，但它一般由池底、池壁、池顶、进水口、泻水口和溢水口和附属设施等部分组成。

1. 池底 池底是水池的最底面，起到承受水体压力和防止水体渗漏的作用。因此要求其既要有稳定的结构，又要有较强的防渗漏能力。池底可利用原有土石，亦可用人工铺筑砂土、砾石或钢筋混凝土做成。其表面要根据水景的要求进行装饰。

为保证不漏水，宜采用防水混凝土。为防止裂缝，应适当配置钢筋（有时要进行配筋计算），如图4-12所示。大型水池还应考虑每10～20m必须设一伸缩缝，这些构造缝应设止水带，用柔性防漏材料填塞（图4-13）。

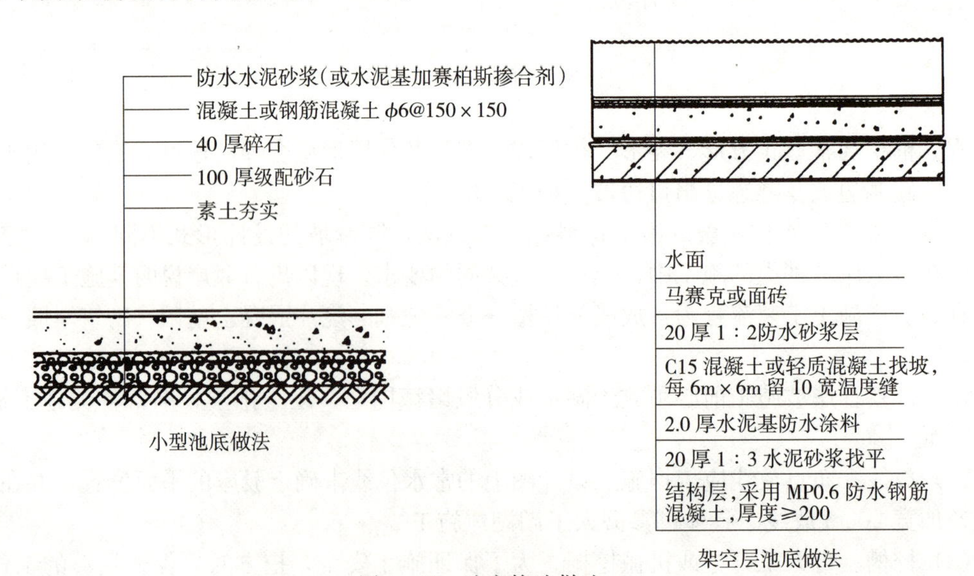

图4-12 池底构造做法

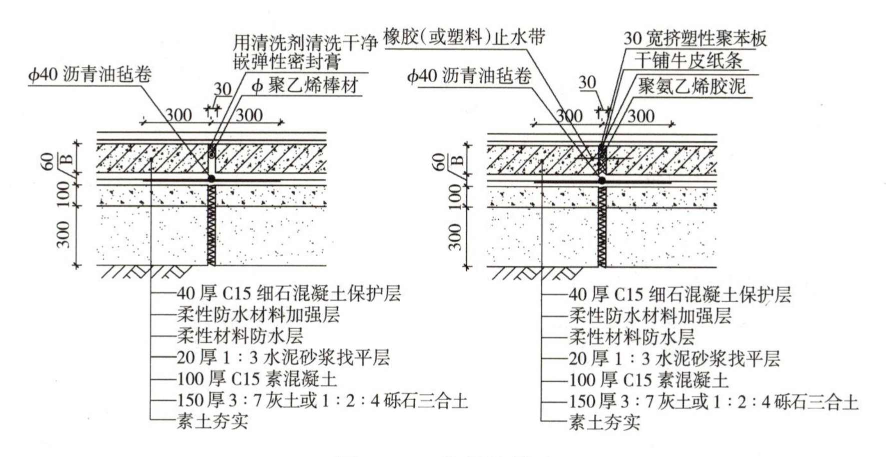

图 4-13　伸缩缝做法

如果地下水位较高，池较深（如游泳池）时，池底钢筋混凝土底板必须考虑反浮力构造做法，采取加重量、向地下设拉杆或拉桩等方法（图 4-14）。

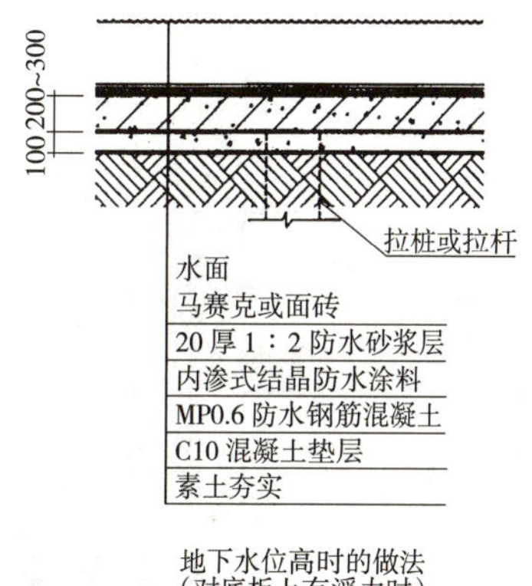

图 4-14　地下水位高时的做法

2. 池壁　起围护的作用，要求防漏水，与挡土墙受力关系相类似，分外壁和内壁，内壁做法同池底，并同池底浇筑为一整体，如图 4-15 所示。池壁壁面的装饰材料和装饰方式一般可与池底相同。

3. 池顶　池顶的设计应突出水池边界线条和水体整体性。为使水池结构更稳定，常用石材、钢筋混凝土等作压顶，石材挑出的长度受限，与墙体连接性差；用钢筋混凝土作压顶，其整体性好（图 4-15）。池壁顶的设计常采用压顶形式，而压顶形式常见的有六种（图 4-16）；这些形式的设计都是为了使波动的水面很快地平静下来，以便能够形成镜面倒影。池岸压顶石的表面装饰常采用的方式方法有：水泥砂浆抹光面、斩假石饰面、水磨石饰面、釉面砖贴面、花岗岩贴面、汉白玉贴面等，一般采用光面的装饰材料，少做成粗糙表面。池岸外侧表面装饰做法很多，常见用水泥砂浆抹光面、斩假石面、水磨石面、豆石干粘饰面、水刷石饰面、釉面砖贴面、花岗石贴面等，其表面装饰材料可以用光面的，也可以用粗糙质地的。

4. 进水口　水池的水源一般为人工水源（自来水等），为了给水池注水或补充水，应当设置进水口，进水口可以设置在隐蔽处或结合山石布置（图 4-17）。

5. 泄水口　为便于清扫、检修和防止停用时水质腐败或结冰，水池应设泄水口。水池应尽量采用重力方式泄水，也可利用水泵的吸水口兼作泄水口，利用水泵泄水。泄水口的入口也应设格栅或格网，其栅条间隙和网格直径也以不大于管道直径的 1/4 为好，当然也可根据水泵叶轮的间隙决定（图 4-17）。

6. 溢水口　为防止水满从池顶溢出到地面，同时为了控制池中水位，应设置溢水口，如图 4-17 所示。常用溢水口形式有堰口式、漏斗式、管口式、连通管式等，也可根据具体情况选择。大型水池若设一个溢水口不能满足要求时，可设若干个，但应均匀布置在水池

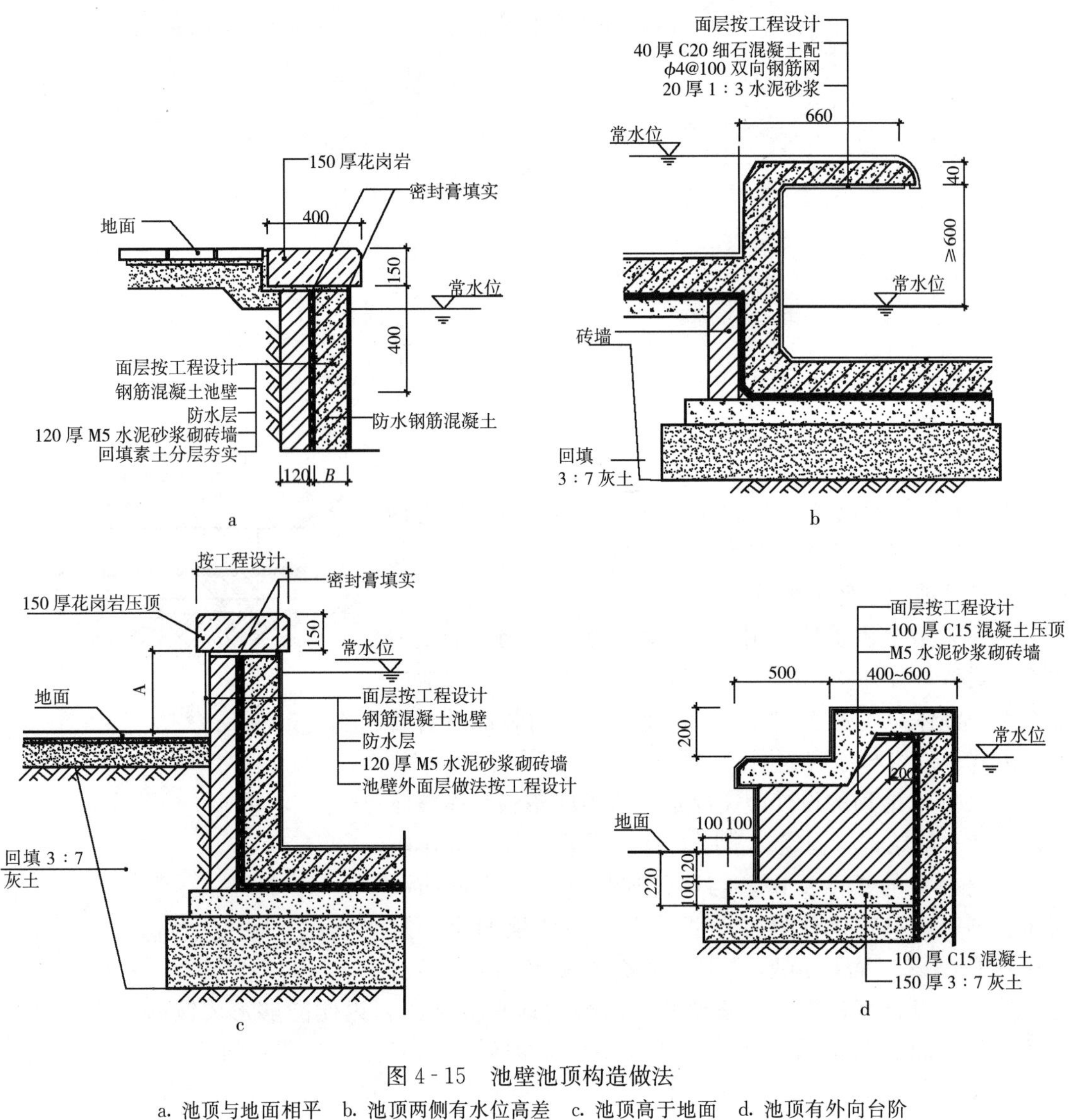

图4-15 池壁池顶构造做法

a. 池顶与地面相平 b. 池顶两侧有水位高差 c. 池顶高于地面 d. 池顶有外向台阶

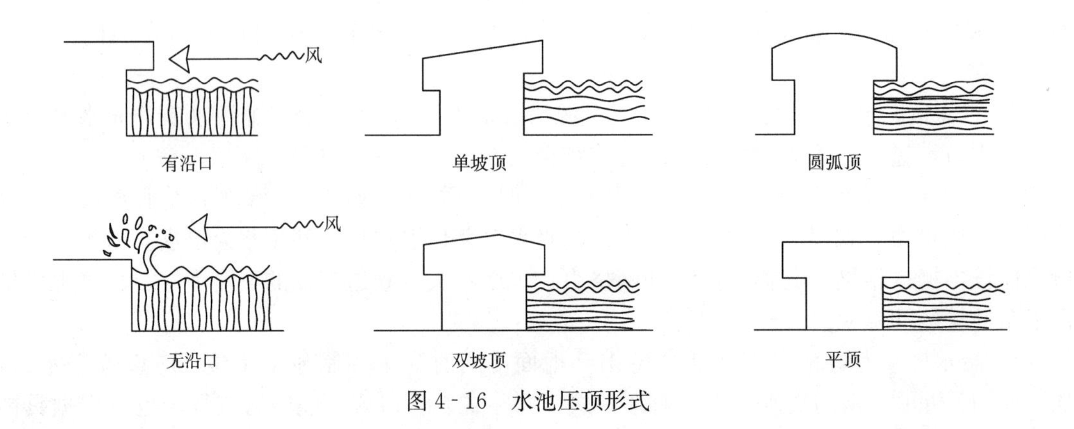

图4-16 水池压顶形式

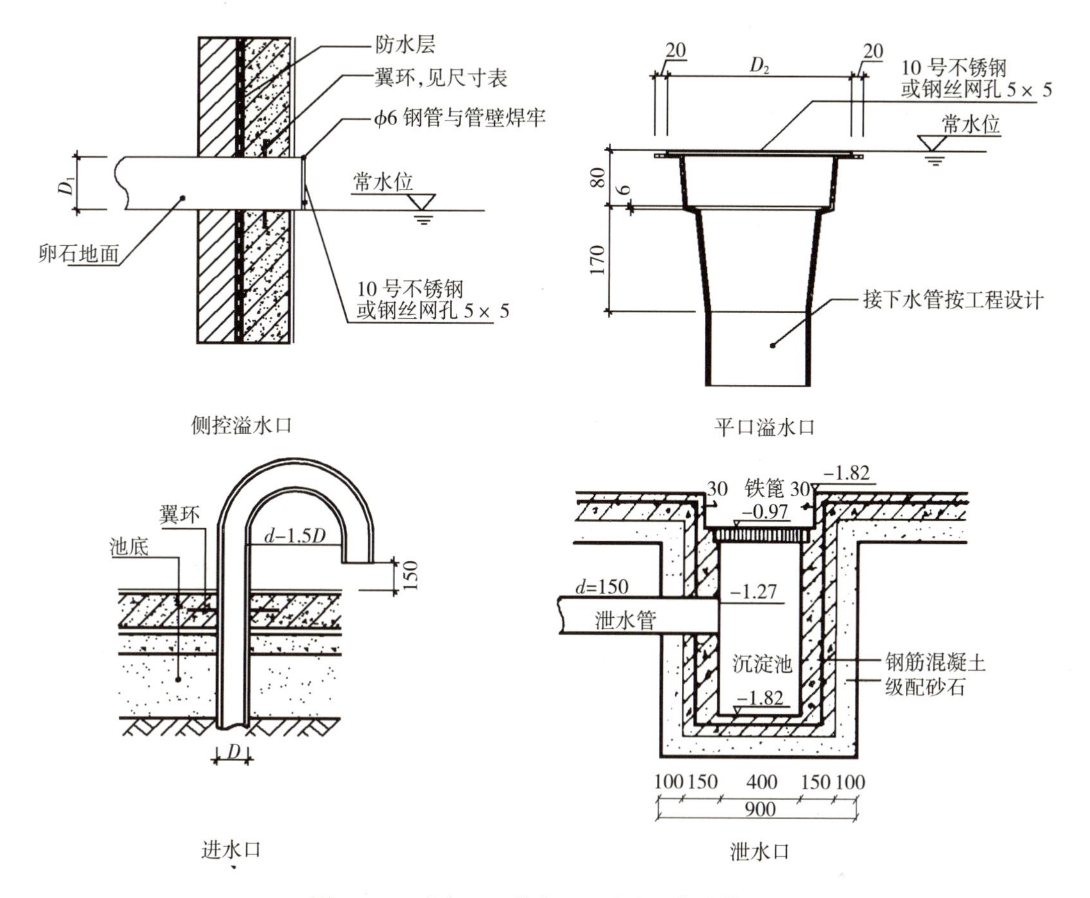

图 4-17　进水口、泄水口、溢水口构造做法

内。溢水口的位置应不影响美观，而且便于清除积污和疏通管道。溢水口外应设格栅或格网，以防止较大漂浮物堵塞管道。格栅间隙或筛网网格直径应不大于管道直径的 1/4。

管道穿池底和外壁时要采取防漏措施，一般是设置防水套管。在可能产生振动的地方，应设柔性防水套管。

（二）水池设计

1. 水池设计的内容　水池设计的内容包括平面设计、立面设计、构造设计和管线设计几个部分。

（1）平面设计。水池的平面设计主要是与所在的环境风格、建筑、道路场地特征和视线关系等相协调统一。主要包括表达水池的平面位置、尺度；与周边环境、建筑物、地上地下管线的距离尺寸和放线依据；水池与周边环境的高差关系；水池的岸顶、池底标高，以及水池底部的排水关系；进水口、排水口、溢水口的位置和管底标高；水泵坑的位置、尺寸、标高等。

（2）立面设计。主要包括对水池的立面景观和高差变化；池顶与周边地形的结合关系和立面装饰。

（3）构造设计。构造设计就是对池岸、池底、池顶、防水层、基础和池底饰面的各层材料的厚度及具体做法进行确定；水生种植池的具体做法；池顶、池壁与山石、绿地的结合处的做法等。

(4) 管线设计。包括对水池的进水和排水的管线布置、管径大小、管底标高、材料种类、连接做法等进行确定；电气线路的布置、材料规格与种类、电线保护、配电装置等。

2. 水池的形态、规模、尺寸和水深 园林中的水池多种多样，常为几何形，给人以特定的图案感，多用于规则式庭院、广场及建筑物的外环境装饰中。其平面设计应处理形态的方圆、宽窄、曲直与环境的呼应和协调，突出形态的点、线、面关系，形成空间张力。水池设计的尺寸与规模主要考虑整体环境与水池的关系、水池中各要素的尺度关系，以及人与水池的关系等。

园林中的水池多为观赏性水池，水深一般为 30～100cm。如有喷水则应按照管道和设备的布置要求而定，且应保证淹没潜水泵吸水口的深度不小于 0.5m。为减少水池水深可设置集水坑或使用卧式潜水泵。

(三) 水池构造

水池的形态种类众多，按其修建材料和防水结构，一般分为刚性结构水池和柔性结构水池两种。

1. 刚性结构水池 刚性结构水池主要是采用钢筋混凝土或砖石修建的水池，特点是使用寿命长、防漏性好，适于大部分水池。

(1) 砖石结构水池。小型水池和临时性水池可采用砖石结构，但要用混凝土基础，用防水砂浆砌筑和抹面，池底池壁常采用卵石、石材等贴面装饰。这种结构造价低廉，施工简单，但其防水和抗冻的能力较差。为了防止漏水，可在池内再浇注一层防水混凝土，然后用防水砂浆找平（图 4-18)。

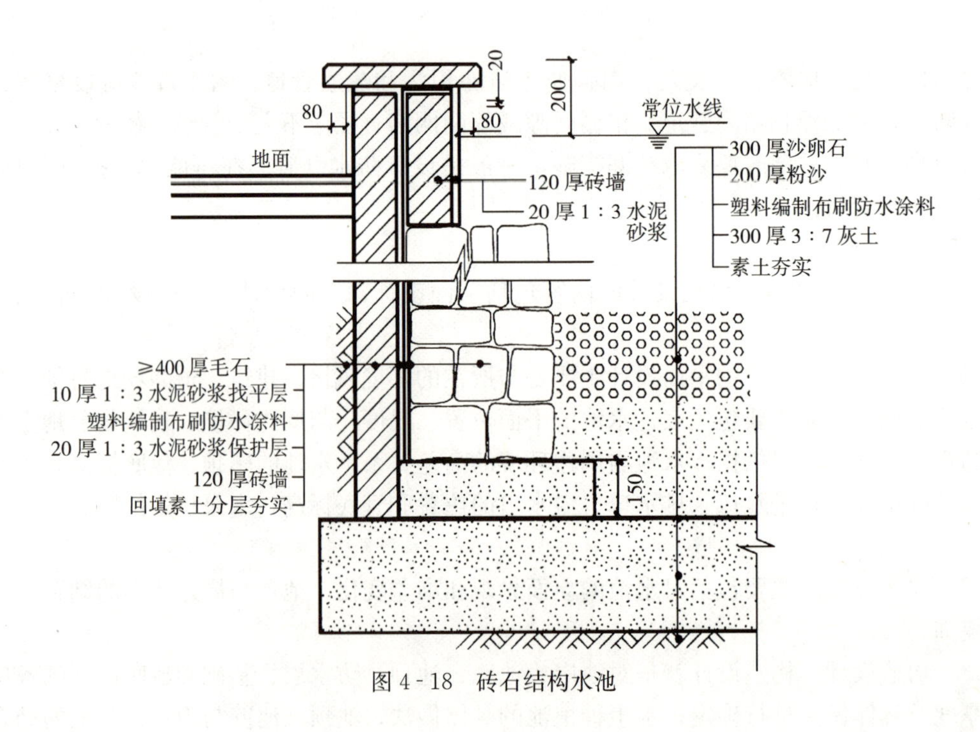

图 4-18 砖石结构水池

（2）钢筋混凝土结构水池。这种结构的池壁池底采用现浇钢筋混凝土结构，抗沉降性能稳定，防水效果好，适于大中型水池。为提高抗渗性能，宜采用防水混凝土，北方地区还应作防冻处理。大型水池应考虑伸缩缝和沉降缝。水池与管沟、水泵房等相连处也应设沉降缝并作同样的防漏处理（图 4-19）。

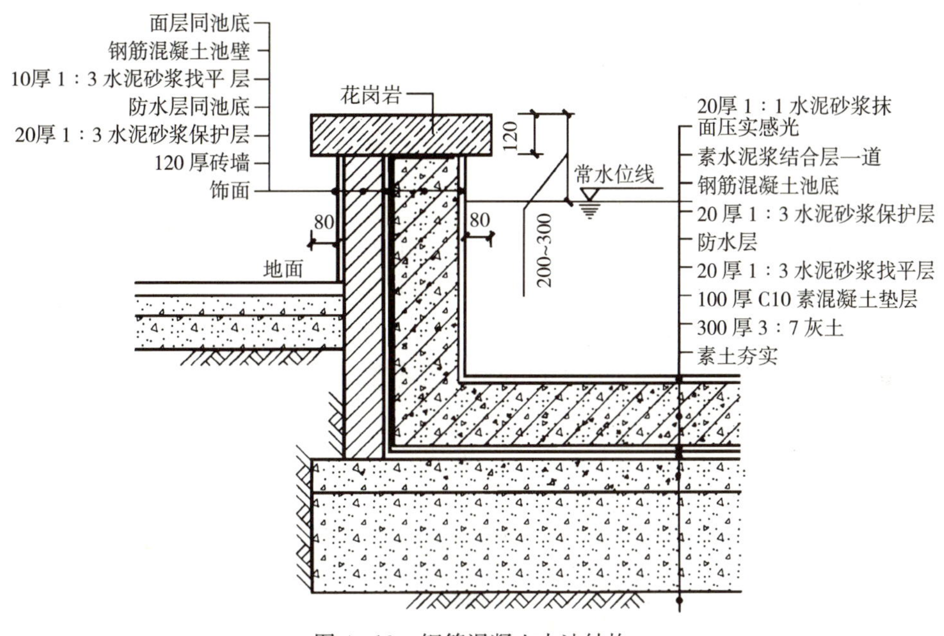

图 4-19　钢筋混凝土水池结构

2. 柔性结构水池　柔性结构水池就是利用各种柔性衬垫薄膜材料做水池防水层。实际上水池若是一味靠加厚混凝土和加粗加密钢筋网片是无济于事的，这只会导致工程造价的增加，尤其对北方水池的渗漏冻害，不如用柔性不渗水的材料做水池夹层为好。目前，在水池工程实践中常使用的柔性材料有玻璃布沥青席、三元乙丙橡胶（EPDN）薄膜、聚氯乙烯（PVC）衬垫薄膜、再生橡胶薄膜等几种。

（1）玻璃布沥青席水池（图 4-20）。

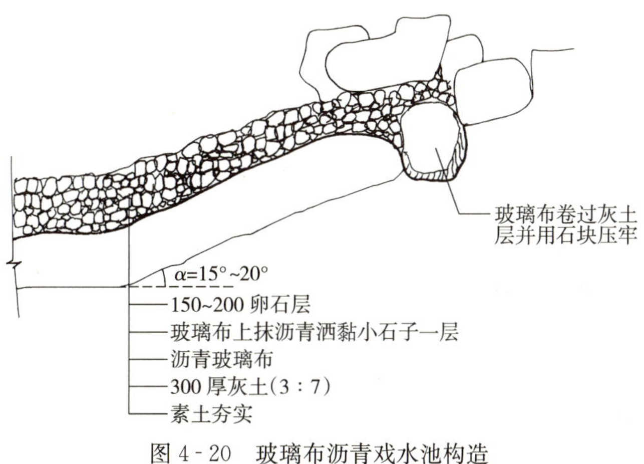

图 4-20　玻璃布沥青戏水池构造

①材料。玻璃纤维布：最好属中性，碱金属氧化物不超过0.5%～0.8%，玻璃布孔大小为（8mm×8mm）～（10mm×10mm）；矿粉：用粒径≤9的石灰石矿粉，无杂质；黏合剂：沥青—0号：3号=2：1，调配好后再与矿粉配比：沥青30%，矿粉70%。

②工序。先沥青、矿粉分别加热到100度；然后将矿粉加入沥青锅内拌匀；之后将玻璃纤维布放入拌和锅内，浸蘸均匀再慢慢拉出，并使黏结在布上的沥青层厚度控制在2～3mm，拉出后立即洒滑石粉，并用机械碾压均匀密实，每块席长40m左右。

③施工方法。将土基夯实，铺300mm厚灰土（3：7），再将沥青席铺在其上，搭接长为50～100mm。同时用火焰喷灯融焊牢，端头用块石压固牢，并随即洒铺小石屑一层。而后茬表层散铺150～200mm厚卵石一层即可。

（2）三元乙丙橡胶薄膜水池（图4-21）。三元乙丙薄膜和橡胶薄膜水池，是对传统的钢筋混凝土水池材料的革新，前者已在新建的北京香山饭店水池中使用，其商业名称为三元乙丙防水布，它由北京建工研究所和保定市第一橡胶厂联合试制成功，其厚度为0.3～5mm。能经受温度-40～80℃，扯断强度p为735N/mm^2，施工方便，可以冷作，大大减轻劳动强度。自重轻，不漏水，更适用于展览馆等临时性水池建筑，也适用于屋顶花园水池而不致增加屋顶层的负荷。

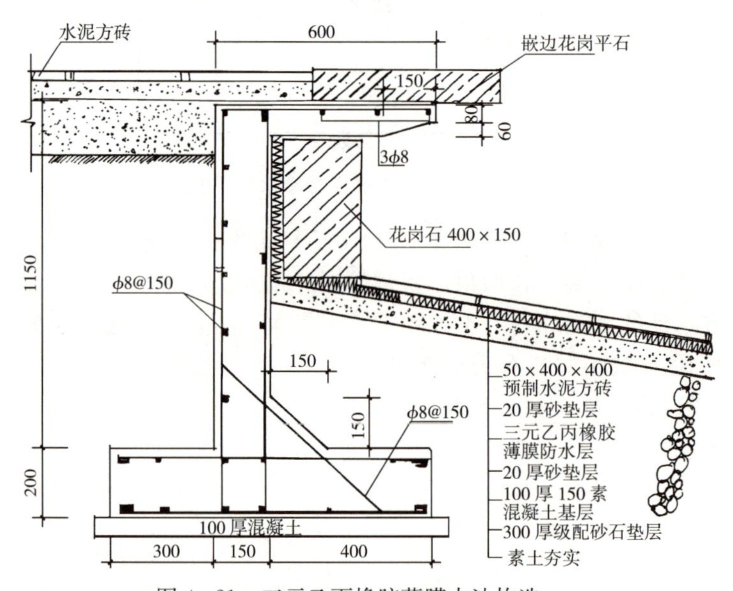

图4-21 三元乙丙橡胶薄膜水池构造

（四）水生植物种植池

在园林湖池边缘处、园路转弯处、游息草坪上或空间比较小的庭院内，适宜设置水生植物池。水生植物池也有规则式和自然式两种设计形式。

1. 规则式水生植物池 规则式水生植物池是用砖砌成或用钢筋混凝土做成池壁和池底。水生植物池与一般规则式水池最不同的是池底的设计，前者常设计为台阶状池底，而后者一般为平底。为适应不同水生植物对池内水深的需要，水池底要设计成不同标高的梯台形，而且梯台的顶面一般还应设计为槽状，以便填进泥土作为水生植物的栽种基质（图4-22）。

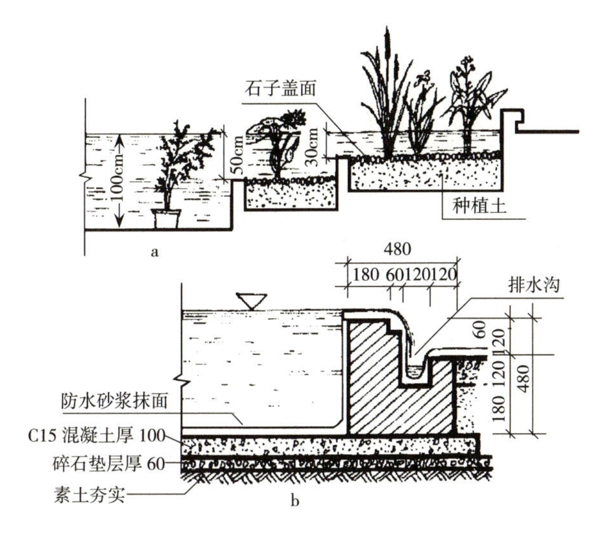

图 4-22　规则式水生植物种植池

a. 阶梯式种植池　b. 溢流式种植池

在栽植水生植物的过程中，要注意将栽入池底槽中或盆栽的水生植物固定好，根部要全埋入泥中，避免浮起来。在泥土表面还应浅浅地盖上一层小石子，把表土压住，这样有利于保持池水清洁。

小面积的水生植物池，其水深不宜太浅。如果水太浅，则池水的水量太少，在夏季强烈阳光长期暴晒下，水温将会太高。当水温超过 40℃时，植物便可能烫死。

2. 自然式水生植物池　自然式水生植物种植池并不砌筑池壁和池底，是就地挖土做成池塘。开辟自然式水生植物池，宜选地势低洼阴湿之处。首先挖地深 80～100cm，将水体平面挖成自然的池塘形状，将池底挖成几种不同高度的台地状（图 4-23a）。然后夯实池底，布置一条排水管引出到池外，管口必须设置滤网，池子使用后，可以通过排水管排除过多的水，对水深有所控制。排水管布置好后，铺上一层砾石或卵石，厚 7cm 左右。在砾石层之上，铺粗砂厚 5cm。最后在粗砂垫层上平铺肥沃泥土，厚度 20～30cm。泥土可用一般腐殖土或泥炭土与菜园土混合而成，要呈酸性反应。在池边，如果配置一些自然山石，半埋于土中，可以使水景景观显得更有野趣（图 4-23b）。

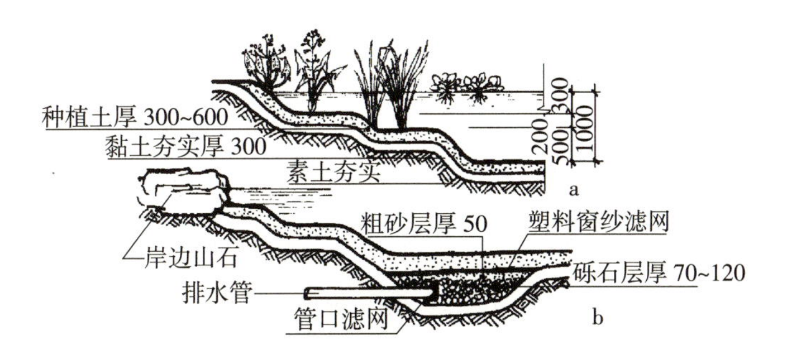

图 4-23　自然式水生植物池

三、湖池施工技术

（一）人工湖施工

1. 人工湖分项工程构成与工艺流程（图 4 - 24）

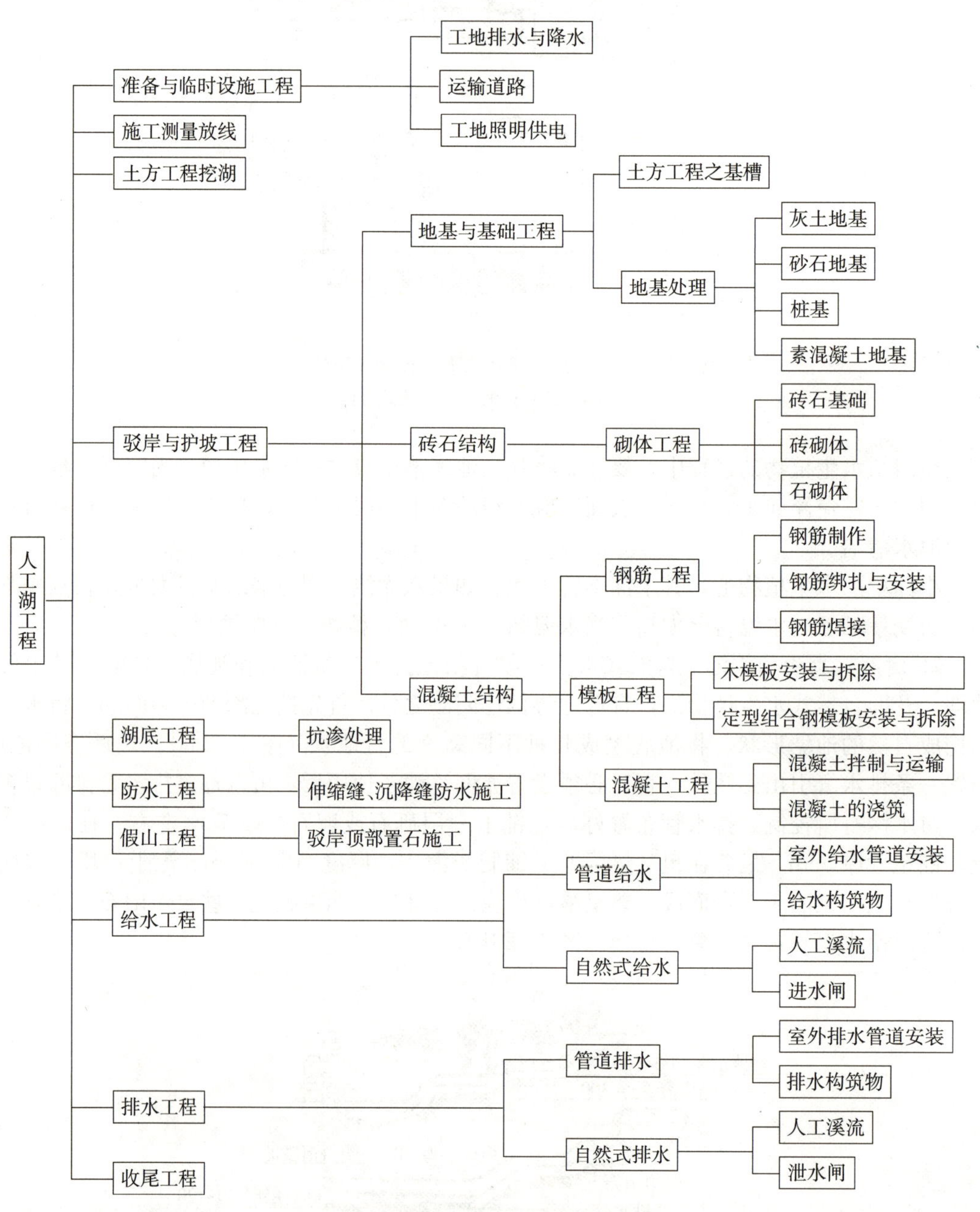

图 4 - 24　人工湖分项工程构成与工艺流程

2. 人工湖施工要点

（1）认真分析设计图纸，并按设计图纸确定土方量。

（2）详细勘察现场，按设计线形定点放线。放线可用石灰、黄沙等材料。打桩时，沿湖池外沿 15～30cm 打一圈木桩，第一根桩为基准桩，其他桩皆以此为准。基准桩即是湖体的池沿高度。桩打好后，注意保护好标志桩、基准桩。并预先规划好开挖方向及土方堆积方法。

（3）考察基址渗漏状况。好的湖底全年水量损失占水体积累的 5%～10%；一般湖底层占 10%～20%；较差的湖底层占 20%～40%，据此制定施工方法及工程措施。

（4）湖体施工区排水。湖体施工范围内排水尤为重要，如水位过高，施工时可用多台水泵排水，也可通过梯级排水。由于水位过高，为避免湖底受地下水挤压而被抬高，必须特别注意地下水的排放。通常 15cm 厚的碎石层铺设整个湖底，上面再铺 5～7cm 厚沙子就足够了。如果这种方法还无法解决，则必须在湖底开挖环状排水沟，并在排水沟底部铺设带孔聚乙烯（PVC）管，四周用碎石填塞，会取得较好的排水效果。同时要注意开挖岸线的稳定，必要时要用块石或竹木支撑保护，最好做到护坡或驳岸同步施工。通常基址条件较好的湖底不做特殊处理，适当夯实即可。但渗透性较严重的必须采取工程手段。

（5）湖底做法应因地制宜。常见的做法有灰土层湖底、塑料薄膜湖底和混凝土湖底等，其中灰土层做法适于大面积湖体，混凝土湖底宜于较小的湖体。

（6）驳岸处理。湖岸的稳定性对湖体景观有着特殊意义，应予以重视。先根据设计图严格将湖岸线用石灰放出，放线时应保证驳岸（或护坡）的实际宽度，并做好各控制基桩的标注。开挖后要对易崩塌之处用木条、板（竹）等支撑，遇到洞、孔等渗漏性大的地方，要结合施工材料采用抛石、填灰土、三合土等方法处理。如岸壁土质良好，做适当修整后可进行后续施工。湖岸的出水口常设计成水闸，水闸应保证足够的安全性。

（二）水池施工

人工水池规模比人工湖小，多采用钢筋混凝土结构，现以钢筋混凝土水池为例讨论人工水景池施工。钢筋混凝土水池的施工工艺流程为：

材料准备→场地放线→池面开挖→池底施工→浇注混凝土池壁（预埋管线）→混凝土抹灰→表面装饰→给排水管安装→试水等。

1. 施工准备

（1）混凝土配料。基础与池底：按水泥∶细沙∶粒料＝1∶2∶4，所配的混凝土型号为C20；池底与池壁：按水泥∶细沙∶粒料（6～25mm）＝1∶2∶3，所配的混凝土型号为C15。

（2）添加剂。混凝土中有时需要加入适量添加剂，常见的有：U 型混凝土膨胀剂、加气剂、氯化钙促凝剂、缓凝剂、着色剂等。

池底、池壁必须采用 425 号以上普通硅酸盐水泥，水灰比≤0.55；粒料直径不得大于 40mm，吸水率不大于 1.5%，混凝土抹灰和砌砖抹灰用 325 号水泥或 425 号水泥。

2. 场地放线　根据设计图纸定点放线。放线时，水池的外轮廓应包括池壁厚度。为使施工方便，池外沿应各边加宽 50cm，用石灰或黄沙放出起挖线，每隔 5～10cm（视水池大小）打一小木桩，并标记清楚。方形（含长方形）水池，直角处要校正，最少打三个桩；圆形水池，应先定出水池的中心点，再用线绳（足够长）以该点为圆心、按设计半径（注意池壁厚度）画圆，用石灰标明，即可放出圆形轮廓。

3. 池基开挖　根据现场施工条件确定挖方方法，可用人工挖方，也可人工结合机械挖方。开挖时一定要考虑池底和池壁的厚度。如为下沉式水池，应做好池壁的保护。挖至设计标高后，池底应整平并夯实，再铺上一层碎石、碎砖作底。如果池底设置有沉泥池，应结合池底开挖同时施工。

池基挖方会遇到排水问题，工程中常用基坑排水，这是既经济又简易的排水方法。此法是沿池基边挖成临时性排水沟，并每隔一定距离在池基外侧设置集水井，再通过人工或机械抽水排除，以保证施工顺利进行。

4. 池底施工 池底现浇混凝土原则上一次浇注完毕。先在底基上浇铺一层5～15cm厚的混凝土浆作为垫层，用平板振荡器夯实，保养1～2d后，在垫层面测定池底中心，再根据设计尺寸放线定出柱基及池底边线，画出钢筋布线，依线绑扎钢筋，紧接着安装柱基和池底外围的模板。钢筋的绑扎要符合配筋设计要求，上下层钢筋要用铁撑加以固定，使之在浇捣过程中不产生变化。混凝土的厚度根据气候条件而定：一般温暖地区10～15cm厚，北方寒冷地区以30～38cm为好。池底浇注不能留施工缝，施工间歇时间也不得超过混凝土的初凝时间，池底表面在混凝土初凝前要压实抹光。如混凝土在浇注前产生初凝或离析现象，应在现场拌板上进行二次搅拌，方可入模浇捣。混凝土厚在20cm以下的可用平板振动器，厚度较厚的一般用插入式振动器捣实。为使池底与池壁紧密连接，池底与池壁连接处的施工缝可设置在基础上口20cm处。施工缝可留成台阶形，也可加金属止水片或遇水膨胀胶带。

5. 浇注混凝土池壁 浇注混凝土池壁须用木模板定型，木模板要用横条固定，并要有稳定的承重强度。浇注时，要趁池底混凝土未干时，用硬刷将边缘拉毛，使池底与池壁结合得更好。池底边缘处的钢筋要向上弯入与池壁结合部，弯入的长度应大于30cm，这种钢筋能最大限度地增强池底与池壁结合部的强度。

钢筋的绑扎，要预先准备好钢筋绑扎的工具，如铅丝钩、小扳手、撬杠、折尺、色笔及20～22号铁丝（镀锌铁丝）等，并认真校对施工图，再根据施工图划出钢筋安置线。如钢筋品种较多，要在安装好的模板上标明各种型号的钢筋规格、形状和数量。绑扎池壁钢筋时，要让箍筋的接头交叉错排，垂直放置，箍头转角与竖向钢筋交叉点必须扎牢。绑扎箍筋时，铁线扣要相互成八字形绑扎，竖向钢筋的弯钩应朝向混凝土内。使用双向钢筋网时，要在两层钢筋之间设置撑铁（钩）来固定钢筋的间距。绑扎钢筋网时，四周两行钢筋交叉点要扎牢，中间部分每隔一段相互成梅花式绑扎。固定模板用的铁丝和螺栓不宜直接穿过池壁。当螺栓或套管必须穿过池壁时，应采取止水防漏措施，可焊接止水环。长度在25m以上的水池应设变形缝和伸缩缝。浇注混凝土池壁要连续施工。浇注时，要用木锤将混凝土浆捣实，不留施工缝。混凝土凝结后，应立即进行养护，并充分保持湿润，养护时间不少于两周。拆模时池壁表面温度与周围气温不得超过15℃。

刚性结构水池防水层做法可根据水池结构形式和现场条件来确定。工程中为确保水池不渗漏，常采用防水混凝土与防水砂浆结合的施工方法。防水混凝土是用425号硅酸盐水泥、中砂、卵石（粒径小于40mm，吸水率小于1.5%）、U. E. A膨胀剂和水经搅拌而成的混凝土。防水砂浆则是用325号普通硅酸盐水泥、砂（粒径小于3mm，含泥量小于3%）、外加剂（如硫酸钙减水剂、有机硅防水剂、水玻璃矾类促凝剂等）按一定比例（水泥：砂为1：1～3）混合而成。

水池内还必须安装各种管道，这些管道需通过池壁，因此务必采取有效措施防漏。管道的安装要结合池壁施工同时进行。在穿过池壁之处要预埋套管，套管上加焊止水环，止水环应与套管满焊严密。安装时先将管道穿过预埋套管，然后一端用封口钢板套管和管道焊牢，再从另一端将套管与管道之间的缝隙用防水油膏等材料填充后，用封口钢板封堵严密。

对于溢水口、泄水口的处理，其目的是维持一定的水位和进行表面排污，保持水面清洁。水口应设格栅。泄水口应设于水池池底最低处，并使池底有不小于1%的坡度。保养1～2d后，就可根据设计要求进行水池整个管网的安装，可与抹灰工序进行平行作业。

6. 混凝土抹灰　混凝土抹灰在混凝土结构水池施工中是一道十分重要的工序，它能使池面平滑，易于保养。抹灰前应先将池内壁表面凿毛，不平处要铲平，并用水清洗干净。抹灰的灰浆要用325号（或425号）普通水泥配置砂浆，配合1∶2。灰浆中可加入防水剂或防水粉，也可加些黑色颜料，使水池更趋自然。抹灰一般在混凝土干后1～2d内进行。抹灰时，可在混凝土墙面上刷上一层薄水泥纯浆，以增加黏结力。通常先抹一层底层砂浆，厚度5～10mm；再抹第二层找平，厚度5～12mm；最后抹第三层压光，厚度2～3mm。池壁与池底结合处可适当加厚抹灰量，防止渗漏。如用水泥防水砂浆抹灰，可采用刚性多层防水层做法，此法要求在水池迎水面用五层交叉抹面做法（即每次抹灰方向相反），背水面用四层交叉抹面法。

7. 试水　水池施工所用工序全部完成后，可以进行试水。试水的目的是检验水池结构的安全性及水池的施工质量。试水时应先封闭排水孔。由池顶放水，一般要分几次进水，每次加水深度视具体情况而定。每次进水都应从水池四周观察记录，无特殊情况可继续灌水直至达到设计水位标高。达到设计水位标高后，要连续观察7d，做好水面升降记录，外表面无渗漏现象及水位无明显降落说明水池施工合格。

第二节　溪涧工程

流水是受地形高差、坡岸、山石等因素的制约而形成的，连续的带状动态水体。流水产生一种动感，在东方园林中是必不可少的组成部分。无论是静静流淌，还是飞流急湍，奔腾跳动，流水是能带给人别样的自然情趣和深邃的哲思。流水的形式多样，按照其规模和形态可分为河流、溪、涧、水渠等，其中溪涧是园林流水中最常见的一种形式，是流水景观的典型代表。限于篇幅，我们主要以溪涧为例来讨论流水景观工程的设计和施工。

在园林中，人们常常对自然的溪涧进行优化改造，对水岸线、河道、景石等要素进行适度整治和建设。当环境中没有自然溪流时，根据设计需求建造溪涧，满足人们的需求。这种专门处理和建造溪涧的建设工程，我们称之为溪涧工程。

一、溪涧造景

溪、涧都是小型的带状水体。山间的流水为溪，夹在两山之间的水为涧，人们已习惯将而者连在一起。溪与涧略有不同的是：溪的水底及两岸主要由泥土筑成，岸边多水草；涧的水底及两岸则主要由砾石和山石构成，岸边少水草。溪涧水景设计主要考虑其规模、平面形态、水岸线、缓急及其他景观要素和景观设施。

（一）溪涧平面形态

1. 溪涧平面线型　在平面线形设计中，溪涧走向宜曲折深远，宽度应开合收放，富有变化（图 4-25）。溪涧宜曲不宜直，多弯曲以增长流程，显示源远流长，绵延不尽。溪涧弯曲一般采用“S”形或“Z”字形，弯曲处须扩大，引导水体向下缓流。溪涧线形应流畅，回转自如，过曲则显矫揉造作，过直则平淡无趣。但也有一些溪涧流水强调特殊的设计意图和装饰美感而采取夸张的平面形态，如我国传统造园中出现过的“曲水流觞”非常富有人文气息和古典韵味。

2. 溪涧宽度 溪流宽度有几十厘米到几米宽，变化幅度较大，应根据场地大小以及景观设计主题来确定。溪涧两条岸线的组合既要相互协调，又要有许多变化，要有开有合，有收有放，使水面富于宽窄变化。

溪涧河道宽窄变化决定流速和流水的形态（图 4-26）。

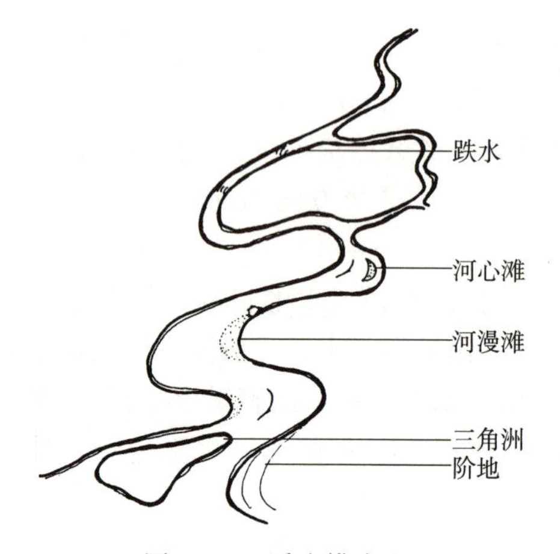

图 4-25 溪流模式图

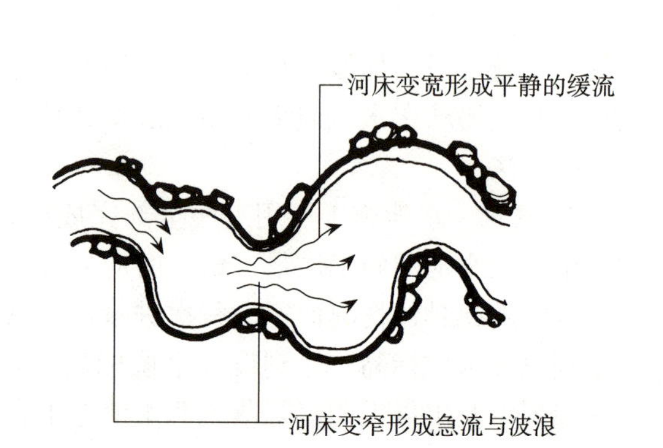

图 4-26 河道宽窄变化对水流形态的影响

以溪涧水景闻名的无锡寄畅园八音涧，就是由带状水体曲折、宽窄变化而获得很好景观效果的范例。在涧的前端，有引水入涧和调节水量的水池，自水池而出的溪涧与相伴而行的曲径相互结合，流水忽而在小径之左，忽而又穿行到小径之右，宽窄弯曲，变化无穷。

（二）溪涧的立面设计

溪涧在立面上要有高低变化，水流有急有缓，平缓的流水段具有宁静、平和、轻柔的视觉效果，湍急的流水段则容易泛起浪花和水声，更能引起游人的注意。溪涧的立面变化主要包括溪底形式、坡度和水深三个方面。

1. 溪底的形式 溪涧的坡式即溪涧溪底纵向和横向的变化形式和坡度。常见的溪涧横断面有弧线形、方槽形、梯形、退台形四种形式（图 4-27）。一般情况下小型溪涧，水面较窄且浅，常采用方槽形、弧线形的横断面形式，方便施工；如水面较宽、水深的溪涧可采用梯形、退台形的横断面形式；若溪涧的水体较深，在

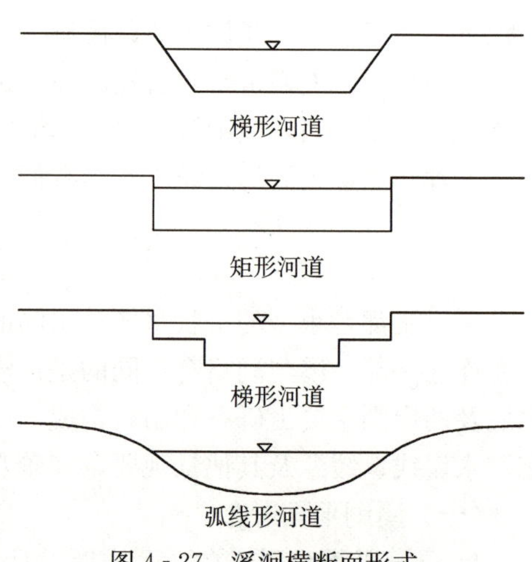

图 4-27 溪涧横断面形式

其亲水区域，应采用退台形横断面或设置安全护栏。

溪底纵向变化有坡式和梯式两种（图 4-28）。坡式溪底多用于天然溪涧改造或坡度较小的溪涧，通过调节其坡度陡缓的变化来改变流水形态，但当没有补充水源时，则溪底肌理暴露。梯式溪底竖向呈阶梯状变化，每一梯级内坡度较小（必要的排水坡度），可通过滚水坝、跌水等来解决高差。梯式溪底的溪涧在没有补充水源时仍具有梯级的水面，可静态观赏，常用于居住区环境中。

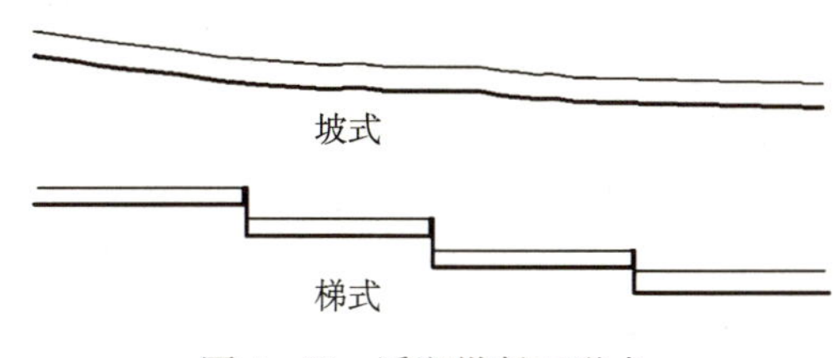

图 4-28　溪涧纵断面形式

溪底的平坦和凹凸不平能产生不同的景观效果（图 4-29）。

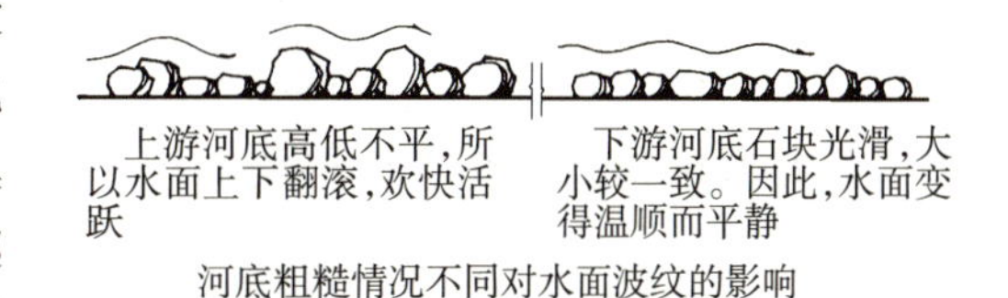

图 4-29　河底对水流形态的影响

2. 坡度与水深　溪涧的坡度就是溪底的坡度。一般情况下，溪涧上游坡度宜大，下游坡度宜小。坡度大的地方摆放大块景石或圆石块，坡度小的地方摆放砾石或卵石。坡度的大小没有限制，可大至垂直 90°，小至 0.5%。在平地上其坡度宜小，在坡地上其坡度宜大，小型溪涧的坡度一般为 1%～2%，能让人感到流水趣味坡度是在 3%内的变化。最大的坡度一般不超过 3%，因为超过 3%河床会受到影响，如坡度超过 3%应采取工程措施。

通常情况下，溪涧的水深通常为 20～50cm，可涉入的溪流不深于 30cm，溪底底板应做防滑处理。

总之，溪涧的平、立面变化将会使水景效果更加生动自然、更加流畅优美。

（三）附属要素

溪涧中有河心滩、三角洲、河漫滩，岸边和水中有岩石、矶石、滚水坝（滚槛）、汀步、小桥等；岸边有若近若离，蜿蜒交错的小路。这些都属于溪涧的附属要素。

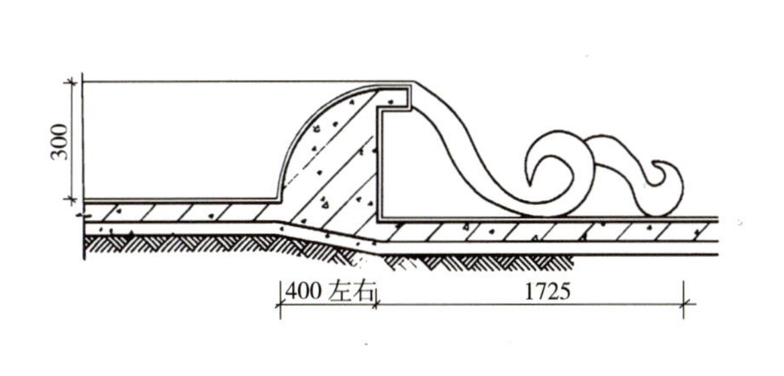

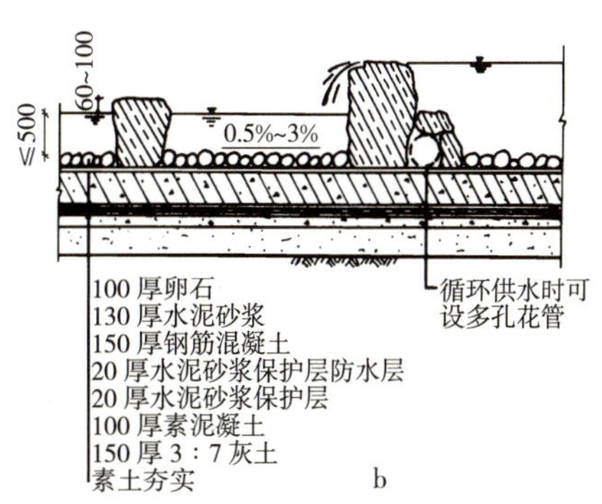

图 4-30　滚水坝与汀步示意图

a. 滚水坝　b. 汀步

1. 滚水坝与汀步 当采用水流速度较大的小溪时，采用滚水坝（滚槛）可以形成翻滚而下的一种急流状态，并产生音响效果，可以形成一种美丽的景观（图4-30a）。汀步常出现在溪涧较窄处，联系两岸交通，有时也和滚水坝相结合出现（图4-30b）。

2. 溪涧景石 流水中置石的方式不同，水流也会产生不同的效果，如图4-31所示。在溪涧造景中常利用水中置石创造不同的水流形态。

迎水石分流水面，可渲染上游水的气氛。在阳光的照射下，水面亮闪闪的。上游的水往往清澈得像水晶一样

泡沫石，能产生水泡，或几条皱纹或小小的涡旋，可丰富活跃水面的姿态

跨越石，水面隆起，水一弯一曲的蠕动着，像是被风吹起的微微涟漪。增加水面的起伏变化

跌水石，水面跌落、水声跌荡。像回旋缭绕的音乐，创造出水的音响的效果

利用水中置石创造不同的景观

图4-31 不同景石的水流效果

二、溪涧的工程设计

溪涧的工程设计包括溪涧的流速和流量的确定，溪涧构造设计、溪涧的护岸设计等几个方面。

（一）水源及其设置

园林中的溪涧流水多为循环用水，其水源可与瀑布、喷水或假山石隙中的泉水相连，只是出水口须隐蔽，方显自然。可采取两种方式来解决：

（1）将水引至山上，使其聚集一处成瀑布流下；或以岩石假山伪装，使水从石洞流出；或使水从石缝隙中流出。

（2）与喷水相结合，一般多用于规则式流水。

（二）流速和流量

溪涧的流速过大则会对溪底造成破坏性冲刷，流速过小则会形成淤积现象，因此其设计流速应介于河道的最大允许流速和最小允许流速（临界淤积流速）之间。由于园林中人造溪涧中泥沙含量极少，所以小型溪涧通常不考虑最小允许流速。根据河道的土质、砌护材料的情况，其最大允许流速可查表4-3河道与溪流的最大允许流速。

表4-3 河道与溪流的最大允许流速

土壤或砌护种类（河床）	最大流速（m/s）
淤泥	0.25～0.50
砂质护面及中等黄土	0.70～0.80
黏土	1.20～1.80
卵石护面	1.50～1.80
混凝土护面	5.00～10.00

溪流的流量由过水断面和平均流速决定的：

$$Q=W\times V$$

式中：Q——流量（m^2/s）；

W——过水断面积（m^2）；

W=2/3水面宽×高，W=（水面宽+底）/2；

V——平均流速（m/s）。

通常情况下小型溪涧的流量可参考表4-4。

表4-4　小型溪流流量表

水流宽（m）	5	3	2	2	2	2	2
水深（mm）	50	50	50	50	300	500	1 000
坡度	1%	1%	0.5%	3%	1%	1%	1%
流速（m/s）	1.5	1.5	1.0	3.0	1.0	0.5	0.2
流量（L/s）	250	150	68	200	400	340	270

（三）溪涧水道构造

1. 溪（涧）底　园林中的人造溪涧一般采用钢筋混凝土底板，板上加防水层，上面再作保护层处理，如图4-32所示为溪底构筑。长度超过30m宜设伸缩缝。曲线溪流可适当放宽，缝多用止水带。溪底可用大卵石、砾石、水洗石、水洗小卵石、瓷片或石料等铺砌。如需种植苔藻或水草，需加入砂石。

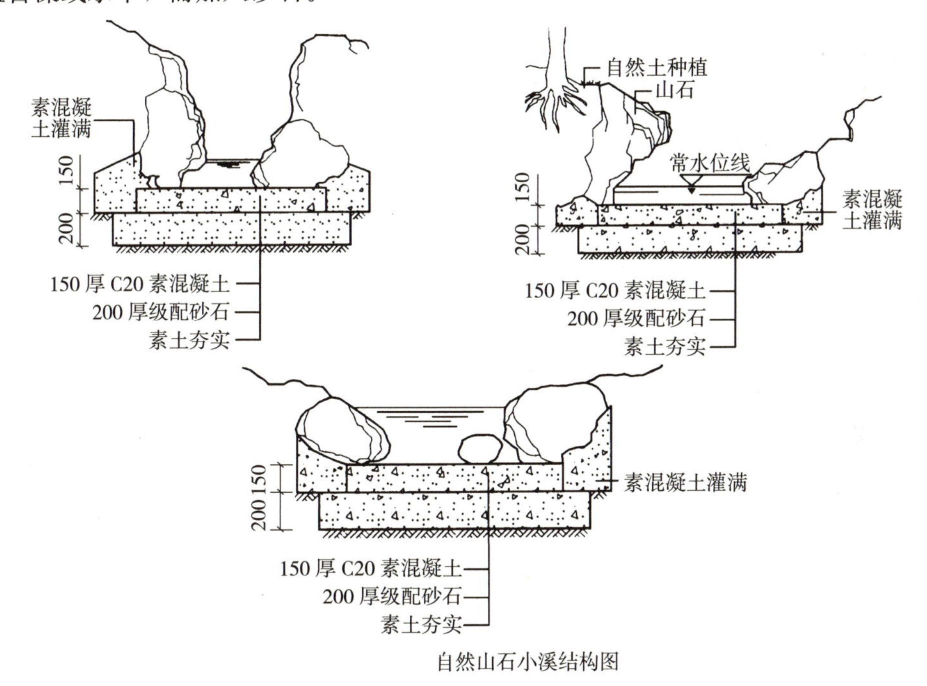

自然山石小溪结构图

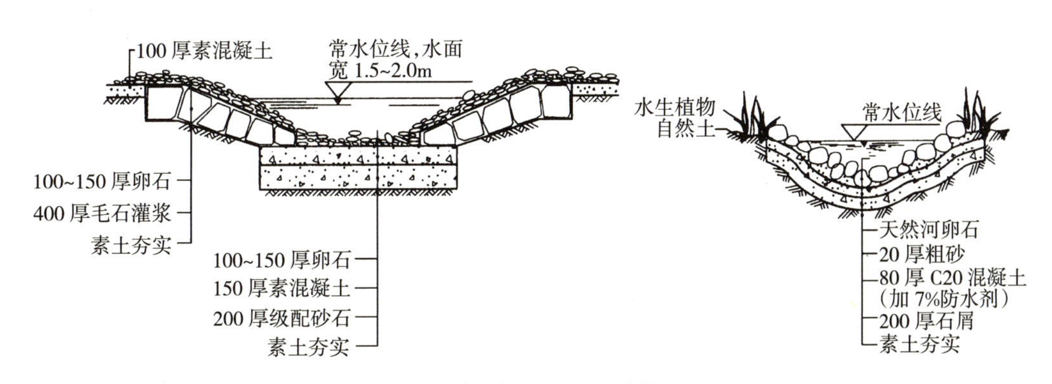

卵石护坡小溪结构图

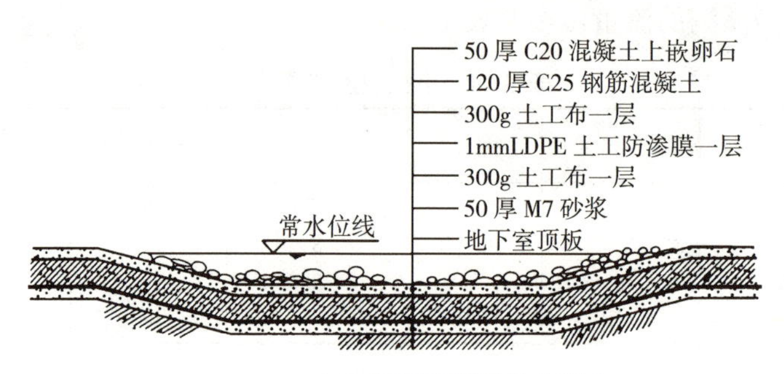

室内或屋顶溪流结构大样图

图4-32 溪底和溪流岸坡构造

2. 溪涧岸坡 溪涧的堤岸设计可参照湖池的驳岸处理。溪涧两边的堤岸一般都是以35°～45°为宜，依土质及堤岸的坚固程度而异。涧的山石堤岸为体现山间流水的效果可加大坡度，形成陡峭崖体。溪涧堤岸一般有土岸、石岸、水泥岸三种。

（1）土岸。溪涧两岸坡度较小，在土壤的安息角范围内，为较黏重不会崩塌的土质，在岸边宜栽培草类或湿生植物，也可搭配矮灌木。

（2）石岸。在土质松软或堤岸要求坚固的地方，岸坡可用河石堆砌，讲究自然情趣，切忌死板。

（3）水泥岸。为求堤岸的安全及永久牢固，可用水泥岸。规则式水泥岸，可磨平、斩假石或用表层材料，如石材、马赛克、砖料等进行装饰；自然式水泥岸宜在其表面作浆砌石砾或铺以置石，以增加美观和自然感。

（四）护岸处理

为了创造溪涧中湍流、急流、跌水、水纹等景观效果或减少水流对岸堤的冲蚀破坏作用，溪涧的堤岸必须做工程处理。溪涧弯道处中心线弯曲半径一般不小于设计水面宽的5倍。有铺砌的河道，其弯曲半径不小于水面宽的2.5倍（图4-33）。在弯道迎水面一般应作堤岸加固处理，如弯道超高、砌筑加固、护岸石等处理，如图4-34所示为溪流主流向与河岸加固的关系。弯道超高一般不小于0.3m，最小不得小于0.2m。

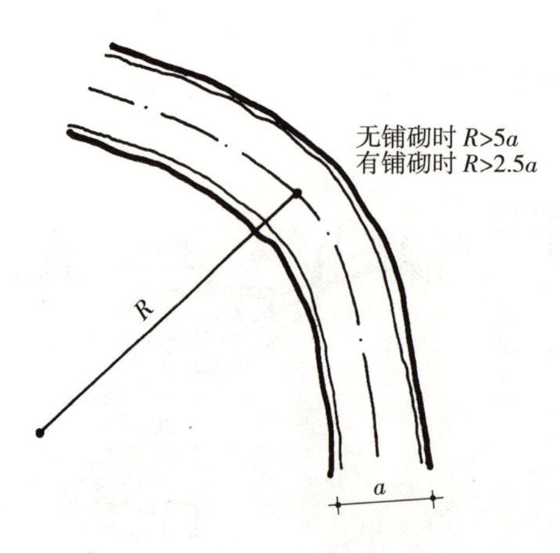

图4-33 河道弯曲半径

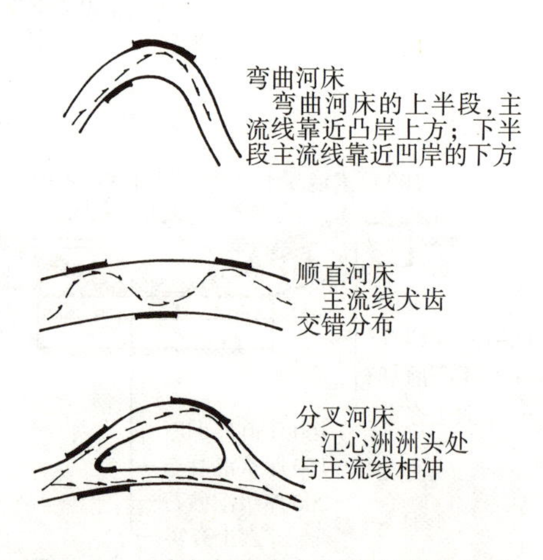

图4-34 溪流主流向与河岸加固的关系

三、溪涧施工

（一）施工工艺流程

施工准备→水道放线→流水槽开挖→槽壁施工→水道装饰→试水

（二）施工要点

1. 施工准备　主要环节是进行现场勘察，熟悉设计图纸，准备施工材料、施工机具、施工人员。对施工现场进行清理平整，接通水电，搭建必要的临时设施等。

2. 水道放线　依据已确定的流水道设计图纸，用白粉笔、黄沙或绳子等在地面上勾画出流水道的轮廓，同时确定流水水循环的出水口和承水池间的管线走向。在营建自然式的溪道时，由于宽窄变化多，放线时应加密打桩量，特别是转弯点。各桩要标注清楚相应的设计高程，边坡点（即设计小型跌水之处）要做特殊标记。

3. 流水槽开挖　流水道要按设计要求开挖，最好掘成U形坑，因流水多数较浅，表层土壤较肥沃，要注意将表土堆放好作为植物种植用土。水道开挖要求有足够的宽度和深度，以便安装散点石。值得注意的是，一般流水在落入下一段水道之前都应有至少7cm的水深，故挖流水道时每一段最前面的深度都要深些，以确保水流的自然。水道挖好后，必须将溪底基土夯实，槽壁拍实。如果槽底用混凝土结构，先在溪底铺10～15cm厚碎石层作为垫层。

4. 溪底施工　溪底构造可分为两种：

（1）刚性混凝土结构。在碎石垫层上铺上沙子（中沙或细沙），垫层厚2.5～5cm，盖上防水材料（EPDM、油毡卷材等），然后现浇混凝土（水泥标号、配比参阅水池施工），厚度10～15cm（北方地区可适当加厚），其上铺M7.5水泥砂浆约3cm，然后再铺素水泥浆2cm，按设计装饰上卵石或其他面材即可（图4-35）。

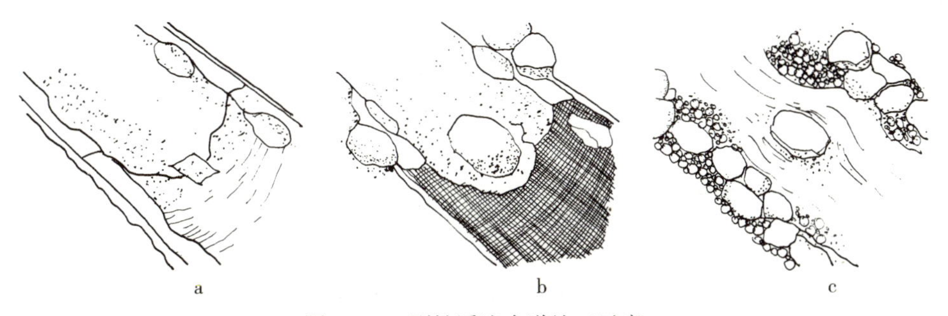

图4-35　刚性溪流水道施工示意

a. 挖好流水槽，铺设防水衬垫，然后铺一层混凝土，并预留出植栽孔　b. 铺筑钢筋，然后再铺设一层混凝土，并以相同材质的石块进行河道装饰　c. 进行植物栽植以及河岸的进一步装饰，然后放水

（2）柔性衬砌结构。如果流水较小，水又浅，水道的基础土质良好，可直接在夯实的溪道上铺一层2.5～5cm厚的沙子，再将衬垫薄膜盖上。衬垫薄膜纵向的搭接长度不得小于30cm，留于水道岸缘的宽度不得小于20cm，并用砖、石等重物压紧。最后用水泥砂浆把石块直接粘在衬垫薄膜上（图4-36）。

5. 槽壁施工　流水槽壁可用大卵石、砾石、瓷砖、石料等铺砌处理，或仿自然，或体现人工装饰美感。和槽底一样，水道岸也必须设置防水层，防止流水渗漏。如果自然式溪流环境开朗，溪面宽、水浅，可将溪岸做成草坪护坡，坡度尽量平缓，临水处用卵石封边即可。

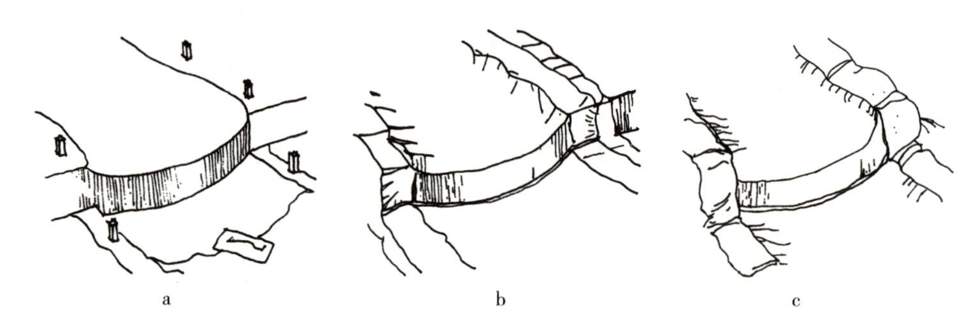

图 4-36 柔性溪流水道施工示意

a. 按设计挖好流水槽，并以阶梯形成一定的落差，以细砂铺底 b. 将柔性衬垫铺于槽内，确保接头处的叠接，不会产生漏水 c. 柔性衬垫的边缘以沙袋或者石块进行固定，然后进行必要的装饰或植物栽植，然后放水

6. 水道装饰 为使流水更富自然情趣或变化效果，可通过对溪床进行处理，如放置河石、进行规律性的突起等，使水面产生轻柔的涟漪或有规则的图案效果。另外，也可按设计要求进行照明装饰、管网的安装。也可在岸边点缀少量景石，水滨配以水生植物，饰以小桥、汀步等小品。

7. 试水 试水前应将水道全面清洁并检查管路的安装情况。而后打开水源，注意观察水流及岸壁，如达到设计要求，说明溪道施工合格。

第三节 瀑布工程

瀑布是流水景观的演变，是从河床横断面陡坡或悬崖倾斜而下的水，望之似垂布，故而得名。瀑布的落差越大，水量越大，气势也越大。园林瀑布的落水口位置较高，一般都在2m以上。若落水口太低，就没有瀑布的气势和景观特点，就不被人叫做瀑布而常被称为是“跌水”。

一、瀑布造景设计

（一）瀑布的组成

天然瀑布形态虽然千变万化，但其基本组成却都一样，一般由上游水源、瀑布口、瀑身、瀑潭四个部分组成（图 4-37）。

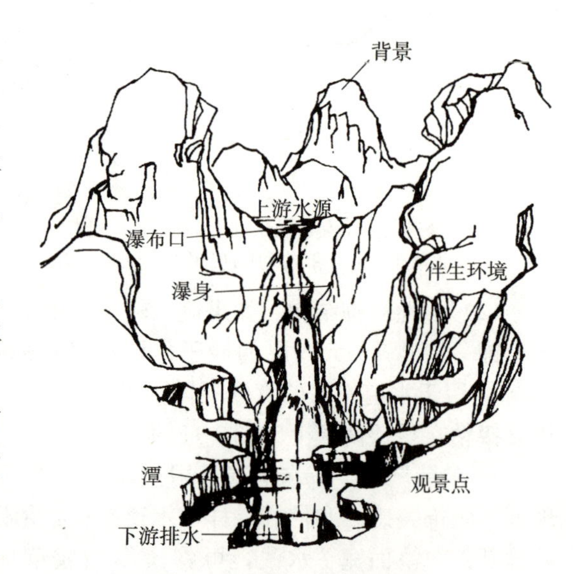

图 4-37 瀑布组成示意图

1. 水源 天然瀑布的水源来自江、河、溪涧等自然水，经瀑布口跌入瀑潭，然后再流走形成河流、溪涧。

2. 瀑布口 是指瀑布的出水口，就是河床断裂的崖顶或坡顶，通常由山石形成，它的形状直接影响瀑身的形态和景观的效果。

3. 瀑身 从出水口开始到坠入潭中止，这一段的水是瀑身，是瀑布观赏的主体部分。

水是没有形状的，瀑布的水造型除受出水口形状的影响外，很重要的是瀑身所依附山体的造型所决定的。所以瀑布的造型设计，实际上是根据瀑布水造型的设计要求进行山体造型设计和瀑布口设计。由水体和背后山石组成，集中体现瀑布水流的动态和音响效果。

4. 瀑潭　瀑布上跌落下来的水，在地面上形成一个深深的水坑，这就是瀑潭，又称承水池。

（二）瀑布的形式

瀑布的形式多样，有布瀑、迭瀑、线瀑、直瀑、射瀑、泻瀑、分瀑、双瀑、偏瀑、侧瀑等十几种之多。瀑布落水的基本形态是由瀑布所依附的山体和瀑布口来决定的。瀑布种类的划分依据：一是可从流水的跌落方式来划分；二是可从瀑布口的设计形式来分。

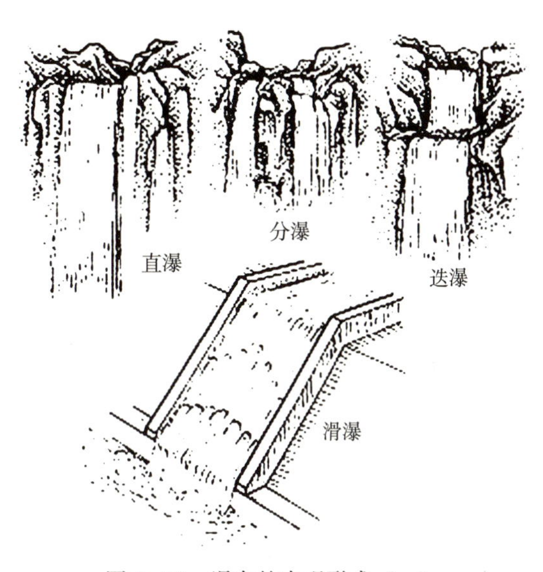

图 4-38　瀑布的表现形式（一）

1. 按瀑布跌落方式分　按瀑布跌落方式分：直瀑、分瀑、迭瀑和滑瀑四种（图 4-38）。

（1）直瀑。即直落瀑布。这种瀑布的水流是不间断地从高处直落下，直接落入其下的池、潭水面或石面。直瀑的落水能够造成声响喧哗，可为园林增添动态水声。

（2）分瀑。是由一道瀑布在跌落过程中受到中间物的阻挡，一分为二，再分成两道水流继续跌落，又称分流瀑布。这种瀑布的水声效果也比较好。

（3）迭瀑。也称迭落瀑布，是由很高的瀑布分为几迭，一迭一迭地向下落。迭瀑适宜布置在比较高的陡坡处，其水形变化较直瀑、分瀑都大一些，水景效果的变化也多一些，但水声要稍弱一点。

（4）滑瀑。就是滑落瀑布。其水流不是从瀑布口直落而下，而是顺着一个很陡的倾斜坡面向下滑落。斜坡表面所使用的材料质地情况决定着滑瀑的水景形象。斜坡若是光滑表面，则滑瀑如一层薄薄的透明纸，在阳光照射下显示出湿润感和水光的闪耀。坡面若是凸起点（或凹陷点）密布的表面，水层在滑落过程中就会激起许多水花。斜坡面上的凸起点（或凹陷点）若做成有规律排列的图形纹样，则所激起的水花也可以形成相应的图形纹样。

2. 按瀑布口的形式来分　从瀑布口的设计形式来分，瀑布可分布瀑、带瀑和线瀑三种（图 4-39）。

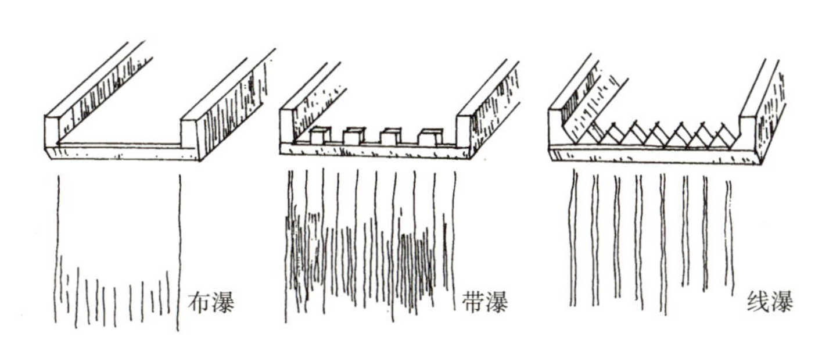

图 4-39　瀑布的表现形式（二）

（1）布瀑。瀑布的水像一片又宽又平的布一样飞落而下。瀑布口的形状设计为一条水平直线。

（2）带瀑。从瀑布口落下的水流，组成一排水带整齐地落下。

瀑布口设计为宽齿状，齿排列为直线，齿间的间距全相等。齿间的小水口宽窄一致，相互都在一条水平线上。

(3) 线瀑。排线状的瀑布水流如同垂落的丝帘，这是线瀑的水景特色。线瀑的瀑布口形状，是设计为尖齿状的。尖齿排列成一条直线，齿间的小水口也呈尖底状。从一排尖底状小水口上落下的水，即呈细线形。随着瀑布水量增大，水线也会相应变粗。

二、瀑布的工程设计

园林中人工瀑布是对天然瀑布的模仿再现，利用动力将清水提升到一定高度，然后依靠水自身的重力向下跌落，形成瀑布。因此瀑布的工程设计就是解决如何利用人造的工程措施来实现瀑布落水。

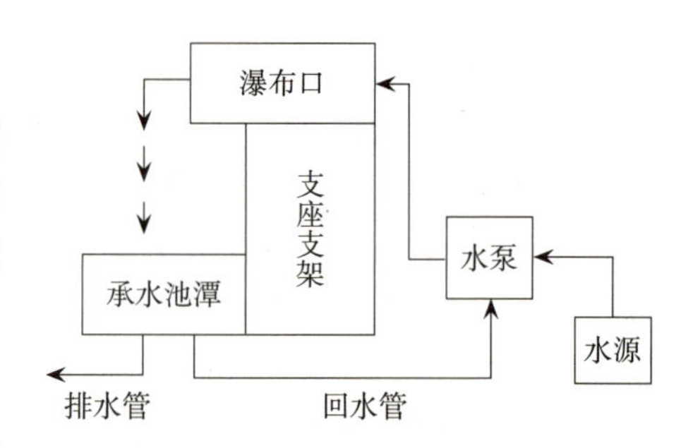

图 4-40 人工瀑布的基本模式与循环水流系统示意图

(一) 人工瀑布的基本构造

人工瀑布的基本构造是由水源及其动力设备、落水口、瀑布支座或支架、承水池等几部分组成的，其一般的情况见图 4-40、图 4-41 所示。

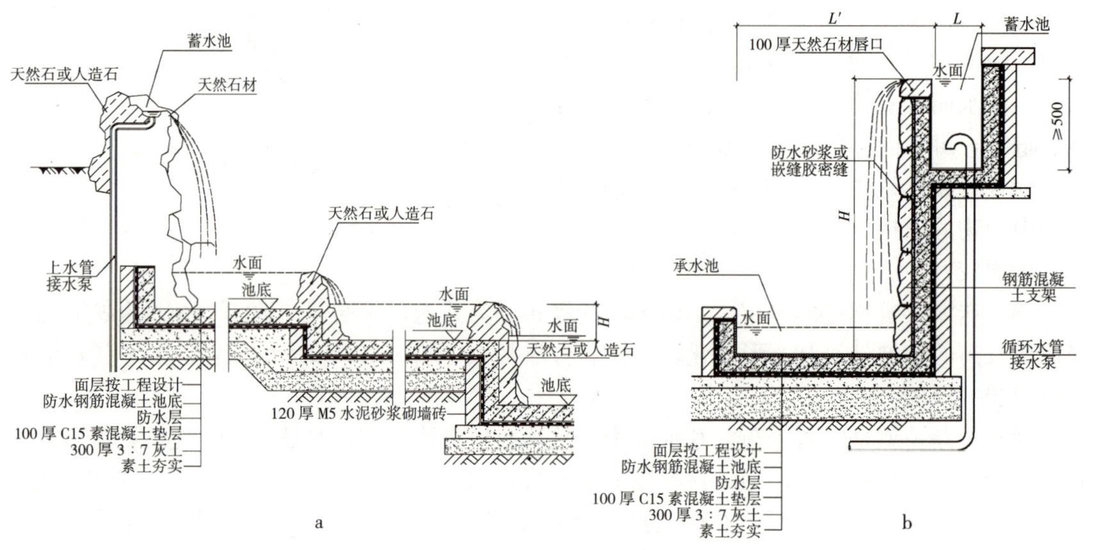

图 4-41 瀑布的基本构造

a. 假山支架瀑布 b. 钢筋混凝土支架瀑布

1. 补充水源和动力设备 人工瀑布常采用循环水方式。补充水源和动力设备（水泵），相当于天然瀑布的上游水源。补充水源是瀑布水损耗的补充，动力设备（水泵）则将水抬升至一定的高度，以便跌落。补充水源是瀑布设计中首先要解决的问题，可以用城市给水系统的自来水，也可以用地下水。水质要求虽不太高，但一定要清澈、洁净、无色无味。水量一定要充足，都必设储水库，储水库应隐蔽不露。

水泵是提升水流到瀑布口的基本设备。大型瀑布的用水量大，应选用大流量的水泵，并且应在瀑布后面或地下修建泵房构筑物。小型瀑布的水量较小，可以直接用潜水泵放进瀑布承水池潭内隐蔽处，取池水供给瀑布使用。

2. 瀑布支座 瀑布支座相当于天然瀑布所依附的山体，是人工瀑布的主体构筑物。瀑布支座形式最常见的有假山（石山）、承重墙体、金属杆体支架几种。

假山支座一般是以园林假山的悬崖部分来代替，给水管道可直接从石山内部引上到瀑布口。石山的崖壁不要太平整，壁面有一些沟槽皱折最好。以砖石墙体为支座时，给水管也从墙内引上到瀑布口。墙顶应做成水槽状，瀑布水由水槽中溢出到瀑布口，可使水口水面平稳，有利于瀑布水形的完整。墙面的形状造型、材料质感等都按设计进行建造。瀑布衬墙宜用天然石料装饰，宜用灰色、黄褐色、黑色系列，不宜采用白色。在园景广场上、公共建筑庭院内和大厅内等，为了减少占地面积，也可用金属管材做成瀑布支架。尤其是FRP技术的普及应用（玻璃纤维强化塑胶），金属管材作为支架的应用也越来越多（图4-42）。

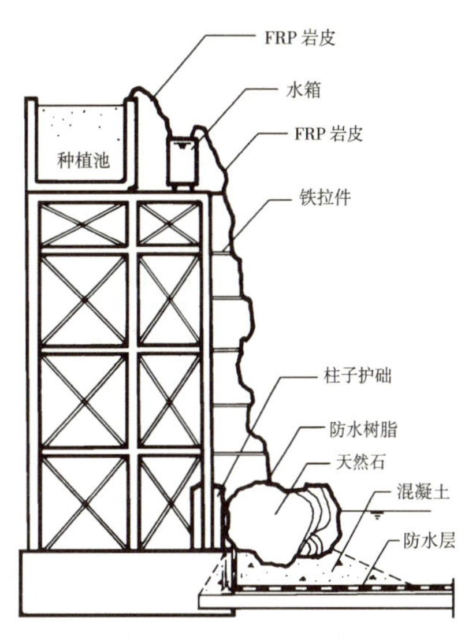

图4-42　FRP人工岩瀑布山体构造示意图

3. 瀑布口　它直接决定瀑布的水形。上述布瀑、带瀑和线瀑的瀑布口形状，就是一般瀑布口可以采用的形状。

（1）要求瀑布平滑时，堰口一定要平滑，不管是天然石料还是人工石料皆应用水磨平打光。当水膜要求很薄时，宜采用金属片、玻璃片等制作堰唇。如果水口边沿粗糙，水流不能呈片状平滑地落下，而是散乱一团撒落下去。

（2）堰顶要保证水流均匀，保证一定深度的水是稳定的必要手段，通常设置一个缓冲水池，从水管管口涌出的压力水，先在这个小池中消除水压，再以平稳的水态流到出水口去（图4-43）。设缓冲池的作用就是要保证瀑布水形的整齐和完整，一般宽度不小于500mm时，深度控制在350～600mm为宜。

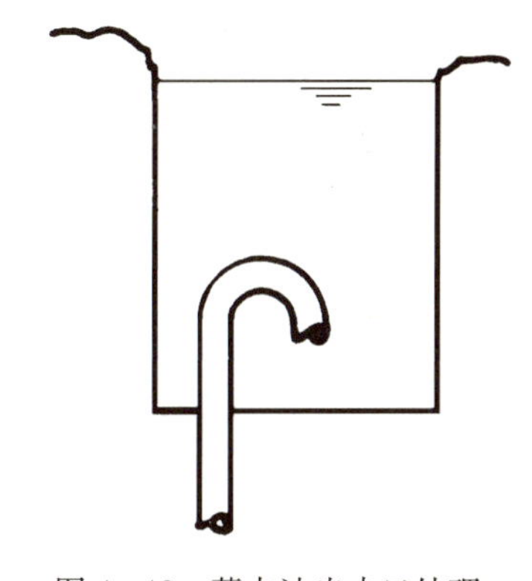

图4-43　蓄水池出水口处理

4. 瀑身　瀑身设计是表现瀑布的各种水态和性格。瀑布水面高与宽的比例以6∶1为佳。落下的角度应由落下的形式及水量而定，最大为90°。瀑布面应全部以岩石装饰其表面，内壁面可用1∶3∶5的混凝土，高度及宽度较大时，则应加钢筋。瀑布面内可装饰若干植物，在瀑布面外的上端及左右两侧宜多栽树木，使瀑布水势更为壮观。在现代都市环境中，瀑布的运用手法多姿多彩，不完全遵循这种比例。

一般水流沿垂直墙面滑落时，会做抛物线运动。因此对高差大、水量多的瀑布，若设计其沿垂直墙面滑落，应考虑抛物线因素，适当加大瀑潭的进深。对高差小、落水口较宽的瀑布，如减少水量，瀑流常呈幕帘状滑落，并在瀑身与墙体间形成低压区，致使部分瀑流向中心集中，“哗哗”作响，还可能割裂瀑身，需采取预防措施，如加大水量或对设置落水口的山石做拉道处理，凿出细沟，使瀑布呈丝带状滑落。

通常情况下，为确保瀑流能够沿墙体平稳滑落，常对落水口处山石做卷边处理，也可根据实际情况，对墙面做坡度处理。

5. 承水池（瀑潭） 承水池相当于天然瀑布的瀑潭。水池大小应能正好承接瀑布流下来的水，因此它横向的宽应略大于瀑身的宽度，它的纵向宽度为防止水花四溅，其宽度应等于或大于瀑布宽度的2/3。瀑布的落差越大，池水应越深；落差越小，池水则可越浅。自然式石潭，则水深不小于1.2m，如是规则式水池，则可用浅池，水深可为60cm以上。

池底结构应根据瀑布的落差即瀑身的高 H 来决定，也可参照人工水景池的做法。

（二）瀑布用水量估算

瀑布用水量可按下列公式进行计算

$$Q=K\cdot B\cdot h^{2/3}$$

式中：Q——流量；

B——堰宽；

h——水膜厚；

K——流量系数$=107.1+(0.177/h+14.22h/D)$。

计算后加3%的富余量。

一般情况下亦可采用简便的查表方法（表4-5）。根据日本经验，瀑布落差高2m，以每米宽度的流量为$0.5m^3/min$为宜。国内经验以每秒每延长米5～10L或每小时每延长米20～40t为宜。

表4-5 堰口每米宽度估计用水量

瀑布落差（m）	堰口水深（mm）	用水量（L/s）
0.30	6	3
0.90	9	4
1.50	13	5
2.10	16	6
3.00	19	7
4.50	22	8
7.50	25	10
>7.50	32	12

第四节 喷泉工程

喷泉是水在受外力作用下形成的喷射现象，喷泉是城市环境中常见的水景形式，常应用于城市广场、公共建筑庭院、园林广场或作为园林的小品，广泛应用于室内外空间中。由于其多变的造型、华丽的水声、活跃的氛围深受人们青睐。喷泉工程就是设计、建造喷泉水景的一项专门工程。

一、喷泉类别与喷泉布置

（一）喷泉的种类

喷泉有很多种类和形式，如果进行大体上的区分，可以分为三类：

1. 水盘　水盘是西方园林中常用的水景，属于构筑物，有单层与多层之分。可用仿石材（钢筋混凝土）、石材、铸铁与铜质制作。小到几十厘米高，大到数米。

2. 池喷　池喷以水池为依托，喷水可采用单喷或群喷，并可以与灯光及音乐结合起来，形成光控、音控喷泉。

3. 旱喷　旱喷俗称地埋式喷泉，又称隐形喷泉，是管线、水池或水渠隐藏于广场铺地之下，采用直流式喷头或可升降造型喷头，通过铺地预留孔喷水，不喷水时，还可作为集会、锻炼身体的场所，因而在城市广场、步行街上得到广泛应用；但造价高、维护管理困难。

（二）喷泉的布置要点

在选择喷泉位置，布置喷水池周围的环境时，首先要考虑喷泉的主题与形式。所确定的主题与形式要与环境相协调，把喷泉和环境统一起来考虑，用环境渲染和烘托喷泉，以达到装饰环境的目的，或者借助特定喷泉的艺术联想来创造意境。

喷水池的位置一般多设于建筑广场的轴线焦点、端点和花坛群中；也可在庭院中、门口两侧、空间转折处、公共建筑的大厅内等室内外空间中布置一些喷泉小景。但应注意把喷泉安置在避风的环境中，以避免大风吹袭，喷泉水形被破坏和落水被吹出水池外。

喷水池的形式有自然式和规则式两类。喷水的位置可居于水池中心，组成图案；也可以偏于一侧或自由地布置。其次，要根据喷泉所在地的空间尺度来确定喷水的形式、规模及喷水池的大小比例。

开阔的场地如车站前、公园入口、街道中心岛、水池等多选用规则式喷泉池。水池要大，喷水要高，照明不要太华丽。狭长的场地如街道转角、建筑物前等处，水池多选用长方形或其他形状。现代建筑如旅馆、饭店、展览会会场等，水池多为圆形、长方形等。喷泉的水量要大，水感要强烈，照明可以比较华丽。中国传统式园林的水池形状多为自然式，其喷泉形式比较简单，可做成跌水、涌泉、瀑布以表现天然水态为主。热闹的场所如旅游宾馆、游乐中心，喷水水态要富于变化，色彩华丽，如使用各种音乐喷泉等。寂静的场所如公园内的一些小局部，喷泉的形式自由，可与雕塑等各种装饰性小品结合，一般变化不宜过多，色彩也较朴素。

二、喷泉造型设计

（一）常用的喷头种类

喷头是喷泉的一个主要组成部分，它决定喷水的姿态。它的作用是把具有一定压力的水，经过喷嘴的造型，形成各种预想的、绚丽的水形。因此，喷头的形式、结构、制造的质量和外观等，都对整个喷泉的艺术效果产生重要的影响。目前，国内外经常使用的喷头式样可以归结为以下几种类型：

1. 单射流喷头　单射流喷头是喷泉中应用最广的一种喷头，是压力水喷出的最基本形式。它不仅可以单独使用，也可以组合、分布为各种阵列，形成多种式样的喷水水形图案（图 4-44a）。

2. 喷雾喷头　这种喷头内部装有一个螺旋状导流板，使水具有圆周运动，水喷出后，形成细细的弥漫的雾状水滴。每当天空晴朗，阳光灿烂，在太阳对水珠表面与人眼之间连线的夹角为 36°～42°时，明净清澈的喷水池水面上，就会伴随着蒙蒙的雾珠，呈现出彩色缤纷的虹。它辉映着湛蓝的天空，景色十分瑰丽（图 4 - 44b）。

3. 环形喷头 喷头的出水口为环形断面，即外实内空，使水形成集中而不分散的环形水柱。它以雄伟、粗犷的气势跃出水面，给人们带来一种向上激进的气氛（图 4 - 44c）。

4. 旋转喷头 它利用压力水由喷嘴喷出时的反作用力或其他动力带动回转器转动，使喷嘴不断地旋转运动，从而丰富了喷水造型，喷出的水花或欢快旋转或飘逸荡漾，形成各种扭曲线型，婀娜多姿（图 4 - 44d）。

5. 扇形喷头 这种喷头的外形很像扁扁的鸭嘴。它能喷出扇形的水膜或像孔雀开屏一样美丽的水花（图 4 - 44e）。

6. 多孔喷头 多孔喷头可以由多个单射流喷嘴组成一个大喷头；也可以由平面、曲面或半球形的带有很多细小孔眼的壳体构成喷头，它们能呈现出造型各异的盛开的水花（图4 - 44f）。

7. 变形喷头 喷头形状的变化，使水花形成多种花式。变形喷头的种类很多，它们共同的特点是在出水口的前面有一个可以调节的、形状各异的反射器。射流通过反射器，起到使水花造型的作用，从而形成各式各样的、均匀的水膜，如牵牛花形、半球形、扶桑花形等（图 4 - 44h）。

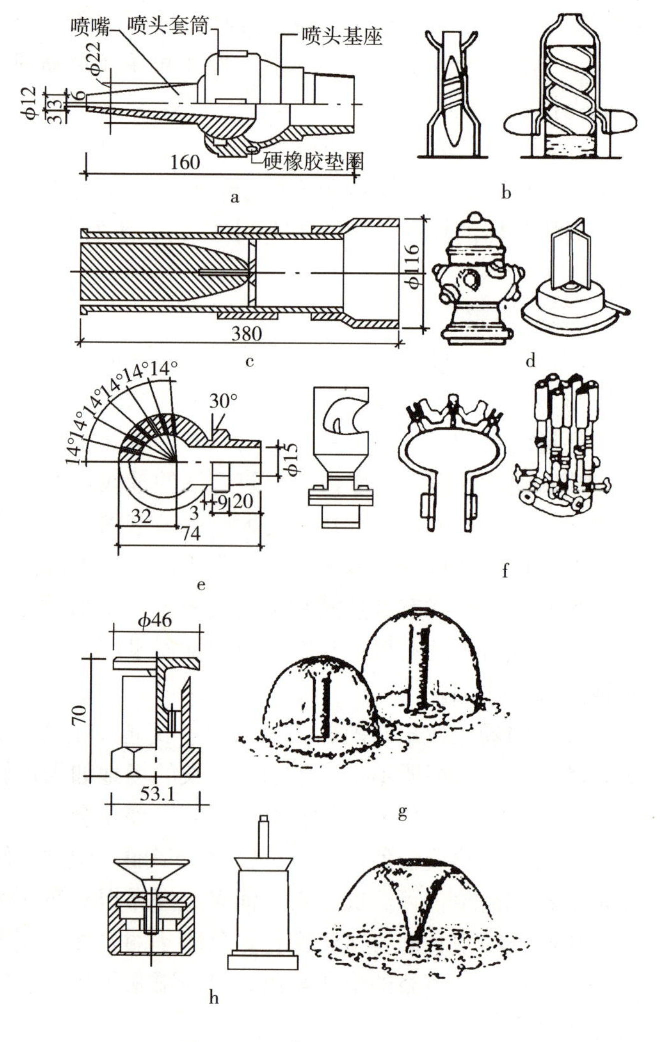

图 4 - 44 喷头的种类（一）

a. 单射喷头 b. 喷雾喷头 c. 环形喷头 d. 旋转喷头 e. 扇形喷头 f. 多孔喷头 g. 半球形喷头 h. 牵牛花形喷头

8. 蒲公英形喷头 这种喷头是在圆球形壳体上，装有很多同心放射状喷管，并在每个管头上装有一个半球形变形喷头。因此，它能喷出像蒲公英一样美丽的球形或半球形水花。它可以单独使用，也可以几个喷头高低错落地布置，显得格外新颖、典雅（图 4 - 45i）。

9. 吸力喷头 此种喷头是利用压力水喷出时，在喷嘴的喷口处附近形成负压区。由于压差的作用，它能把空气和水吸入喷嘴外的环套内，与喷嘴内喷出的水混合后一并喷出。这时水柱的体积膨大，同时因为混入大量细小的空气泡，形成白色不透明的水柱。它能充分地反射阳光，因此光彩艳丽。夜晚如有彩色灯光照明则更为光彩夺目。吸力喷头又可分为吸水喷头、加气喷头和吸水加气喷头（图 4－45k）。

10. 组合式喷头　由两种或两种以上形体各异的喷嘴，根据水花造型的需要，组合成一个大喷头，称组合式喷头，它能够形成较复杂的花形（图 4－45j）。

（二）喷泉的水型设计

喷泉水型是由不同种类的喷头、喷头的不同组合与喷头的不同俯仰角度几个方面因素共同造成的。从喷泉水型的构成来讲，其基本构成要素，就是由不同形式喷头喷水所产生的不同水形，即水柱、水带、水线、水幕、水膜、水雾、水花、水泡等。而由这些水形要素按照设计的图样进行不同的组合，就可以造出千变万化的水型来。水形的组合造型也有很多方式，既可以采用水柱、水线的平行直射、斜射、仰射、俯射，也可以使水线交叉喷射、相对喷射，辐状喷射、旋转喷射，还可以用水线穿过水幕、水膜，用水雾掩藏喷头，用水花点击水面等。从喷泉水流的基本形象来分，水形的组合形式有单射流、集射流、散射流和组合射流四种（图 4－46）。

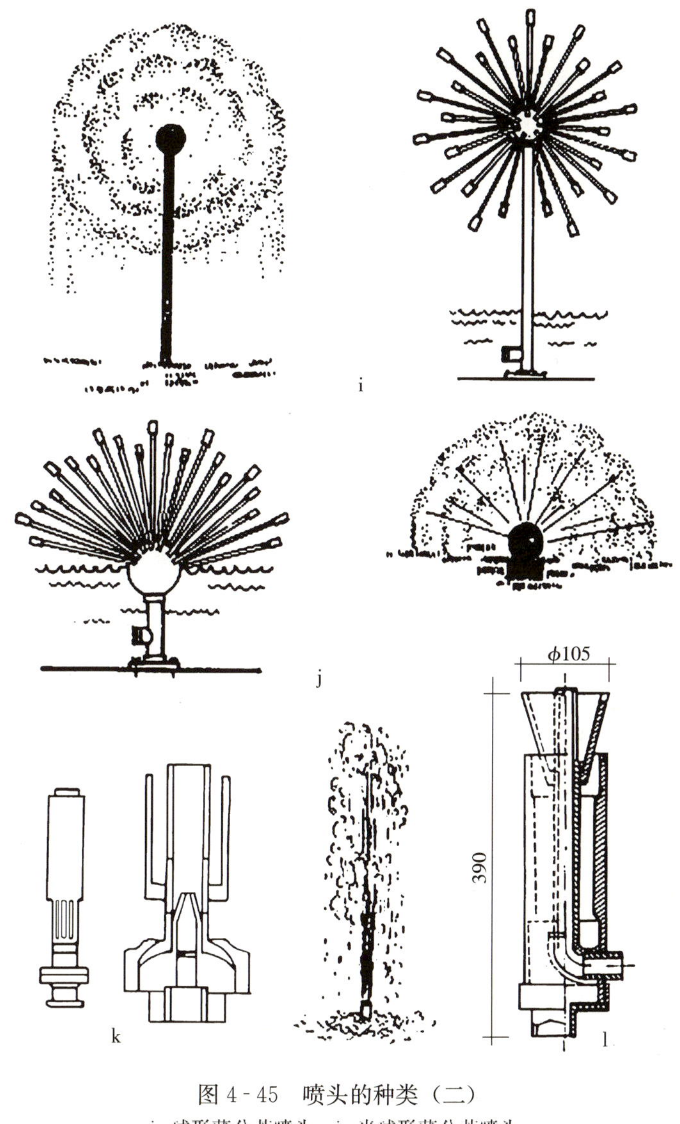

图 4－45　喷头的种类（二）
i. 球形蒲公英喷头　j. 半球形蒲公英喷头
k. 吸力喷头　l. 组合喷头

随着喷头设计的改进、喷泉机械的创新、喷泉与电子设备和声光设备等的结合，喷泉的自动化、智能化和声光化都将有更大的发展，将会带来更加美丽、更加奇妙和更加丰富多彩的喷泉水景效果。

目前，常见的喷泉水形样式已经比较多，新的水形也在继续出现。在实际设计中，各种水形可以单独使用，也可以由几种水形相互结合起来用。在同一个喷泉池中，喷头越多，水形越丰富，就越能构成复杂和美丽的图案。表 4－6 中所列多种图形，是喷泉水形的基本设计样式，可供参考。

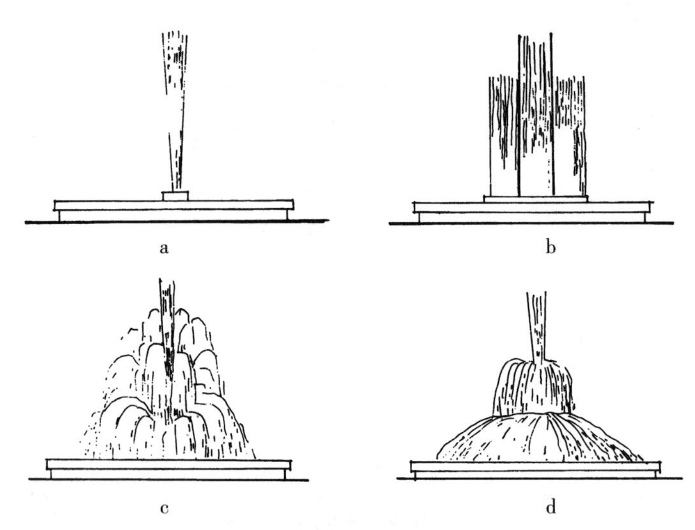

图 4-46 喷泉射流的基本形式

a. 单射流 b. 集射流 c. 散射流 d. 组合射流

表 4-6 喷泉的水姿形式

名称	喷泉水型	备 注	名称	喷泉水型	备 注
单射形		单独布置	水幕形		在直线上布置
拱顶形		在圆周上布置	向心形		在圆周上布置
圆柱形		在圆周上布置	编织形		布置在圆周上向外编织
编织形		在圆周上向内编织	篱笆形		在直线或圆周上编成篱笆
屋顶形		布置在直线上	旋转形		单独布置
圆弧形		布置在曲线上	吸力形		有吸水形、吸气形、吸水气形
喷雾形		单独布置	撒水形		在曲线上布置
扇形		单独布置	孔雀形		单独布置

（续）

名称	喷泉水型	备　注	名称	喷泉水型	备　注
半球形		单独布置	牵牛花形		单独布置
多层花形		单独布置	蒲公英形		单独布置

（三）喷泉的控制方式

喷泉喷射水量、喷射时间的控制和喷水图样变化的控制，主要有3种方式：

1. 手阀控制　这是最常见和最简单的控制方式，在喷泉的供水管上安装手控调节阀，用来调节各管段中水的压力和流量，形成固定的喷水姿。

2. 继电器控制　通常用时间继电器按照设计时间程序控制水泵、电磁阀、彩色灯等的起闭，从而实现可以自动变换的喷水水姿。

3. 音响控制　声控喷泉是利用声音来控制喷泉喷水形变化的一种自控泉。它一般由4部分组成：

（1）声电转换、放大装置。通常是由电子线路或数字电路、计算机组成。

（2）执行机构。通常使用电磁阀来执行控制指令。

（3）动力设备。用水泵提供动力，并产生压力水。

（4）其他设备。主要有管路、过滤器、喷头等。

声控喷泉的原理是将声音信号转变为电信号，经放大及其他一些处理，推动继电器或电子式开关，再去控制设在水路上的电磁阀的启闭，从而达到控制喷头水流动的通断。这样，随着声音的变化，人们可以看到喷水大小、高矮和形态的变化。它能把人们的听觉和视觉结合起来，使喷泉喷射的水花随着音乐优美的变化旋律而翩翩起舞。这样的喷泉因此也被喻为“音乐喷泉”或“会跳舞的喷泉”。

三、喷泉的工程设计

（一）喷泉的给排水系统

喷泉的水源应为无色、无味、无有害杂质的清洁水。因此，喷泉除用城市自来水作为水源外，也可用地下水；其他像冷却设备和空调系统的废水也可作为喷泉的水源。

1. 喷泉的给水方式

（1）由自来水直接给水。流量在2～3L/s以内的小型喷泉，可直接由城市自来水供水。使用过后的水通过园林雨水管网排除掉（图4-47）。

（2）泵房加压，用后排掉。为了确保喷水有稳定的高度和射程，给水需经过特设的水泵房加压，喷出后的水仍排入雨水管网（图4-48）。

（3）泵房加压，循环供水。为了确保喷水具有必要的、稳定的压力和节约用水，对于大型喷泉，一般采用循环供水。循环供水的方式可以设水泵房（图4-49）。

（4）潜水泵循环供水。将潜水泵直接放置喷水池中较隐蔽处或低处，直接抽取池水向

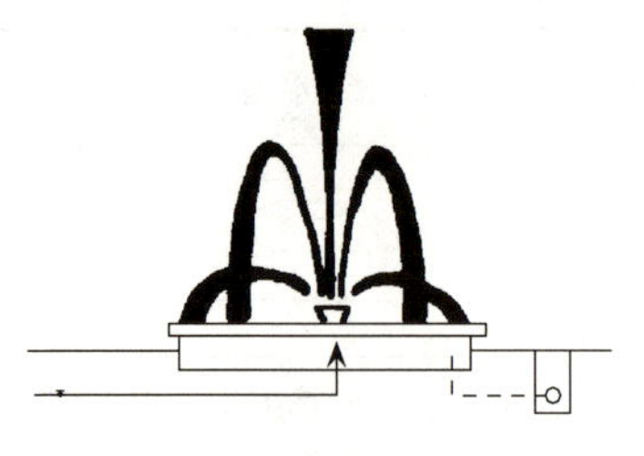

图 4-47 小型喷泉的给水方式

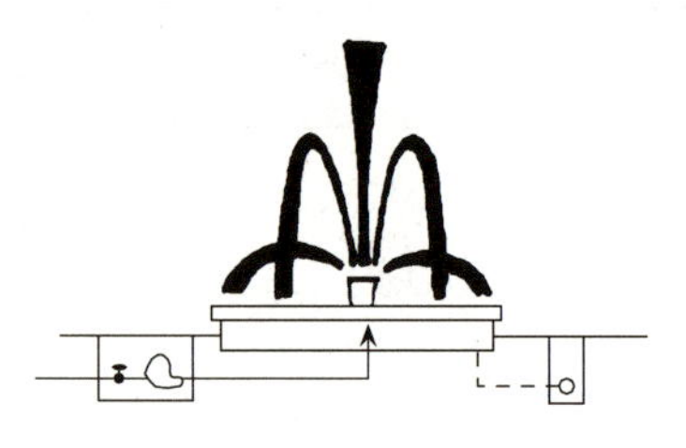

图 4-48 小型加压喷泉供水

喷水管及喷头循环供水。这种供水方式的水量有一定限度，因此一般适用于小型喷泉（图 4-50）。

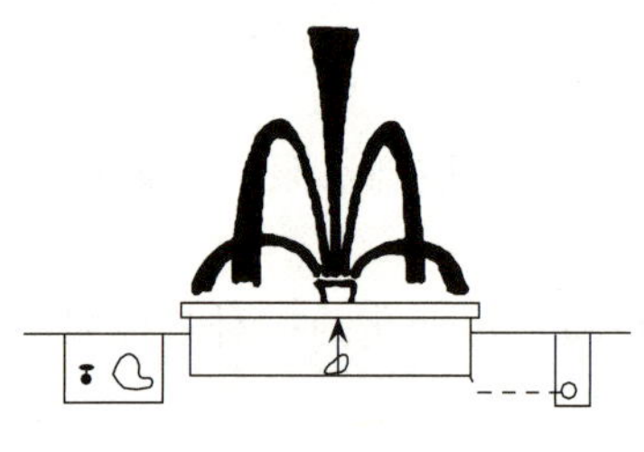

图 4-49 设水泵房循环供水

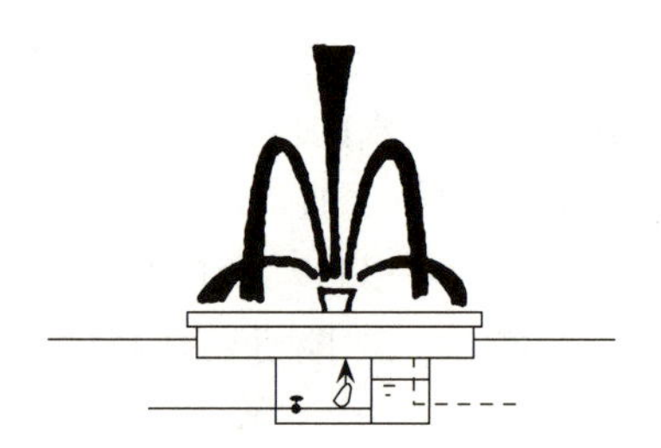

图 4-50 用潜水泵循环供水

2. 喷泉管道布置 喷泉池给排水系统的构成（图 4-51），水池管线布置示意如图 4-52 所示。喷泉管网主要由输水管、配水管、补给水管、溢水管和泄水管等组成。其布置要点如下：

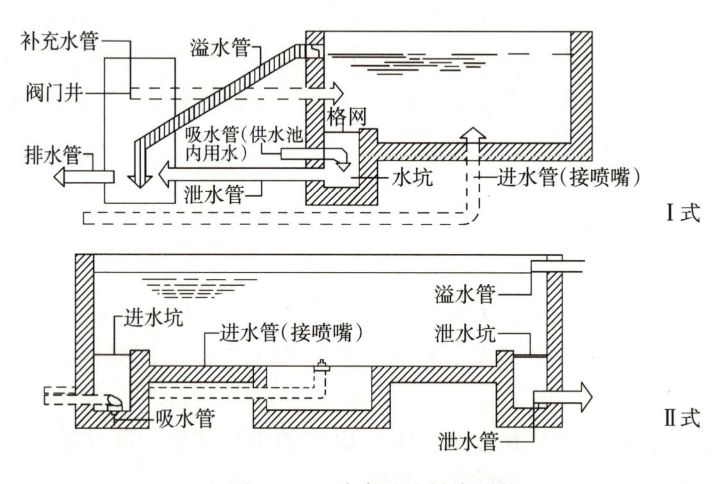

图 4-51 喷泉池给排水系统

（1）在小型喷泉中，管道可直接埋在池底下的土中，在大型喷泉中，如管道多而且复杂时，应将主要管道铺设在能通行人的专用管沟或共用沟内，在喷泉底座下设检查井。只有非主要管道才可直接铺设在结构物中或置于水池内。

（2）为保持各喷头的水压一致，宜采用环状配管或对称配管，并尽量减小水头损失。环

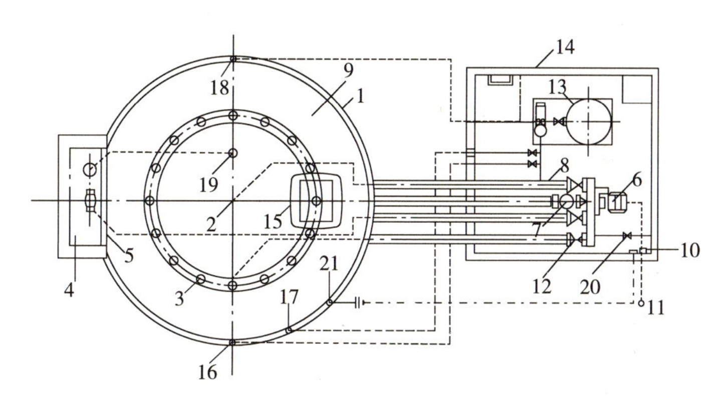

图 4－52　水池管线布置示意

1. 喷水池　2. 加气喷头　3. 装有直射流喷头的环状管　4. 高位水池　5. 堰　6. 水泵　7. 吸水滤网　8. 吸水关闭阀　9. 低位水池　10. 风控制盘　11. 风传感计　12. 平衡阀　13. 过滤器　14. 泵房　15. 阻涡流板　16. 除污器　17. 真空管线　18. 可调眼球状进水装置　19. 溢流排水口　20. 控制水位的补水阀　21. 液位控制器

状配水管网多采用十字供水。

(3) 由于喷水池中水的蒸发及在喷射过程中有部分水被风吹走等，造成喷水池内水量的损失，因此，在水池中应设补给水管。补水管和城市给水管连接，并在管上设浮球阀或液位继电器，随时补充池内损失的水量，以保持水位稳定。

(4) 为了防止因降雨使水上涨而设的溢水管，应直接连接园林内的雨水井，并应有不小于 3%的坡度，在溢水口外应设拦污栅栏。

(5) 泄水管直通园林雨水管道系统或与园林湖池、沟渠等连接起来，使喷泉水泄出后，作为园林其他水体的补给水。也可供绿地灌溉或地面洒水用，但需另行设计。

(6) 在寒冷地区，为防冻害，所有管道均应有一定坡度，一般不小于 2%，以便冬季将管道内的水全部排出。

(7) 连接喷头的水管不能有急剧变化，如有变化，必须使管径逐渐由大变小，并且在喷头前必须有一段适当长度的直管，管长一般不小于喷头直径的 20～50 倍，以保持射流稳定。

(8) 每个喷头或每组喷头前宜设有调节水压的阀门。对于高射程喷头，喷头前应尽量保持较长的直线管段或设整流器。

(二) 旱喷构造

旱喷下部构造有集水池式（图 4－53）和集水沟式（图 4－54）两种。在集水沟、集水池中设集水坑，坑上应有铁箅，上敷不锈钢丝网，防止杂物进入水管，回收水进入集水砂滤装置后，方可再由水泵压出。

(1) 喷射孔距离与喷出水柱高度有关。一般喷高 2m，间距在 1～2m。如喷出水柱高度 4m 左右，横向可在 2～4m，纵向在 1～2m。

(2) 所有喷水柱散落地上后，经 1%坡面坡向集水口。水口可采用活动盖板，留 10～20mm 宽缝回流或采用箅子。池顶或沟顶应采用预制混凝土板，以备大修、翻新。

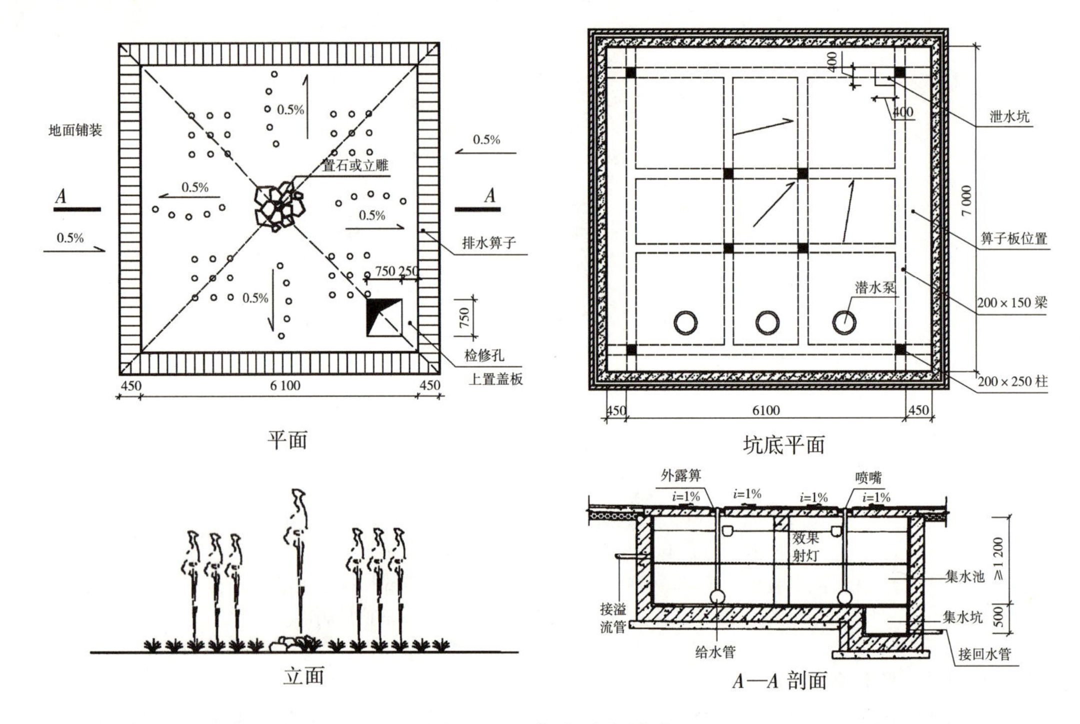

图 4-53　集水池式旱喷

（3）箅子有外露与隐蔽两种。外露箅可采用不锈钢、铝合金、高强度塑料或铜质，直径400～500mm，正中为直径50～100mm喷射孔，周边为箅。使用时往往与效果射灯一起安装。隐蔽箅采用铸铁箅，箅上宜放不锈钢丝网，上面再铺卵石层，也可在箅上虚放花岗岩板（不上人时）。

四、喷泉施工注意事项

喷泉工程的施工程序，一般是先按照设计将喷泉池和地下水泵房修建起来，并在修建过程中结合着进行必要的给排水主管道安装。待水池、泵房建好后，再安装各种喷水支管、喷头、水泵、控制器、阀门等，最后才接通水路，进行喷水试验和喷头及水形调整。除此之外，在整个施工过程中，还要注意以下一些问题。

（1）喷水池的地基若是比较松软，或者水池位于地下构筑物（如水泵地下室）之上，则池底、池壁的做法应视具体情况，进行力学计算之后再做出专门设计。

（2）池底、池壁防水层的材料，宜选用防水效果较好的卷材，如三元乙丙防水布、氯化聚乙烯防水卷材等。

（3）水池的进水口、溢水口、泵坑等要设置在池内较隐蔽的地方。泵坑位置、穿管的位置宜靠近电源、水源。

（4）在冬季冰冻地区，各种池底、池壁的作法都要求考虑冬季排水出池，因此，水池的排水设施一定要便于人工控制。

（5）池体应尽量采用硬性混凝土，严格控制砂石中的含泥量，以保证施工质量，防止漏透。

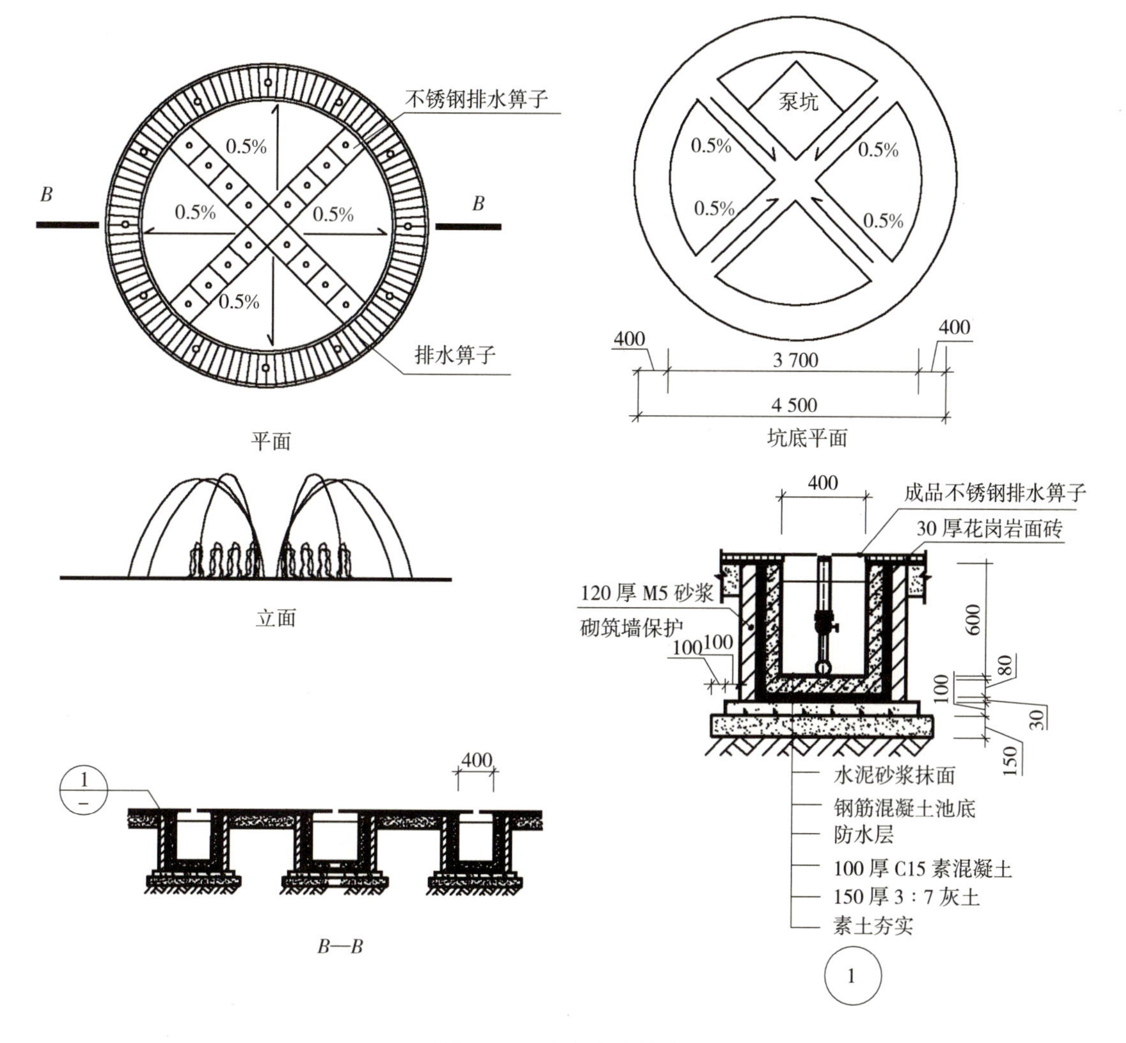

图 4-54　集水沟式旱喷

（6）较大水池的变形缝间距一般不宜大于 20m。水池设变形缝应从池底、池壁一直沿整体断开。

（7）变形缝止水带要选用成品，采用埋入式塑料或橡胶止水带。施工中浇注防水混凝土时，要控制水灰比在 0.6 以内。每层浇注均应从止水带开始，并应确保止水带位置准确，嵌接严密牢固。

（8）施工中必须加强对变形缝、施工缝、预埋件、坑槽等薄弱部位的施工管理，保证防水层的整体性和连续性。特别是在卷材的连接和止水带的配置等处，更要严格技术管理。

（9）施工中所有预埋件和外露金属材料，必须认真做好防腐防锈处理。

复习思考题

1. 庭院造景中如何运用水的表现形态？

2. 简述人工湖的施工要点。
3. 简述常见水生植物种植池的构造做法。
4. 破坏驳岸的主要因素有哪些?
5. 简述溪流的施工要点。
6. 分析水池防水渗漏各种方法的优缺点。
7. 喷泉管道按功能分由哪些管道组成?

实 验 实 训

目的:

1. 通过设计,掌握喷水池的设计方法及基本模式,了解水景和园林意境的统一关系。
2. 熟悉喷水池设计包括的内容,图纸表示以及水池构造。

内容及要求:

某校园教学楼前广场的喷泉设计。喷水池要求循环供水。

要求:

1. 作喷泉造型设计,并完成喷水池总平面图、喷水池平、立面图等;
2. 作喷水池结构设计,并完成相关图纸。
3. 喷水池管线布置,完成管道布置平面图和管线轴测图。

第五章　园路与广场工程

目标： 培养学生运用园路工程的有关知识，能够进行一般园路的规划与设计的能力。具有理解和识别道路、广场设计施工图的能力。按照有关规定，能够有效组织一般园路与广场施工。

任务： 通过本章的学习，了解园路工程相关的基本知识，理解掌握园路的线形设计和园路的装饰设计，了解园路的结构设计；掌握园路与广场的施工工艺流程及其方法。

园林作为一种空间的观赏艺术，是通过空间的语言传情达义的，空间的连续性是由园路来实现的，园路以种种序列的组织形成园林特有的结构布局和连贯的风景序列。园林道路工程包括园路布局、园路的线形设计、园路的结构设计、铺装设计和园路施工等。

第一节　园路的设计

道路的修建在我国有着悠久的历史，从考古和出土的文物来看，我国铺地的结构复杂，其图案十分精美。如战国时代的米字纹砖，秦咸阳宫出土的太阳纹铺地砖，西汉遗址中的卵石路面，东汉的席纹铺地，唐代以莲纹为主的各种“宝相纹”铺地，西夏的火焰宝珠纹铺地，明清时的雕砖卵石嵌花路及江南庭园的各种花街铺地等。在中国古代园林中，道路铺地多以砖、瓦、卵石、碎石片等组成各种图案，具有雅致、朴素、多变的风格，为我国园林艺术的成就之一。近年来，随着科技、建材工业及旅游业的发展，园林铺地中又陆续出现了水泥混凝土、沥青混凝土以及彩色水泥混凝土、彩色沥青混凝土、透水透气性路面等，这些新材料、新工艺的应用，使园路更富有时代感，为园林增添了新的光彩。

一、园路的基础知识

（一）园路的概念

狭义上园路是城市道路的延续，指绿地中的道路、广场各种铺装地坪，是贯穿全园的交通网络，是联系各景区、景点的纽带，是园林的骨架。从广义上讲园路还包括广场铺装场地、步石、汀步、桥、台阶、坡道、礓䃰、蹬道、栈台、嵌草铺装等。

（二）园路的特点

（1）结构简单、薄面强基、用材多样、低材高用。

（2）路面变化大，注重景观效果，艺术性高。园路不同于市政道路，园路线条设计、结构设计以及铺装设计上都比市政道路讲究。

（3）利于排水、清扫，不起灰尘。

（三）园路的作用

园路是园林不可缺少的构成要素，贯穿于整个园林中，是园林结构布局的决定因素。园路的规划布局，往往反映不同的园林风貌和风格。具体作用有：

1. 组织交通 园路与城市道路相联系，有集散人流、车流的作用，满足日常园林养护管理的交通要求，如防火及其他园林机械车辆的通行。

2. 组织空间、引导游览 园路能起到分景和组织空间的作用，把各个景区、景点有序的联系成一个整体，引导游人在园中游览观赏，实际上赋予纷繁并陈的园林景物一个渐次展开的秩序，游赏者顺之发现和追溯，一层层解开景象的纽结；原本具备景观资源潜力的生态区域，因之发展成为一个有时间秩序、彼此相因相生的结构体。园路规划决定了全园的整体布局。各景区、景点看似零散，实以园路为纽带，通过有意识的布局，有层次、有节奏地展开，使游人充分感受园林艺术之美。

3. 构成园景 园路引导游人到景区，沿路组织游人休憩观景，园路本身也是园林景观的一部分，以其丰富的寓意，精美的图案，都给人以美的享受。

（1）渲染气氛，创造意境。意境绝不是某一独立的艺术形象或造园要素的单独存在所能创造的，它还必须有一个能使人深受感染的环境，共同渲染这一气氛。中国古典园林中园路的花纹和材料与意境相结合，有其独特的风格与完善的构图。

（2）参与造景。通过园路的引导，不同角度、不同方向的地形地貌、植物群落等园林景观一一展现在眼前，形成一系列动态画面，即所谓“步移景异”，此时园路也参与此风景的构图，即因景得路。再者，园路本身的曲线、质感、色彩、纹样、尺度等与周围环境协调统一，都是园林中不可多得的风景要素。

（3）影响空间比例。园路的每一块铺料的大小以及铺砌形状的大小和间距等，都能影响整个园林空间的视觉比例。形体较大、较开展，会使一个空间产生一种宽敞的尺度感，而较小、紧缩的形式，则使空间具有压缩感和亲密感。例如，在园路面铺装中加入第二类铺装材料，能明显地将整个空间分割较小，形成更易被感受的副空间。

（4）统一空间环境。在园路设计中，其他要素会在尺度和特性上有着很大差异，但在总体布局中，处于共同的铺装地面中，相互之间便连接成一整体，在视觉上统一起来。

（5）构成空间个性。园路的铺装材料及其图案和边缘轮廓，具有构成和增强空间个性的作用，不同的铺装材料和图案造型，能形成和增强不同的空间感，如细腻感、粗犷感、宁静感、亲切感等。并且丰富独特的园路可以创造视觉趣味，增强空间的独特性和可识性。

4. 综合功能、敷设管线 园林道路是水电管网的基础，它直接影响给排水和供电的布置。

（四）园路布局

要从园路的使用功能出发，根据地形、地貌、景点的分布和园务活动的需要综合考虑，统一规划。园路须因地制宜，主次分明，有明确的方向性。

（1）园林道路不同于市政道路，它的交通功能从属于游览要求。但不同类型的道路在程度上又有差异，一般主要园路要比次要园路和游步道交通性要强一些。在游览方面园林道路是组成导游路线的主干。

（2）园林的地形地貌往往决定了园林道路系统的形式。如狭长的园林，园内各主要活动设施和各景点必沿带状分布，和它们想联系的主要园路也必呈带状形式。

（3）园林道路系统必须主次分明，方向性强，才不致使游人感到辨别困难，甚至迷失方向。园林的主要道路不仅要在宽度和路面铺装上有别于次要园路，而且要在风景的组织上给人们留下深刻的印象。

（五）园路的基本类型

园路一般有 3 种类型：一是路堑型（图 5－1）；二是路堤型（图 5－2）；三是特殊型，包括步石、汀步、蹬道、攀梯等（图 5－3）。

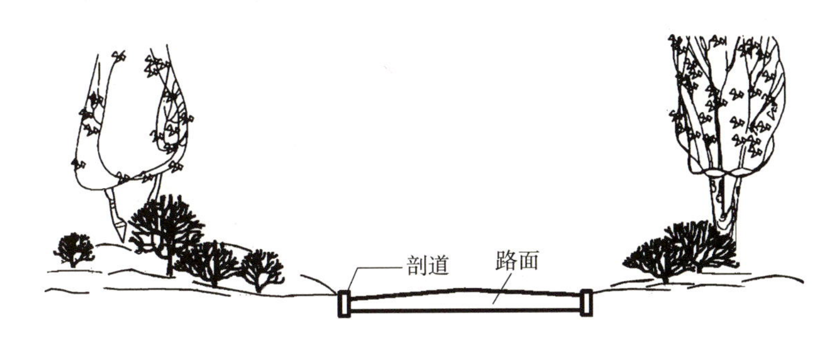

图 5－1　路堑型

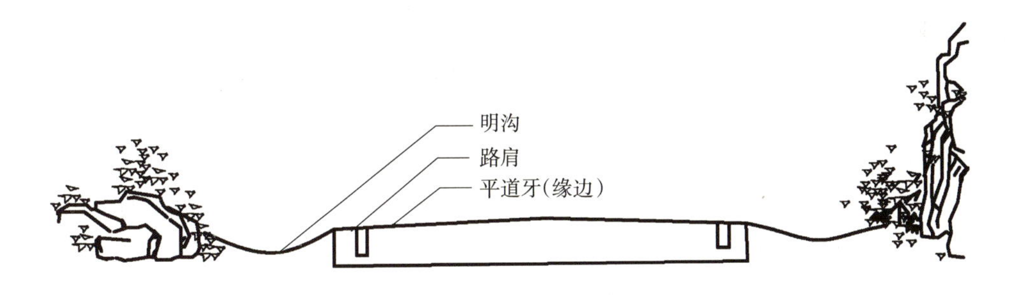

图 5－2　路堤型

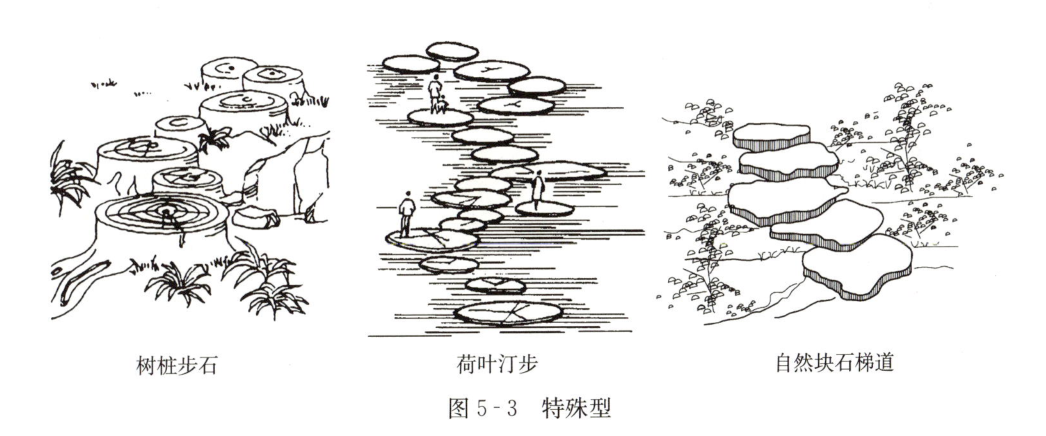

图 5－3　特殊型

（六）园路的分类

（1）根据路面铺装材料、结构特点，可将园路分为 3 类：

①整体路面。包括水泥混凝土路面和沥青混凝土路面。

②块料路面。包括各种天然块石或各种预制块料铺装的路面。

③碎料路面。用各种碎石、瓦片、卵石等组成的路面。

（2）根据路面的耐久性可将园路分为：

①临时性园路。由煤屑、三合土等组成的路面，可分为灰土路、渣土路、粒料路。

②永久性园路。包括水泥混凝土路面和沥青混凝土路面等。

二、园路的平面线形设计

园路的平面线形设计应充分考虑造景的需要，以达到蜿蜒起伏、曲折有致；应与地形、水体、植物、建筑物、铺装场地及其他设施结合，形成完整的风景构图，创造连续展示园林景观的空间或欣赏前方景物的透视线；应尽可能利用原有地形，以保证路基稳定和减少土方工程量。

（一）平曲线设计

园路规划有自由曲线的方式，也有规则直线的方式，形成两种不同的园林风格。采用一种方式的同时，也可以用另一种方式补充。平曲线设计包括确定道路的宽度、平曲线半径和曲线加宽等。如上海杨浦公园整体是自然式的，而入口一段是规则式的；复兴公园则相反，雁荡路、毛毡大花坛是规则式，而后面的山石瀑布是自然式的。这样相互补充也无不当。

1. 园路的宽度 路宽依公园游人容量、流量、功能及活动内容等因素而定。因此园路可分为主要园路、次要园路、游步道和小径四级。

（1）主要园路是联系园内各个景区、主要风景点和活动设施的路。是园林内大量游人所要行进的路线，必要时可通行少量管理用车，应考虑能通行卡车、大型客车，宽度为4～6m，一般最宽不超过6m。

（2）次要道路是主要园路的辅助道路，设在各个景区内，是各景区内部的骨架，联系着各个景点。考虑到园务交通的需要，应也能通行小型服务用车及消防车等，路面宽度常为2～4m。

（3）游息小路主要供散步休息、引导游人深入到达园林各个角落，如山上、水边、林中、花丛等。多曲折自由布置，考虑两人行走其宽度一般为1.2～2.5m。

（4）小径在园林中是园路系统的末梢，是联系园景的捷径，最能体现艺术性的部分。它以优美婉转的曲线构图成景，与周围的景物相互渗透、吻合，极尽自然变化之妙。小径不超过1m，仅供一个人通过。

附游人及各种车辆的最小运动宽度，见表5-1。

表5-1 游人及车辆的最小运动宽度表

交通种类	最小宽度（m）	交通种类	最小宽度（m）
单人	≥0.75	小轿车	2.00
自行车	0.6	消防车	2.06
三轮车	1.24	卡车	2.05
手扶拖拉机	0.84～1.5	大轿车	2.66

2. 线型种类

（1）直线。在规则式园林绿地中，多采用直线型园路。因其线型平直、规则，方便交通。

（2）圆弧曲线。道路转弯或交汇时，考虑行驶机动车的要求，弯道部分应取圆弧曲线连接，并具有相应的转弯半径。

（3）自由曲线。指曲率不等且随意变化的自然曲线。在以自然式布局为主的园林游步道中多采用此种线形，可随地形、景物的变化而自然弯曲，柔顺流畅和协调。

3. 平曲线半径的选择　当道路由一段直线转到另一段直线上去时，其转角的连接部分均采用圆弧形曲线，这种圆弧的半径称为平曲线半径（图5-4）。

考虑到园路的功能和艺术的要求，如为了增加游览程序，组织园林自然景色，使园路在平面上有适当的曲折，让游人欣赏到变化的景色，步移景异。在自然园路设计中，单一弧形路容易产生无限的感觉。作为安静休息区道路宜曲不宜直，直则无趣。园路的曲折要有一定的目的，随“意”而曲，曲得其所，但道路的迂回曲折应有度，不可以为曲折而曲折，矫揉造作，让游人多走冤枉路。

4. 曲线加宽　汽车在弯道上行驶，由于前后轮的轮迹不同，前轮的转弯半径大，后轮的转弯半径小。因此，弯道内侧的路面要适当加宽（图5-5）。转弯半径越小，加宽值越大。一般加宽值为2.5m，加宽延长值为5m。

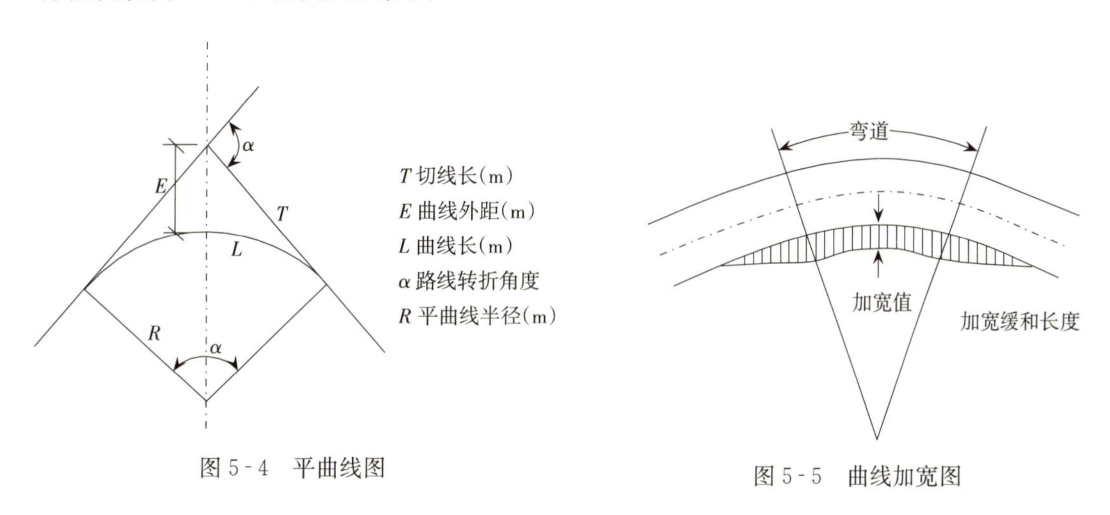

图5-4　平曲线图

图5-5　曲线加宽图

三、园路的竖向设计

园路的竖向设计包括道路的纵横坡度、弯道、超高等。园路既有交通功能，又有导游性质，也是园林景观构成的一部分，所以园路设计其交通功能应从属于游览要求。园路的设计要根据地形要求及景点的分布等因素，如园路经过山丘、水体等园路要因地制宜地来布置，如较陡的山路需要盘旋而上，以减缓坡度。

（一）园路纵断面设计的要求

（1）是否满足园林造景需要，园路应是增加景色，而非破坏风景。

（2）园路的设计要符合设计规范，包括园路的半径、纵坡、加宽、曲线长度等。

（3）道路中心线高程应与城市道路有合理的衔接。

（二）园路的纵横坡度

园路的坡度设计要求先保证路基稳定的情况下，尽量利用原有地形以减少土方量。但坡度受路面材料、路面的横坡和纵坡等因素的影响，只能在一定范围内变化，常见园路路面类型的纵横坡度见表5-2。一般园路的纵坡度为0.3%～8%，纵坡度为12°时，道路需要采取防滑措施。0～3%为常用坡度，当坡度在12°～35°时应设台阶，在35°～40°除了要加台阶外还应设有休息平台，那么到60°时还应加扶手，而休息平台应有重复，在60°～90°时还应有攀梯。道路横坡一般为1%～5%，纵坡小时横坡可大些。

表5-2 常见园路路面类型的纵横坡度

路面类型	纵坡（%）				横坡（%）	
	最小	最大		特殊	最小	最大
		游览大道	园路			
水泥混凝土路面	3	60	70	100	1.5	2.5
沥青混凝土路面	3	50	60	100	1.5	2.5
块石、炼砖路面	4	60	80	110	2	3
拳石、卵石路面	5	70	80	70	3	4
粒料路面	5	60	80	80	2.5	3.5
改善土路面	5	60	60	80	2.5	4
游步小道	3	—	80	—	1.5	3
自行车道	—	30	—	—	1	2

园路类型不同而对纵横坡的要求也不同。主要园路纵坡宜小于8%，横坡宜小于3%，颗料路面横坡宜小于4%，纵、横坡不得同时无坡度。山地公园的园路纵坡应小于12%，超过12%应做防滑处理。主园路不宜设梯道，必须设梯道时，纵坡宜小于36%。次要园路纵坡宜小于18%，纵坡超15%时路面应做防滑处理，超过18%，宜按台阶、梯道设计，台阶踏步不得少于两级，台阶宽为30～38cm，高为10～15cm。游步道坡度超过12°（20%）时为了便于行走可设台阶。台阶不宜连续使用过多，如地形允许，经过1～20级设一平台，使游人有喘息、观赏的机会。

园路的设计除考虑以上原则外，还要注意交叉路口的相连避免冲突，出入口的艺术处理与四周环境的协调，地表的排水对花草树木的生长影响等。

（三）竖曲线

当道路上下起伏时，在起伏转折的地方，由一条圆弧连接，这条圆弧是竖向的，工程上把这样的弧线叫竖曲线（图5-6），竖曲线应考虑行车安全。

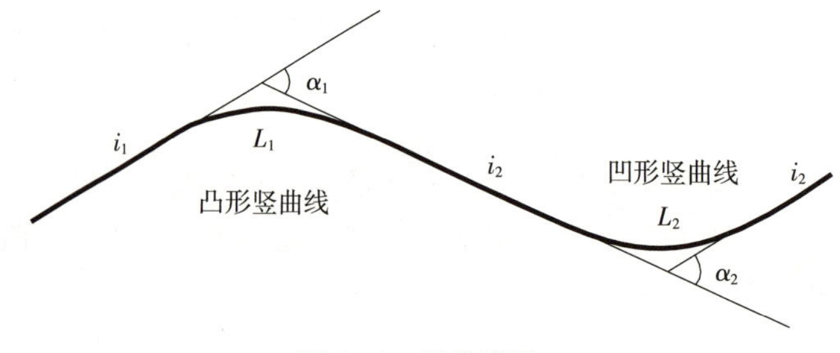

图5-6 竖曲线图

（四）弯道与超高

当汽车在弯道上行驶时，产生的横向推力称离心力。为了防止车辆向外侧滑移，抵消离心力的作用，就要把路的外侧抬高。道路外侧抬高为超高（图5-7）。超高与道路半径及行车速度有关，一般为2%～6%。

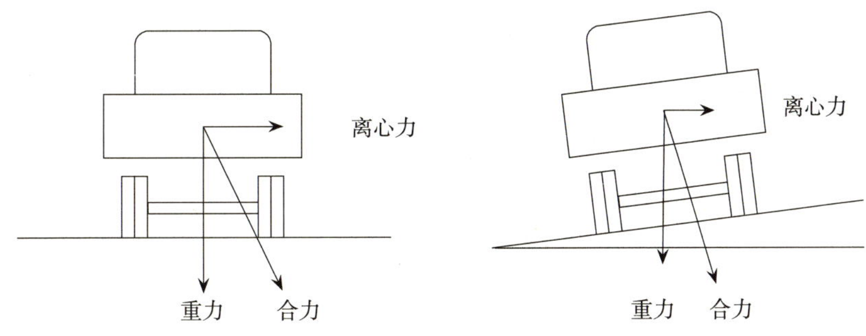

图 5-7　汽车在弯道上行驶受力分析图

附：供残疾人使用的园路在设计时的要求

（1）路面宽度不宜小于 1.2m，回车路段路面宽度不宜小于 2.5m。

（2）道路纵坡一般不宜超过 4%，且坡长不宜过长，在适当距离应设水平路段，并不应有阶梯。

（3）应尽可能减小横坡。

（4）坡道坡度 1/20～1/15 时，其坡长一般不宜超过 9m；每逢转弯处，应设不小于 1.8m 的休息平台。

（5）园路一侧为陡坡时，为防止轮椅从边侧滑落，应设10cm 高以上的挡石，并设扶手栏杆。

（6）排水沟箅子等，不得突出路面，并注意不得卡住车轮和盲人的拐杖。

具体做法参照《方便残疾人使用的城市道路和建筑设计规范》。

四、园路的结构设计

（一）园路的结构

园路一般由路面、路基和道牙等部分组成。常见园路结构图式如表 5-3 所示。

表 5-3　常见园路结构图式

编号	类型	结构图式（mm）	
1	石板嵌草路		①100 厚石板 ②50 厚黄沙 ③素土夯实 注：石间宽 30～50 嵌草
2	卵石嵌花路		①70 厚预制土嵌卵石 ②50 厚 M2.5 混合砂浆 ③一步灰土 ④素土夯实
3	方砖路		①500×500×100C15 混泥土方砖 ②50 厚粗砂 ③150～250 厚灰土 ④素土夯实 注：膨胀缝加 10×9.5 橡皮条

（续）

编号	类型	结构图式（mm）
4	水泥混凝土路	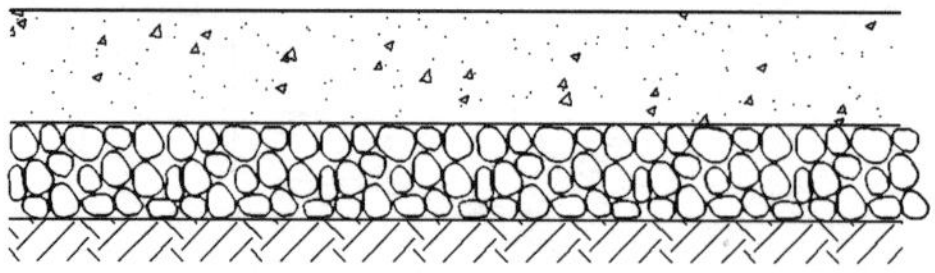 ①80～150厚C20混凝土 ②80～120厚碎石 ③素土夯实 注：基层可用二渣（水碎渣，散石灰），三渣（水碎渣，散石灰，道渣）
5	卵石路	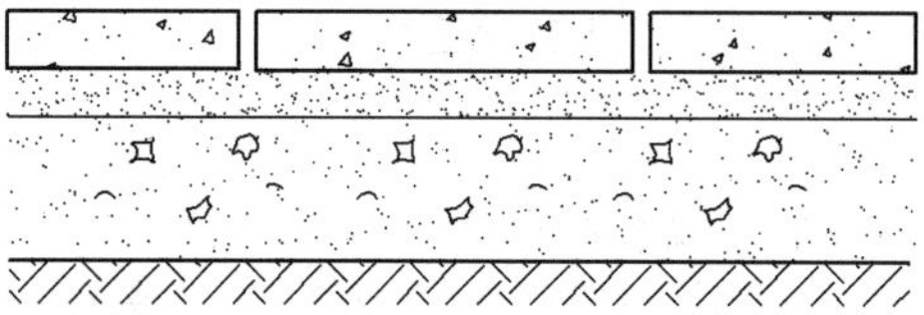 ①70厚混凝土栽小卵石 ②30～50厚M2.5混合砂浆 ③150～250厚碎砖三合土 ④素土夯实
6	沥青碎石路	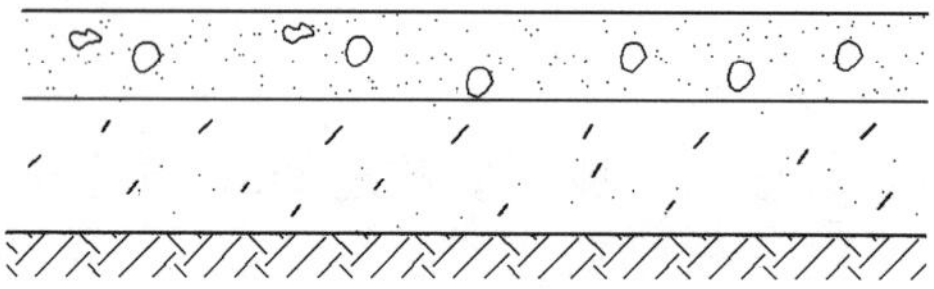 ①10厚二层柏油表面处理 ②50厚泥结碎石 ③150厚碎砖或白灰，煤渣 ④素土夯实
7	青（红）砖铺路	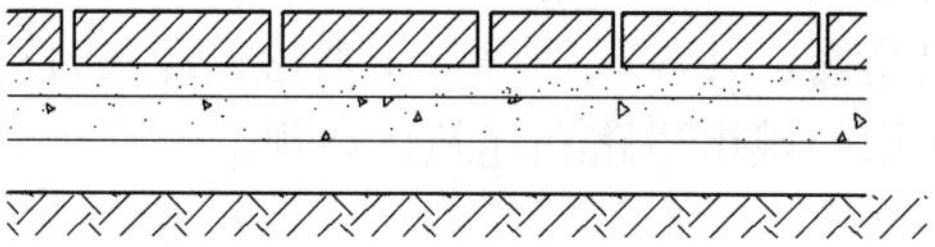 ①50厚青砖 ②30厚灰泥 ③50厚混凝土 ④50厚碎石 ⑤素土夯实
8	钢筋混凝土砖路	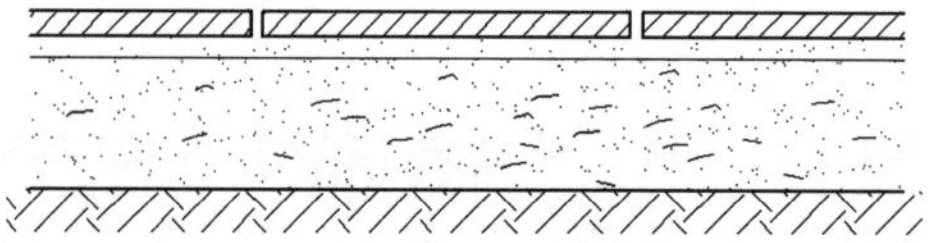 ①25厚钢筋混凝土预制块 ②20厚1∶3白灰砂浆 ③150厚灰土 ④素土夯实
9	红石板弹石砖路	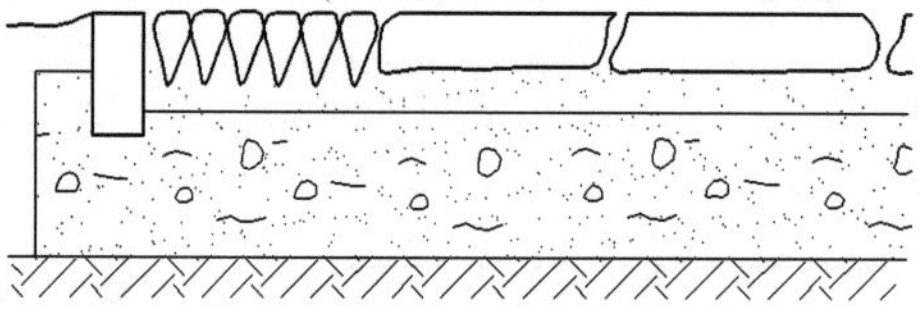 ①50厚红石板 ②50厚煤屑 ③150厚碎砖三合土 ④素土夯实
10	彩色混凝土砖路	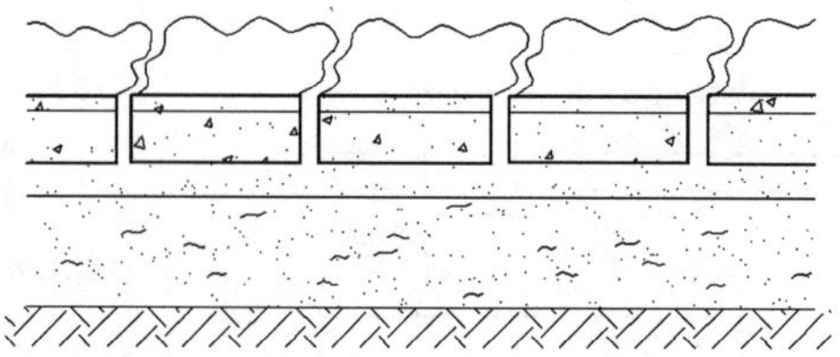 ①100厚彩色混凝土花砖（彩色表面层20厚） ②30厚粗砂 ③厚灰土 ④素土夯实
11	透水砖铺路	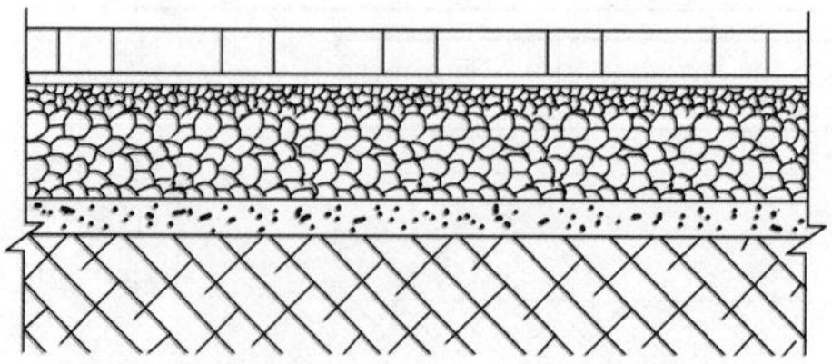 ①60～80厚透水路面砖 ②30厚中沙 ③100厚级配砂石 ④60厚中沙垫层 ⑤素土夯实

（续）

编号	类型	结构图式（mm）	
12	自行车路	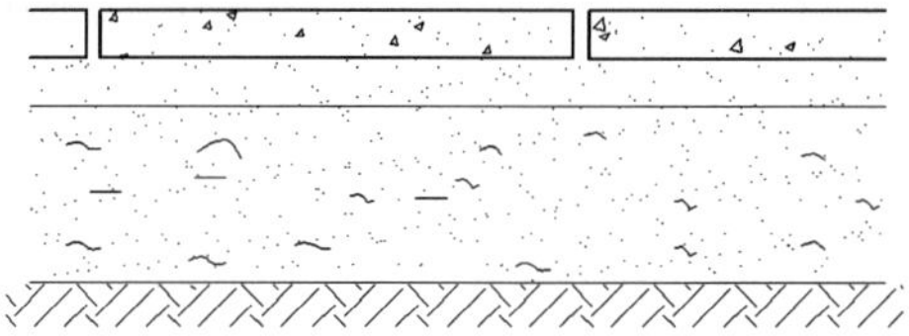	①50 厚水泥方砖 ②50 厚 1∶3 白灰砂浆 ③150 厚灰土 ④素土夯实
13	羽毛球场铺地	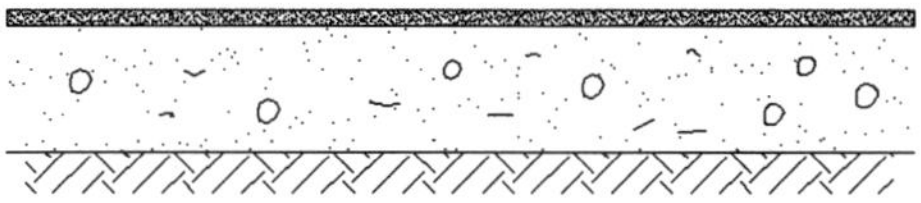	①20 厚 1∶3 水泥砂浆 ②80 厚 1∶3∶6 水泥∶白灰∶碎石 ③素土夯实
14	汽车停车场铺地	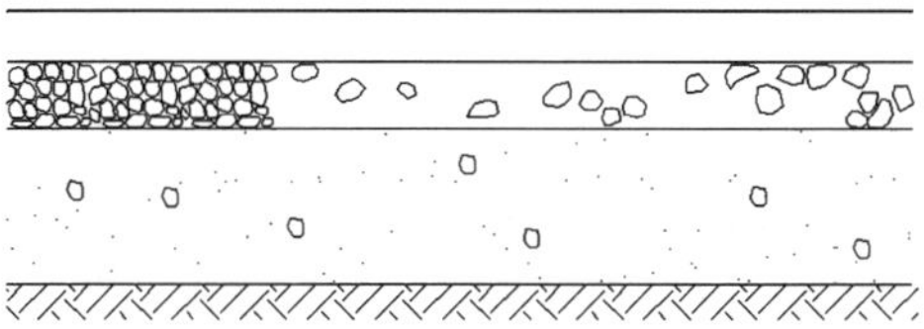	①黑色碎石 ②碎石 ③级配砂石 ④素土夯实
		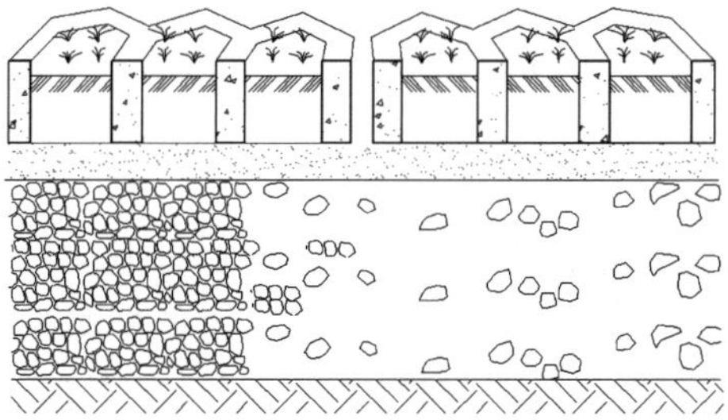	①100 厚混凝土空心砖（内填土壤种草） ②30 厚粗砂 ③250 厚碎石 ④素土夯实
		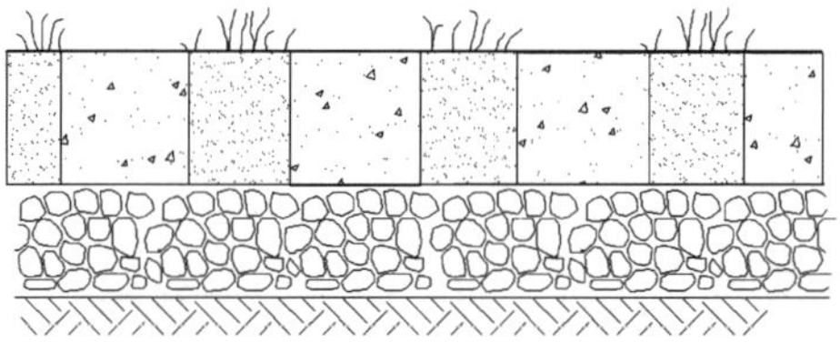	①200 厚混凝土方砖 ①200 厚培养土种草 ②250 厚砾石 ③素土夯实
15	荷叶汀步	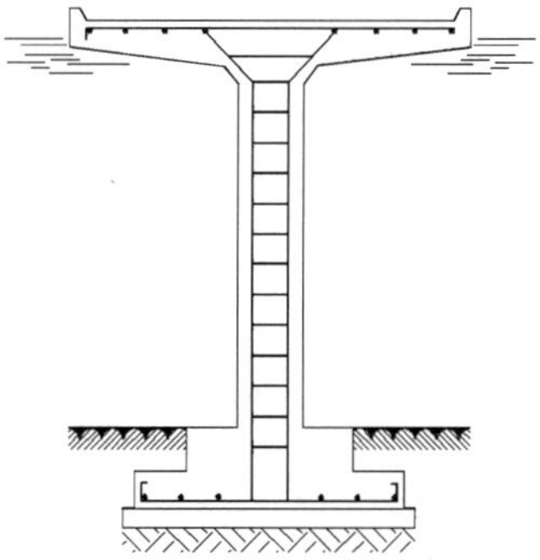	钢筋混凝土现浇

（续）

编号	类型	结构图式（mm）	
16	块石汀步		石面略高出水面，基石埋于池地

1. 路面 园路路面层的结构（图 5-8）。

（1）面层。是路面最上面的一层，它直接承受人流、车辆和大气因素如烈日、严冬、风、雨等作用的影响。因此要求坚固、平稳、耐磨，有一定的粗糙度，少尘土，便于清扫。

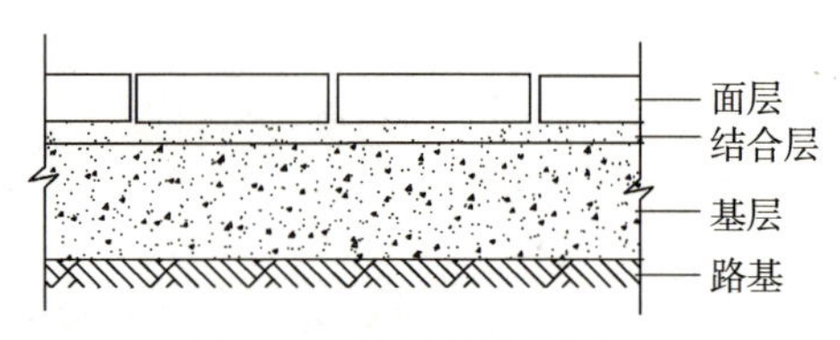

图 5-8 路面层结构图

（2）结合层。采用块料铺筑面层时在面层和基层之间的一层，用于结合、找平、排水而设置的一层。

（3）基层。一般在土基之上，起承重作用。它承受由面层传下来的荷载，又把荷载传给路基。因此，要有一定的强度，一般选用碎（砾）石、灰土或各种矿物废渣等筑成。

2. 路基 路基是路面的基础，它不仅为路面提供一个平整的基面，承受路面传下来的荷载，也是保证路面强度和稳定性的重要条件之一。如果路基的稳定性不良，应采取措施，以保证路面的使用寿命。对于不同地区，不同土壤结构，可采用不同的施工方法来确保路基的强度和稳定性。

3. 附属工程

（1）道牙（缘石）。道牙是安置在路面两侧，使路面与路肩在高程上起衔接作用，并能保护路面，便于排水的一项设施（图 5-9）。道牙一般分为立道牙和平道牙两种形式；道牙一般用砖或混凝土制成，在园林中也可以用瓦、大卵石等做成。

（2）台阶、蹬道、礓礤和种植池。

①台阶。当路面坡度超过 12°时，为了便于行走，在不通行车辆的路段上可设台阶。台阶的宽度与路面相同，每节的高度为 12～17cm，宽度为 30～38cm。一般台阶不连续使用，如地形许可，每 10～18 级后应设一段平坦的地段，使游人有恢复体力的机会。为了以利于排水，每级台阶应有 1%～2%的向下的坡度。

②蹬道。在地形陡峭的地段，可结合地形或利用露岩设置蹬道。当其纵坡大于 60%时，应做防滑处理，并设扶手栏杆等，以保游人行走安全。

③礓礤。在坡度较大的地段上，一般纵坡超过 15%时，本应设台阶的，但为了能通行车辆，将斜面作成锯齿形坡道，称为礓礤。其形式和尺寸如图 5-10 所示。

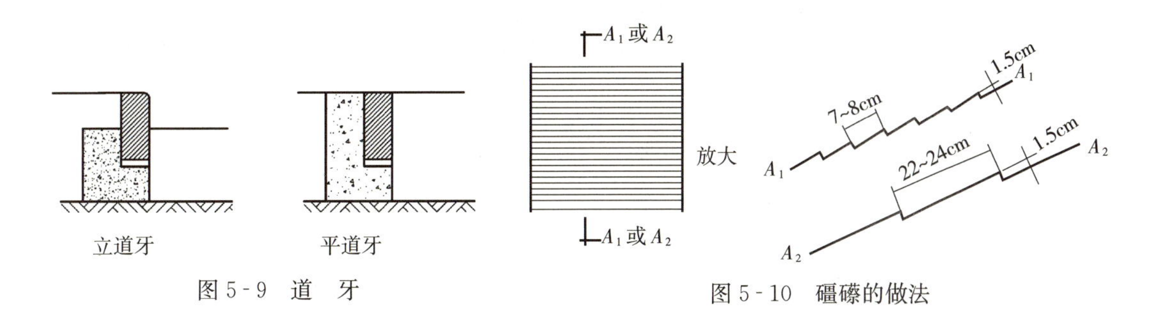

图 5-9　道　牙

图 5-10　礓礤的做法

④种植池。在路边或广场上栽种植物，一般应留种植池，种植池的大小应由所栽植物的要求而定，在栽种高大乔木的种植池上应设保护栏。

（二）园路常见“病害”及其原因

园路的“病害”是指园路破坏的现象。一般常见的病害有裂缝、凹陷、啃边、翻浆等。

1. 裂缝凹陷　造成裂缝凹陷的原因一是基层处理不当，太薄，出现不均匀沉降，造成路基不稳定而发生裂缝凹陷；二是地基湿软，在路面荷载超过土基的承载力时会造成这种现象。

2. 啃边　啃边主要产生于道牙与路面的接触部位。当路肩与基土结合不够紧密，不稳定不坚固，道牙外移或排水坡度不够及车辆的啃蚀，使之损坏，并从边缘起向中心发展，这种破坏现象称为啃边（图 5-11）。

3. 翻浆　在季节性冰冻地区，底下水位高，特别是对于粉砂性土基，由于毛细管的作用，水分上升到路面下，冬季气温下降，水分在路面下形成冰粒，体积增大，路面就会出现隆起现象，到春季上层冻土融化，而下层尚未融化，这样使土基变成湿软的橡皮状，路面承载力下降，这时如果车辆通过时，路面下陷，邻近部分隆起，并将泥土从裂缝中挤出来，使路面破坏，这种现象叫翻浆（图 5-12）。另外造成翻浆的原因还有基土不稳定和底下水位高，基土排水不良。因此要加强基层基土的强度和承载力和排除地下水。

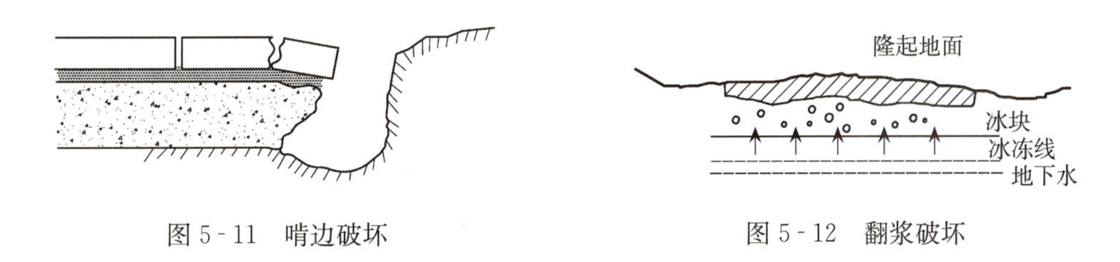

图 5-11　啃边破坏

图 5-12　翻浆破坏

（三）园路的结构设计

1. 园路结构设计的原则要求

（1）就地取材。园路修建的经费在整个园林建设投资中占有很大的比例。为了节省资金，在园路修建设计时应尽量使用当地材料、建筑废料及工业废渣等。因此园路结构设计应要经济、合理，因地制宜、就地取材，达到低材高用的目的。

（2）薄面、稳基、强基土。稳定的路基对保证园路的使用寿命具有重大意义，面层要求坚固、平稳且耐磨等前提下薄，也可减少资金的投入。

2. 几种结合层的比较

（1）白灰干砂。施工时操作简单，遇水后会自动凝结，由于白灰体积膨胀，密实性好。

（2）净干砂。施工简便，造价低。经常遇水会使沙子流失，造成结合层不平整。

（3）混合砂浆。由水泥、白灰、砂组成，整体性好，强度高，黏结力强。适用于铺筑块料路面。造价较高。

3. 基层的选择 基层的选择应视路基土壤的情况、气候特点及路面荷载的大小而定，并应尽量利用当地材料。

（1）在冰冻不严重，基土坚实，排水良好的地区，在铺筑游步道时，只要把路基稍为平整，就可以铺砖修路。

（2）灰土基层。它是由一定比例的白灰和土拌和后压实而成。使用较广，具有一定的强度和稳定性，不易透水，后期强度近刚性物质，在一般情况下使用一步灰土（压实后为15cm），在交通量较大或地下水位较高的地区，可采用压实后为20～25cm或二步灰土。

（3）几种隔温材料比较。在季节性冰冻地区，地下水位较高时，为了防止发生道路翻浆，基层应选用隔温性较好的材料。据研究认为，砂石的含水量少，导温率大，故该结构的冰冻深度大，如用砂石做基层，需要做得较厚，不经济；石灰土的冰冻深度与土壤相同，石灰土结构的冻胀量仅次于亚黏土，说明密度不足的石灰土（压实密度小于85%）不能防止冻胀，压实密度较大时可以防冻；煤渣石灰土或矿渣石灰土作基层，用7∶1∶2的煤渣、石灰、土混合料，隔温性较好，冰冻深度最小，在地下水位较高时，能有效地防止冻胀。

五、园路装饰设计

园路可根据景观要求选择不同材质来提高路面的艺术效果，将园路作为园景的一部分来创作，用纹样来衬托环境意境。园路铺装在园林工程中非常重要，园路装饰设计也是体现园路特色很重要的一个部分。园林道路的铺装，首先要满足功能要求，要坚固、平稳、耐磨、防滑和易于清扫；其二要满足园林在丰富景色、引导游览和便于识别等方面的要求；其三还应服从整个园林的造景艺术，力求做到功能与艺术的统一。

（一）园路装饰设计的内容和方法

1. 园路装饰设计的内容

（1）园路的设计纹样和图案。即从艺术的角度考虑、从与周围景物配合的关系来确定纹样和图案。

（2）材料的选择。图案纹样设计好之后，要根据图案和纹样来确定它所使用的材料及材料的材质、材质结构的做法。这里面主要指色彩的搭配，尺度以及他们之间的组合变化，色彩与周围景物要协调。从结构上来说，选择材料还要考虑材料的强度及材料表面的处理形式，材料的耐久性、粗糙度以及环保的特性。

2. 园路装饰设计的方法

（1）用图案进行地面装饰。利用不同形状的铺砌材料，构成具象或抽象的图案纹样，以获得较好的视觉效果（图5-13）。

（2）用色块进行地面装饰。选择不同颜色的材料构成铺地图案，利用大块面的变化进行地面的装饰以取得赏心悦目的视觉效果（图5-14）。

（3）用材质变化装饰地面。用所使用的材料来构成的线条在地面上形成一些花纹进行地面装饰。不同材质的铺装材料相结合，不仅能构成美丽的图案，也能使铺地具有层次感和质地感（图 5-15、图 5-16）。

图 5-13　碎料、块料拼纹路

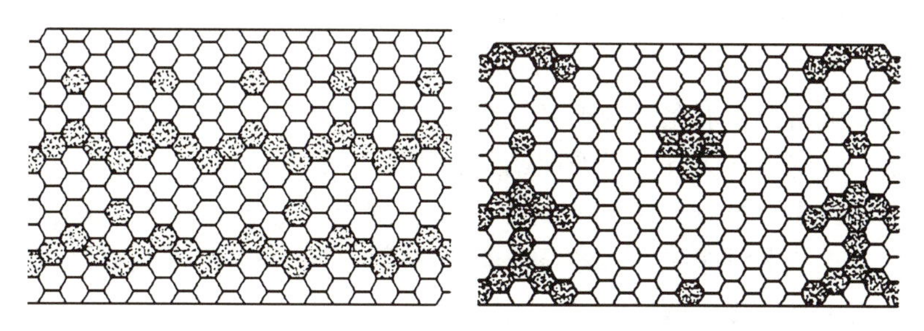

图 5-14　预制块料路面

图 5-15　卵石与石板拼纹的块料铺装

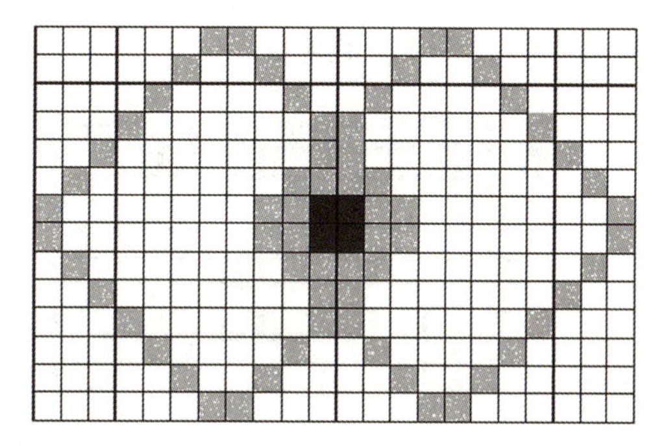

图 5-16　毛面与光面板材拼纹的块料铺装

（二）园路装饰设计的要求

（1）要与周围环境相协调，在面层设计时，有意识地根据不同主题的环境，采用不同的纹样、材料色彩及质感来增强景观效果。

（2）满足园路的功能要求。虽说园路也是园林景观构成的一部分，但它主要的功能还是交通，是游人活动的场地，也就是说园路要有一定的粗糙度，还有减少地面的反射。因此在进行铺装设计时不能为了追求景观的效果而忽略了园路的使用功能。

（3）园路路面应具有装饰性，在满足园路实用功能的前提下以不同的纹样、质感、尺度、色彩，以不同的风格和时代要求来装饰园林。

（4）路面的装饰设计应符合生态环保的要求，包括使用的材料、施工工艺、采用的结构形式对周围自然环境是否有影响等。

（三）园路装饰的形式

园路不仅是联系景区、景点的纽带，其恰当的园路装饰可以起烘托环境氛围、点缀环境空间的作用，而用不同的铺装材料和铺装图案来形成特色小空间是园林设计常用手法。常用的铺装材料有：石材、砖、砾石、混凝土、木材、可回收材料等，不同的材料有不同的质感和风格。根据路面铺装材料、结构特点，可以把园路路面的铺装形式分为三大类，即整体路面铺装、块料铺装、粒料和碎料铺装。

1. 整体路面　整体路面的铺装常见的有水泥混凝土和沥青混凝土两种。

（1）沥青混凝土路面。用沥青混凝土铺筑成的路面平整干净，路面耐压、耐磨，适用于行车、人流集中的主要园路。但沥青路面色调较深，不易与园林周围的环境相协调，在园林中使用不够理想。近年来由于新材料、新工艺的不断涌现，出现了彩色沥青混凝土路面，较好地活跃了环境的气氛。

（2）水泥混凝土路面。水泥混凝土可塑性强，可采用多种方法来做表面处理形成各种各样的图案、花纹。常用的方法有表面处理或贴面装饰。其中表面处理是直接在水泥混凝土的表面做各种各样的面层处理，其方法有抹平、硬毛刷或耙齿表面处理、滚轴压纹、机刨纹理；露骨料饰面、彩色水泥抹平、水磨石饰面、压模处理。另外贴面装饰是以水泥混凝土做基层，在基层上利用其他材料做贴面进行地面装饰。

2. 块料路面　块料铺装是用石材、混凝土、烧结砖、工程塑料等预制的整形板材，块料作为结构面层（图 5 - 17 至图 5 - 19）。其基层常使用灰土、天然砾石、级配砂石等。预制块料的大小、形状，除了要与环境、空间相协调，还要适于自由曲折的线形铺砌；表面粗细适度，粗要可行儿童车，走高跟鞋，细不致雨天滑倒、跌伤；使用不同材质块料铺砌，其色彩、质感、形状等对比要强烈。

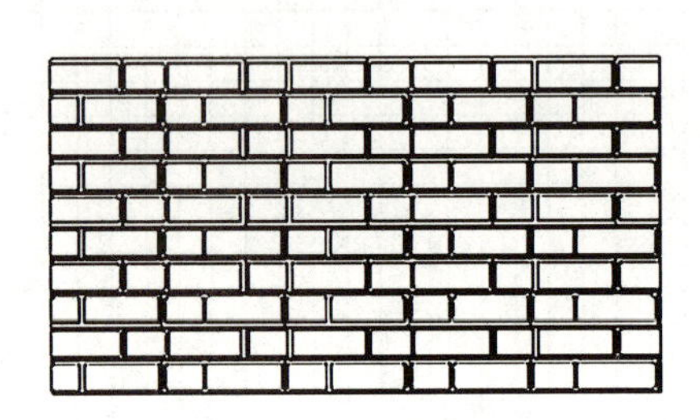

图 5 - 17　砖块铺砌路面

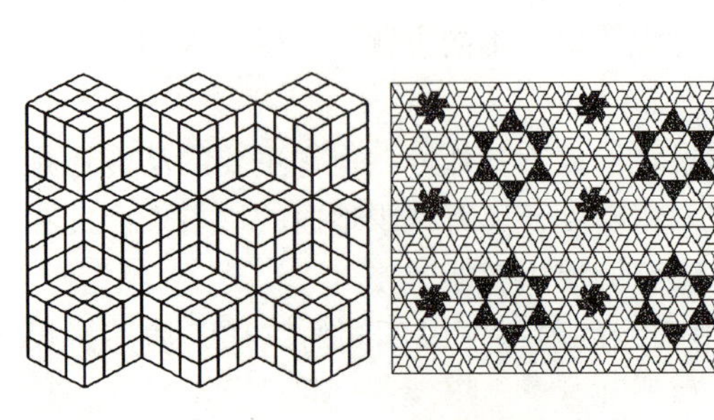
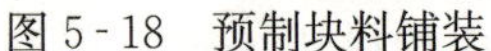

图 5 - 18　预制块料铺装

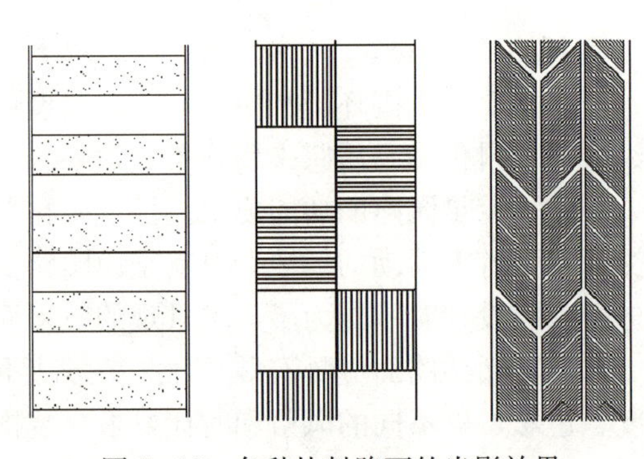

图 5 - 19　各种块料路面的光影效果

其中石材是所有铺装材料中最自然的一种，其耐磨性和观赏性都较高。如有自然纹理的石灰岩、层次分明的砂岩、质地鲜亮的花岗岩，即便是没有经过抛光打磨，由它们铺装的地面都容易被人们所接受。用石材预制的块料所铺设的园路，既能满足使用功能，又符合人们的审美要求。

混凝土与自然石材相比，具有造价低廉、铺设简便、可塑性强，耐久性较好的特点。用混凝土可预制成各种块料，通过一些简单的工艺，如染色技术、喷漆技术、凿刻技术等，可描绘出各种美丽的图案，满足环境设计要求。

3. 粒料和碎料装饰

（1）散置粒料路面。使用砂或卵石，径粒在 20mm 以下。

（2）花街铺地。花街铺地是我国古代园林铺地的代表，以砖瓦、碎石、瓦片等废料、碎料，组成图案精美、色彩丰富的各种花纹地面（图 5 - 20 至图 5 - 25）。如冰裂纹、席纹、长八方、攒六方、四方灯景、十字海棠等。

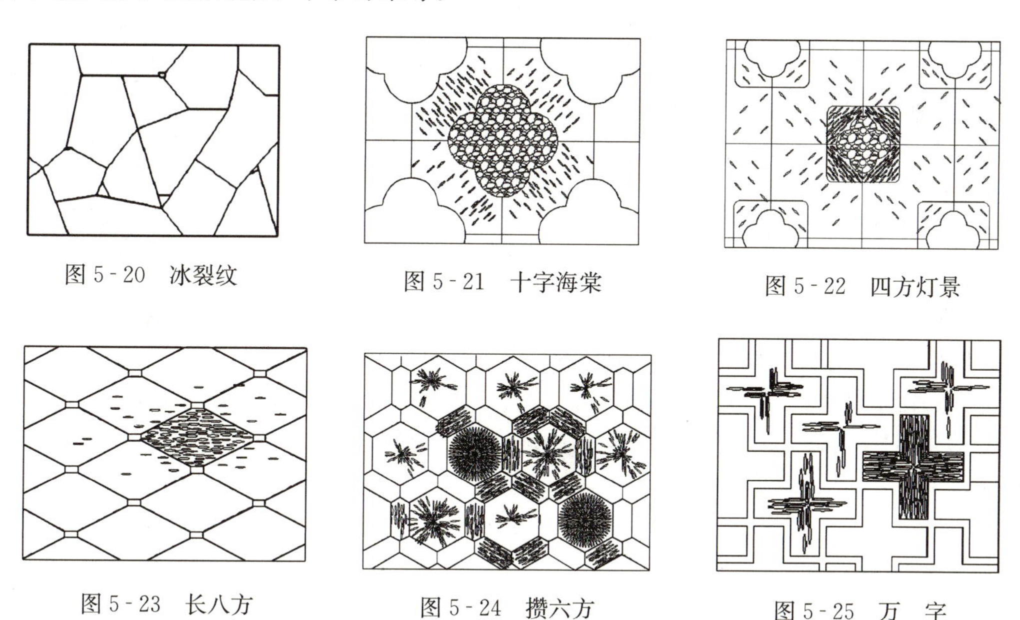

图 5 - 20　冰裂纹

图 5 - 21　十字海棠

图 5 - 22　四方灯景

图 5 - 23　长八方

图 5 - 24　攒六方

图 5 - 25　万　字

（3）卵石嵌花路面。卵石在自然界中随处可见，因其价格低廉，而广泛使用。在规则式园林中卵石也能创造出极其自然的景观效果。卵石嵌花路面因具有规整性和自然性在现代园林景观中得到广泛应用。用卵石铺设的园路，其表面的凹凸变化，能有效地对游客足底进行按摩，因而常用卵石铺设健身步道。自然卵石色彩丰富，常用不同颜色的卵石拼出不同的、形象生动的地面；如用以深色（或较大的）卵石为界线，以浅色（或较小的）卵石填入其间，拼填出鹿、鹤、麒麟等图案，或拼填出“平升三级”等吉祥如意的图形，当然还有“暗八仙”或其他形象。

（4）透水路面。透水路面目前常用两种类型：一类是把天然石块和各种形状的预制水泥混凝土块铺成各种花纹，铺筑时在块料间留 3～5cm 的缝隙，填入土壤，然后种草（图 5 - 26）；另一类用不同规格的彩色混凝土透水砖铺路。

（5）步石、汀步。步石是指在草地上用一至数块天然石块或预制成各种形状的铺块，不

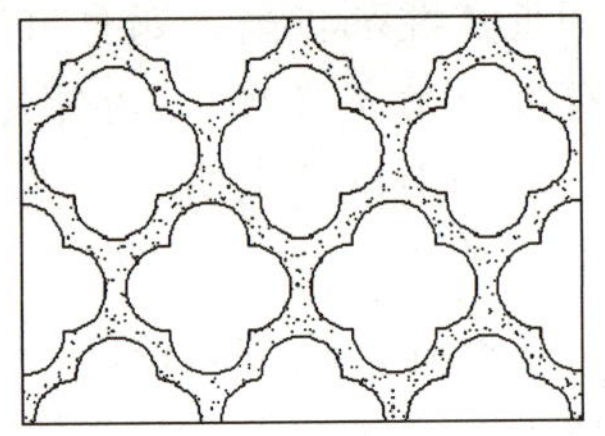 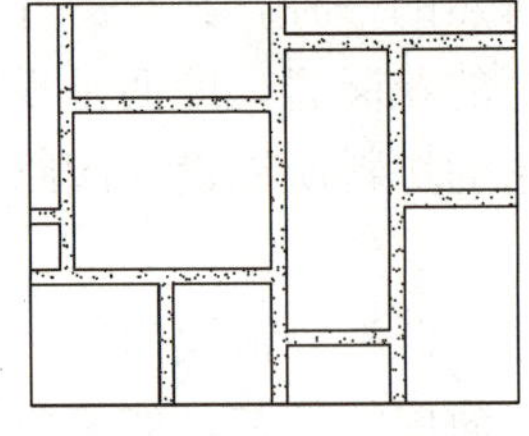 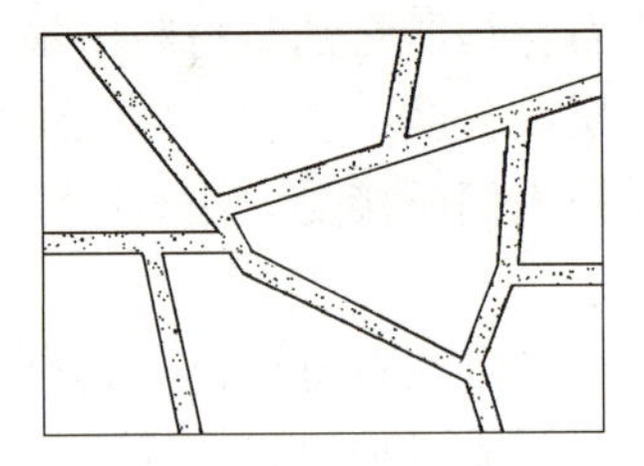

图 5-26　各种嵌草路面

连续的自由组合来越过草地。每块步石都是独立的，彼此之间互不干扰，所以对于每块步石的铺设都应稳定、耐久。步石的平面形状有多种，可做成圆形、长方形、正方形或不规则形状等（图 5-27）。汀步是园路在越过水面的部分，利用不连续的石材等越过水。汀步既是水中道路，又是点式渡桥，其聚散不一，游人可凌水而行，增加游览乐趣。

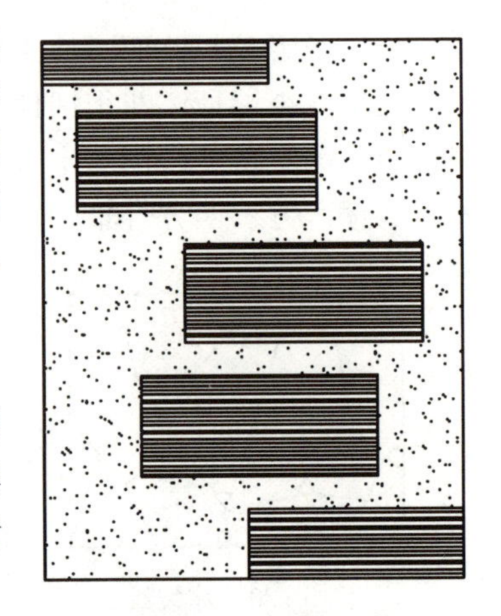

图 5-27　条纹步石路

（6）其他装饰形式。台阶、礓礤、木栈台、盲道等。

台阶是园林中联系高差而设的一中特殊园路，它除使用功能外还有美化装饰的作用，特别是它的外形轮廓富有节奏感，也可与其他构园要素一起构成园景。如可与花台、大树等结合形成景观。

在园林铺装中，木材铺装显得典雅、自然，因此木材在栈道、栈桥、亲水平台等应用中列为首选。由木材铺设的地面，能够强化由其他材料构成的景园铺装。木质铺装最大的优点就是能够给人以柔和、亲切的感觉，在园林中多用于休息区放置桌椅的地方，与坚硬冰冷的石质材料相比，它的优势就更加明显了。

第二节　园路施工

园路的施工是园林总平面施工的一个重要组成部分，园路工程的重点在于控制好施工面的高程，并注意与园林其他设施的有关高程相协调。施工中，园路路基和路面基层的处理只要达到设计要求牢固和稳定性即可，而路面面层的铺地，则要更加精细，更加强调质量方面的要求。

一、园路施工工艺过程

施工前的准备→测量放线→准备路槽→铺筑基层→铺筑结合层→面层铺筑→道牙施工

二、园路施工方法

（一）施工前的准备

（1）施工前有关人员熟悉图纸，然后对沿路现状进行调查，了解施工路面来确定施工方案。

（2）道路施工材料用量大，须提前预制加工订货及采购工作。由于施工现场范围狭窄，不可能现场堆积储存，必须按计划做好材料调运工作。

（3）由于施工场地狭窄，施工期间挖出的大量面层垃圾不能现场存放，必须事先选择临时弃土场或指定地点堆放。

（二）测量放线

根据图纸比例，放出道路中线和道牙边线，其中在转弯处按路面设计的中心线，在地面上每 15～50m 放一中心桩，在弯道的曲线上应在曲头、曲中和曲尾各放一中心桩，并在各中心桩上标明桩号，再以中心桩为准，根据路面宽度定边桩，最后放出路面的平曲线。

（三）准备路槽

认真熟悉施工图纸，按设计路面的宽度，每侧放出 20cm 挖槽，路槽的深度应比路面的厚度小 3～10cm，具体以基土情况而定，清除杂物及槽底整平，可由路中心线向路基两边做2%～4%的横坡。然后进行路基压实工作，选择压实机械，各种压实机械其最大有效压实厚度不同，对不同土质碾压次数也不同，具体采取时还应根据试压结果确定。一般情况下，对砂性土以振动式机具压实效果最好，夯击式次之，碾压式较差，对于黏性土则以碾压式和夯击式较好，而振动式较差甚至无效。此外压实机具的单位压力不应超过土的强度极限，否则会立即引起土基破坏。路槽做好后，在槽底上洒水让它潮湿，然后用夯实机械从外向里夯实两遍，夯实机械应先轻后重，以适应逐渐增长的土基强度，碾压速度应先慢后快，以免松料被机械推走。

（四）铺筑基层

根据设计要求准备铺筑的材料，并对使用材料进行测量保证使用材料符合设计及施工要求。在铺筑灰土基层时摊铺长度应尽量延长，以减少接茬，灰土基层实厚一般为 15cm，由于土壤情况不同而为 21～24cm。灰土摊铺后开始碾压，碾压应在接近最佳含水量时进行，以“先轻后重”的原则，先用轻碾稳压，在碾压 1～2 遍后马上进行检查表面平整度和高程，边检查边铲补，如必须找补时，应将表面翻板至少 10cm 深，用相同配比的灰土找补后再碾压，压至表面坚实平整无起皮。

（五）铺筑结合层

面层和基层之间，铺垫水泥砂浆结合层，是基层的找平层，也是面层的黏结层。一般用 M7.5 水泥、白灰、砂混合砂浆或 1∶3 白灰砂浆。砂浆摊铺宽度应大于铺装面 5～10cm，已拌好的砂浆应当日用完。也可用 3～5cm 的粗砂均匀摊铺而成。特殊的石材料铺地，如整齐石块和条石块，结合层采用 M10 水泥砂浆。

（六）面层的铺筑

1. 水泥路面的装饰施工 水泥路面装饰的方法有很多种，要按照设计的路面铺装方式来选用合适的施工方法。常见的施工方法及其施工技术要领主要有以下几点。

（1）普通抹灰与纹样处理。用普通灰色水泥配制成 1∶2 或 1∶2.5 水泥砂浆，在混凝土面层浇注后尚未硬化时进行抹面处理，抹面厚度为 10～15mm。当抹面层初步收水，表面稍干时，再用下面的方法进行路面纹样处理。

①滚花。用钢丝网做成的滚桶，或者用模纹橡胶裹在 300mm 直径铁管外做成的滚桶，在经过抹面处理的混凝土面板上滚压出各种细密纹理。滚桶长度在 1m 以上比较好。

②压纹。利用一块边缘有许多整齐凸点或凹槽的木板或木条，在混凝土抹面层上挨着压

下，一面压一面移动，就可以将路面压出纹样，起到装饰作用。用这种方法时要求抹面层的水泥砂浆含砂量较高，水泥与砂的配合比可为 1∶3。

③锯纹。在新浇的混凝土表面，用一根直木条如同锯割一般来回运动，一面锯一面前移，即能够在路面锯出平行的直纹，有利于路面防滑，又有一定的路面装饰作用。

④刷纹。最好使用弹性钢丝做成刷纹工具。刷子宽 450mm，刷毛钢丝长 100mm 左右，木把长 1.2～1.5m。用这种钢丝在未硬的混凝土面层上可以刷出直纹、波浪纹或其他形状的纹理。

（2）彩色水泥抹面装饰。水泥路面的抹面层所用水泥砂浆，可通过添加颜料而调制成彩色水泥砂浆，用这种材料可做出彩色水泥路面。彩色水泥调制中使用的颜料，需选用耐光、耐碱、不溶于水的无机矿物颜料，如红色的氧化铁红、黄色的柠檬铬黄、绿色的氧化铬绿、蓝色的钴蓝和黑色的炭黑等。不同颜色的彩色水泥及其所用颜料见表 5-4。

表 5-4　彩色水泥的配制

调制水泥色	水泥及其用量	颜料及其用量
红色、紫砂色水泥	普通水泥 500g	铁红 20～40g
咖啡色水泥	普通水泥 500g	铁红 15g、铬黄 20g
橙黄色水泥	白色水泥 500g	铁红 25g、铬黄 10g
黄色水泥	白色水泥 500g	铁红 10g、铬黄 25g
苹果绿色水泥	白色水泥 1 000g	铬绿 150g、钴蓝 50g
青色水泥	普通水泥 500g、白色水泥 1 000g	铬绿 0.25g、钴蓝 0.1g
灰黑色水泥	普通水泥 500g	炭黑适量

（3）彩色水磨石饰面。彩色水磨石地面是用彩色水泥石子浆罩面，再经过磨光处理而做成的装饰性路面。按照设计，在平整、粗糙、已基本硬化的混凝土路面面层上，弹线分格，用玻璃条、铝合金条（或铜条）作分格条。然后在路面刷上一道素水泥浆，再用 1∶1.25～1∶1.50 彩色水泥细石子浆铺面，厚度 8～15mm。铺好后拍平，表面用滚筒滚压实在，待出浆后再用抹子抹平。用作水磨石的细石子，如采用方解石，并用普通灰色水泥，做成的就是普通水磨石路面。如果用各种颜色的大理石碎屑，再与不同颜料的彩色水泥配制一起，就可做成不同颜色的彩色水磨石地面。彩色水泥的配制可参考表 5-2 的内容。水磨石的开磨时间应以石子不松动为准，磨后将泥浆冲洗干净。待稍干时，用同色水泥浆涂擦一遍，将砂眼和脱落的石子补好。第二遍用 100～150 号金刚石打磨，第三遍用 180～200 号金刚石打磨，方法同前。打磨完成后洗掉泥浆，再用 1∶20 的草酸水溶液清洗，最后用清水冲洗干净。

（4）露骨料饰面。采用这种饰面方式的混凝土路面和混凝土铺砌板，其混凝土应该用粒径较小的卵石配制。混凝土露骨料主要是采用刷洗的方法，在混凝土浇好后 2～6h 内就应进行处理，最迟不超过浇好后的 16～18h。刷洗工具一般用硬毛刷子和钢丝刷子。刷洗应当从混凝土板块的周边开始，要同时用充足的水把刷掉的泥沙洗去，把每一粒暴露出来的骨料表面都洗干净。刷洗后 3～7d 内，再用 10%的盐酸水洗一遍，使暴露的石子表面色泽更明净，最后还要用清水把残留盐酸完全冲洗掉。

2. 片块状材料的地面砌筑　片块状材料作路面面层，在面层与道路基层之间所用的结合层做法有两种：一种是用湿性的水泥砂浆、石灰砂浆或混合砂浆作结合材料，另一种是用干性的细砂、石灰粉、灰土（石灰和细土）、水泥粉砂等作为结合材料或垫层材料。

（1）湿土砌筑。用厚度为 15～25mm 的湿性结合材料，如用 1∶2.5 或 1∶3 水泥砂浆、1∶3 石灰砂浆、M2.5 混合砂浆或 1∶2 灰泥浆等，垫在路面面层混凝土板上面或垫在路面基层上面作为结合层，然后在其上砌筑片状或块状贴面层。砌块之间的结合以及表面抹缝，亦用这些结合材料。以花岗岩、釉面砖、陶瓷广场砖、碎拼石片、马赛克等片状材料贴面铺地，都要采用湿法铺砌。用预制混凝土方砖、砌块或黏土砖铺地，也可以用这种砌筑方法。

（2）干法砌筑。以干粉沙状材料，作路面面层砌块的垫层和结合层。这样的材料常见有：干砂、细砂土、1∶3 水泥干砂、3∶7 细灰土等。砌筑时，先将粉沙材料在路面基层上平铺一层，厚度是：用干砂、细土作垫层厚 30～50mm，用水泥砂、石灰砂、灰土作结合层厚 25～35mm，铺好后找平。然后按照设计的砌块、砖块拼装图案，在垫层上拼砌成路面面层。路面每拼装好一小段，就用平直的木板垫在顶面，以铁锤在多处震击，使所有砌块的顶面都保持在一个平面上，这样可将路面铺装得十分平整。路面铺好后，再用干燥的细砂、水泥粉、细石灰粉等撒在路面上并扫入砌块缝隙中，使缝隙填满，最后将多余的灰砂清扫干净。以后，砌块下面的垫层材料将慢慢硬化，使面层砌块和下面的基层紧密地结合为一体。适宜采用这种干法砌筑的路面材料主要有：石板、整形石块、混凝土铺路板、预制混凝土方砖和砌块等。传统古建筑庭院中的青砖铺地、金砖墁地等地面工程，也常采用干法砌筑。

3. 地面镶嵌与拼花　施工前，要根据设计的图样，准备镶嵌地面用的砖石材料。设计有精细图形的，先要在细密质地的青砖上放好大样，再细心雕刻，做好雕刻花砖，施工中可嵌入铺地图案中。要精心挑选铺地用的石子，挑选出的石子应按照不同颜色、不同大小、不同长扁形状分类堆放，铺地拼花时才能方便使用。

施工时，先要在已做好的道路基层上，铺垫一层结合材料，厚度一般可在 40～70mm。垫层结合材料主要用：1∶3 石灰砂、3∶7 细灰土、1∶3 水泥砂等，用干法砌筑或湿法砌筑都可以，但干法施工更为方便一些。在铺平的松软垫层上，按照预定的图样开始镶嵌拼花。一般用立砖、小青瓦瓦片来拉出线条、纹样和图形图案，再用各色卵石、砾石镶嵌拼花，或者拼成不同颜色的色块，以填充图形大面。然后，经过进一步修饰和完善图案纹样，并尽量整平铺地后，就可以定稿。定稿后的铺地地面，仍要用水泥干砂、石灰干砂撒布其上，并扫入砖石缝隙中填实。最后，除去多余的水泥石灰干砂，清扫干净；再用细孔喷壶对地面喷洒清水，稍使地面湿润即可，不能用大水冲击或使路面有水流淌。完成后，养护 7～10d。

4. 嵌草路面的铺砌　无论用预制混凝土铺路板、实心砌块、空心砌块，还是用顶面平整的乱石、整形石块或石板，都可以铺装成砌块铺草路面。

施工时，先在整平压实的路基上铺垫一层栽培壤土作垫层。壤土要求比较肥沃，不含粗颗粒物，铺垫厚度为 100～150mm。然后在垫层上铺砌混凝土空心砌块或实心砌块，砌块缝中半填壤土，并播种草籽。

实心砌块的尺寸较大，草皮嵌种在砌块之间预留的缝中。草缝设计宽度可在 20～50mm，缝中填土达砌块的 2/3 高。砌块下面如上所述用壤土作垫层并找平，砌块要铺装得尽量平整。实心砌块嵌草路面上，草皮形成的纹理是线网状的。

空心砌块的尺寸较小，草皮嵌种在砌块中心预留的孔中。砌块与砌块之间不留草缝，常用水泥砂浆粘接。砌块中心孔填土亦为砌块的2/3高；砌块下面仍用壤土作垫层找平，使嵌草路面保持平整。空心砌块嵌草路面上，草皮呈点状而有规律地排列。要注意的是，空心砌块的设计制作，一定要保证砌块的结实坚固和不易损坏，因此其预留孔径不能太大，孔径最好不超过砌块直径的1/3长。

采用砌块嵌草铺装的路面，砌块和嵌草是道路的结构面层，其下面只能有一个壤土垫层，在结构上没有基层，只有这样的路面结构才能有利于草皮的存活与生长。

（七）道牙施工

道牙基础宜与路床同时填挖碾压，以保证有整体的均匀密实度。道牙要放平稳牢固，控制好标高。道牙在安装时，注意控制其缝宽为1.0cm，并应注意接缝要求对齐，然后用水泥砂浆勾缝，道牙接口处应以1∶3水泥砂浆勾凹缝，凹缝深5mm，道牙背后应用白灰土夯实其宽度50cm，厚度15cm，密实度在90%以上即可。

三、特殊地质及气候条件下的园路施工

一般情况下园路施工是在温暖干爽的季节进行，理想的路基应当是沙性土和沙质黏土。但有时施工活动却无法避免雨季和冬季，路基土壤也可能是软土、杂填土或膨胀土等不良类型，在施工时就要求采取相适应措施以保证工程质量。

（一）不良土质路基施工

1. 软土路基 先将泥炭、软土全部挖除，使路堤筑于基地或尽量换填渗水性土，也可采用抛石挤淤法、砂垫层法等对地基进行加固。

2. 杂填土路基 可选用石表面装饰法、重锤夯实法、振动压实法等方法使路基达到相应的密实度。

3. 膨胀土路基 膨胀土是一种易产生吸水膨胀、失水收缩两种变形的高液性黏土。对这种路基应先尽量避免在雨季施工，挖方路段也先做好路堑堑顶排水，并保证在施工期内不得沿坡面排水；其次要注意压实质量，最宜用重型压路机在最佳含水量条件下碾压。

4. 湿陷性黄土路基 这是一种含易溶盐类，遇水易冲蚀、崩解、湿陷的特殊性黏土。施工中关键是做好排水工作，对地表水应采取拦截、分散、防冲、防渗、远接远送的原则，将水引离路基，防止黄土受水浸而湿陷；路堤的边坡要整平拍实；基底采用重机碾压、重锤夯实、石灰桩挤密加固或换填土等，以提高路基的承载力和稳定性。

（二）特殊气候条件下的园路施工

1. 雨季施工

（1）雨季路槽施工。先在路基外侧设排水设施（如明沟或辅以水泵抽水）及时排除积水。雨前应选择因雨水易翻浆处或低洼处等不利地段先行施工，雨后要重点检查路拱和边坡的排水情况、路基渗水与路床积水情况，注意及时疏通被阻塞、溢满的排水设施，以防积水倒流。路基因雨水造成翻浆时，要立即挖出或填石灰土、沙石等，刨挖翻浆要彻底干净，不留隐患。所须处理的地段最好在雨前做到“挖完、填完、压完”。

（2）雨季基层施工。当基层材料为石灰土时，降水对基层施工影响最大。施工时，应先注意天气预报情况，做到“随拌、随铺、随压”；其次注意保护石灰，避免被水浸或成膏状；对于被水浸泡过的石灰土，在找平前应检查含水量，如含水量过大，应翻拌晾晒达到最佳含

水量后才能继续施工。

（3）雨季路面施工。对水泥混凝土路面施工应注意水泥的防雨防潮，已铺筑的混凝土严禁雨淋，施工现场应预备轻便易于挪动的工作台雨棚；对雨淋过的混凝土要及时补救处理。此外要注意排水设施的畅通。如为沥青路面，要特别注意天气情况，尽量缩短施工路段，各工序紧凑衔接，下雨或面层的下层潮湿时均不得摊铺沥青混合料。对未经压实即遭雨淋的沥青混合料必须全部清除，更换新料。

2. 冬季施工

（1）冬季路槽施工。应在冰冻之前进行现场放样，做好标记；将路基范围内的树根、杂草等全部清除。如有积雪，在修整路槽时先清除地面积雪、冰块，并根据工程需要与设计要求决定是否刨去冰层。严禁用冰土填筑，且最大松铺厚度不得超过 30cm，压实度不得低于正常施工时的要求，当天填方的土务必当天碾压完毕。

（2）冬季面层施工。沥青类路面不宜在 5°以下的温度环境下施工，否则要采取以下工程措施。

①运输沥青混合料的工具须配有严密覆盖设备以保温。

②卸料后应用苫布等及时覆盖。

③摊铺时间宜于上午 9 时至下午 4 时进行，做到三快两及时（快卸料、快摊铺、快搂平，及时找细、及时碾压）。

④施工做到定量定时，集中供料，避免接缝过多。

水泥混凝土路面，或以水泥砂浆做结合层的块料路面，在冬季施工时应注意提高混凝土（或砂浆）的拌和温度（可用加热水、加热石料的方法）；并注意采取路面保温措施，如选用合适的保温材料（常用的有麦秸、稻草、塑料薄膜、锯末、石灰等）覆盖路面。此外，应注意减少单位用水量，控制水灰比在 0.54 以下，混料中加入合适的速凝剂；混凝土搅拌站要搭设工棚，最后可延长养护和拆模时间。

第三节　广场工程

一、广场设计

（一）广场的平面形状

广场的平面形状多为规则的几何形，通常以长方形为主。长方形广场较易与周围地形及建筑物相协调，所以被广泛采用。正方形广场的空间方向性不强，空间形象变化少一点，因此不常被采用。从空间艺术上的要求来看，广场的长度不应大于其宽度的 3 倍；长宽比在 4∶3、3∶2 或 2∶1 时，艺术效果比较好。平面形状在工程设计之前的规划阶段一般已经明确，在实际操作中着重应该把握的是与实际地形相结合，必要时在细部进行微调。

（二）广场装饰的设计

1. 广场装饰设计的原则

（1）整体统一原则。地面铺装的材料、质地、色彩、图纹等，都要协调统一，不能有割裂现象，要坚持突出主体，主次分明。在设计中至少应有一种铺装材料占有主导地位，以便能与附属的材料在视觉上形成对比和变化，以及暗示地面上的其他用途。这一种占主导地位的材料，还可贯穿于整个设计的不同区域，以便建立统一性和多样性。

（2）简洁实用原则。铺装材料、造型结构、色彩图纹的采用不要太复杂，应简单一些，以便于施工。同时要满足游人舒适地游览散步的需要，光滑质地的材料一般来说应占较大比例，以较朴素的色彩衬托其他设计要素。

（3）形式与功能统一的原则。铺地的平面形式和透视效果与设计主题相协调，烘托环境氛围。透视与平面图存在着许多差异性，在透视中，平行于视平线的铺装线条，强调了铺装面的宽度，而垂直于视平线的铺装线条，则强调了其深度。

2. 广场装饰的手法

（1）图案式地面装饰。用不同颜色、不同质感的材料和铺装方式，在地面做出简洁的图案和纹样。图案纹样应规则对称，在不断重复的图形线条排列中创造生动的韵律和节奏。采用图案式手法铺装时，应注意图案线条的颜色要偏淡偏素，决不能浓艳。除了黑色以外，其他颜色都不要太深太浓。对比色的应用要掌握适度，色彩对比不能太强烈。在地面铺装中，路面质感的对比可以比较强烈，如磨光的地面与露骨料的粗糙路面，就可以相互靠近，形成强烈对比。

（2）色块式地面装饰。地面铺装材料可选用3～5种颜色，表面质感也可以有2～3种表现；广场地面不做图案和纹样，而是铺装成大小不等的方、三角形及其他形状的颜色块面。色块之间的颜色对比可以强些，所选颜色也可以比图案式地面更加浓艳一些。但是，路面的基调色块一定要明确，在面积、数量上一定要占主导地位。

（3）线条式地面装饰。地面色彩和质感处理，是在浅色调、细质感的大面积底色基面上，以一些主导性的、特征性的线条造型为主进行装饰。这些造型线条的颜色比底色深，也更要鲜艳一些，质地常常也比基面粗，在地面上比较容易引人注意。线条的造型有直线、折线形，也有放射状、旋转形、流线形，还有长短线组合、曲直线穿插、排线宽窄渐变等富于韵律变化的生动形象。

（4）阶台式地面装饰。将广场局部地面做成不同材料质地、不同形状、不同高差的宽台形或宽阶形，使地面具有一定的竖向变化，又使某些局部地面从周围地面中独立出来，在广场上创造出一种特殊的地面空间。例如，在广场上的雕塑位点周围，设置具有一定宽度的凸台形地面，就能够为雕塑提供一个独立的空间，从而可以很好地突出雕塑作品。又如，在坐椅区、花坛区、音乐广场的演奏区等地方，通过设置凸台式地面来划分广场地面，突出个性空间，还可以很好地强化局部地面的功能特点。将广场水景池周围地面，设计为几级下行的阶梯，使水池成为下沉式的，水面更低，观赏效果将会更好。总之，宽阔的广场地面中如果有一些竖向变化，则广场地面的景观效果一定会有较大的提高。

（三）广场竖向设计

广场竖向设计要有利于排水，要保证铺地地面不积水。为此，任何广场在设计中都要有不小于0.3%的排水坡度，而且在坡面下端要设置雨水口、排水管或排水沟，使地面有组织地排水，组成完整的地上地下排水系统。铺地地面坡度也不要过大，坡度过大则影响使用。一般坡度在0.5%～5%较好，最大坡度不得超过8%。

竖向设计应当尽量做到减少土石方工程量，节约工程费用。最好要做到土石方就地平衡，避免土方二次转运，减少土方用工量。设计中还应注意兼顾铺地的功能作用，要有利于功能作用的充分发挥。例如，广场上的坐椅休息区，其地坪设计高出周围20～30cm，使呈低台状，就能够保证下雨时地面不积水，雨后马上可以再供使用。广场中央设计为大型喷泉水池时，采用下沉式广场形式，降低广场地坪，就能够最大限度地发挥喷泉水池的观赏作用。

二、广场工程施工

广场工程的施工程序基本上与园路工程相同。但由于广场上往往存在着花坛、草坪、水池等地面景物，因此，它又比一般的道路工程内容更复杂。下面从广场的施工准备、场地平整与找坡和地面施工 3 个方面介绍广场的施工问题。

（一）施工准备

1. 材料准备　准备施工机具、基层和面层的铺装的材料，以及施工中需要的其他材料；清理施工现场。

2. 场地放线　按照广场设计图所绘施工坐标方格网，将所有坐标点测设在场地上并打桩定点。然后以坐标桩点为准，根据广场设计图，在场地地面上放出场地的边线、主要地面设施的范围线和挖方区、填方区之间的零点线。

3. 地形复核　对照广场竖向设计图，复核场地地形。各坐标点、控制点的自然地坪标高数据，有缺漏的要在现场测量补上。

（二）场地平整与找坡

1. 挖方与填方施工　挖、填方工程量较小时，可用人力施工；工程量较大时，应进行机械化施工。预留作草坪、花坛及乔灌木种植的区域，可暂时不开挖。水池区域要同时挖到设计深度。填方区的堆填顺序，应当是先深后浅；先分层填实深处，后填浅处。每填一层就夯实一层，直到设计的标高处。挖方过程中挖出的适宜栽植的肥沃土壤，要临时堆放在广场外边，以后再入花坛、种植池中。

2. 场地平整与找坡　挖、填方工程基本完成后，对挖、填出的新地面要进行整理。要铲平地面，使地面平整度变化限制在 2cm 以内。根据各坐标桩标明的点填、挖高度数据和设计的坡度数据，对场地进行找坡，保证场地内各处地面都基本达到设计的坡度。土层松软的局部区域还要做地基加固处理。

3. 连接处理　根据场地周边与建筑、园路、管线等的连接条件，确定边缘地带的竖向连接方式，调整连接点的地面标高。还要确认地面排水口的位置，调整排水沟管底部标高，使广场地面与周围地坪的连接更自然，排水、通道等方面的矛盾降到最低。

（三）地面施工

1. 基层的施工　按照设计的广场地面层次结构与做法进行施工，可参照前面关于园路地基与基层施工的内容，结合地坪面积更宽大的特点，在施工中注意基层的稳定性，确保施工质量，避免今后广场地面发生不均匀沉降。

2. 面层的施工　采用整体现浇面层的区域，可把该区域分成若干规则的地块，每一地块面积在（7m×9m）～（9m×10m），然后逐个地块施工。地块之间的缝隙做成伸缩缝，用沥青棉纱等材料填塞。采用混凝土预制块铺装的，可按照前面园路工程施工的有关部分进行施工。

3. 地面的装饰　依照设计的图案、纹样、颜色、装饰材料等进行地面装饰性铺装，其铺装方法也可参照前面有关内容。

复习思考题

1. 园路在园林中有什么功能与作用？
2. 园路在线形设计上有什么要求？
3. 路面面层的结构由哪些构成？
4. 园路结构设计中应注意哪些问题？
5. 园路铺装的在园林造景中有哪些作用？园路铺装包括哪些内容和方法？
6. 园路铺装设计有什么要求？园路铺装有哪些形式？
7. 简述园路施工的步骤是什么？
8. 广场装饰设计的原则是什么？
9. 广场装饰的手法有哪些？

实 验 实 训

一、某公园一处梅林环境的园路设计

（一）目的：掌握古典园路设计的设计要点、铺装形式及结构做法。

（二）绘图工具：图板、绘图纸、丁字尺、三角板、绘图笔等。

图纸内容：平面图、立面图、结构图、效果图。

二、园路施工

实训目的：了解园路的结构，掌握园路施工步骤及方法。

实训要求：以组（每组3～5人）为单位进行现场操作或现场模拟操作园路的施工过程。

材料与用具：测量用具、施工用具、相应的施工材料。

方法步骤：

1. 施工所用的材料及用具的准备
2. 测量放线
3. 准备路槽
4. 铺筑基层
5. 找平、铺筑面层

实训成果：

每人完成一份该道路的结构断面图及详细施工步骤。

第六章　假山工程

目标：培养学生合理运用置石、假山，因地制宜地进行园林组景、造景的设计能力，具有理解和识别假山设计施工图的能力，能按相应所用假山石材的特性、工程技术规定有效地组织置石，能按有关规定，科学地组织小型假山工程的施工与管理。

任务：通过本章的学习，认识、了解常见假山石材的特性，掌握置石的选材、布置要点、结构和施工技巧；熟悉假山设计的基本规律，掌握假山的设计、选石、布置要点、结构以及施工工艺流程和施工技能。理解掌握园林砖骨架塑山、钢骨架塑山及GRC、FRP塑山的工艺流程和施工技能。

叠山造园在我国历史悠久，并形成了风格独特的园林体系；假山是具有中国园林特色的人造景观，它作为中国自然山水园的基本骨架，对园林景观组合，功能空间划分起到十分重要的作用。假山工程是园林的专业工程，因而也是本课程重点内容之一。因此，研究假山的功能作用、规划布局与设计、造型和结构、掌握假山工程的施工技法，是园林工程的一项重要任务。

第一节　假山工程的相关知识

一、假山概念

假山是指用人工堆起来的山，是从真山演绎而来，人们通常称呼的假山实际上包括假山和置石两个部分。假山是以造景游览为主要目的，充分地结合其他多方面的功能作用，以土、石等为材料，以自然山水为蓝本并加以艺术的提炼和夸张，是人工再造的山水景物的通称。置石是以山石为材料作独立性或附属性的造景布置，主要表现山石的个体美或局部的组合而不具备完整的山形。一般的说，假山的体量大而集中，可观可游，使人有置身于自然山林之感。置石则主要以观赏为主，结合一些功能方面的作用，体量较小而分散。假山因材料不同可分为土山、石山和土石相间的山。因造园用地内无山而叠山，另一方面造园用地范围内有山但无法满足人们的审美要求，对原有自然山形进行加工、修整而进行剔山，如绍兴东湖公园便是如此。

在我国悠久的历史中，历代有名的和无名的假山匠师们吸取了土作、石作、泥瓦作等方面的工程技术和中国山水画的传统理论和技法，通过实践创造了我国独特、优秀的假山工艺。值得我们发掘、整理、借鉴，在继承的基础上把这一民族文化传统发扬光大。

二、假山的功能作用

中国园林要求达到“虽由人作，宛自天开”的高超的艺术境界，造园主为了满足游赏活动的需要，必然要建造一些体现人工美的园林建筑；但就园林的总体要求而言，在景物外貌的处理上要求人工美从属于自然美，并把人工美融合到自然美的园林环境中去；假山和置石有以下几个方面的功能作用：

（一）作为自然山水园的主景和地形骨架

以山为主景，或以山石为驳岸的水池作主景。整个园子的地形骨架、起伏、曲折皆以此为基础来变化。诸如金代在太液池中用土石相间的手法堆叠的琼华岛（今北京北海之塔山）、明代南京徐达王府之西园（今南京之瞻园）、明代所建今上海豫园、清代扬州之个园和苏州的环秀山庄等。总体布局都是以山为主，以水为辅，其中建筑并不一定占主要的地位。这类园林实际上是假山园。在江南园林中也常用孤置山石作为庭院空间环境的主景，如苏州留园的冠云峰，上海豫园的玉玲珑所在的庭院空间。

（二）作为园林划分空间和组织空间的手段

中国园林善于运用“各景”的手法，根据用地功能和造景特色将园子化整为零，形成丰富多彩的景区。这就需要划分和组织空间。划分空间的手法很多，但利用假山划分空间是从地形骨架的角度来划分，具有自然和灵活的特点。特别是用山水相映成趣地结合来组织空间，使空间更富于性格的变化。建于清代的圆明园（集锦式布局）和苏州的拙政园、网师园某些局部就是运用假山来组织和划分空间的很好例证。假山在组织空间时可以结合障景、对景、背景、框景、夹景等手法灵活运用；可以通过假山来转换建筑空间轴线（图 6-1），也可在两个不同类型的景观、空间之间运用假山实现自然过渡，如在颐和园仁寿殿和昆明湖之间的地带，是宫殿区和居住区、游览区的交界；这里用土山带石的做法堆了一座假山。该假山在分隔空间的同时结合了障景处理。在宏伟的仁寿殿后面，把园路收缩得很窄，并采用“之”字线形穿山而形成谷道。一出谷口则辽阔、疏朗、明亮的昆明湖突然展开在面前。这种“欲放先收”的造景手法取得了很好的实际效果。

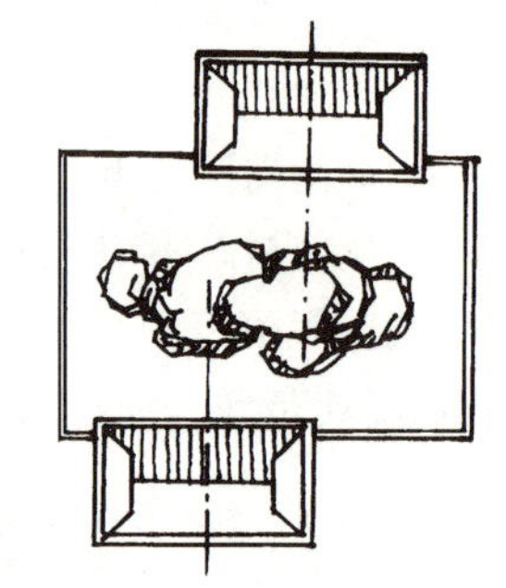
图 6-1　轴线转换

（三）运用山石小品作为点缀园林空间和陪衬建筑、植物的手段

山石的这种作用在我国大江南北均有所见，尤以江南私家园林运用最为广泛。如苏州留园东部庭院的空间基本上是用山石和植物装点的，有的以山石作花台，或以石峰凌空，或藉粉墙前散置，或以竹、石结合作为廊间转折的小空间和窗外的对景。如图 6-2a、b 所示为

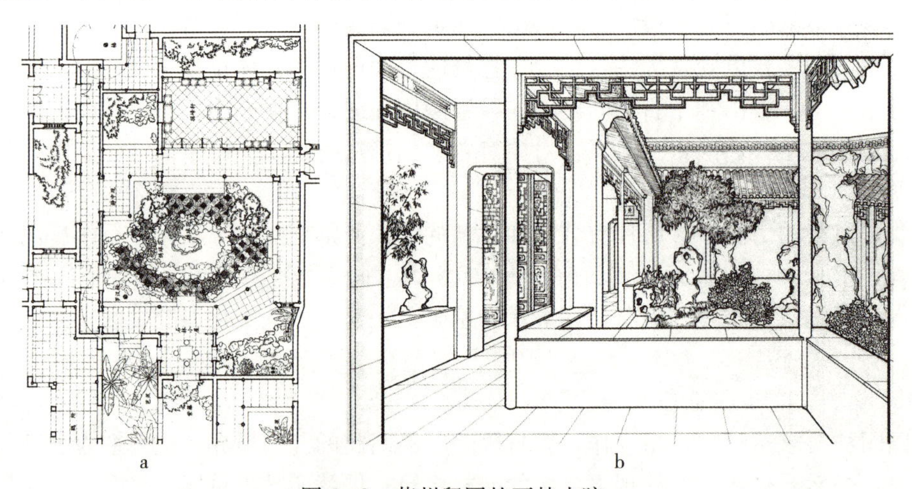
a　　b

图 6-2　苏州留园的石林小院

a. 石林小院平面　b. 石林小院透视（由静中观东望）

“石林小院”庭院，游人环游其中，一个石景往往可以兼作几条视线的对景。石景又以漏窗为框景，增添了画面层次和明暗的变化。仅仅四、五处山石小品布置，却由于游览视线的变化而得到几十幅不同的画面效果，利用山石小品点缀园景具有“因简易从，尤特致意”的特点。运用山石陪衬植物在园林中得到广泛运用，扬州的个园因山石与植物相映成趣，而形成春、夏、秋、冬四景。

（四）用山石做驳岸、挡土墙、护坡和花台等

规整的驳岸、挡土墙、护坡和花台人工痕迹太浓，不容易与自然山水环境相协调。自然山石挡土墙的功能和整形挡土墙的基本功能相同，而外观上曲折、起伏、凸凹有致，极显自然情态。在人工挖湖堆山时，在坡度较陡的土山坡地常散置山石以护坡。这些山石可以阻挡和分散地面径流。降低地面径流的流速从而减少水土流失。在坡度更陡的山上往往开辟成自然式的台地，在山的内侧所形成的垂直土面多采用山石做挡土墙。如颐和园“圆朗斋”、“写秋轩”，北海的“酣古堂”、“亩鉴室”周围都是自然山石挡土墙的佳品。在用地面积有限的情况下要堆起较高的土山，常利用山石作山脚的藩篱。这样，由于土易崩而石可壁立，就可以缩小土山所占的底盘面积而又具有相当的高度和体量。如颐和园仁寿殿西面的土山、无锡寄畅园西岸的土山都是采用这种做法。

江南私家园林中还广泛地利用山石作花台种植牡丹、芍药和其他观赏植物。并用花台来组织庭院中的游览路线，或与壁山结合，与驳岸结合。在规整的建筑范围中创造自然、疏密的变化。这和我国传统的篆刻艺术有不少相通的手法，有异曲同工的艺术效果。

假山和置石的这些功能与作用都是和造景密切结合的；它们可以因高就低，随形赋形，并与园林中其他造景要素如建筑、道路、植物等组成各式各样的园景，使人工建筑物和构筑物自然化，减少建筑物某些平板、生硬的线条的缺陷，增加自然、生动的气氛。

（五）山石的实用功能

石屏风、石榻、石桌、石几、石凳、石栏等石作小品，既不怕日晒夜露，又可结合造景。如无锡惠山山麓的“听松石床”就为一实用结合造景的好例子。此外，山石还用作室内外楼梯、园桥、汀石和镶嵌门、窗、墙等。

三、假山材料

（一）假山石料分类

我国幅员辽阔，地质变化多端，这为各地掇山、形成特色提供了优越的物质条件。明代林有麟著有《素园石谱》，记录石种百余类。宋代杜绾撰《林石谱》所录有116种，其大多数是玩石。明计成《园冶》收录15种山石，多数可作为造园叠山之用。计成据其不同的石性及造型特点，分门别类进行了归纳简述。假山石料的方式较多，按掇山功能和用途分峰石、叠石、腹石和基石。

峰石：一般是选用奇峰怪石，多用于建筑物前置石或假山收顶。

叠石（腰石）：要求质量好，形态特征适宜，主要用于山体外层堆叠，常选用湖石、黄石和青石等。

腹石：主要用于填充山体内层，石质宜硬，但形态不作特别要求，一般可就地取材。

基石：位于假山底部，多选巨型块石，其形态要求不高，但需坚硬、耐压、平坦。

（二）假山石选择要点

1. 选石应熟知石性 岩石由于地理、地质、气候等复杂条件，化学成分和结构不同，肌理和色彩形态上也有很大的差异。不同的叠山造型，选择适合于自然环境的石形是很重要的。选石包括石质的强度、吸水性、色泽、纹理等。李渔论选石曰：“石纹石色，取其相同者，如粗纹与粗纹，当并一处；细纹与细纹，宜在一方，紫碧青红，各以类聚是也。然分别太甚，至其相悬，接壤处反觉异同，不若随取随得，变化从心之为便。至于石性，则不可不依，拂其性而用之，非止不耐观，且难持久。石性为何？斜正纵横之理路是也”（《闲情偶寄》）。目前叠山较好的石料有：沙积石、黄石、蓬莱石、宣石、鸡米石、砂片石、龙骨石、钟乳石、湖石、斧劈石、灵璧石等。

2. 石形与纹理走向与造型的关系 如果要表现山峰的挺拔、险峻，应择竖向石型。斜向石型有动势和倾斜平衡感觉，很适于表现危岩与山体的高远效果。不规则曲线纹理石型最适于表现水景，叠瀑具有一种动态美。横向石型具有稳定的静态美，适于围栏、庭院叠山造型。作为造园叠山造型表现技法很多又很综合，要交叉运用。

3. 石的色泽与叠山环境的关系 石的色相很多，置石的质和色对人的心理和生理的感觉是不可忽视的重要环节，自然环境的大色调与叠山造型的小色调之间，光源色、固有色、环境色之间的和谐关系是密切的。如竹林树丛及花圃组合的叠山造型为偏白灰色调，既对比，又和谐。传统园林常作粉壁置石，即以墙作背景。而避暑纳凉的环境应以偏冷的青绿色组合更为贴切。再如宾馆室内造景以及开放式空间相组合的叠山造型，色相应对比强烈，色调偏暖，以暗、黄调为主（室内还应考虑人造光源因素），以满足人兴奋、热烈健康的心理因素。当然，人们的文化修养不同，对于色彩在感觉上肯定会有差异。

4. 有些特殊的环境还可选择其他石料 如豪华式宾馆、重要场所的特置散石，点景小品的处理，可用名贵的赏石做点缀，如汉白玉花岗岩、玉石、树化石等自然石形，以补充空间，活跃环境气氛。

5. 依据山体部位合理选择假山石料 就叠山造型而言，又分基石、腰石、峰石，因而选石时应加以分类，区别对待，选择形态自然、脉络、纹理清晰、符合表现主题的石料作为叠石造型的主体材料，并将最精华的部分作主峰、结顶之用。把难以修整的石料选择角度，并将较好的主视面朝外作围基用。最后将淘汰的形态不佳的废石作山体填充。

四、常用假山石料

按假山石料的产地、质地来看，假山的石料可以概括为湖石、黄石、青石、石笋以及其他石品 5 大类，每一大类又因产地地质条件差异而又可细分为多种。

1. 湖石类 湖石是一种经过熔融的石灰岩，在我国分布很广。主产于江浙，以洞庭西山消夏湾为最好。石多处于水洼，或山坡表层，自然造化而成。“性坚而润，有嵌空、穿眼、宛转、险怪之势”（《园冶·选石》）。湖石线条浑圆流畅，洞穴透空玲巧，很适宜大型园林叠山及造山水景。因产于太湖，故称为太湖石（图 6 - 3a）。除太湖一带盛产外，北京的房山、广东的英德、安徽的宣城、灵璧以及江苏的宜兴、镇江、南京、山东的济南等地均有出产。只不过在色泽、纹理和形态方面有异。与太湖石相近的石材有以下几种。

（1）房山石。因产于北京房山一带而得名。也属石灰岩。新开采的房山石呈土红色、橘红色或更淡一些的土黄色，日久以后表面带些灰黑色。质地不如南方的太湖石那样脆，但有

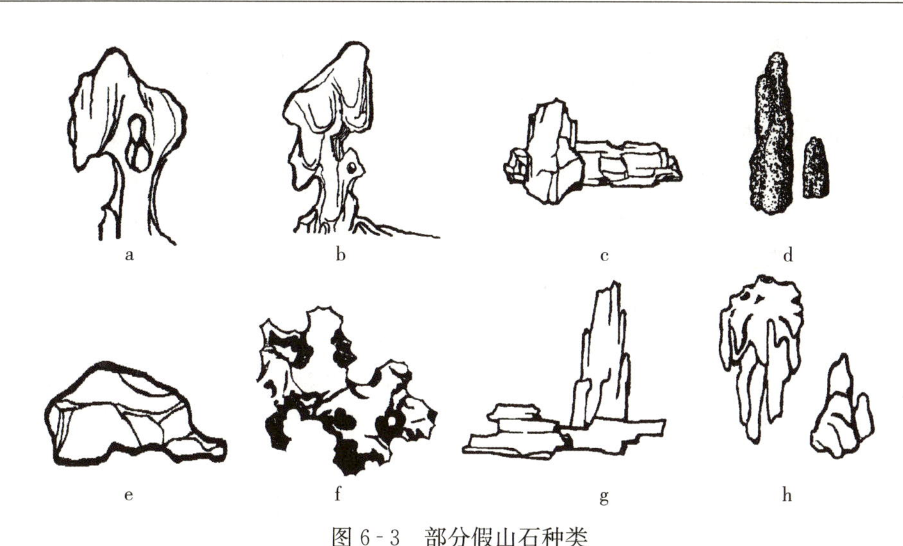

图 6-3　部分假山石种类

a. 太湖石　b. 灵璧石　c. 黄石　d. 石笋　e. 黄蜡石　f. 英德石　g. 青石　h. 钟乳石

一定的韧性。这种山石也具有太湖石的窝、沟、环、洞等的变化，因此也有人称之为“北太湖石”。它的特征除了颜色上和太湖石有明显区别以外，容重比太湖石大，扣之无共鸣声，多密集的小孔穴而少有大洞。因此外观比较沉实、浑厚、雄壮。这和太湖石外观轻巧、清秀、玲珑是有明显差别的。和此山石接近的还有镇江产砚山石，形态颇多变化且色泽淡黄清润，也有灰褐色的，扣之微有声，石多穿眼相通。

（2）英德石（图 6-3f）。原产广东省英德县一带。岭南园林中有用这种山石掇山，常构出峰型和壁型两类假山。英石质坚而脆，用手指弹扣有较响的共鸣声，淡青灰色，有的间有白脉笼络。这种山石多为中、小形体，鲜见很大块的。英石又可分白英、灰英和黑英三种。一般所见以灰英居多，白英和黑英均甚罕见，所以多用作特置或散点。

（3）灵璧石（图 6-3b）。产于安徽省灵璧县。石产土中，多被赤泥渍满，须刮洗方显本色。其石中灰色而甚为清润，质地亦脆，用手弹亦有共鸣声。石面有坳坎的变化，石形多变，石眼少，须藉人工修饰以全其美。这种山石可掇山石小品，更多的情况下作为盆景石玩。

（4）宣石。产于安徽宁国县。其色有如积雪覆于灰色石上，由于为赤土积渍略带赤黄色，非刷净不见其质，所以愈旧愈白。由于它有积雪一般的外貌，扬州个园的冬山、深圳锦绣中华的雪山均用它作为材料，效果甚佳。

2. 黄石　黄石是一种带橙黄颜色的细砂岩（图 6-3c），产地很多，苏州、常州、镇江等地皆有所产，以常熟虞山的自然景观最为著名。其石形体顽劣，见棱见角，节理面近乎垂直，雄浑沉实。与湖石相比它又别是一番景象，平正大方，立体感强，块钝而棱锐，具有强烈的光影效果。明代所建上海豫园的大假山、苏州耦园的假山和扬州个园的秋山均为黄石掇成的佳品。

3. 青石　青石为北京西郊一带所产，为一种青灰色的细砂岩（图 6-3g）。青石的节理面不像黄石那样规整，不一定是相互垂直的纹理，也有交叉互织的斜纹。就形体而言多呈片状，故又有“青云片”之称。青石在北京运用较多，如圆明园“武陵春色”的桃花洞、北海的濠濮涧和颐和园后湖某些局部都用这种青石为山。青石多用于假山和蹬道。

4. 黄蜡石　黄蜡石色黄，表面油润如蜡，有的浑圆如卵石，有的石纹古拙、形态奇异，多块料而少有长条形（图 6 - 3e）。由于其色优美明亮，常以此石作孤景，或散置于草坪、池边和树荫之下。在广东、广西等地广泛运用，如深圳市人民公园和广西南宁市盆景园都大量采用此石。与此石相近的还有墨石，多产于华南地区，色泽褐黑，丰润光洁，极具观赏性，多用于卵石小溪边，并配以棕榈科植物。

5. 石笋 石笋为外形修长如竹笋的一类山石的总称（图 6 - 3d）。其产地颇广。石皆卧于山土中，采出后直立地上。园林中常作独立小景布置，多与竹类配置，如扬州个园的春山、北京紫竹院公园的江南竹韵等。常见石笋又可分为：

（1）白果笋。是在青灰色的细砂岩中沉积了一些卵石，犹如银杏所产的白果嵌在石中，因而得名。北方则称白果笋为“子母石”或“子母剑”。“剑”喻其形，“子”即卵石，“母”是细砂母岩。这种山石在我国各园林中均有所见。有些假山师傅把大而圆的头向上的称为“虎头笋”，头尖而小的称“凤头笋”。

（2）乌炭笋。顾名思义，这是一种乌黑色的石笋，其色比煤炭的颜色稍浅而无甚光泽。如用浅色景物作背景，这种石笋的轮廓就更清晰，可得到较好的对比效果。

（3）慧剑。这是北京假山师傅的沿称，所指是一种净面青灰色或灰青色的石笋。北京颐和园前山东腰有高达数丈的大石笋就是这种“慧剑”。

（4）钟乳石笋。即将石灰岩经熔融形成的钟乳石倒置（图 6 - 3h），或用石笋正放用以点缀景色。如北京故宫御花园就是用这种石笋做特置小品。

6. 其他石品 诸如木化石、松皮石、石珊瑚、石蛋等其他石品。木化石古老朴质，常作特置或对置。松皮石是一种暗土红的石质中杂有石灰岩的交织细片，石灰岩部分经长期熔融或人工处理以后脱落成空块洞，外观像松树皮突出斑驳一般。石蛋即产于海边、江边或旧河床的大卵石，有砂岩及其他各种质地的。岭南园林中运用比较广泛。如广州市动物园的猴山、广州烈士陵园等均大量采用。近年来，随着城市园林化，园林叠山造景材料的需求大量增加，而自然界可用材料是有限的。现已开发出的叠山材料有：混凝土制作人工塑石，用煤矸石在车间生产形形色色的铸石。

以上只介绍叠山较常用的部分石种。自然界中除了平原、沙漠，到处都可以找到可做造园之用的石料。就地取材，随类赋型，最有地方特色，也最为可取。

五、山石的开采与运输

山石的开采和运输因山石种类和施工条件而有所不同。对于半埋土中的山石一般采用掘取的方法，挖掘时要沿四周慢慢掘起，这样可以保持山石的完整性又不至太费工力。济南市附近所产的一种灰色湖石和安徽灵璧所产的灵璧石都分别浅埋于土中，有的甚至是天然裸露的单体山石，稍加开掘即可得。但如果是整体的岩系就不可能挖掘取出。有经验的假山师傅只需用手或铁器轻击山石，便可从声音大致判断山石埋的深浅，以便决定取舍。如果石料在河道中，取石较为困难，一般需要特殊的机具才能取石。

对于形态奇特的山石，如湖石、钟乳石等，最好用凿取的方法开采，通过开凿将其从整体中分离出来。开凿时力求缩小分离的剖面以减少人工开凿的痕迹。湖石质地清脆，开凿时要避免因过大的震动而损伤非开凿部分的石体。湖石开采以后，对其中玲珑嵌空易于损坏的好材料应用木板或其他材料作保护性的包装，以保证在运输途中不致损坏。

对于黄石、青石一类带棱角的山石材料，采用爆破的方法不仅可以提高工效，同时还可以得到合乎理想的石形。爆破开眼孔时，上孔直径为 5cm，孔深 25cm。如果下孔直径放大一些使爆孔呈瓶形则爆破效力要增大 0.5～1 倍。一般炸成 0.5～1t/块，少量可更大一些。炸得太碎则破坏了山石的观赏价值，也给施工带来很多困难。

山石开采后，首先应对开采的山石进行挑选，将可以使用的或观赏价值高的放置一边，然后做安全性保护，用小型起吊机械进行吊装，通常钢丝网或钢丝绳将石料起吊至车中，车厢内可预先铺设一层软质材料，如沙子、泥土、草等，并将观赏面差的一面向下，加以稳固措施，防止晃动碰撞损坏。在运输的各个环节，宁可慢一些，也要尽力想办法保护好石料。到达目的地后要及时安装，并避免多次调运。

第二节　置　　石

置石用的山石材料较少，结构比较简单，对施工技术也没有很专门的要求，因此容易掌握。置石的布置特点是：以少胜多、以简胜繁，量少质高，篇幅不大。但要求目的明确，布局严谨，手法简练。依布置形式不同，置石可以分为：特置、对置、群置、散置等。

一、特　　置

特置是指将体量较大、形态奇特，具有较高观赏价值的峰石单独布置成景的一种置石方式，又称孤置山石、孤赏山石。特置的山石不一定都呈立峰的形式。特置在我国园林史上也是运用得比较早的一种置石形式。例如现存杭州的绉云峰，苏州的瑞云峰、冠云峰（图 6-4a、b、c），上海豫园的玉玲珑，北京颐和园的青芝岫，广州海珠花园的大鹏展翅，海幢花园的猛虎回头等都是特置山石中的名品。在绍兴柯岩采石所留石峰——“云骨”（图 6-4d），在田野中更是挺拔、神奇。

a　　b　　c　　d

图 6-4　特置石

a. 绉云峰　b. 瑞云峰　c. 冠云峰　d. 云骨

（一）选材

特置应选体量大、轮廓线突出、姿态多变、色彩突出的山石，特置山石要观赏特征明显。如绉云峰因有深的皱纹而得名；玉玲珑以千穴百孔、玲珑剔透而出众；瑞云峰以体量特大姿态不凡且遍布窝、洞而著称；冠云峰兼备透、漏、瘦于一石，亭亭玉立，高矗入云而名噪江南。可见特置山石必须具备独特的观赏价值，并不是什么山石都可以作为特置用的。

(二) 用途

特置山石在园林中常用作入门的障景和对景，或置视线集中的廊间、天井中间、漏窗后面、水边、路口或园路转折的地方。特置山石也可以和壁山、花台、岛屿、驳岸等结合使用。现代园林中的特置多结合花台、水池或草坪、花架来布置。特置好比单字书法或特写镜头，本身应具有比较完整的构图关系，古典园林中的特置山石常刻题咏和命名。

(三) 布置要点

特置山石大多由单块山石布置成为独立性的石景，布置的要点在于相石立意，山石体量与环境相协调。通过前置框景、背景衬托，以及利用植物弥补山石的缺陷等手法表现山石的艺术特征。

(四) 结构与施工

特置山石可采用整形的基座（图 6-5），也可以坐落在自然的山石上面（图 6-6），这种自然的基座称为“磐”，特置山石在工程结构方面要求稳定和耐久，关键是掌握山石的重心线使山石本身保持重心的平衡。传统的做法是用石榫头稳定，榫头长度一般为十几厘米到二十几厘米，具体运用应根据置石大小而定，榫头直径宜大不宜小，榫肩宽 3cm 左右，石榫头必须正好在重心线上。基磐上的榫眼比石榫的直径大 0.5～1cm，比石榫头的长度要深1～2cm。吊装山石以前，须在榫眼中浇灌少量黏合材料，待榫头插入时，黏合材料便自然地充满空隙。吊装好后，在黏合材料凝固以前，为保持置石稳定不走形，应加以支撑固定，同时加强看护管理（图 6-7）。

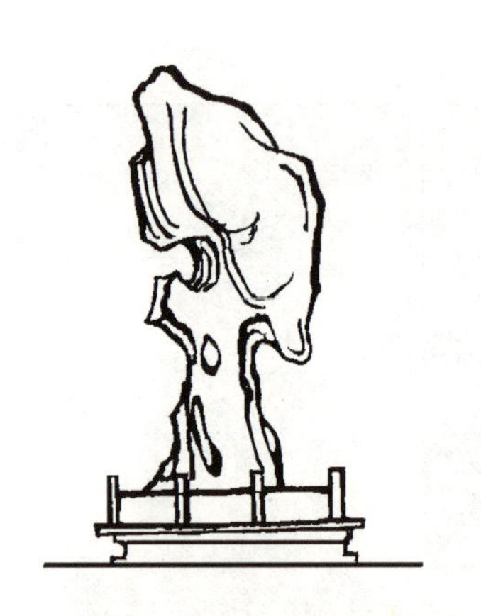

图 6-5　有基座特置

图 6-6　自然山石上的特置

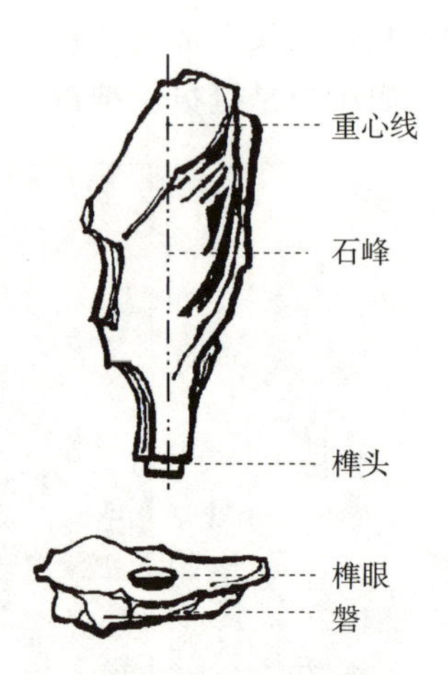

图 6-7　置石安装

在没有自然基座的情况下，也可事先利用水泥混凝土浇灌的方法做一基座，并在基座上预留榫眼，待基座完全凝固后再行吊装，并在露出地表的混凝土上铺设、拼接与特置山石纹理、色泽、质地相同的山石，形成自然基座。

特置山石还可以结合台景布置。台景也是一种传统的布置手法。利用山石或其他建筑材料做成整形的台，台内盛土壤，底部有排水设施，然后在台上布置山石和植物，或仿作大盆景布置，给人欣赏这种有组合的整体美。北京故宫御花园绛雪轩前面有用琉璃贴面为基座，以植物和山石组合成台景。

在山石材料稀少的地方，也可用几块同种山石进行拼接成特置峰石，应当注意自然、平衡。

二、对　　置

在建筑物前沿建筑中轴线两侧作对称位置的山石布置（图 6－8），以陪衬环境，丰富景色，如北京可园中对置的房山石；颐和园仁寿殿前的山石布置。

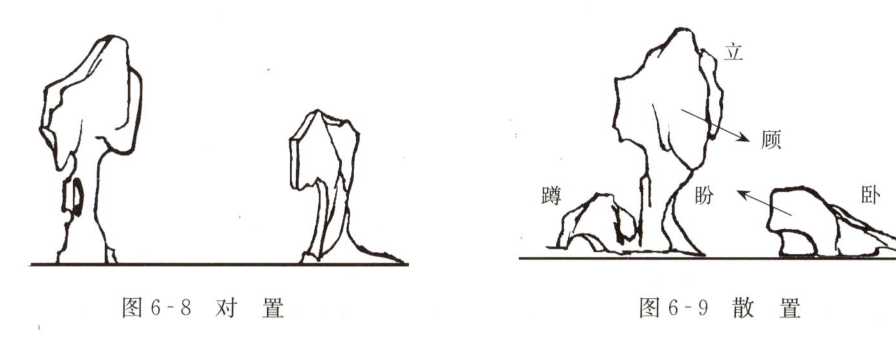

图 6－8　对　置　　　　图 6－9　散　置

三、散　　置

散置是仿照山野岩石自然分布之状而施行点置的一种手法，也称“散点”，即所谓“攒三聚五”、“散漫理之”的做法（图 6－9）。这类置石对石材的要求相对比特置要低一些，但要组合得当，并非散乱随意点摆，而是断续相连的群体。它的布置要点在于有聚有散、有断有续、主次分明、高低曲折、顾盼呼应、疏密有致、层次丰富。散置常运用于土山的山麓、山坡、山头，园门两侧、廊间、粉墙前，在林下、花径、草坪中、路旁均可散点山石而得到意趣。

四、群　　置

群置也有称“大散点”，是指运用数块山石互相搭配点置，组成一个群体的置石方法（图 6－10），它在用法和置石要点方面基本上和散置是相同的，差异之处在于群置空间比较大。材料堆叠量较大，而且堆数也增多，但就其布置的特征而言仍属散置。布置时应有主宾之分，搭配自然和谐，同时根据“三不等”原则（即石之大小不等，石之高低不等，石之间距不等）进行配置。北京北海琼华岛南山西路山坡上有用房山石作的群置，处理得比较成功，不仅起到护坡的作用，同时也增添了山势。

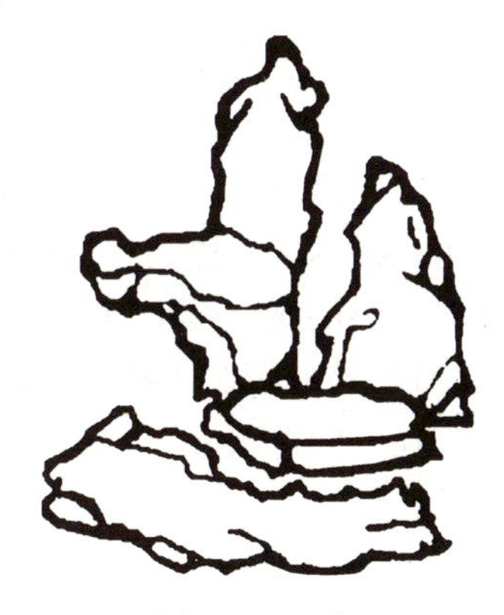

图 6－10　群　置

五、山石器设

用山石作室内外的家具或器设也是我国园林中的传统作法。山石几案不仅有实用价值，而且又可与造景密切结合，特别是用于有起伏地形的自然式布置地段，很容易和周围环境取得协调，布置在林间空地或有树庇荫的地方，为游人提供休憩场所，它在选材方面与一般假山用材不相矛盾。一般接近平板或方墩状的石材在假山堆叠中可能不算良材。但作为山石几案却非常合适。只要有一面稍平即可，不必进行仔细加工，而且在基本平的面上也可以有自然起层的变化，以体现其自然的外形。选用的材料体量应大一些，使之与外界空间相称，作为室内的山石器设则可适当小一些。

山石器设可以随意独立布置，也可结合挡土墙、花台、驳岸等统一安排。山石几案虽有桌、几、凳之分，但在布置上却不能像一般家具那样对称摆放。

六、山石与园林建筑、植物相结合的布置

（一）山石踏跺和蹲配

明代文震亨著《长物志》中“映阶旁砌以太湖石垒成者曰涩浪”所指的山石布置就是这一种。用于丰富建筑立面、强调建筑出入口。中国传统的建筑多建于台基之上。这样，出入口的部位就需要有台阶作为室内外上下的衔接。这种台阶可以做成整形的石级，而园林建筑常用自然山石做成踏跺。北京的假山师傅称为“如意踏跺”，它不仅有台阶的功能，而且有助于处理从人工建筑到自然环境之间的过渡。石材宜选择扁平状的，以各种角度的梯形甚至是不等边的三角形会更富于自然的外观。每级在10～30cm，有的还可以更高一些。每级的高度和宽度不一定完全一样，应随形就式，灵活多变，同时两旁设有垂带。山石每一级都向下坡方向有2%的倾斜坡度以便排水。石级断面要上挑下收，以免人们上台阶时脚尖碰到石级上沿。同时石级表面不能有“兜脚”。用小块山石拼合的石级，拼缝要上下交错，以上石压下缝。踏跺有石级规则排列的，也有相互错开排列的；有精直而上的，也有偏斜而入的。当台基不高时，可以采用像苏州狮子林“燕誉堂”前坡式踏跺。当游人出入量较大时可采用苏州留园“五峰仙馆”那种分道而上的办法。

蹲配常和踏跺配合布置。所谓“蹲配”以体量大而高者为“蹲”，体量小而低者“配”，务必使蹲配在建筑轴线两旁有均衡的构图关系。从实用功能上来分析，它可兼备垂带和门口对置的石狮、石鼓之类装饰品的作用。但又不像垂带和石鼓那样呆板。它一方面作为石级两端支撑的梯形基座，也可以由踏跺本身层层叠上而用蹲配遮挡两端不易处理的侧面。在保证这些实用功能的前提下，蹲配在空间造型上则可利用山石的形态极尽自然变化（图6-11）。

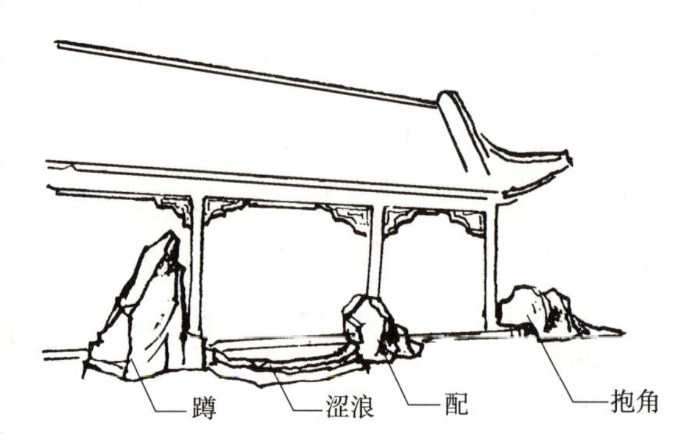

图6-11　如意踏垛和蹲、配、抱角

（二）抱角和镶隅

建筑的墙面多成直角转折，这些拐角的外角和内角的线条都比较单调、平滞。常以山石来美化这些墙角。对于外墙角，山石成环抱之势紧包基角墙面，称为抱角；对于墙内角则以山石填镶其中，称为镶隅（图6-12）。山石抱角和镶隅的体量均须与墙体所在的空间取得协调。一般园林建筑体量不大，所以无须做过于臃肿的抱角。当然，也可以用以小衬大的手法用小巧的山石衬托宏伟、精致的园林建筑。例如颐和园万寿山上的“圆朗斋”等建筑都采用此法而且效果较好。山石抱角的选材应考虑如何使石与墙

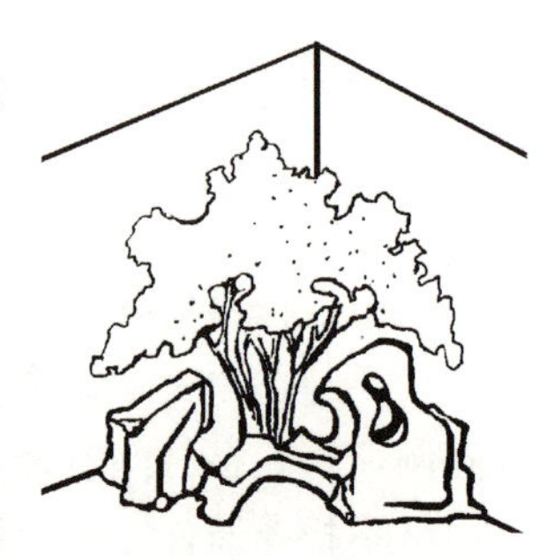

图6-12　镶　隅

接触的部位，特别是可见的部位能融合起来。

江南私家园林多用山石作小花台来镶填墙隅。花台内点植体量不大却又潇洒、轻盈的观赏植物。这种山石小花台一般都很小，但就院落造景而言它却起了很大的作用。苏州拙政园腰门外以西的门侧，利用两边的墙隅均衡地布置了两个小山石花台。一大一小，一高一低。山石和地面衔接的基部种植书带草，北隅小花台内种紫竹数竿。青门粉墙，在山石的衬托下，构图非常完整，造景效果相当突出。

（三）粉壁置石

《园冶》中“峭壁山者，靠壁理也。藉以粉壁为纸，以石为绘也。理者相石皴纹，仿古人笔意，植黄山松柏古梅美竹。收之园窗，宛然镜游也。”所指山石布置即为此种。粉壁置石即以墙作为背景，在面对建筑的墙面、建筑山墙或相当于建筑墙面前基础种植的部位作石景或山景布置，因此也有称“壁山”、“粉壁理石”（图 6-13）。在江南园林的庭院中，这种布置随处可见。有的结合花台、特置和各种植物布置，式样多变。苏州网师园南端“琴室”所在的院落中，于粉壁前置石，石的姿态有立、蹲、卧的变化，加以植物和院中台景的层次变化，使整个墙面变成一个丰富多彩的风景画面。苏州留园“鹤所”墙前以山石作基础布置，高低错落，疏密相间，并用小石峰点缀建筑立面，这样一来，白粉墙和暗色的漏窗、门洞的空处都形成衬托山石的背景，竹、石的轮廓非常清晰。

图 6-13　粉壁置石

粉壁置石在施工时应注意两点：一是石头本身必须直立，不可倚墙；二是注意排水。

（四）廊间山石小品

园林中的廊为了争取空间的变化或使游人从不同角度去观赏景物，在平面上往往做成曲折回环的半壁廊。在廊与墙之间形成一些大小不一、形体各异的小天井空隙地。可以发挥山石小品“补白”的作用。使之在很小的空间里也有层次和深度的变化。同时诱导游人按设计的游览顺序入游，丰富沿途的景色，使建筑空间小中见大，活泼无拘。上海豫园东园“万花楼”东南角有一处回廊小天井处理得当。自两宜轩东行，有园洞门作为框景猎取此景；自廊中往返路线的视线焦点也集中于此，因位置和朝向处理得法，石景本身处理亦精练，所以成为不可多得的精品景观。

（五）门窗漏景

为了使室内外景色互相渗透常用漏窗景门等透取石景（图 6-14）。这种手法是清代李渔首创的。他把内墙上原来挂山水画的位置开成漏窗，然后在窗外布置竹石小品之类，使景入画。这样便以真景入画，较之画幅生动百倍，他称为“无心画”。以“尺幅窗”透取“无心画”是从暗处看明处，窗花有剪影的效果，加以石景以粉墙为背景，从早到晚，窗景因时而变。

图 6-14　山石框景

苏州留园东部揖峰轩北窗三叶均以竹石为画。微风拂来，竹叶翩翩，阳光投下，修篁弄影。空间虽小却十分精美，居室内而得室外风景之美。

（六）云梯

以山石掇成的室外楼梯，常称为“云梯”。既可节约使用室内建筑面积，又可以成为自然石景。如果只能在功能上作为楼梯而不能成景则不是上品。最容易犯的毛病是山石楼梯暴露无遗、和周围的景物缺乏联系和呼应。而做得好的云梯往往是组合丰富，变化自如。

（七）与植物相结合的山石布置——山石花台

山石花台即用自然山石叠砌的挡土墙，其内种植花草树木。其作用有三：一是降低地下水位，使土壤排水通畅，为植物生长创造良好立地条件；二是将花草树木种植提高到合适的观赏高度，以免躬身弯腰；三是通过山石花台的布置组织游览路线，增加层次，丰富园景。

花台在设计和做法上要注意以下几点：

1. 花台的平面要有曲折的变化 要注意使之兼有大弯和小弯的凹凸面，而且弯的深浅和间距都要自然多变。有小弯无大弯、有大弯无小弯或变化的节奏单调都是要力求避免的（图 6 - 15）。如果同一空间内不只一个花台，这就有花台的组合问题。花台的组合要求大小相间、主次分明、疏密多致、若断若续、层次深厚。在外围轮廓整齐的庭院中布置山石花台，就其布局的结构而言，和我国传统的书法、篆刻的手法如“知白守黑”、“宽可走马，密不容针”等都有可以相互借鉴之处。

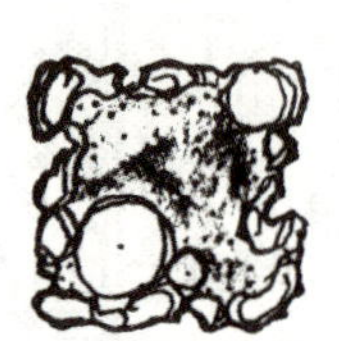

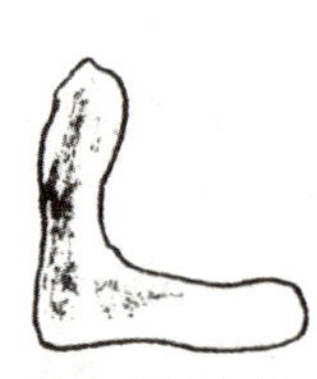

图 6 - 15 花台平面布置

2. 花台的立面要有起伏变化 山石花台在竖向上应有高低的变化，对比要强烈，效果要显著，切忌把花台做成“一码平”。一般是结合立峰来处理，但又要避免用体量过大的山峰堵塞院内的中心位置。花台除了边缘以外，花台中也可少量地点缀一些山石。花台边缘外面亦可埋置一些山石，似余脉延伸，变化自然。

3. 花台的断面要有虚实的变化（图 6 - 16） 这些细部技法很难用平面图或立面图说明。必须因势延展，就石应变。其中很重要是虚实明暗的变化、层次变化和藏露的变化。做花台易犯的通病也在此。具体做法就是使花台的边缘或上伸下缩、或下断上连、或旁断中连，化

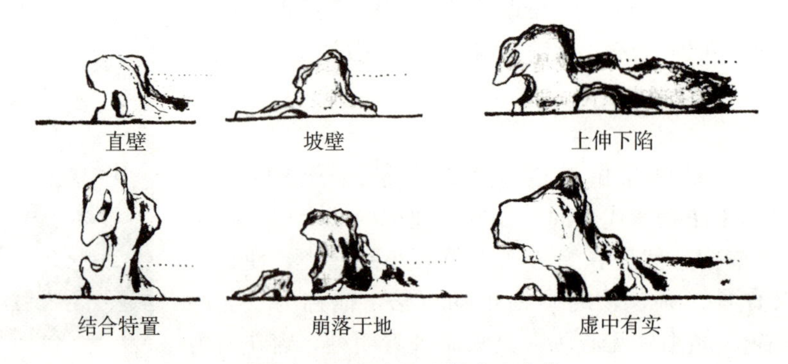

图 6 - 16 花台立面的虚实变化

单面体为多面体。苏州怡园的牡丹花台位于锄月轩南，依墙而建，自然跌落为三层，平面曲折秀婉，石峰散立，高低错落丰富了景观效果。

第三节　假　　山

假山一般体量大，用料多，山体形态变化丰富，布局严谨，手法多变，是艺术与技术高度结合的园林艺术。假山最根本的法则就是“有真为假，作假成真”。这是中国园林所遵循的“虽由人做，宛自天开”的总则在掇山方面的具体化。《园冶》“自序”中有“有真斯有假”说明真山水是假山水取之不尽的源泉，是造山的客观依据。要通过作者主观思维活动，对于自然山水的素材进行去粗取精的艺术加工，加以典型概括和夸张，使之更为精练和集中。掇山是“集零为整”的工艺过程，必须在外观上注重整体感，在结构方面注意稳定性，因此才说假山工艺是科学性、技术性和艺术性的综合体。

一、假山类型

假山根据所用材料、规模大小可分为以下三类：

1. 土包山　以土为主，以石为辅的堆山手法。常将挖池的土掇山，并以石材作点缀，达到土、石、植物浑然一体，富有生机。清代李渔在《闲情偶寄》中写到“树根盘固，与石比坚，且树大叶繁，浑然一体，不辨其为谁石谁土。”山石做到自然之势，崩落自然，深坦浅露，掩埋在泥土中。

2. 石包山　以石为主，外石内土的小型假山，常构成小型园林中的主景。“小山不可无土，但以石作为主，而土附之。土之不可胜石者，以石可壁立，而土则易崩，必仗石为藩篱故也。外石内土，此从来不易之法”（清李渔）。常造成峭壁、洞穴、沟壑。

3. 掇山小品　根据位置、功能不同常分为：

（1）厅山。厅前堆山，以小巧玲珑的石块堆山，单面观，其背粉墙相衬，花木掩映。

（2）壁山。以墙堆山，在墙壁内嵌以山石，并以藤蔓垂挂，形似峭壁山。“峭壁山者，靠壁理也，藉以粉墙为纸，以石为绘也”（明计成）。

（3）池石。池中堆山，则池石；园林第一胜景也，若大若小，更有妙境，就水点其步石，从巅架以飞梁，洞穴潜藏，穿石径水，峰峦缥缈，漏月招云。

二、园林假山设计

（一）假山平面设计

1. 假山平面布局　布置假山时，要坚持因地制宜的设计原则，处理好假山与环境的关系、假山的观赏关系、假山与游人活动的关系和假山本身造型形象方面的关系等。

（1）山景布局与环境处理。假山的风景效果应当具有丰富的多样性，不但要有山峰、山谷、山脚景观，而且还要有悬崖、峭壁、幽洞、怪石、瀑布等多种景观，通过配植一定园林植物进一步烘托假山景观。利用对比手法、按比例缩小景物、增加山景层次、逼真地造型、小型植物衬托等方法，在有限的空间中创造无限大的山岳景观，形成小中见大的景观效果。在山路的安排中，增加路线的弯曲、转折、起伏变化和路旁景物的布置，造成“步移景异”的强烈风景变换感，也能够使山景效果丰富多彩。在布局中，要调整好假山的方向，让假山最好的一面向着视线最集中的方向。例如在湖边的假山，其正面就应当朝着湖的对岸；在风景林边缘的假山，应以其正面向着林外，而以背面朝向林内。确定假山朝向时，还应该考虑山形轮廓，要以轮廓最好的一面向着视线集中的方向。假山的观赏视距确定，要根据设计的风景效果来考虑。需要突出假山的高耸和雄伟，则将视距确定在山高的1～2倍距离上，使山顶成为仰视风景；需要突出假山优美的立面形象时，就应采取山高的 3 倍以上距离作为观赏视距，使人们能够看到假山的全景。在假山内部，一般不刻意安排最佳观赏视距，随其自然。

（2）造景并兼顾其他功能。假山一方面是为园林增添重要的山地景观；另一方面在山上合理布置一些台、亭、廊、轩等设施，为观景提供良好的条件，使假山造景和观景两相兼顾。此外，在布局上，还要充分利用假山的组织空间作用、创造良好的生态环境和实用小品的作用，满足多方面的造园要求。

2. 假山平面形状设计 假山的平面形状设计就是对由山脚线所围合成的平面轮廓线的设计，是对山脚线的线形、位置、方向的设计。山脚轮廓线形设计，在造山实践中被叫做“布脚”。在布脚时，应当按照下述的方法和注意点进行。

（1）山脚线应当设计为回转自如的曲线形状，要尽量避免成为直线。曲线向外凸，假山的山脚也随之向外凸出；向外凸出达到比较远的时候，就可形成山的一条余脉。曲线若是向里凹进，就可能形成一个回弯或山坳；如果凹进很深，则一般会形成一条山槽。

（2）山脚曲线凸出或凹进的程度大小，根据山脚的材料而定。土山山脚曲线的凹凸程度应小一些，石山山脚曲线的凹凸程度则可比较大。从曲线的弯曲程度来考虑，土山山脚曲线的半径一般不要小于 2m，石山山脚曲线的半径则不受限制，可以小到几十厘米。在确定山脚曲线半径时，还要考虑山脚坡度的大小。在陡坡处，山脚曲线半径可适当小一些；而在坡度平缓处，曲线半径则要大一些。

（3）要注意由山脚线所围合成的假山基底平面形状及地面面积大小的变化情况。其形状要随弯就势，宽窄变化，如同自然。充分考虑假山基底面积大小的变化；基底面积越大，则假山工程量就越大，假山的造价也相应会增大。所以，一定要控制好山脚线的位置和走向，使假山只占用有限的地面面积，就能造出很有分量的山体来。

（4）设计石山的平面形状，要注意为山体结构的稳定提供条件（图 6－17）。当石山平面形状成直线式的条状时，山体的稳定性最差，并导致石山成为一道平整的山石墙，石山显得单薄，山的景观特征被削弱。当石山平面是转折的条状或是向前向后伸出山体余脉的形状时，山体能够获得最好的稳定性，而且使山的立面有凸有凹，有深有浅，显得山体深厚，山的意味更加显著。

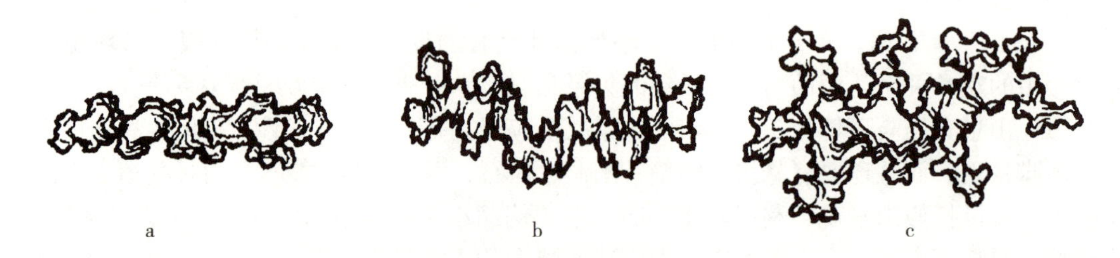

图 6－17 石山平面与山的稳定性

a. 直条形不稳定 b. 转折形很稳定 c. 有余脉时最稳定

3. 假山平面的变化手法　假山平面设计是假山立面的造型的基础和前提。假山平面必须结合场地的地形条件来变化，以便使假山能够与环境充分地协调。在假山设计中，通过转折、错落、断续、延伸、环抱等变化手法来丰富假山造型（图 6－18）。

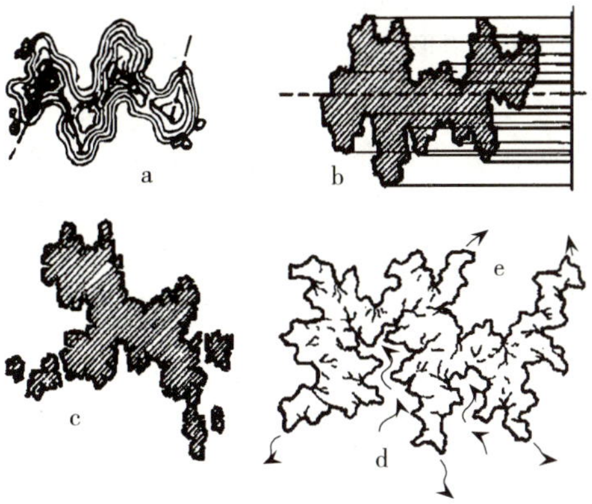

图 6－18　假山平面的变化
a. 转折　b. 错落　c. 断续　d. 延伸　e. 环抱

（二）假山立面设计

假山的立面设计，主要是解决假山的基本造型问题。

1. 假山立面造型　主要应解决假山山形轮廓、立面形态和山体各局部之间的比例、尺度等关系。假山造型应遵循以下规律：

（1）变与顺，多样与统一。假山造型中的变化性，是假山获得自然效果的首要条件。不敢变者，山石拼叠规则整齐，如同砌墙，毫无自然趣味。敢变而不会变者，山石造型如叠罗汉、砌碳渣，杂乱无章，令人生厌，也无自然景致。所以，设计和堆叠假山，最重要的就是既要求变，还要会变和善变。要于平中求变，于变中趋平，用石要有大有小，有宽有窄，有轻有重，并且随机应变地应用多种拼叠技法，使假山造型既有自然之态，又有艺术之神。在假山造型中，追求形象变化要有根据，不能没有根据地乱变，变有变的规律，变中还要有顺，还要有不变。假山造型中的“顺”，就是其外观形式上的统一和协调。堆砌假山的山石形状可以千变万化，但其表面的纹理、线条要平顺统一，石材的种类、颜色、质地要保持一致，假山所反映的地质现象或地貌特征也要一致。如果在石形、山形变化的同时，不保持纹理、石种和形象特征的平顺协调，假山的“变”就是乱变。在处理假山形象时一方面突出其多样的变化性，另一方面突出其统一的和谐性，在变化中求统一，在统一中有变化，做到既变化又统一，就能够使假山造型取得很好的艺术效果。

（2）深与浅，层次分明。叠石造山要做到凹深凸浅，有进有退。凹进处要突出其深，凸出点要显示其浅，在凹进和凸出中使景观层层展开，山形显得十分深厚、幽远。特别是在“仿真型”假山造型中，在保证对山体布局进行全面层次处理的同时，还必须保证游人能够在移步换景中感受到山形的种种层次变化。

（3）高与低，看山看脚。山脚转折弯曲，则山体立面造型就有进有退，形象自然，景观层次性好。而山脚平直呆板，则山体立面变化少，山形臃肿，山景平淡无味。借用一句造山行话说，假山造型要“看山看脚”。这就是说，叠石造山，不但要注意山体，山头的造型，而且更要注意山脚的造型。山脚的起结开合、回弯折转布局状态和平板、斜坡、直壁等造型都要仔细推敲，要结合着可能对立面形象产生的影响来综合考虑，力求为假山的立面造型提供最好的条件。

（4）态与势，动静相济。石景和假山的造型是否生动自然，是否具有较深的内涵表现，还取决于其形状、姿态、状态等外观视觉形式与其相应的气势、趋势、情势等内在的视觉感受之间的联系情况。只有态、势关系处理很好的石景和山景，才能真正做到生动自然，也才能让人从其外观形象中感觉到某种情趣、意味、思想和意境等。图 6－19 中具有写意特点的山石造景，就能够让人明显地感觉到强烈的运动性和奔趋性，“形断迹连，势断气连”，这就是山石景观中内涵的“势”的表现。山石景物的“势”可大致分为静势与动势两类。山石造型中，使景物保持重心低、形态平正、轮廓与皴纹线条平行等状态，都可以形成静势。造成动势的方法有：将山石的形态姿势处理成有明显方向性和奔趋性的倾斜状，将重心布置在较高处，使山石形体向外悬山等。叠石与造山中，山石的静势和动势要结合起来，突出动势和静势两方面的造景效果。

图 6-19　山石景观的态势与呼应

（5）藏与露，虚实相生。假山造型在藏露结合中尽量扩大假山的景观容量。藏景的做法，并不是要将景物全藏起来，而是藏起景物的一部分，其他部分还得露出来，以露出部分来引导人们去追寻、想象藏起的部分，从而在引人联想中就可以扩大风景内容。假山造景常用藏露方法是：以前山掩藏部分后山，而使后山神秘莫测；以树林掩藏山后而不知山有多深；以山路的迂回穿插自掩，而不知山路有多长；以灌木丛半掩山洞，以怪石、草丛掩藏山脚，以不规则山石墙分隔、掩藏山内空间等。经过藏景处理的假山，虚虚实实，体现出虚实结合的特点。风景有实有虚，则由实景引人联想，虚景逐步深化，还可能形成意境的表现。

（6）意与境，情景交融。假山意境的形成是综合应用多种艺术手法的结果。这方面有一些规律可循。第一，如果将假山造型做得高度逼真，使人进入假山就像进入真实的自然山地一样，就容易产生关于真山的意境。所谓“真境逼而神境生”，就是这个道理。第二，景物处理简洁、含蓄，不表现所有，只表现主要和重要部分，给人留下联想余地，让人在联想中体验到意境。第三，强化山石景物的态势表现，采用藏露结合、虚实相生的造景方法，都有助于意境的创造。第四，注意在山景中融入诗情画意，以情感人，以意造景。例如，将山谷取名为“涵月谷”或“熏风谷”，让人感到一点诗意；使山亭与青松、飞岩相伴，构成一幅优美动人的天然画图，都可以深化意境表现。

2. 假山立面设计方法　一般的讲，主立面和重要立面确定，背立面和其他立面也就相应的大概确定了，有变化也是局部的，不影响总体造型。设计假山立面的主要方法和步骤如下：

（1）确立意图。在设计开始之前，要确定假山的功能，控制高度、宽度以及大致的工程量，确定假山所用的石材和假山的基本造型方向。

（2）先构轮廓。根据假山设计平面图，在预定的山高和宽度制约下绘出假山的立面轮廓图。轮廓线的形状，要照顾到预定的假山石材轮廓特征。假山轮廓线与石材轮廓线能保持一致，就能方便假山施工，而且造出的假山更能够与图纸上的设计形象吻合。设计中，为了使假山立面形象更加生动自然，要适当地突出山体外轮廓线较大幅度的起伏曲折变化。

（3）反复修改，确定构图。初步构成的立面轮廓要不断推敲并反复修改，才能获得比较令人满意的轮廓图形。在推敲、研究、修改中，要特别研究轮廓的悬挑、下垂部分和山洞洞顶部位在结构上能否做得出，能否保证不发生坍塌现象，要多从力学的角度来考虑，保证有足够的安全系数。对于跨度大的部位，要用比例尺准确量出跨度，然后衡量能否做到结构安全，在悬崖部分，前面的轮廓悬出，那么崖后就应很坚实，不要再悬出。总之，假山立面轮廓的修改，必须照顾到施工方便和现实技术条件所能够提供的可能性。经过反复修改，立面轮廓图就可以确定下来了。

（4）再构皴纹。在立面的各处轮廓都确定之后，要添绘皴纹线表明山石表面的凹凸、皱折、纹理形状。

（5）增添配景。在假山立面适当部分，添画植物。植物的形象应根据所选树种或草种的固有形状来画，可以采用简画法，表现出基本的形态特征和大小尺寸即可，不必详细画。绘有植物的位点，在假山施工中要预留能够填土的种植槽孔。如果假山上还设计有观景平台、山路、亭廊等配景，只要是立面上可见的，就要按照比例关系添绘到立面图上。

（6）画侧立面。主立面确定之后，应根据主立面各处的对应关系和平面图所示的前后位置关系，并参照上述方法步骤，对假山的一个重要侧立面进行设计，并完成侧立面图绘制。

（7）完成设计。以上步骤完成后，还要将立面图与平面图相互对照，检查其形状上的对应关系。如有不能对应的，要修改假山平面图；但也可根据平面图而修改立面图。平、立面图能够对应后，即可以定稿了。最后，按照修改、添画定稿的图形，进行正式描图，并标注控制尺寸和特征点的高程，假山设计也就完成了（图 6－20）。

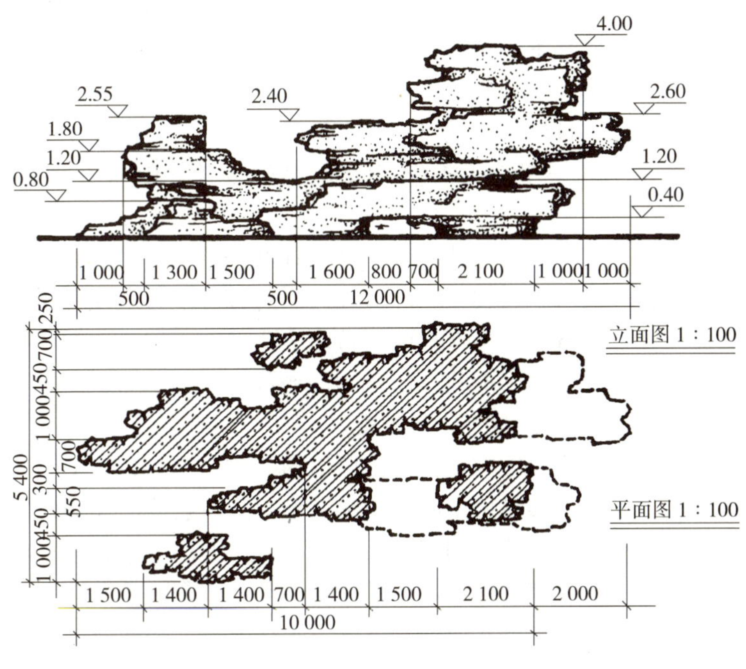

图 6－20　假山设计平、立面图

（三）假山结构设计

假山的外形虽然千变万化，但就其基本结构而言还是和造房屋有共通之处，即分基础、中层和收顶三部分。

1. 基础设计　假山基础的设计要根据假山类型和假山工程规模而定。人造土山和低矮的石山一般不需要基础，山体直接在地面上堆砌。高度在 3m 以上的石山，就要考虑设置适宜的基础了。一般来说，高大、沉重的大型石山，需选用混凝土基础或块石浆砌基础；高度和重量适中的石山，可用灰土基础或桩基础。几种基础的设计要点如下所述：

（1）混凝土基础。混凝土基础从下至上的构造层次及其材料做法是：最底下是素土地基，应夯实；素土夯实层之上，可做一个砂石垫层，厚30～70cm；垫层上面即为混凝土基础层。混凝土层的厚度及强度，陆地上选用不低于C10的混凝土，水中采用C15水泥砂浆浆砌块石，混凝土的厚度陆地上10～20cm，水中基础约为50cm。水泥、砂和碎石配合的重量比约为1∶2∶4至1∶2∶6。如遇高大的假山酌加其厚度或采用钢筋混凝土替代砂浆混凝土。毛石应选未经风化的石料，用150号水泥砂浆浆砌，砂浆必需填满空隙，不得出现空洞和缝隙。如果基础为较软弱的土层，要对基土进行特殊处理。

（2）浆砌块石基础设计。假山基础可用1∶2.5或1∶3水泥砂浆砌一层块石，厚度为300mm；水下砌筑所用水泥砂浆的比例则应为1∶2。块石基础层下可铺300mm厚粗砂作找平层，地基应作夯实处理。

（3）灰土基础。基础的材料主要是用石灰和素土按3∶7的比例混合而成。灰土每铺一层厚度为30cm，夯实到15cm厚时，则称为一步灰土。设计灰土基础时，要根据假山高度和体量大小来确定采用几步灰土。一般高度在2m以上的假山，其灰土基础可设计为一步素土加两步灰土。2m以下的假山，则可按一步素土加一步灰土设计。

（4）桩基。古代多用直径10～15cm，长1～2m的杉木桩或柏木桩做桩基，木桩下端为尖头状。现代假山的基础已基本不用木桩桩基，只在地基土质松软时偶尔有采用混凝土桩基的。做混凝土桩基，先要设计并预制混凝土桩，其下端仍应为尖头状。直径可比木桩基大一些，长度可与木桩基相似，打桩方式也可参照木桩基。

2. 假山山体结构设计 是指假山山体内部的结构设计。山体内部的结构形式主要有四种：

（1）环透式结构。采用环透结构的假山，其山体孔洞密布，穿眼嵌空，显得玲珑剔透。这种造型与其造山石材和造山手法相关。环透式假山的石材多为太湖石和石灰岩风化形成的怪石，这些山石的天然形状就是千疮百孔的。石面多孔洞与穴窝，孔洞形状多为通透的不规则圆形，穴窝则有锅底状或不规则形状。山石的面皴纹多环纹和曲线，石形显得婉转柔和。在叠山手法上，为了突出太湖石类的环透特征，一般多采用拱、斗、卡、安、搭、连、飘、扭曲、做眼等手法。这些手法能够很方便地做出假山的孔隙、洞眼、穴窝和环纹、曲线及通透形象来，其具体的施工做法可参见假山施工。透漏型假山一般采用环透式结构来构造山体。

（2）层叠式结构。假山结构若采用层叠式，则假山立面的形象就具有丰富的层次感，一层层山石叠砌为山体，山形朝横向伸展，或是敦实厚重，或是轻盈飞动，容易获得多种生动的艺术效果。在叠山方式上，层叠式假山又可分为水平层叠、斜面层叠两种。水平层叠要求每一块山石都采用水平状态叠砌，假山立面的主导线条都是水平线，山石向水平方向伸展。斜面层叠要求山石倾斜叠砌成斜卧状、斜升状；石的纵轴与水平线形成一定夹角，角度在10°～30°，最大不超过45°。

（3）竖立式结构。这种结构形式可以造就假山挺拔、雄伟、高大的艺术形象。山石全都采用立式砌叠，山体内外的沟槽及山体表面的主导皴纹线，都是从下至上坚立着的，因此整个山势呈向上伸展的状态。根据山体结构的不同竖立状态，这种结构形式又分直立结构与斜立结构两种。

（4）填充式结构。一般的土山、带土石山和个别的石山，或者在假山的某一局部山体中，都可以采用这种结构形式。这种假山的山体内部是由泥土、废砖石或混凝土材料所填充起来的，因此其结构上的最大特点就是填充的做法。

3. 假山山洞结构设计　根据结构受力不同，假山洞的结构形式主要有梁柱式结构、挑梁式结构、券拱式结构三种形式（图 6-21）。假山洞的结构也有互通之处，如北京乾隆花园的假山洞在梁柱式的基础上，选拱形山石为梁，另外有些假山洞局部采用挑梁式等。一般的讲，黄石、青石等成墩状的山石宜采用梁柱式结构，天然的黄石山洞也是沿其相互垂直的节理面崩落、坍陷而成；湖石类的山石宜采用券拱式结构，具有长条而成薄片状的山石当以挑梁式结构为宜。假山洞结构要领是防垮塌、防渗漏。为假山洞做假成真，并具有自然的外观，在设计时应从以下几方面入手：

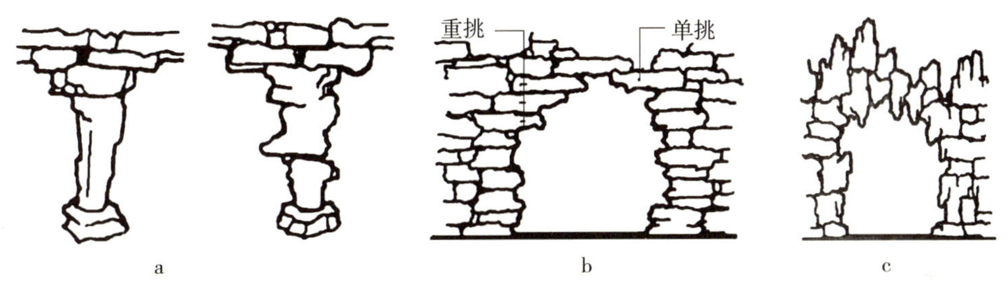

图 6-21　假山洞结构形式
a. 梁柱式结构　b. 挑梁式结构　c. 券拱式结构

（1）假山洞的布置。在布置假山洞时，首先应使洞口的位置相互错开，由洞外观洞内，似乎洞中有洞。洞口要宽大，洞口以内的洞顶与洞壁要有高低和宽窄变化，洞口的形状既要不违反所用石种的石性特征，又要使其具有生动自然的变化性。假山洞的洞道布置，在平面上要有曲折变化，要做到宽窄相继，开合变化。

（2）洞壁的设计。洞壁设计在于处理好壁墙和洞柱之间的关系。如墙式洞壁的构成，要根据假山山体所采用的结构形式来设计。如果整个假山山体是采用层叠式结构，那么山洞洞壁石墙也应采用这种结构。山石一层一层不规则地层叠砌筑，直到预定的洞顶高度，这就做成了墙式洞壁。墙柱式洞壁的设计关系到洞柱和柱间石山墙两种结构部分。

（3）洞底设计。洞底可铺设不规则石片作为路面，在上坡和下坡处则设置块石阶梯。洞内路面宜有起伏，并应随着山洞的弯曲而弯曲。在洞内宽敞处，可在洞底设置一些石笋、石球、石柱，以丰富洞内景观。如果山洞是按水洞形式设计的，则应在洞内适当地点挖出浅池或浅沟，用小块山石铺砌成石泉池或石涧。石涧一般应布置在洞底一侧的边缘，平面形状宜宛转曲折，还可从一侧转到另一侧。

（4）山洞洞顶设计。一般条形假山石的长度有限，大多数条石的长度都在 1～2m。如果山洞设计为 2m 左右宽度，则条石的长度就不足以直接用作洞顶石梁，这就要采用特殊的方法才能做出洞顶来。洞顶的常见做法有盖梁、挑梁和券拱三种结构方式。

4. 假山山顶结构设计　山顶的设计工直接关系到整个假山的艺术形象，是假山立面上最突出、最能集中视线的部位。根据假山山顶形象特征，可将假山顶部的基本造型分为峰顶、峦顶、崖顶和平山顶等四个类型。

三、掇山施工

（一）石料准备

1. 选石要求　叠石造山无论其规模大小，都是由一块块形态、大小各异的山石拼叠而成。但选石时要遵循自然山川的形成规律，做到以下要求：

（1）同质。指掇山用石，其品种、质地、石性要一致。如果石料的质地不同，品种不一，必然与自然山川岩石构成不同，同时不同石料的石性特征不同，强行将不同石料混在一起拼叠组合，必然是乱石一堆。

（2）同色。即使是同一种石质，其色泽相差也很大，如湖石类中，有黑色、灰白色、褐黄色、青色等。黄石有淡黄、暗红、灰白等色泽变化。所以，同质石料的拼叠在色泽上也应一致才好。

（3）接形。将各种形状的山石外形互相组合拼叠起来，既有变化而又浑然一体，这就叫做“接形”。在叠石造山中，用石不应一味地求得石块形大。但石料的块形太小也不好，块形小，人工拼接的石缝就多，接缝一多，山石拼叠不仅费时费力，而且在观赏时易显得破碎，同样不可取。

正确的接形除了石料的选择要有大有小、有长有短等变化外，石与石的拼叠面应力求形状相似，石形互接，讲究就势顺势，如向左则先用石造出左势；如向右则先用石造出右势；欲高先接高势，欲低先出低势。

（4）合纹。纹是指山石表面的纹理脉络。当山石拼叠时，合纹不仅仅指山石原来的纹理脉络的衔接，而且还包括外轮廓的接缝处理。

2. 石料的选购　石料的选购是在假山设计后，根据假山造型规划设计的大体需要而决定的。依据山石产地石料的形态特征，于想象中先行拼凑哪些石料可用于假山的何种部位，并要求通盘考虑山石的形状与用量。在遵循“是石堪堆”的原则基础上，尽量采用当地的石料，这样方便运输，减少假山运输的费用。石料有新、旧和半新半旧之分。采自山坡的石料，由于暴露于地面，经常年风吹雨打，天然风化明显，此石叠石造山，易得古朴美的效果。而从土中扒上来的石料，表面有一层土锈，用此石堆山，需经长期风化剥蚀后，才能达到旧石的效果。有的石头一半露出地面，一半埋于地下，则为半新半旧之石。

选购石料时有通货石和单块峰石之别。通货石是指不分大小、好坏，混合出售之石。选购通货石无须一味求大、求整，应根据掇山需要而定，石料过大过整，在拼叠时将使山石造型过于平整规则而显呆板。过于碎小也不好，石料过于碎小，将增加堆叠劳动量和拼接数量，即使拼叠再好也难免有人工痕迹。所以，选择石料应当大小搭配，对于主观赏面没有损坏的破损石料，也可选用。在实际叠石造山时，大多情况下山石只有一个面是向外，其他的面叠包在山体之中看不到。当然，如能尽量选择没有破损的山石料是最好的，至少可以有多个面供具体施工时选择和合理使用。总之，选择石料的原则大体上是：大小搭配，形态多变，对堆叠统一一座假山，要求石质、石色、石纹、石性等基本特征力求统一。

单块峰石造型以单块成形，四面均可观赏者为极品，三面可观赏者为上品，前后两面可看者为中品，一面可观者为末品。根据假山山体的造型与峰石安置的位置综合考虑选购一定数量的峰石。

3. 石料的分类　石料到达施工工地后，应分块平放在地面上以供“相石”之需。同时，按大小、好坏、掇山使用顺序将石料分门别类，进行有秩序的排列放置。一般可用如下方法进行：

（1）单块峰石，应放在最安全不易磕碰的地方。按施工造型的程序，峰石多是作为最后使用的，故应放于离施工场地稍远一点的地方，以防止其他石料在使用吊装的过程中与之发生碰撞而造成损坏。

（2）其他石料可按其不同的形态、作用和施工造型的先后顺序合理安放。如拉底时先用，可放在前面一些；用于封顶的，可放在后面；石色纹理接近的放置一处，可用于大面的放置一处等。

（3）要使每一块石料最具形态特征和最具有观赏性的一面朝上，以便施工时不需翻动就能辨认取用。

（4）石料要根据将要堆叠的大致位置沿施工工地四周有次序地排放，2～3 块为一排，成竖向条形。条与条之间须留有较宽裕的通道，以供搬运石料和人员行走需要。

（5）从叠石造山的最佳观赏点到山石拼叠的施工场地，一定要保证其空间地面的平坦无障碍物。观赏点又称为“定点”位置，每堆叠一块石料，都应要从堆叠山石处退回到“定点”的位置上进行“相形”，以保证叠石造山主观赏面不偏向、走形。

（6）每一块石料的摆放都力求单独，即石与石之间不能挤靠在一起，更不能成堆放置。

（二）假山结构配件

1. 平稳设施和填充设施　为了安置底面不平的山石，在找平山石以后，于底下不平处垫以一至数块控制平稳和传递重力的垫片，称为“刹”或“重力石”、“垫片”。山石施工术语有“见缝打刹”之说。“刹”要选用坚实的山石，在施工前就打成不同大小的斧头形以备随时选用。打刹一定要找准位置，尽可能用数量最少的刹而求得稳定。打刹后用手推拭一下是否稳定。至于两石之间不着力的空隙也要用石皮填充。假山外围每做好一层，都要用石皮和灰浆填充其中，凝固后便形成一个整体。

2. 铁活加固设施　常用熟铁或钢筋制成（图 6－22）。用于在山石本身重点稳定的前提下的加固。铁活要求用而不露，因此不易发现。常用的有以下几种：

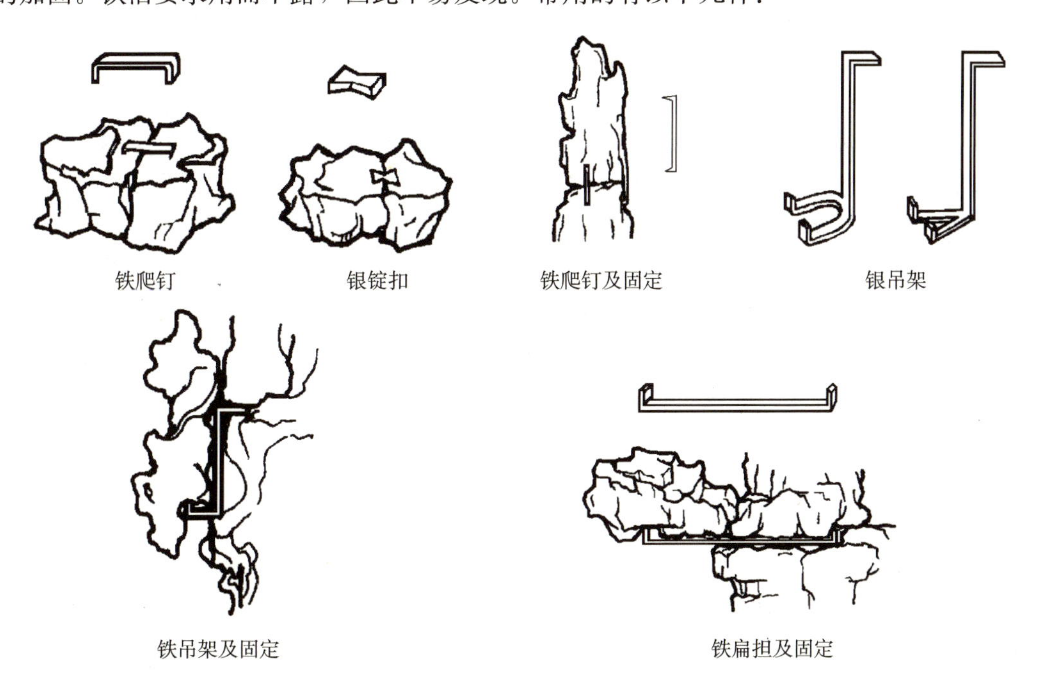

图 6－22　假山铁活加固设施

银锭扣：为生铁铸成，有大、中、小三种规格。主要用以加固山石间的水平联系。先将石头水平向接缝作为中心线，再按银锭扣大小画线凿槽打下去。其上接山石而不外露。

铁爬钉：用熟铁制成，用以加固山石水平方向及竖向的连接。

铁扁担：多用于加固山洞，作为石梁下面的垫梁。铁扁担之两端成直角上翘，翘头略高于所支承石梁两端。

马蹄形吊架和叉形吊架：见于江南一带。扬州清代宅园“寄啸山庄”的假山洞底，由于用花岗石做石梁只能解决结构问题，外观极不自然。用这种吊架从条石上挂下来，架上再安放山石，便接近自然山石的外貌。

（三）施工机具准备

能正确地、熟练地运用一整套适于各种规模和类型的叠石造山的施工工具和机械设备，是保证叠石造山工程施工安全、施工进度和施工质量的极其重要的前提。假山施工工具分为手工工具和机械工具两大类，现分述如下：

1. 手工工具 手工工具如铁铲、箩筐、镐、钯、灰桶、瓦刀、水管、锤、杠、绳、竹刷、脚手架、撬棍、小抹子、毛竹片、钢筋夹、木撑、三角铁架、手拉葫芦等。

（1）铁锤。主要用于敲打山石或取山石的刹石和石皮。刹石用于垫石，石皮用于补缝。最常用的锤是单手锤，即二磅左右的小锤。石纹是石的表面纹理脉络，而石丝则是石质的丝路。石纹有时与石丝同向，有时不同向。所以要认真观察要敲打的山石，找准丝向，而后顺丝敲剥，才能随心所欲。其次，在山石拼叠使用刹石时，一般不用锤头直接敲打刹石而用锤柄顶端或木榔头敲打，以防敲碎刹石。

（2）竹刷。主要用于山石拼叠时水泥缝的扫刷，应在水泥未完全凝固前即进行扫刷缝口，也可在刚做完的缝口处用毛排刷蘸清水扫刷。

（3）棕绳（或麻绳、钢丝）。用于搬运山石。用棕绳或麻绳捆绑山石进行吊装和搬运，其优点是扒滑、结实，只要不沾水，则比较柔软，易打结扣。尼龙化纤绳虽结实但伸缩性较大，钢丝绳结实但结扣较难打。山石的捆吊不是随意的，要根据山石在堆叠时放置的角度和位置进行捆吊。还要尽量使捆绑山石的绳子不能在山石拼叠时被石料压在下面，要便于吊装后能将绳索顺利抽出。绳子的结扣要易打，又要好松好解，不能松开滑掉，要越抽越紧，即山石自身越重，绳扣越紧(图6-23)。

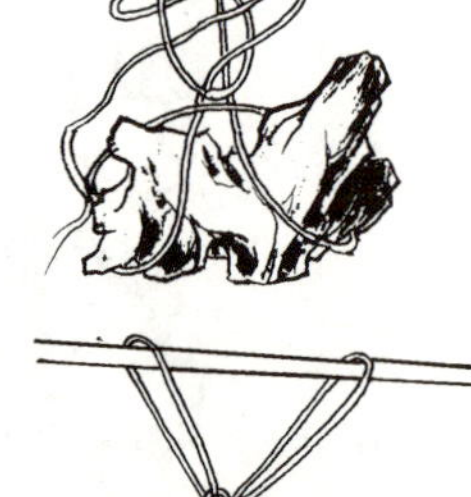

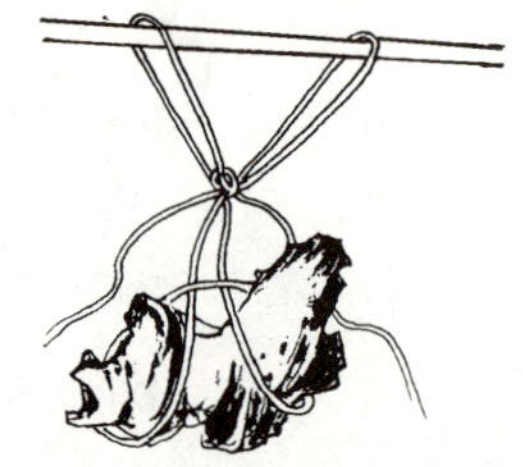

图6-23 石材结套

（4）小抹子。是做山石拼叠缝口的水泥接缝的专用工具。

（5）毛竹片、钢筋夹、撑棍与木刹。主要用于临时性支撑山石，以利于山石的拼接、堆叠和做缝，待混凝土凝固后或山石稳固后再行拆除。

（6）脚手架与跳板。除了常用于山石的拼叠做缝外，做较大型的山洞或山石的券拱需要用脚手架与跳板再加以辅助操作，这是一种比较安全有效的方法。

2. 机械工具 假山堆叠需要的机械包括混凝土机械、运输机械和起吊机械。小型堆山和叠石用手拉葫芦就可完成大部分工程，而对于一些大型的叠石造山工程，吊装设备尤显重要，合适的起重机械可以完成所有的吊装工作。起重机械种类较多，在假山施工中，常用的有汽车起重机、少先起重机、手拉葫芦和电动葫芦。

(1) 汽车起重机。汽车起重机是一种自行式全回转、起重机构安装在通用或特制的汽车底盘上的起重机。起重机所用动力，一般由汽车发动机供给。汽车起重机具有行驶速度高，机动性能好，工作效率高的特点，在园林假山施工中已普遍使用。常用的汽车起重机型号有Q_1—5型和Q_2—3型、Q_2—5型、Q_2—5H型、Q_2—8型、Q_2—12型以及安装在特制的专用底盘上的Q_2—16型。图6-24和图6-25分别为Q_1—5型和Q_2型汽车起重机外形图。

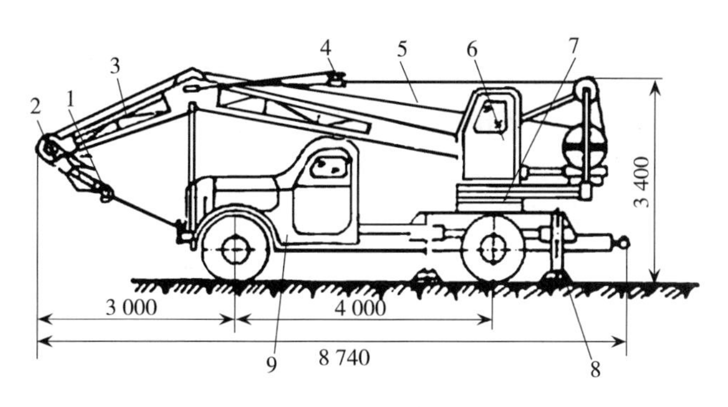

图6-24　Q_1—5型汽车起重机的外形构造示意图

1. 吊钩　2. 起重臂顶端滑轮组　3. 起重臂　4. 变幅钢丝绳　5. 起重钢丝绳　6. 操纵室　7. 回转转盘　8. 支腿　9. 解放牌汽车

(2)少先起重机。少先起重机，是用人力移动的全回转轻便式单臂起重机。工作时不能变幅，这种起重机在园林假山施工中可用于规模不大或大中型机械难以到达的施工现场。常见的少先起重机有0.5t、0.75t、1t和1.5t等几种。图6-26所示为少先起重机外形及构造示意图。

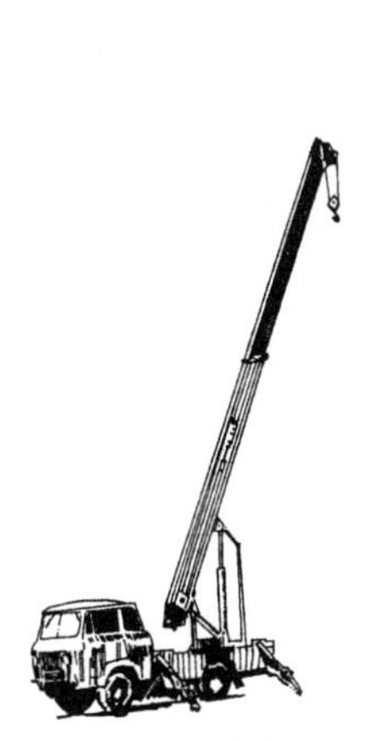

图6-25　Q_2型汽车起重机外形图

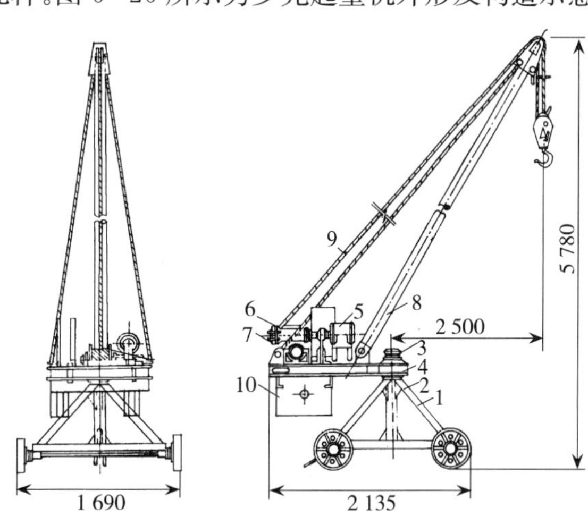

图6-26　少先起重机的外形及构造示意图

1. 四轮机架　2. 短柱　3. 短柱轴颈　4. 回转平台　5. 电动机　6. 涡轮减速器　7. 卷扬机　8. 起重臂　9. 拉索　10. 配重箱

(3) 环链手拉葫芦和电动葫芦。环链手拉葫芦又称差动滑车、倒链、车筒、葫芦等。它是一种使用简易携带方便的人力起重机械。适用于起重次数较少，规模不大的工程作业，尤其适用于流动性及无电源、作业面积小、体量不大的山石吊装。图6-27所示为SH型环链手拉葫芦。电动葫芦是一种简便的起重机械。由运行和起升两大部分组成，一般安装在直线或曲线工字梁的轨道上，用以起升和运输重物。电动葫芦具有尺寸小、重量轻、结构紧凑、操作方便等特点，所以越来越广泛的代替手拉葫芦。电动葫芦的主要型号

图6-27　SH型环链手拉葫芦

有 CD 型和 MD 型，其具有整体结构制动可靠、重量轻，噪声小等优点。图 6 - 28 所示为 CD 型和 MD 型电动葫芦外形示意图。

机械吊装设备运至施工场地后，将其安装在合适的施工位置。有条件的施工单位可使用混凝土搅拌机，用铲车作短距离运输。

叠石造山作为一门传统的技艺，历史上都是以人抬肩扛的手工操作进行施工的。现在，虽然吊装机械设备的使用代替了繁重的体力劳动，但其他的手工操作部分却仍然离不开一些传统的操作方式及有关工具。

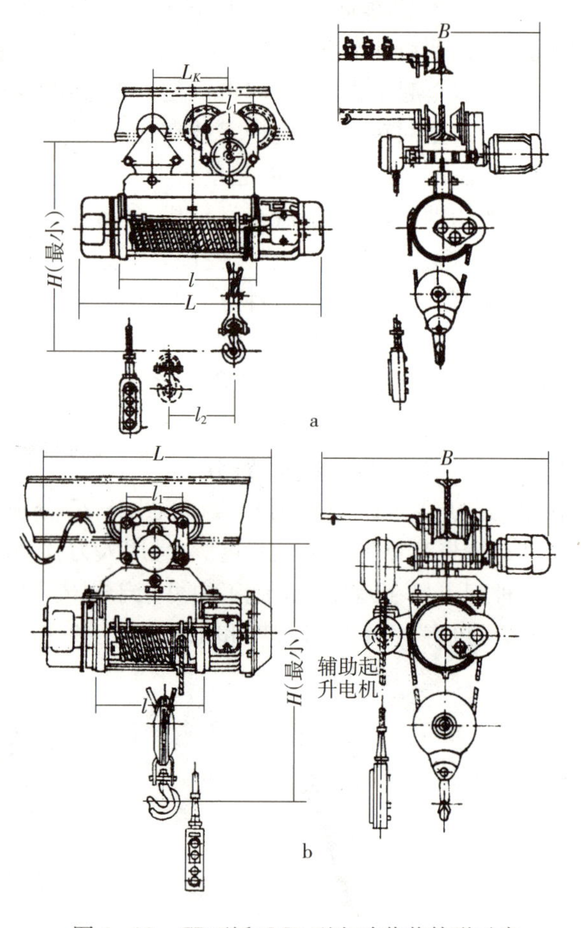

图 6 - 28 CD 型和 MD 型电动葫芦外形示意
a. CD 型电动葫芦 b. MD 型电动葫芦

(四) 掇山施工

1. 工艺流程 制作模型→施工放线→挖槽→基础施工→拉底→中层施工→扫缝→收顶与做脚→检查验收→使用保养。

2. 假山模型制作

(1) 熟悉图纸。图纸包括假山底层平面图、顶层平面图、立体图、剖面图及洞穴、结顶等大样图。

(2) 按1∶20～1∶50的比例放大底层平面图，确定假山范围及各山景的位置。

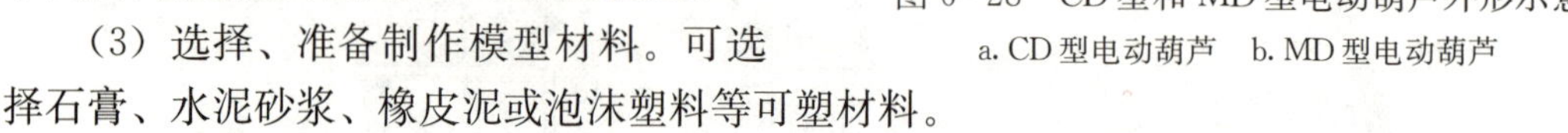

(3) 选择、准备制作模型材料。可选择石膏、水泥砂浆、橡皮泥或泡沫塑料等可塑材料。

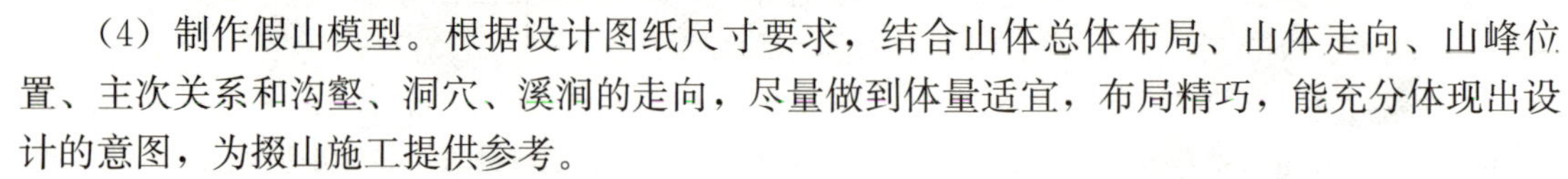

(4) 制作假山模型。根据设计图纸尺寸要求，结合山体总体布局、山体走向、山峰位置、主次关系和沟壑、洞穴、溪涧的走向，尽量做到体量适宜，布局精巧，能充分体现出设计的意图，为掇山施工提供参考。

3. 施工放线 根据设计图纸的位置与形状在地面上放出假山的外形形状。由于基础施工比假山的外形要宽，放线时应根据设计适当放宽。在假山有较大幅度的外挑时，要根据假山的重心位置来确定基础的大小。

4. 挖槽 根据基础的深度与大小挖槽。假山堆叠南北方各不相同，北方一般满拉底，基础范围覆盖整个假山；南方一般沿假山外形及山洞位置设基础，山体内多为填石，对基础的承重能力要求相对较低。因此挖槽的范围与深度需要根据设计图纸的要求进行。

5. 基础施工 基础是首位工程，其质量优劣直接影响假山的稳定和艺术造型。在确定了主山体的位置和大致的占地范围，就可以根据主山体的规模和土质情况进行钢筋混凝土基础的浇注了。浇注基础，是为了保证山体不倾斜不下沉。如果基础不牢，使山体发生倾斜，也就无法供游人攀爬了。浇注基础的方法很多，首先是根据山体的占地范围挖出基槽，或用块石横竖排立，于石块之间注进水泥砂浆。或用混凝土与钢筋扎成的块状网浇注成整块基础。在基土坚实的情况下可利用素土槽浇注，基槽宽度同灰土基。至于砂石与水泥的混合比例关系、混凝土的基础厚度、所用钢筋的直径粗细等，则要根据山体的高度、体积以及重量和土层情况由设计而定。叠石造山浇注基础时应注意以下事项：

（1）调查了解山址的土壤立地条件，地下是否有阴沟、基窟、管线等。

（2）叠石造山如以石山为主配植较大植物的造型，预留空白要确定准确。仅靠山石中的回填土常常无法保证足够的土壤供植物生长需要，加上满浇混凝土基础，就形成了土层的人为隔断，地气接不上来，水也不易排出去，使得植物不易成活和生长不良。因此，在准备栽植植物的地方根据植物大小需预留一块不浇混凝土的空白处，即是留白。

（3）从水中堆叠出来的假山，主山体的基础应与水池的底面混凝土同时浇注形成整体。如先浇主山体基础，待主山基础完成后再做水池池底，则池底与主体山基础之间的接头处容易出现裂缝，产生漏水，而且日后处理极难。

（4）如果山体是在平地上堆叠，则基础一般低于地平面至少 20cm。山体堆叠成形后再回填土，同时沿山体边缘栽种花草，使山体与地面的过渡更加自然生动。

6. 拉底　拉底是指在基础上铺置最底层的自然山石，术语称为拉底。假山空间的变化都立足于这一层，所以，“拉底”为叠山之本。如果底层未打破整形的格局，则中层叠石亦难于变化，此层山石大部分在地面以下，只有小部分露出地表，不需要形态特别好的山石。但由于它是受压最大的自然山石层，所以拉底山石要求有足够的强度，宜选用顽夯没有风化的大石。拉底时主要注意以下几个方面：

（1）统筹向背。根据造景的立地条件，特别是游览路线和风景透视线的关系，确定假山的主次关系，再根据主次关系安排假山的组合单元，从假山组合单元的要求来确定底石的位置和发展的走向。要精于处理主要视线方向的画面以作为主要朝向，然后再照顾到次要的朝向，简化处理那些视线不可及的部分。

（2）曲折错落。假山底脚的轮廓线要破平直为曲折，变规则为错落。在平面上要形成具有不同间距、不同转折半径、不同宽度、不同角度和不同支脉走向的变化，或为斜八字形，或为“S”形，或为各式曲尺形，为假山的虚实、明暗变化创造条件。

（3）断续相间。假山底石所构成的外观不是连绵不断的，要为中层做出“一脉既毕，余脉又起”的自然变化作准备。因此在选材和用材方面要灵活运用，或因需要选材，或因材施用。用石之大小和方向要严格地按照皴纹的延展来决定。大小石材成不规则的相间关系安置，或小头向下渐向外挑，或相邻山石小头向上预留空档以便往上卡接，或从外观上做出“下断上连”、“此断彼连”等各种变化。

（4）紧连互咬。外观上做出断续的变化，但结构上却必须一块紧连一块，接口力求紧密，最好能互相咬合。尽量做到“严丝合缝”，因为假山的结构是“化零为整”，结构上的整体性最为重要，它是影响假山稳定性的又一重要因素。假山外观所有的变化都必须建立在结构上重心稳定、整体性强的基础上。在实际中山石间是很难完全自然地紧密结合，可借助于小块的石块填入石间的空隙部分，使其互相咬合，再填充水泥砂浆使之连成整体。

（5）垫平稳固。拉底施工时，大多数要求基石以大而平坦的面向上，以便于后续施工，向上垒接。通常为了保持山石平稳，要在石之底部用“刹片”垫平以保持重心稳定、上面水平。北方掇山多采用满拉底石的办法，即在假山的基础上满铺一层，形成一整体石底。而南方则常采用先拉周边底石再填心的办法。

7. 中层施工 中层即底石与顶层之间的部分。假山的堆叠也是一个艺术再创作的过程，在堆叠时先在想象中进行组合拼叠，然后在施工时能信手拿来并发挥灵活机动性，寻找合适的石料进行组合。掇山造型技艺中的山石拼叠实际上就是相石拼叠的技艺。其过程顺序是从相石选石→想象拼叠→实际拼叠→造型相形，而后再从造型后的相形回到相石选石→想象拼叠→实际拼叠→造型相形，如此反复循环，直到整体的堆叠完成。

（1）中层施工的技术要点。除了底石所要求平稳等方面以外，还应做到：

①接石压茬。山石上下的衔接要求石石相接、严密合缝。除有意识地大块面闪进以外，避免在下层石上面闪露一些很破碎的石面。如果是为了做出某种变化，故意预留石茬，则另当别论。

②偏侧错安。在下层石面之上，再行叠放应放于一侧，破除对称的形体，避免成四方、长方、正品或等边、等三角等形体。要因偏得致，错综成美。掌握每个方向呈不规则的三角形变化，以便为向各个方向的延伸发展创造基本的形体条件。

③仄立避“闸”。将板状山石直立或起撑托过河者，称为“闸”。山石可立、可蹲、可卧，但不宜像闸门板一样仄立。仄立的山石很难和一般布置的山石相协调，显的呆板，生硬，而且向上接山石时接触面较小，影响稳定。但有时也不是绝对的，自然界中也有仄立如闸的山石，特别是作为余脉的卧石处理等，但要求用得很巧。有时为了节省石材而又能有一定高度，可以在视线不可及之处以仄立山石空架上层山石。

④等分平衡。《园冶》中“等分平衡法”和“悬崖使其后坚”便是此法的要领。无论是挑、挎、悬、垂等，凡有重心前移者，必须用数倍于“前沉”的重力稳压内侧，把前移的重心再拉回到假山的重心线上。

（2）叠山的技术措施。

①压。“靠压不靠拓”是叠山的基本常识。山石拼叠，无论大小，都是靠山石本身重量相互挤压、咬合而稳固的，水泥砂浆只是一种补连和填缝的作用。

②刹。刹石虽小，却承担平衡和传递重力的重任，在结构上很重要，打“刹”也是衡量叠山技艺水平的标志之一。打刹一定要找准位置，尽可能用数量最少的刹片而求得稳定，打刹后用手推试一下是否稳定，两石之间不着力的空隙要用石皮填充。假山外围每做好一层，最好即用块石和灰浆填充其中，称为“填肚”，凝固后便形成一个整体。

③对边。叠山需要掌握山石的重心，应根据底边山石的中心来找上面山石的重心位置，并保持上、下山石的平衡。

④搭角。是指石与石之间的相接，石与石之间只要能搭上角，便不会发生脱落倒塌的危险，搭角时应使两旁的山石稳固。

⑤防断。对于较瘦长的石料应注意山石的裂缝，如果石料间有夹砂层或过于透漏，则容易断裂，这种山石在吊装过程中常会发生危险，另外此类山石也不宜作为悬挑石用。

⑥忌磨。“怕磨不怕压”是指叠石数层以后，其上再行叠石时如果位置没有放准确，需要就地移动一下，则必须把整块石料悬空起吊，不可将石块在山体上磨转移动来调整位置，否则会因带动下面石料同时移动，从而造成山体倾斜倒塌。

⑦勾缝和胶结。掇山之事虽在汉代已有明文记载，但宋代以前假山的胶结材料已难于考证。不过，在没有发明石灰以前，只可能是干砌或用素泥浆砌。从宋代李诚撰《营造法式》中可以看到用灰浆泥假山、并用粗墨调色勾缝的记载，因为当时风行太湖石，宜用色泽相近

的灰白色灰浆勾缝。此外勾缝的做法还有桐油石灰（或加纸筋）、石灰纸筋、明矾石灰、糯米浆拌石灰等多种，湖石勾缝再加青煤，黄石勾缝后刷铁屑盐卤等，使之与石色相协调。现代掇山，广泛使用 1∶1 水泥砂浆，勾缝用“柳叶抹”，有勾明缝和暗缝两种作法。一般是水平向缝都勾明缝，在需要时将竖缝勾成暗缝，即在结构上结成一体，而外观上若有自然山石缝隙。勾明缝务必不要过宽，最好不要超过 2cm，如缝过宽，可用随形之石块填后再勾浆。

8. 收顶　收顶即处理假山最顶层的山石，是假山立面上最突出、最集中视线的部位，顶部的设计和施工直接关系到整个假山的艺术形象。从结构上讲，收顶的山石要求体量大的，以便紧凑收压。从外观上看，顶层的体量虽不如中层大，但有画龙点睛的作用，因此要选用轮廓和体态都富有特征的山石。收顶一般有峰顶、峦顶、崖顶和平顶四种类型。

（1）峰顶。峰顶又可分为剑立式，上小下大，竖直而立，挺拔高矗；斧立式，上大下小，形如斧头侧立，稳重而又有险意；流云式，峰顶横向挑伸，形如奇云横空，参差高低；斜立式，势如倾斜山岩，斜插如削，有明显的动势；分峰式，一座山体上用两个以上的峰头收顶；合峰式，峰顶为一主峰，其他次峰、小峰的顶部融合在主峰的边部，成为主峰的肩部等（图 6－29）。

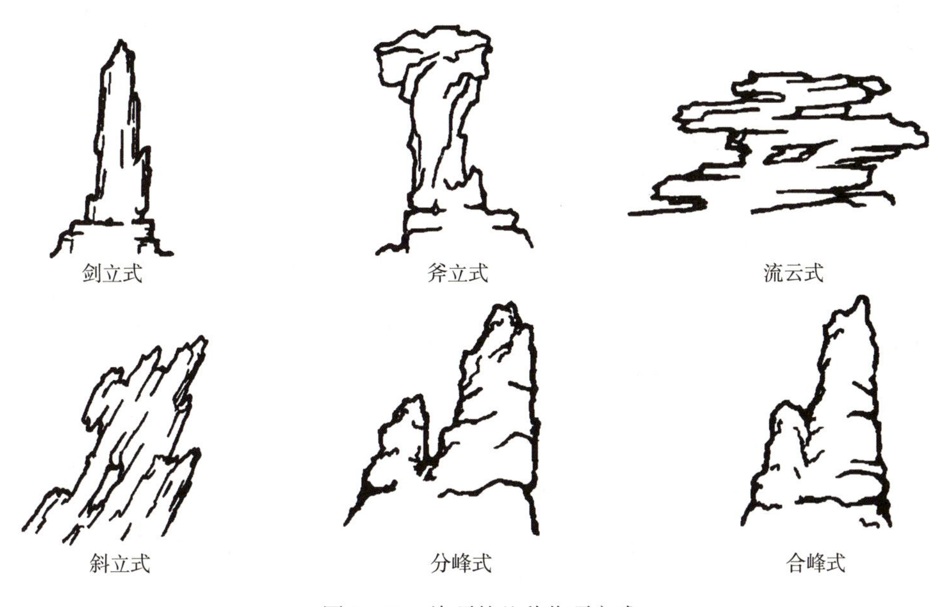

图 6－29　峰顶的几种收顶方式

（2）峦顶。峦顶可以分为圆丘式峦顶，顶部为不规则的圆丘状隆起，象低山丘陵，此顶由于观赏性差，一般主山和重要客山多不采用，个别小山偶尔可以采用；梯台式峦顶，形状为不规则的梯台状，常用板状大块山石平伏压顶而形成；玲珑式峦顶，山顶有含有许多洞眼的玲珑型山石堆叠而成；灌丛式峦顶，在隆起的山峦上栽植耐旱的灌木丛，山顶轮廓由灌丛顶部构成。

（3）崖顶。山崖是山体陡峭的边缘部分，既可以作为重要的山景部分，又可作为登高望远的观景点。山崖可分为平顶式崖顶，崖壁直立，崖顶平伏；斜坡式崖顶，崖壁陡立，崖顶在山体堆砌过程中顺势收结为斜坡；悬垂式崖顶，崖顶石向前悬出并有所下垂，致使崖壁下部向里凹进（图 6－30）。

(4) 平顶。园林中，为了使假山具有可游、可憩的特点，有时将山顶收成平顶。其主要类型有平台式山顶、亭台式山顶和草坪式山顶。

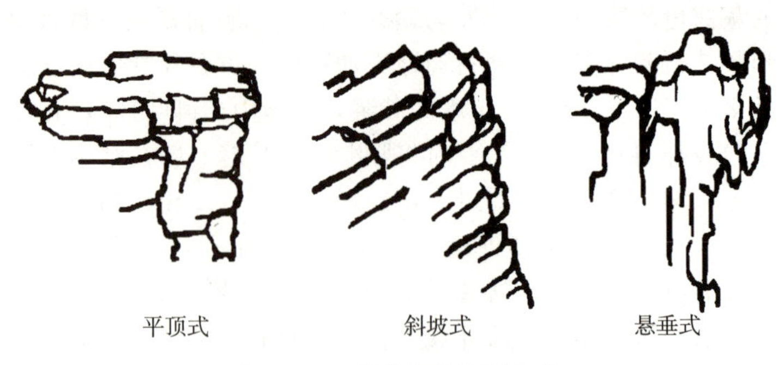

图 6-30 崖的几种收顶方式

假山收顶的方式在自然地貌中有本可寻。收顶往往是在逐渐合凑的中层山石顶面加以重力的镇压，使重力均匀地分层传递下去。常用一块收顶的山石同时镇压下面几块山石，如果收顶面积大而石材不够整时，就要采取“拼凑”的手法，并用小石镶缝使成一体。在掇山施工的同时，如果有瀑布、水池、种植池等构景要素，应与假山一起施工，并通盘考虑施工的组织设计。

9. 做脚 做脚就是用山石堆叠山脚，它是在掇山施工大体完工以后，于紧贴拉底石外缘部分拼叠山脚，以弥补拉底造型的不足。山脚的造型应与山体造型结合起来考虑，施工中的做脚形式主要有：凹进脚、凸出脚、断连脚、承上脚、悬底脚、平板脚等造型形式。当然，无论是哪一种造型形式，它在外观和结构上都应当是山体向下的延续部分，与山体是不可分割的整体。即使采用断连脚、承上脚的造型，也还要“形断迹连，势断气连”，在气势上连成一体。具体做脚时有三种做法（图 6-31）：

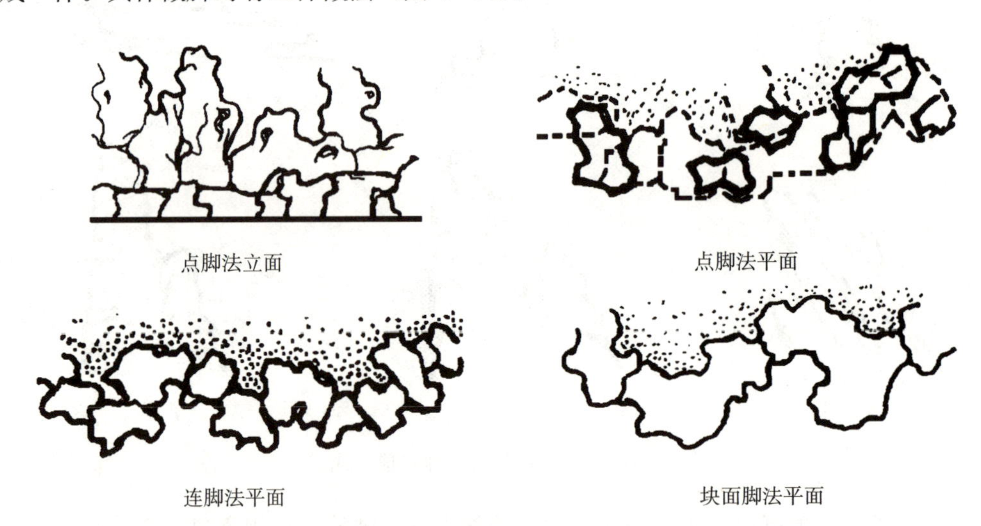

图 6-31 做脚的几种方法

(1) 点脚法。所谓点脚，就是先在山脚线处用山石做成相隔一定距离的点、点与点之上再用片状石或条状石盖上这样就可在山脚的一些局部造出小的空穴，加强假山的深厚感和灵秀感，主要运用于具有空透型山体的山脚造型。如扬州个园的湖石山，所用的就是点脚法做脚的。

(2) 连脚法。做山脚的山石依据山脚的外轮廓变化，成曲线状起伏连接，使山脚具有连续、弯曲的线形，同时以前错后移的方式呈现不规则的错落变化。

(3) 块面脚法。一般用于拉底厚实、造型雄伟的大型山体，如苏州的藕园主山山脚。这种山脚也是连续的，但与连脚法不同的是，做出的山脚线呈现大进大退的形象，山脚突出部分与凹陷部分各自的整体感都要强，而不是连脚法那样小幅度的曲折变化。

（五）施工要点

假山施工是一个复杂的系统工程，为保证假山工程的质量，应注意以下几点：

（1）施工注意先后顺序，应自后向前，由主及次，自下而上分层作业。每层高度在0.3～0.8m，各工作面叠石务必在胶结未凝之前或凝结之后继续施工，万不得在凝固期间强行施工，一旦松动则胶结料失效。

（2）注意按设计要求边施工边预埋预留管线水路孔洞，切忌事后穿凿，松动石体。

（3）对于结构承重受力用石必须小心挑选，保证有足够的强度。

（4）安石争取一次到位，避免在山石上磨动，一般要求山石就位前应按叠石要求原地立好，然后拴绳打扣，无论人抬机吊都有专人指挥，统一指令术语。如一次安置不成功，需移动一下，应将石料重新抬起（吊起），不可将石体在山体上磨转移动去调整位置，否则会带动下面石料同时移动，造成山体倾斜倒塌。

（5）掇山完毕应重新复检设计（模型），检查各道工序，进行必要的调整补漏，冲洗石面，清理现场。如山上有种植池，应填土施底肥，种树、植草一气呵成。

第四节　塑　　山

塑山是近年来新发展起来的一种造山技术，它充分利用混凝土、玻璃钢、有机树脂等现代材料，以雕塑艺术的手法仿造自然山石的总称。塑山包括塑山和塑石两类，具有真石掇山、置石同样的功能。早在百年前，在岭南园林中就出现塑山，如岭南四大名园（佛山梁园、顺德清晖园、番禺馀荫山房、东莞可园）中都不乏灰塑假山的身影。近几年，经过不断的发展与创新，塑山已作为一种专门的假山工艺在园林中得到广泛运用。

一、人工塑山的特点

（1）方便。塑山所用的砖、水泥等材料来源广泛，取用方便，可就地解决，无须采石、运石之烦。

（2）灵活。塑山在造型上不受石材大小和形态限制，施工灵活方便，不受地形、地物限制，可完全按照设计意图进行造型。

（3）省时。塑山的施工期短，见效快。

（4）逼真。好的塑山无论是在色彩还是质感上都能取得逼真的石山效果。

当然，由于塑山所用的材料毕竟不是自然山石，因而在神韵上还是不及石质假山，同时使用期限较短，需要经常维护。

二、人工塑山的分类

人工塑山根据其结构骨架材料的不同，可分为：砖结构骨架塑山，即以砖作为塑山的结构骨架，适用于小型塑山及塑石；钢筋铁丝网结构骨架塑山，即以钢材、铁丝网作为塑山的结构骨架，适用于大型假山。

砖骨架塑山和钢骨架塑山的工序为：

1. 砖骨架塑山 基础放样→挖土方→浇混凝土垫层→砖骨架→打底→造型→面层批荡（批荡：面层厚度抹灰，多用砂浆）及上色修饰→成形

2. 钢骨架塑山 基础放样→挖土方→浇混凝土垫层→焊接主钢骨架→做分块钢架并焊接→双面混凝土打底→造型→面层批荡及上色修饰→成形

三、塑山与塑石过程

（一）基架设置

根据山形、体量和其他条件选择基架结构，如砖石基架、钢筋铁丝网基架、混凝土基架或三者结合基架。坐落在地面的塑山要有相应的地基处理，坐落在室内的塑山要根据楼板的结构和荷载条件进行结构计算，包括地梁和钢梁、柱及支撑设计等。基架多以内接的几何形体为桁架，以作为整个山体的支撑体系，并在此基础上进行山体外形的塑造。施工中应在主基架的基础上加密支撑体系的框架密度，使框架的外形尽可能接近设计的山体形状。凡用钢筋混凝土基架的，都应涂防锈漆两遍。

（二）铺设铁丝网

铁丝网在塑山中主要起成形及挂泥的作用。砖石骨架一般不设铁丝网，但形体宽大者也需铺设，钢骨架必需铺设铁丝网。铁丝网要选择易于挂泥的材料。铺设之前，先做分块钢架附在形体简单的钢骨架上并焊牢，变几何形体为凹凸的自然外形，其上再挂铁丝网。铁丝网根据设计造型用木槌及其他工具成型。

（三）打底及造型

塑山骨架完成后，若为砖石骨架，一般以 M7.5 混合砂浆打底，并在其上进行山石皴纹造型；若为钢骨架，则应先抹白水泥麻刀灰 2 遍，再堆抹 C20 豆石混凝土（坍落度为 0～2），然后于其上进行山石皴纹造型。

（四）抹面及上色

通过精心的抹面和石面皴纹、棱角的塑造，可使石面具有逼真的质感，才能达到做假如真的效果。因此塑山骨架基本成型后，用 1∶2.5 或 1∶2 水泥砂浆对山石皴纹找平，再用石色水泥浆进行面层抹灰，各种色浆的配比如表 6－1，最后修饰成型。

表 6－1 各种色浆的配比

仿色	白水泥	普通水泥	氧化铁黄	氧化铁红	硫酸钡	107 胶	黑墨汁
黄石	100		5	0.5		适量	适量
红色山石	100		1	5		适量	适量
通用石色	70	30				适量	适量
白色山石	100				5	适量	

四、新工艺塑山简介

（一）GRC 塑山材料

为了克服钢、砖骨架塑山存在着的施工技术难度大、皴纹很难逼真、材料自重大、易裂和褪色等缺陷，近年来探索出一种新型的塑山材料——短纤维强化水泥或玻璃筋混凝土

(glass fiber reinforced cement，简称 GRC)。主要用来制造假山、雕塑、喷泉瀑布等园林山水艺术景观。GRC 用于假山造景，是继灰塑、钢筋混凝土塑山、玻璃钢塑山后人工创造山景的又一种新材料、新工艺（图 6-32）。

图 6-32 GRC 材料塑山

GRC 材料用于塑山的优点：

（1）用 GRC 造假山石，石的造型、皴纹逼真，具岩石坚硬润泽的质感，模仿效果好。

（2）用 GRC 造假山石，材料自身质量轻，强度高，抗老化且耐水湿，易进行工厂化生产，施工方法简便、快捷，造价低，可在室内外及屋顶花园等处广泛使用。

（3）GRC 假山造型设计、施工工艺较好，可塑性大，在造型上需要特殊表现时可满足要求，加工成各种复杂形体，与植物、水景等配合，可使景观更富于变化和表现力。

（4）现在以 GRC 造假山可利用计算机进行辅助设计，结束了过去假山工程无法做到的石块定位设计的历史，使假山不仅在制作技术，而且在设计手段上取得了新突破。

（5）具有环保特点，可取代真石材，减少对天然矿产及林木的开采。

（二）FRP 材料塑山

继 GRC 现代塑山材料后，目前还出现了一种新型的塑山材料——玻璃纤维强化树脂(fiber glass reinforced plastics，简称 FRP)，是用不饱和树脂及玻璃纤维结合而成的一种复合材料。该材料具有刚度好、质轻、耐用、价廉、造型逼真等特点，同时可预制分割，方便运输，特别适用于大型的、异地安装的塑山工程。FRP 首次用于香港海洋公园即古村石窟工程中，并取得很好的效果，博得一致好评。

FRP 塑山施工程序为：

泥模制作→翻制石膏→玻璃钢制作→模件运输→基础和钢框架制安→玻璃钢预制件拼装→修补打磨→油漆→成品

1. 泥模制作 按设计要求逐样制作泥模。一般在一定比例（多用 1∶15～1∶20）的小样基础上制作。泥模制作应在临时搭设的大棚（规格可采用 50m×20m×10m）内进行。制作时要避免泥模脱落或冻裂。因此，温度过低时要注意保温，并在泥模上加盖塑料薄膜。

2. 翻制石膏 采用分割翻制，主要是考虑翻模和今后运输的方便。分块的大小和数量根据塑山的体量来确定，其大小以人工能搬动为好。每块要按一定的顺序标注记号。

3. 玻璃钢制作 玻璃钢原料采用 191 号不饱和聚酯及固化体系，一层纤维表面毡和五层玻璃布，以聚乙烯醇水溶液为脱模剂。要求玻璃钢表面硬度大于 34，厚度 4mm，并在玻璃钢背面粘配 $\phi 8$ 的钢筋。制作时注意预埋铁件以便供安装固定之用。

4. 基础和钢框架制安 基础用钢筋混凝土，基础厚大于 80cm，双层双向 $\phi 18$ 配筋，C20 预拌混凝土。框架柱梁可用槽钢焊接，柱距 1m×（1.5～2）m。必须确保整个框架的刚度与稳定。框架和基础用高强度螺栓固定。

5. 玻璃钢预制件拼装 根据预制件大小及塑山高度，先绘出分层安装剖面图和立面分块图，要求每升高1～2m就要绘一幅分层水平剖面图，并标注每一块预制件四个角的坐标位置与编号，对变化特殊之处要增加控制点。然后按顺序由下往上逐层拼装，做好临时固定。全部拼装完毕后，由钢框架伸出的角钢悬挑固定。

6. 打磨、油漆 拼装完毕后，接缝处用同类玻璃钢补缝、修饰、打磨，使之成为浑然一体。最后用水清洗，罩以土黄色玻璃钢油漆即成。

思考与训练

一、参观当地的自然山石假山、置石及人工塑山

1. 了解各类假山的布置特点及方式。
2. 了解假山的结构形式及堆叠施工方法。
3. 了解置石的布置特点和常用材料。

二、制作假山模型

1. 设计假山平面图、立面图和效果图。
2. 选用适当的比例和模型制作材料。
3. 根据假山图纸制作模型。

三、根据教材中假山堆叠技法堆叠小型假山

1. 选用本地材料。
2. 结合选用的山石特点堆叠。
3. 注意运用各种技法和分析堆叠特点。

四、简答

1. 假山选石应掌握的要点是什么？
2. 请列举出常见的假山用石品种。
3. 特置的要点是什么？
4. 山石花台设计施工中应遵循哪些原则？
5. 简要叙述掇山的主要工序。
6. 简述假山平、立面设计要点。
7. 假山的掇山技法有哪些？
8. 假山堆叠施工中拉底时应注意哪些要求？
9. 何为塑山？塑山有何特点？
10. 简述塑山施工的基本步骤。

实验实训

实训一　假山模型制作

一、目的

通过假山模型制作，熟悉模型制作过程和假山模型制作的基本方法，进一步理解和掌握

假山堆掇的技术方法和技术要求。

二、内容及方法

（一）材料工具

1. 材料：泡沫塑料板。

2. 工具：记号笔、裁纸刀、大白纸、烙铁、颜料、排刷、毛笔、黏合剂等。

（二）制作步骤

1. 熟悉设计图纸：图纸包括平面设计图、立面设计图、侧面设计图、洞穴和收顶大样图等。

2. 绘剖面图：根据以上图纸和泡沫塑料板的厚度，绘制假山分层水平剖面图。

3. 绘大样图：按照 1∶50 的比例放大水平剖面图。

4. 放样：从假山底部开始，依次在不同泡沫塑料板的上下表面用记号笔按假山上下水平剖面图画出假山水平剖面轮廓线。并在每一块泡沫塑料板上依次按顺序做好标记。

5. 裁剪：用裁纸刀沿泡沫塑料板上下面的画线进行裁剪。

6. 粘贴：在假山底层平面图上按从下向上的顺序将裁剪下来的泡沫塑料板依次用黏合剂进行粘贴。

7. 修饰：用烙铁对粘贴后的模型按结构设计要求进行表面和内部修饰。以进一步表现出山石纹理、山谷、山峰、山脚、悬崖、峭壁、深峡、幽洞、怪石、山道、泉涧等。

8. 上色：按假山设计石料色泽配制颜料，用排笔和毛笔进行着色。

9. 装饰：按假山设计要求，在假山模型上添加植物、亭、台、廊、轩、山路等配景模型。

10. 清理场地、归还工具。

三、要求

每人独立进行假山设计和模型制作，绘制 1∶50 或 1∶100 的假山平、立面图，并附设计说明；制作 1∶50 假山模型一份。

实训二 塑石制作

一、目的

学会钢骨架塑石制作的基本程序、方法，为进一步学习和制作人工塑山打下基础。

二、内容及方法

（一）材料工具

1. 材料：φ10 钢筋、铁丝网、细铁丝、普通水泥、107 胶水、防锈漆、粗砂、氧化铁红等。

2. 工具：铁锹、老虎钳、抹子、毛刷、水桶、水舀、木槌、砂板等。

（二）制作步骤

1. 扎制骨架：按照设计的岩石形状和大小，用 φ10 的钢筋编扎山石的模胚形状作为塑石骨架，钢筋的交叉点用细铁丝扎紧，不松动。

2. 铺设铁丝网：用铁丝网铺设在钢筋骨架外面，并用细铁丝紧紧地扎牢，根据设计造型要求用木槌敲打造型。

3. 涂漆：在钢骨架内、外表面进行涂刷防锈漆 2 遍。

4. 水泥抹面：在防锈漆晾干后，用粗砂配制 1∶2 或 1∶2.5 的水泥砂浆，从钢筋骨架的内外两面进行抹面，抹 2～3 遍，使塑石的石面壳体总厚度达到 4～6cm。

5. 面层造型：用木制砂板做抹面工具将石面抹成稍稍粗糙的磨砂表面，然后塑造石面的皴纹、裂缝、棱角等。

6. 上色修饰：用氧化铁红 20～40g 加水泥 500g，再加适量 107 胶水调制紫砂色水泥浆，用毛刷对塑石表面进行涂抹上色。

7. 放置在通风、阴凉的地方晾干待用。

8. 收拾工具，打扫场地。

三、要求

分组进行实训，并对实训成果进行品评，说出优缺点并提出改进措施。

第七章　园林种植工程

目标：了解园林种植工程的概念、种植季节和成活率；掌握乔、灌木在园林绿地中的种植技术；掌握大树移植的关键技术；掌握花坛建植技术；掌握草坪建植技术。

任务：通过本章学习应掌握园林种植工程的主要环节和过程，主要技术措施和方法，能进行园林种植工程的施工及管理。

园林种植工程是指按照正式的园林设计及一定的计划，完成某一地区的全部或局部的植树绿化任务而言。植物是绿化的主体，植物造景是造园的主要手段。因此，园林种植工程自然成为园林绿化的基本工程。由于园林植物的品种繁多，习性差异较大，立地条件各异，为了保证其成活和生长，达到设计效果，栽植施工时必须遵守一定的操作规程，才能保证工程质量。本章从工程的角度，重点介绍园林种植工程的施工方法。

第一节　园林种植工程概述

一、园林种植工程概念

园林种植工程是指按照设计施工图纸与施工组织计划，结合园林植物生态学特性，对园林植物进行科学施工与管理的过程。园林种植工程施工的主要对象是有生命的植物，受自然条件制约性较强，对植物材料质量和种植时间要求较高，对施工操作程序也要求较严。同时种植工程的施工还必须与后期的养护管理紧密地联系在一起，只有这样才能确保植物的成活率和真正发挥园林种植的效果。根据园林种植工程的对象不同，通常可将其分为乔灌木种植工程、大树移植工程、花坛建植和草坪建植。

二、园林种植工程施工的原则

（1）执行国家和地方的绿化工程施工技术规范和操作规程。

（2）严格按照规划设计图纸和设计说明进行施工。

（3）施工技术必须符合园林植物的生物学特性和生态学特性。

（4）抓紧适宜的种植季节，合理安排施工进度。

三、选择适宜的种植季节

适宜的种植季节是指植物所处气候状况和环境条件最利于种植成活的时期。选择种植季节取决于植物的种类、生长状态和外界环境条件。同一类植物如何选择最好的种植季节，决定因素主要有：

（1）植物水分蒸腾最小的时期。

（2）营养物质消耗最少的时期。

（3）植物本身生命活动最弱的时期。

（4）外界环境最有利于水分供应。

根据树木生长规律，从春季发芽展叶、夏季旺盛生长到秋后落叶前为树木的生长期；自秋季落叶到翌年春季萌芽前为休眠期。针对树木一年四季中生命活动力强弱与对环境条件要求变化规律，在树木生长期移植是不利的，而在休眠期移植是比较理想的。但我国大多数地区，冬季12月至翌年1、2月，气温偏低，天寒地冻，这个时期移植施工难度加大，而且树木易产生冻害，因此最适宜的植树季节是早春和晚秋。在这两个时期内，树木对水分和养分的需求量不大，而且树体内还储存有大量的营养物质，有一定的生命活动能力，利于伤口的愈合和新根的再生。由于我国南北气候存在差异，华南地区春植可提前到2月份，而东北、西北地区尽量安排在土壤解冻以后，一般在3月份下旬以后。至于春植好还是秋植好，则须依不同树种和不同地区条件而定，以江南地区而言，多数落叶树秋植效果好，而多数常绿树春植效果好。同时，不管是春植还是秋植，最好能抓在雨前进行，这样的种植效果最为理想。

但是，园林种植工程很少单独存在，一般在土方工程、建筑工程、道路工程等完成以后进行。因工程进度的有期性，待其他工程完工时，绿化工程不一定是适宜的种植季节，甚至在酷暑或严冬，这段不利于树木移植的时期通常被称为非正常植树季节或反植树季节。一旦遇到这种季节，不论是落叶树还是常绿树都必须带土球，并预先给种植穴浇透水分，必要时还应对树枝实施强剪和搭建临时遮阳网，尽量在最短的时间内完成种植工作，以确保移植树木的成活。

四、植树成活率

植树成活率是指定植后一定时期内树木发芽株树与定植总株数的百分比，可用计算可以表达为：

植树成活率＝（规定期内定植苗发芽株树/定植总株数）×100％

移植成活率是园林绿化施工质量的重要指标。植物成活率与移植期、植物根再生能力、树体储存物质多少、断根情况、移植技术措施及植后养护管理密切相关。移植成活的内部条件主要是平衡树势，即外部条件确定的情况下（正常温、湿度），植物根部吸收供应水、肥能力和地上部分叶面光合作用、呼吸和蒸腾消耗平衡。树木移植死亡的最大原因是根部不能充分吸收水分，茎叶蒸腾量大，水分收支失衡所致。

第二节 乔灌木种植工程

一、施工前的准备工作

（一）了解工程概况和设计意图

（1）了解工程地点和施工范围。

（2）了解工程量和施工期限。

（3）了解设计意图。

（4）了解工程预算造价。

（5）确定定点、放线的依据。

（6）制定苗木、工具材料、劳动力、机械运输等来源计划。

（7）其他工作。

（二）施工场地踏勘

在了解设计意图和工程概况之后，负责施工的主要人员必须亲自到施工现场进行细致的踏勘与调查，主要内容如下：

（1）了解施工场地周围环境。

（2）察看施工场地的地形、地质情况。

（3）察看交通、水源、电源、电话等状况。

（4）调查施工现场地上与地下情况。

（5）搭建现场办公室、生活设施用房、材料仓库等。

（三）编制施工组织设计

施工组织设计是根据工程规划设计所制定的施工计划，又称施工方案或施工组织计划。主要内容有：

1. 工程概况　①工程名称与施工地点；②参加施工的单位或部门；③工程设计意图；④工程的特点；⑤工程范围、工程内容、工程量、工程造价等。

2. 施工的组织机构　①参加施工的单位、部门及负责人；②需设立的职能部门，职责范围及负责人（图 7-1）；③明确施工队伍，确定任务范围，任命班组，规定有关制度和要求；④确定劳动力的来源。

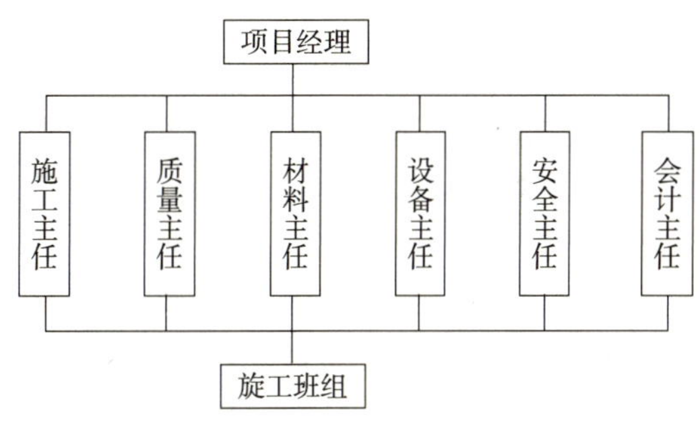

图 7-1　园林绿化工程施工组织机构图

3. 施工进度　施工进度可分为工程总进度和单项任务进度。为了详细及清楚地记录工程进度情况，通常采用园林工程进度计划表，样式如表 7-1。

表 7-1　园林工程进度计划表

工程名称：　　　　　　　　　　　　　　　　　　年　　月　　日

工程地点	工程项目	工程量	单位	定额	用工	工程进度					备注
						×月×日	×日	×日	×日	…	

主管：　　　　　审核：　　　　　技术员：　　　　　制表：

4. 材料工具、劳动力、机械运输供应计划　苗木、工具材料、机械车辆供应计划一般分别采用表 7-2、表 7-3、表 7-4 进行制定。

表 7-2　园林工程用苗计划表

工程名称：　　　　　　　　　　　　　　　　　　年　　月　　日

苗木品种	规格	数量	出苗地点	供苗日期	备注

主管：　　　　　审核：　　　　　技术员：　　　　　制表：

表 7-3 园林工程工具材料计划表

工程名称：　　　　　　　　　　　　　　　　年　月　日

工程地点	工程项目	工具材料	单位	规格	需用量	使用日期	备注

主管：　　　审核：　　　技术员：　　　制表：

表 7-4 机械车辆使用计划表

工程名称：　　　　　　　　　　　　　　　　年　月　日

工程地点	工程项目	机械车辆	型号	台班	使用日期	备注

主管：　　　审核：　　　技术员：　　　制表：

5. 施工预算 施工预算是施工单位的内部预算，是以施工图预算为直接依据，结合施工企业自身情况，按照单项工程或单位工程编制施工管理、材料消耗、劳动力消耗和机械台班消耗等费用。

6. 绘制施工现场平面图 平面图上应标明施工现场的交通路线，定点、放线的基准点，苗木进场后堆放、假植场地，临时工棚、工具房等。

7. 制定技术和质量管理措施 既要遵守国家、地方的园林绿化施工技术操作规范，又要结合各项工程的实际情况，提出相应的要求和规定，确保工程质量目标的完成。

8. 制定安全生产制度 园林绿化施工多在室外作业，必须建立科学的操作规程、健全的安全生产组织，制定完善的安全生产检查和管理办法、场地财物保障制度等。

9. 提出工程竣工验收办法 主要针对各项工程实际情况，制定工程竣工验收的时间、人员组成、资料内容等。

要实现园林绿化工程的规范化建设，应根据不同项目的基础资料，预先制定出一套切实可行的施工组织计划，确保工程在省工、省料、省钱，且质量目标不变的情况下顺利完成。

二、施工现场准备

1. 做好“三通”工作 “三通”工作是指接通电源、水源，修通临时道路。做好“三通”工作是保证工程正常开工的必要条件。

2. 搭建工棚，组建现场办公室 园林绿化施工时间往往安排较紧，如果现场或周边没有直接利用的房屋，应选择一块合适场地搭建临时工棚，组建一个现场管理办公室、生活配套用房及工具材料仓库等。

3. 清理障碍物 在工程的规划红线范围内，凡设计图中未标明保留的市政设施、农田设施、房屋、树木、坟墓、堆放物等障碍物，一律应进行拆除和迁移。根据有关部门的处理要求，办理好相关手续，凡是能够自行拆除的限期拆除，无力清理的施工单位应安排力量进行统一处理。对原有房屋的处理，如不妨碍正常施工，可保留下来作为施工时的工棚或仓库，待施工完成后再进行拆除。对原有树木的处理要特别慎重，凡能结合设计如可以保留的尽量保留，无法保留的进行迁移，对于带有严重病虫害或衰老的树木应予砍伐。

4. 整理地形，改良土壤或客土　根据设计图的要求对清理好障碍物的场地整理出相应的地形，如果原有地形高度与设计标高相差较大，必须采取客土办法进行弥补。对于较大面积的场地平整或造型，最好使用掘土机及推土机进行处理；而小型区域一般采用人工整理。地形整理过程中，还应注意做好绿地的排水。绿地排水一般依靠地面坡度进行，让雨水从地表自行径流到道路旁的下水道或明沟。

地形整理好后，应在不同位置取几份样土送到有关土壤化验单位进行测定，确定施工场地的土质是否适合所种植物生长。如果土质差应进行翻耕。通过翻耕增加土壤渗透性和持水性，使土壤通气良好。翻耕时要注意土壤的含水量，看土壤是否适合翻耕，可用手紧握一把土，然后用大拇指使之破碎，易破碎则说明适宜翻耕。翻耕过程中还应同时清理 15cm 表土层中的石块、碎砖、垃圾、树桩、杂草根等，这样有利于苗木种植后与土壤的充分结合，提高苗木的成活率。如果肥力弱，应添加营养土，如鸡粪等，如果表土不足，应从异地调运种植土，使土壤厚度达到苗木生长所必需的最低要求，如表 7-5：

表 7-5　园林植物种植必需的最低土层厚度

种植类型	草本花卉、草坪地被	小灌木	大灌木	汪根乔木	深根乔木
土层厚度（cm）	30	45	60	90	150

5. 抑制蒸腾剂、大树营养液及生根粉技术介绍

（1）抑制蒸腾剂。一项免修剪大树移栽技术在我国南方地区开始应用。该技术是以抗蒸腾剂技术为核心，能最大限度地保留原有的树形美态和提高移栽的成活率。

该技术是应用抗蒸腾剂（如 TCP 植物蒸腾抑制剂）喷洒树冠枝叶，抑制树冠叶片的蒸腾作用，使移栽时的水分代谢处于一个相对平衡的状态。结合科学的配方施肥、容器苗育苗、免修剪移栽技术等先进技术，大大缩短大规格苗木的成苗时间和成苗质量，实现城市绿化的“快速见效”。

根据不同药剂的作用方式和特点，植物抗蒸腾剂分为：代谢型抗蒸腾剂、成膜型抗蒸腾剂、反射型抗蒸腾剂。代谢型抗蒸腾剂有醋酸苯汞、ABA、$CaCl_2$、黄腐酸等；成膜型抗蒸腾剂有 Wilt－Pruf、Vapor Gard、Mobileaf 等；反射型抗蒸腾剂有高岭土、高岭石等。

（2）大树营养液。大树营养液也叫大树吊针液、大树吊袋液，是提高大树移栽成活率的有效途径之一。其原理如同人体输液，通过补充营养，以维持正常的新陈代谢。营养液含有树木生长所需的营养，可激活大树的细胞活性，提供大树生长活性物质，并且有利于给大树补充水分。目前，已经研究出的多种植物营养液的配方中，美国科学家 D. R. Hoagland 设计的营养液配方在科研及农业上应用最广泛。市面上常见的品牌有快活林、国光、中宇等。

（3）生根粉。ABT 生根粉是一种广谱、高效、复合型的植物生长调节剂，目前已在全国各地广泛推广，应用植物达1 133种。ABT 生根粉能通过强化、调控植物内源激素的含量和重要酶的活性，促进生物大分子的合成，诱导植物不定根或不定芽的形成，调节植物代谢强度，达到提高育苗、造林成活率及作物产量、质量和抗性的目的。

到目前为止，ABT 生根粉已研究开发出 10 种型号。ABT 1～5 号为醇溶剂，配制处理液时，应先用酒溶解，后加水配制；ABT 6 号、7 号、8 号、10 号是水溶剂，是更新型，更广谱的一种绿色植物生长调节剂，其新特点是可直接溶于水，使用比 ABT 1～5 号更方便、经济，易于保存。

目前生产单位在苗木移植上常采用根部喷施法，其方法是将 ABT3 号生根粉稀释成 100mg/L 药液后，喷洒在移植苗木的根部。根部喷施法简便易行，在生产中使用十分广泛。其他的生根粉有萘乙酸（NAA）、吲哚丁酸（IBA）和尿素溶液等。

三、定点与放线

定点、放线是指在施工场地依据施工图，用合适的方法测定乔灌木的种植位置，标出小灌木群植（俗称色块、色带）的范围。定点、放线工作之前，首先要选择好定点放线的依据，根据施工图纸确定好基准点或基准线、特征线；同时要了解测定标高的依据。如果需要把某些地物点作为基准点时，应检查这些点在图纸上的位置与实际位置是否相符。如果不相符，应征求设计单位的意见，重新确定一些固定的地上物作为定点放线的依据。测定的基准点应立木桩作为标记。

由于园林植物的种植形式多样化，因此在施工中定点放线的方法也不同，常用的有以下两种：

（一）规则式种植的定点、放线

由于规则式种植有明显的轴线、株距相等，所以定点、放线相对比较简单。以种植行道树为例，先放好行位，再定好点位。具体操作规程是，以路牙内侧为准，在没有路牙的道路以路面中心线为准，用钢尺或皮尺测定行位，按设计图规定的株距，大约每 10 株钉一个行位控制桩；再以行位控制桩为依据，测定出株位中心点，内撒白灰，作为定位标记。

如果是成片规则式种植，可采用网格法进行放线。网格法适用于范围大、地势平坦的园林绿地。按比例在设计图上和现场分别找出距离相等的方格（如 10m、15m、20m 等），定点时先在设计图上量好树木每行及每列的端点位置，再按比例测出现场相应的点位，钉稳桩（桩要尽量保持垂直），用尼龙绳绑在桩上并拉直，最后将白灰撒在网格端点和交叉点上。还应特别注意的是，定点、放线不宜在雨前操作。

（二）自然式种植的定点、放线

自然式种植的定点和放线相对复杂些，要根据实际情况而定，通常有四种方法：

1. 仪器法 对于较大面积的自然式绿地，可借用测量仪器（如平板仪、经纬仪等）进行测定树木的点位。

2. 交会法 适用于小面积的绿地，当现场内建筑物或其他标记与设计图相符时，以标记物的两个固定位置为依据，根据设计图上与该两点的距离相交会，定出植树位置。

3. 网格法 适用于范围较大的自然绿地，先根据设计图在场地上定好网格，再在每个方格内用纵横坐标定好树木种植的点位。

4. 目测法 对于小灌木群植等，可先用以上方法测定种植的范围，再根据每平方米种植株数要求结合目测法进行定点，定点时应注意整体的美观效果。

四、挖　　穴

挖穴又称刨坑，以所定的灰点或桩位为中心沿四周向下挖土，坑的大小应随苗木规格而定。挖穴尽量安排在定点、放线后的当天进行。

（一）挖穴规格

种植单株苗木的坑形一般为圆筒状，绿篱为长方形槽，群植小灌木采用几何形大块浅坑。对于小规格苗木，坑的大小一般应略大于苗木的土球或根群的直径；对于干径超过10cm的大苗木，应加大树坑大小，包括坑径和深度。如果坑位土壤为建筑渣土或板结黏土，则更要加大挖穴规格。因树木品种、种植季节、种植地的土质条件等不同，挖穴的大小也有所差异，具体可参照附录“城市绿化工程施工与验收规范”。

（二）挖穴操作要领

（1）以放样的定点为圆心，按规格在地面划一个圆圈，从周边向下挖土，按规定深度垂直挖到底。

（2）坑的形状应接近于圆筒状，不能为了省工而刨成锅底形；规范坑型（图7-2）。

（3）挖穴时，对质地良好的土壤，应将上部表层土和下部底层土分开堆放，便于后面定植苗木时将表土填在根部。

（4）不宜用挖掘机进行操作，虽然借助机械省时省力，但很难挖出符合标准的坑形。

（5）挖穴时，如发现地下电缆、管道等，应立即停止操作，找有关部门配合解决。

图7-2　规范坑型

五、掘　　苗

（一）选苗要求

（1）苗木规格应符合设计图纸的要求。

（2）根系发达，植株健壮，无大的病虫害和偏冠现象。

（3）尽量选用苗圃中的实生苗，少用营养繁殖苗，不宜用野生苗。

（4）以选择本地产苗木为主，少用地理跨度大的外地苗。

（5）尽量保持苗木自然的观赏特性。

（二）掘苗规格

1. 掘苗根部或土球规格　一般参照苗木的干径和高度来确定。其中落叶乔木根部直径为树干胸部的9～12倍，落叶花灌木根部直径为苗木高度的1/3左右，分枝点高的常绿树土球直径为树干胸部的7～10倍，分枝点低的常绿树为树高的1/3～1/2。

2. 主干枝和树冠的要求　为了尽快发挥园林绿化效果，尽量少用“断头苗”。对于树冠、树型观赏特性很强的苗木，在移植过程中尽量少修剪，采取有利措施保护好冠幅完整，如雪松、油松、五针松、水杉等。

（三）掘苗前的准备

1. 号苗　根据设计图纸要求，在选好的苗木上用涂色、挂牌或拴绳等方法做出明显的标记，此种方法称为“号苗”。

2. 选择适宜的掘苗时间　在符合工程进度要求下，最好选在植物秋冬休眠期或春季萌发前进行掘苗，如果遇到夏季掘苗尽量安排在雨后进行。

3. 灌水与排水　掘苗前要调整好土壤的干湿度，如果土质过于干燥应提前1～3d灌水湿润；反之土壤过湿，将影响掘苗操作，则应设法排水。

4. 拢冠 为了便于起苗和运输，应在掘苗前对分枝低矮、侧枝分叉角度大、树冠庞大的苗木（如雪松、龙柏等）用草绳松捆拢其树冠，注意不要太紧而损伤枝条。

（四）掘苗方法与操作规范

1. 掘苗方法 园林施工中常用的掘苗方法有裸根法和带土球法。其中裸根法掘苗多用于落叶树在休眠期的移植，这种移植方法操作规程简单，需随挖、随起、随运、随植。而带土球移植法，虽然增加了挖土球和包装土球的难度，但是由于土球内为原生长地的土壤，移植过程中根系不易失水，因此移植成活率往往较高，这种方法在非适宜的种植季节也可以进行。

2. 裸根苗挖掘操作步骤

（1）根据掘苗的规格，以树干为中心画线。

（2）挖土与切根，如遇到大根应尽量保留，画线以外的侧根可以切断。

（3）掏底土，尽量保存根部护心土，轻放植株倒地。

3. 带土球苗挖掘操作步骤

（1）画线。以树干为中心，按苗木规格确定土球大小在地面画一个圆圈，一般圈的大小要比挖后的土球稍大一些。

（2）去表层土。因表层土根系密度很低，为了减轻土球重量，可先去掉一层表土。

（3）挖坨与修平。沿地面画线外缘向下垂直挖沟，大苗沟宽一般为 50～80cm，以便于操作。如果挖掘中遇到大根则须用手锯锯断，随掘随收，一直挖到规定的土球高度，球底暂不挖通。再用锹将土球表面轻轻铲平，上口稍大，下部渐小，修成红星苹果状（图 7-3）。

（4）掏底土。直径小于 50cm 的土球，可以直接将底土掏空，大于 50cm 的土球，则应将底土中心保留一部分。

（5）草绳打包。常规的打包操作工序如下：

①打内腰绳。若土质松散，则应在土球修平时拦腰捆几道草绳，若土质坚硬则可以不打内腰绳（图 7-4）。

图 7-3 挖坨（红星苹果状）

图 7-4 打内腰绳

②包装。用两个规格合适的蒲包，对角剪开直到蒲包中心，用水浸湿后，一个蒲包兜底，另一个盖顶，中腰用草绳拴好，完全将土球覆盖起来。

③捆纵向草绳。用浸湿的草绳，先在树干基部横向紧绕几圈并定牢，然后沿土球垂直方向约 30°缠捆纵向草绳，拉紧后用木槌、砖石块敲草绳，使草绳嵌入土中，捆得更加牢固（图 7-5）。整个土球的纵向草绳捆完后，仍在树干基部收头。

④打外腰绳。规格大于 50cm 的土球，纵向草绳捆好后，还应在土球中腰横向并排捆 3～10 道草绳，确保土球更加严实。

⑤封底。凡在坑内打包的土球，当草绳捆好后将树苗顺势放倒，用蒲包将土球底部堵严，并用草绳捆牢。具体操作如图 7-6 和图 7-7 所示。

(6) 出坑与平坑。土球打包好后（图 7-8），应立即抬出坑外，集中待运。并将挖掘出坑的土及时回填。

图 7-5　捆纵向草绳

图 7-6　截除底根

图 7-7　草绳封底

图 7-8　土球出坑

六、运　　苗

运苗包括装苗、押运苗木、卸苗连续的三个过程。其中装苗时，应注意将苗木的根部朝前，树梢向后，有序排列，如果土球过大，不宜堆放层数太多。

为了确保苗木在运输途中减少伤害，施工单位应派人一起押运。长途运苗最好能用苫布将树根盖严，并在途中经常给树根部洒水。如果天热晴朗，运苗工作尽量安排在晚上进行。

卸苗应从上到下，从后到前，不准乱抽乱取，更不能整车推卸。带土球苗卸车时还要用双手轻托土球，轻放地面，不准提拉枝干，不准上下堆放。

七、假植与定植

（一）假植

苗木运到施工场地后，若不能及时定植，则必须设法将树根埋严，这种临时种植的方法被称为假植。裸根苗与带土球苗假植方法一般不同，裸根苗往往需要在定植点附近挖一条小沟，浅埋细土或湿沙；而土球苗只需集中放置，直立土球，用土稳牢。苗木假植期间做好浇水工作，必要时还要搭建临时遮阳网，防止枝叶蒸发量过大。

（二）定植

1. 定植步骤

（1）定植前的修剪。将运苗、卸苗过程中造成受伤的枝条进行必要修剪。为了提高植树的成活率，落叶树多在定植前进行修剪比较妥当，甚至在不宜的种植季节还应采取重剪，防止树叶蒸发过大，树体失去水分平衡。而常绿树多放在定植后进行修剪和整形，既确保成活率，又尽量保证树形完美，发挥园林绿化效果。

（2）散苗。是指将苗木按照设计图纸的要求，分别放置在挖好的坑内或坑旁。裸根苗最好将根朝下置于坑内，带土球苗可放置在坑旁。

（3）埋土扶正。最好能每三人一个作业小组，其中一位有经验的负责扶树、找直、掌握深浅度，其余两人负责埋土，用脚踩实。

（4）立支柱。高大的树木，特别是带土球的树木埋土扶正后应用木桩、钢管或钢筋水泥柱等进行支撑，也可用竹竿（图 7-9）、铁丝（图 7-10）进行简易支撑。根据需要，立支柱可采用单杆支柱、双杆支柱（图 7-11）、三杆支柱、四杆支柱（图 7-12）。

图 7-9　竹竿支柱

图 7-10　铁丝支柱

图 7-11　双杆支柱

图 7-12　四杆支柱

（5）树干缠绳。为了防止树干水分蒸发、人为损伤和阳光直射，定植后需对乔木和高干灌木用草绳缠绕树干。

特别的是，丛植小灌木可在放样的白线内随挖坑随种植（图 7-13）。注意因树种和规格不同，种植的株距也不一样。譬如：一般小规格、慢生树、枝叶不够茂密的灌木每平方米种植25株，大规格、速生树，且枝叶茂密的灌木每平方米种植16株。

图7-13　种植小灌木

2. 定植注意事项

（1）如发现挖出坑的土质不好，则需要更换土壤，必要时最好能施基肥。

（2）埋土前仔细核对设计图纸，看品种、规格是否正确，若发现问题应及时调整。

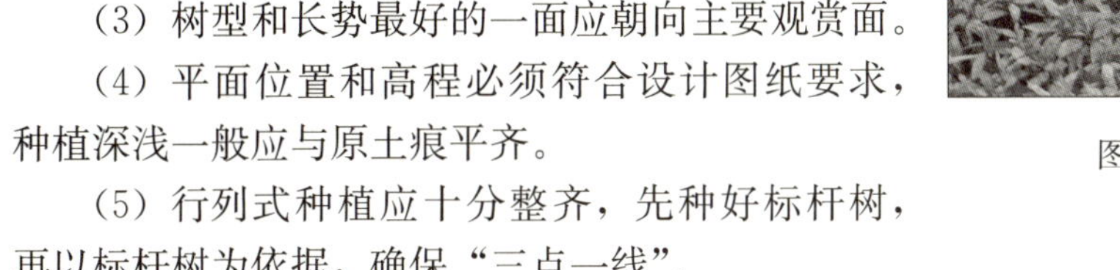

（3）树型和长势最好的一面应朝向主要观赏面。

（4）平面位置和高程必须符合设计图纸要求，种植深浅一般应与原土痕平齐。

（5）行列式种植应十分整齐，先种好标杆树，再以标杆树为依据，确保“三点一线”。

（6）种植土球苗必须先量好坑的深度与土球的高度是否一致，入坑后尽量将包装材料解开取出，以免影响新根再生。

八、新植树灌水

单株树木定植后，在树坑外缘用细土培起约15cm高的围堰，便于灌水。成片种植的树木（如绿篱、灌木丛等）可将几棵树联合起来用细土集体围堰，称作畦。待围堰或作畦开好后，一般应10d给树木进行连续三次的浇灌。第一次在定植后24h内，水量不宜过大，浸入坑土30cm左右即可，主要目的是使土壤缝隙填实，确保树根土壤湿润；第二次应在3d内，当树木再次培土扶正后进行，水量仍不宜过大；又过3d左右，进行第三次灌水，水量要大，浇足灌透，用细土将树堰埋平。

九、复　　剪

树木定植完后，还要对受伤枝条、影响树形美观的枝条及带有病虫害的枝条进行多次修剪。

十、清理施工现场

园林绿化工程在竣工后（一般指定植灌完三次水后），应将施工现场彻底清理干净，其主要工作任务有：清理地面修剪枝叶、木桩、草绳、垃圾等杂物，并根据需要做好封堰和整畦。

第三节　大树移植工程

大树一般是指胸径在15cm以上的常绿乔木或胸径在20cm以上的落叶乔木。虽然大树移植发挥园林绿化成效快，但是要求施工技术高，过程复杂，投入的资金大，因此在园林建设中对大树移植要引起重视。大树移植必须采用科学的方法，遵循一定的技术规范。

一、大树移植前的准备工作

（一）大树选择要求

（1）规格和树形应符合设计图纸及说明书的要求。

（2）植株生长健壮，根系发达，无病虫害和人为损害。

（3）以种植地附近的苗圃树种为主，尽量少用野生树。如果经过业主或建设单位同意，需要移植某些观赏价值极高的野生大树，则应预先1～3年对选定的苗木做好断根处理。

（4）苗源地的条件要适宜挖掘、包装、吊装与运输。

（5）古树名木不宜作为移植的对象。

（二）选择合宜的移植时间

一般而言，大树移植的最佳时期应选在早春，因为种植以后树体开始生长、发芽，挖掘时损伤的根系容易愈合和再生。落叶树也宜选在晚秋移植，这个时期，树木被切断的根系尚未停止活动，经过冬季慢慢愈合，给翌年春季发芽生长创造了良好的条件。另外在夏天，抓住我国南方梅雨期和北方雨季，由于空气湿度较大，也可以带土球移植一些常绿大树。

（三）平衡修剪

大树移植时，一般要截去许多根系，为保持大树地下部分与地上部分的水分代谢平衡，减少枝叶水分蒸腾，通常对落叶树和再生能力强的常绿阔叶树，如香樟、杜英、桂花等，可进行适当的树冠修剪，甚至可以截干；而对常绿针叶树和再生能力弱的常绿阔叶树，如广玉兰、深山含笑等，只可适当疏枝打叶，绝不可截头。平衡修剪的原则是将徒长枝、交叉枝、病虫枝、枯枝及过密枝去除，尽量保持树木原有树形。

二、大树移植的方法

（一）软材包装移植

1. 确定土球大小 土球直径一般按树木胸径（离地面约1.3m处）的7～10倍为宜，土球过大，容易散球且会给运输增加困难；土球过小，又会伤害过多的根系，影响移植的成活率。土球高度一般为60～80cm，留底直径为土球直径的1/3。以树干为中心，按规定的土球直径在地上画出圆圈。

2. 挖掘土球 挖掘前，先用草绳将树冠围拢，然后沿划线圈往外垂直挖60～80cm的沟，一直到土球所要求的高度为止。遇到较粗的树根时，应用锯或剪刀将根切断。当土球修整到1/2深度时，可逐步向里收底，直到缩小到土球直径的1/3为止，然后将土球表面修整平滑。

3. 包装土球 因为大树的土球规格较大，所以包装土球的技术难度高。土球修整好后，应立即用草绳打上腰箍（每隔20cm一道，图7-14），然后用蒲包或蒲包片将土球包严，并用草绳将腰部捆好。然后打花箍，将双股草绳一头拴在树干上，绕过土球底部，顺序拉紧捆牢，草绳间隔一般为8～10cm，在土球外面结存网状。接着在土球的腰部密捆10道左右的草绳，并在腰箍上打成花扣，以免草绳脱落。最后将树推倒，用蒲包将底堵严，用草绳捆好，土球就算打好了。土球过大时，还可焊接一圈铁皮（图7-15）。

4. 吊装运输 大树的吊装运输也是大树移植的重要环节，吊运的成功与否，将直接影响到大树的成活及树形的美观。目前我国常用的方法是借用汽车起重机进行吊装，用大卡车进行运输，特大树短距离移植可用拖车运输（图7-16）。大树装车时，使树冠朝汽车尾部，树干包上柔软材料放在木架或竹架上，用软绳扎紧，土块下垫一块木衬垫，然后用木板将土球夹住或用绳子将土球缚紧于车厢两侧。通常1辆车只装1株树，在运输前，应先考察运输路线的畅通情况。

5. 卸苗与定植　大树到场后，应及时用起重机将其吊放到已挖好的种植穴内，撤除缠绕树冠的绳子，并以人工配合机械，将树干立起扶正，初步支撑，操作如图 7－17 所示。通过观察周围环境，转动和调整树冠的方向，使主要观赏面符合设计的意图。然后撤除土球外包扎的绳包或箱板，分层回填土分层压实，一直到盖住原土痕为止，并在树干周围筑一个稍大于土球的拦水围堰。

图 7－14　土球打腰箍

图 7－15　包装好的土球

图 7－16　大土球吊装

图 7－17　大树定植

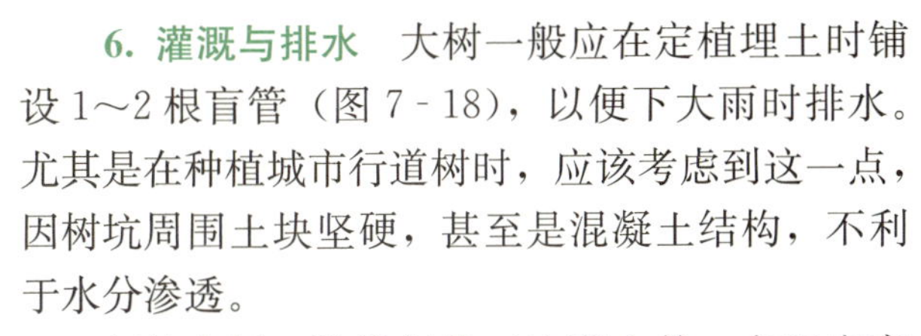

6. 灌溉与排水　大树一般应在定植埋土时铺设 1～2 根盲管（图 7－18），以便下大雨时排水。尤其是在种植城市行道树时，应该考虑到这一点，因树坑周围土块坚硬，甚至是混凝土结构，不利于水分渗透。

图 7－18　铺设盲管

新植大树，除常规的三次灌水外，在温度高的季节，还要注意给树冠和树干喷洒水分，增强环境湿度，降低树体水分的蒸腾量。

7. 支撑树干　由于大树灌水后，土球上的围堰土往往因水压的作用而下沉，为了确保大树基部的稳固，在头三次灌水后及时给树干基部培土，还应采取适宜的办法进行支撑（图 7－19）。

8. 包裹树干 为了减少树干的水分蒸发，通常用浸湿的草绳从树基往上密密地缠绕树干，一直缠到树干和主枝的顶部。为了确保大树的成活率，夏季种植应在树干周围搭建遮阳网或挂草帘，冬前种植应包裹一层塑料薄膜（图7-20）。

图 7-19　大树支撑

图 7-20　大树包裹

（二）带土方箱移植

此方法需要投入的成本较高，适用于胸径 20cm 以上的特大树，主要对象是松柏类，如雪松、油松、白皮松、华山松、龙柏、铅笔柏等。

1. 机具准备 掘苗前要充分准备好包装的卷尺、木板、木墩、垫板、支撑木杆、铁皮、铁钉、蒲包片、草袋片、铁锹、尖镐、钢丝绳、紧绳器、千斤顶、吊车、拖车等。

2. 挖掘土球 以树干为中心，比规定的土台尺寸（一般为树木胸径的 7～10 倍，具体规格见表 7-6）大 10cm 左右划一个正方形，从土台往外开始挖出 60～80cm 宽的沟，便于人工操作。一直挖到土台规定的深度，用锹将土台四周修整，注意使土台侧壁中间略突出。

表 7-6　土方箱规格

树木胸径（cm）	18～24	25～27	28～30
方箱规格：上边长×高（m）	1.5×0.6	2.0×0.7	2.2×0.8

3. 制作土方箱

（1）装边板。先将土台四周用蒲包片包严，再将箱板沿土台的四壁放好，使每块箱板中心对准树干，箱板上边略低于土台 1～2cm 作为吊运时的下沉空间。在安装时，两块箱板的端部要相互错开，将土台露出一点（图 7-21），然后在木箱的上下套好两道钢丝绳，每根钢丝绳的两头装好紧绳器，紧绳器要装在两个相反方向的箱板中央带上，以便受力均匀。接着在两块箱板交接处，距箱板上、下口 5cm 左右钉上铁皮：1.5m×1.5m 的木箱每个箱角钉铁皮

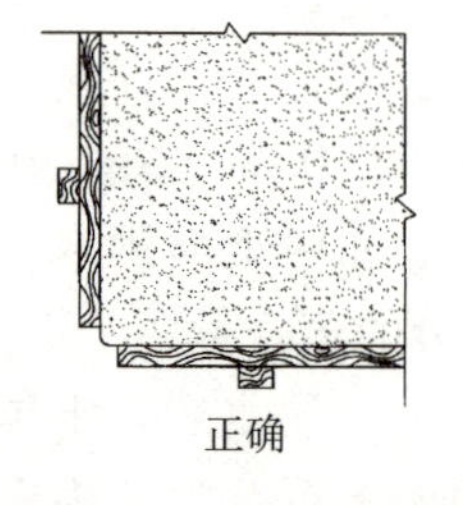

图 7-21　箱板端部安装

7～8道，1.8～2m的木箱钉8～9道，2.2m×2.2m的木箱钉9～10道。每条铁皮须有两对以上的钉子钉在带板上，注意不要钉在箱板的接缝处。

(2) 装底板。边板装好后，用小板镐和小平铲向箱底内掏土，注意每次掏土的宽度应与底板的宽度基本一致，掏上一定宽度立即钉上一块底板，底板之间的距离一般控制在10～15cm，如土质疏松，可适当加密。在掏底之前，为了保障操作人员的安全，应用四根横木支撑四面箱板的上部。

(3) 装盖板。上盖板之前，应先修整土台表面，使其中间略高于四周，再铺上一层蒲包片，最后每隔15～20cm钉上盖板，注意要与底板方向垂直和整体包装效果（图7-22）。这样土方箱就安装完成。

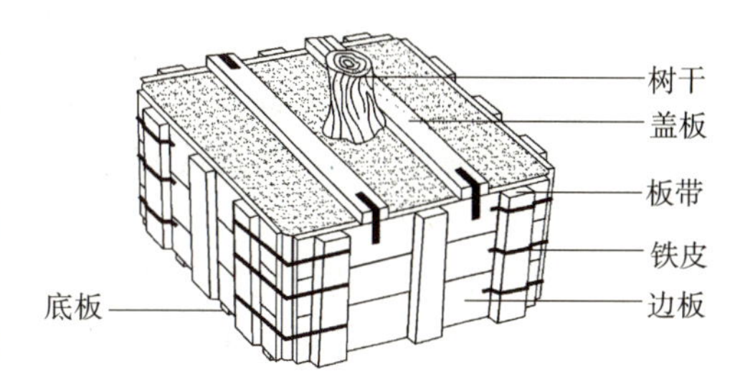

图7-22 土方箱整体包装

土方箱制作完后，其后续工作可参照软材包装移植大树方法实施操作，不同之处在于方箱的拆除。

(三) 冻土球移植

冻土球移植主要用在我国冬季冻土层较深的北方地区。遇到土壤冻结期挖掘土球，可不必包装，此方法比包装移植法简单，且节约材料和施工成本。

冻土球移植法的关键是要把握好时机，一般在大地封冻初期预先挖好土球，灌足水分，用杆撑稳树体防止倒塌，待土冻结后进行移植。而最好不要选在冻土期挖土，因为这个时期土层坚硬，会提高施工人员的作业难度。这种方法多适用于针叶树，为了防止运输与定植过程中枝叶受损，应在挖苗前用草绳拢冠。移植松树，要避开三九天（12月底至第二年1月底），因为温度过低，树枝极易折断。

(四) 机械移植

随着我国工业化程度的不断加快，近年来也开始出现用树木移植机辅助作业。这种方法主要适用于移植与栽植地距离较近的中小树木，可随挖、随运、随植。使用这种方法移植的成活率高，施工速度快，劳动强度低，而且在非正常移植季节种植成活率也很高。

目前我国主要发展大、中、小三种类型的移植机，大型机可挖土球直径160cm，用于移植干径16～20cm以下的大树；中型机可挖土球直径100cm，用于移植干径10～12cm以下的树木；小型机可挖土球直径60cm，用于移植干径6cm以下的苗木。

三、影响大树移植成活的内部因素

(一) 树龄大小

树木年龄轻壮的标准：慢生树20～30年；速生树10～20年；中生树15年，乔木胸径一般为15～25cm。树龄大于此标准的一般都是阶段发育老，细胞的再生能力较弱的大龄树。挖掘和种植过程中损伤的根系恢复慢，新根再生能力差。

(二) 根系范围

由于幼、壮龄树的离心生长的原因，树木的根系扩展范围很大，一般超过树冠水平投影范围，而且扎入土层很深。使有效的吸收根处于深层和树冠投影附近，造成挖掘大树时土球所带吸收根很少，且部分根系木栓化严重，根系的吸收功能明显下降。

（三）树体上下水分平衡

为使大树尽早发挥绿化效果，保持其原有优美姿态，因此不宜过度地进行整形与修剪，而地下应尽量减轻土球的重量，需要截除部分根系，因此大树移植后难以建立地上地下的水分平衡。

四、大树移植过程中应注意的问题

（一）树干损伤

树干及枝条的树皮破损过多或修剪方法不当，导致病菌从伤口侵入树体，造成树木生长衰弱。造成原因为：苗木起掘时工具不锋利，造成根系损伤；挖掘时间过长，造成树体失水；吊装运输过程中树皮磨损或有绳勒痕迹。

（二）土球保护

树木的土球与种植土结合不紧密或支撑不规范，一旦遇大风吹干土壤会造成根部松动，致使树木死亡。树木冠幅过于庞大，种植时可能碰到障碍，使土球松动，只要有部分根系未与土壤充分接触，就有可能造成树木生长衰弱。

（三）种植深度

种植过深或土球表面覆土过多，造成根系窒息死亡。造成原因：某些地区地下水位较高，土壤黏性大，种植过深，易引起根部积水；大部分植物根系聚集于土球中上部，种植过深或表面覆土过多，易造成植物根部通气不良，以致排水不畅，根系缺氧，导致死亡。

（四）土壤问题

种植时覆土的密度低于原土，致使根部积水引起死亡。使用二次沉降法种植，提高泥土密度是一种不错的选择。传统的种植方法，土球与土壤不能达到完全结合，树穴内土壤密度低于周边密度，易产生积水，且种植后，有些土壤团粒依然粗大，使根系与土壤的接触面出现孔隙，植物养分易从孔隙流失。还可能地形凹陷处种植乔木较困难，因为地下水流动易在凹陷处聚集，从而引发根部积水。

土壤是深层土，与土球、根系接触后，根系无法发根引起死亡。造成原因：土球过于板结，黏性过大，造成根系无法生长；树木在苗圃时养分充足，移植后不仅根系受伤，而且土壤性状及环境等因素都有所改变，使其发根困难，因此尽可能在土球周围用好土，让其尽快适应移植环境。

第四节　花坛建植

花坛是指以花卉为主要植物材料，集中布置成以观赏为主要目的的园林设施。花坛主要是展示花的群体美，一般都布置成图案形，因此花坛的栽植施工更要精细。

花坛的种类比较多。在不同的园林环境中，往往要采用不同的花坛种类。从设计形式来看，花坛主要有盛花花坛（或叫花丛式花坛）、模纹花坛（包括毛毡花坛、浮雕式花坛等）、标题式花坛（包括文字标语花坛、图徽花坛、肖像花坛等）、立体模型式花坛（包括日晷花坛、时钟花坛及模拟多种立体物象的花坛）等四个基本类型。在同一个花坛群中，也可以有不同类型的若干个体花坛。

要把花坛及花坛群搬到地面上去，就必须要经过定点放线、砌筑边缘石、种植床整理、图案放样、花卉栽种及养护管理等工序。

一、定点放线

根据设计图和地面坐标系统的对应关系，用测量仪器把花坛群中主花坛中心点坐标测设到地面上，再把纵横中轴线上的其他中心点的坐标测设下来，将各中心点连线即在地面上放出了花坛群的纵横轴线。据此可量出各处个体花坛的中心点，最后将各处个体花坛的边线放到地面上就可以了。

二、花坛边缘石砌筑

花坛工程的主要工序就是砌筑边缘石。放线完成后，应沿着已有的花坛边线开挖边缘石基槽；基槽的开挖宽度应比边缘石基础宽 10cm 左右。深度可在 12～20cm。槽底土面要整平、夯实；有松软处要进行加固，不得留下不均匀沉降的隐患。在砌基础之间，槽底还应做一个 3～5cm 厚的粗砂垫层，作基础施工找平用。

边缘石一般是以砖砌筑的矮墙，高 15～45cm，其基础和墙体可用 1∶2 水泥砂浆或 M2.5 混合砂浆砌 MU7.5 标准砖做成。矮墙砌筑好之后，回填泥土将基础埋上，并夯实泥土。再用水泥和粗砂配成 1∶2.5 的水泥砂浆，对边缘石的墙面抹面抹平即可，不要抹光。最后，按照设计，用磨制花岗岩石片、釉面墙地砖等贴面装饰，或者用彩色水磨石、干黏石米等方法饰面。

有些花坛边缘还可能设计有金属矮栏花饰，应在边缘石饰面之前安装好。矮栏的柱脚要埋入边缘石，用水泥砂浆浇注固定。待矮栏花饰安装好后，才进行边缘石的饰面工序。

三、花坛种植床整理

在已完成的边缘石圈子内，进行翻土作业。一面翻土，一面挑选、清除土中杂物。若土质太差，应当将劣质土全清除掉，另换新土填入花坛中。花坛栽种的植物都是需要大量消耗养料的，因此花坛内的土壤必须很肥沃。在花坛填土之前，最好先填进一层肥效较长的有机肥作为基肥，然后才填进栽培土。

一般的花坛，其中央部分填土应该比较高，边缘部分填土则应低一些。单面观赏的花坛，前边填土应低些，后边填土则应高些。花坛土面应做成坡度为 5%～10%的坡面。在花坛边缘地带，土面高度应填至边缘石顶面以下 2～3cm；以后经过自然沉降，土面即降到比边缘石顶面低 7～19cm 之处，这就是边缘土面的合适高度。花坛内土面一般要填成弧形面或浅锥形面，单面观赏花坛的上面则要填成平坦土面或是向前倾斜的直坡面。填土达到要求后，要把上面的土粒整细，耙平，以备栽种花卉植物。

花坛种植床整理好之后，应当在中央重新打好中心桩，作为花坛图案放样的基准点。

四、花坛图案放样

花坛的图案、纹样，要按照设计图放大到花坛土面上。放样时，若要等分花坛表面，可从花坛中心桩牵出几条细线，分别拉到花坛边缘各处，用量角器确定各线之间的角度，就能够将花坛表面等分成若干份。以这些等分线为基准，比较容易放出花坛面上对称、重复的图案纹样。有些比较细小的曲线图样，可先在硬纸板上放样，然后将硬纸板剪成图样的模板，再依照模板把图样画到花坛土面上。

五、花坛的栽植

栽植是花坛施工中重要一环，必须精心、细致地操作，才能保证观赏效果。

（一）栽植距离与深度

花苗的栽植间距，应以植株的高低、分蘖的多少、冠丛的大小而定，以栽后不露地面为原则。栽植小苗时，应留出适当的生长空间。模纹花坛的植株密度可适当加大。植株的排列多成三角形或正方形。五色草及草皮类植物是覆盖型的草类，可不考虑株行距，密集铺种即可。栽植的深度以埋土与根茎处平齐为好。过深、过浅都不利于生长和发育。球根花卉的覆土厚度应为球根高度的 1～2 倍。

（二）栽植顺序

为了施工方便，不破坏已栽完的花苗，栽植时应按下面的顺序进行：独立花坛，应由中心向外侧退栽；具有坡度的花坛，应由上向下栽；高矮花苗混栽时，应先栽高的，后栽矮的；宿根、球根花卉与草花混栽时，应先栽宿根、球根花卉，后栽草花；模纹花坛，应先栽图案的轮廓线，后栽内部。大型花坛，可分区、分块栽植，最后做边缘装饰。

花坛栽植完成后，要立即浇一次透水，使花苗根系与土壤密切结合。

六、花坛的养护管理

花坛在布置完毕后，花苗能否健壮生长，保持花繁叶茂、色彩艳丽的设计效果，主要取决于日常的养护管理。

（一）浇水

由于花苗根系弱小，枝叶幼嫩，在生长过程中要经常浇水，以补充土壤中的水分。浇水的次数应依据气候条件和季节而定。一般北方春秋两季每天一次，夏季干旱时每天两次。南方 2～3d 一次，旱时每天一次，浇水时间应在早晨或傍晚进行，忌在中午高温时间浇水，避免土温骤降，影响花苗生长。浇水量不能过大，以免烂根；水量不可过急，避免冲刷土壤。水温应在 10℃以上，过低时应事先晒水。

（二）施肥

定植后的花苗在生长过程中，根据需要可进行几次追肥。对花坛上的多年生植物，每年要施肥 2～3 次；对一般的一二年生草花，可不再施肥；如却有必要，也可以进行根外追肥，方法是将水、尿素、磷酸二氢钾、硼酸铵按1 500：8：5：2 的比例配制成营养液，喷洒在花卉叶面上，施肥后应及时浇水。球根花卉忌用未经充分腐熟的有机肥料，以免烂根。

（三）中耕除草

中耕可使土壤疏松，清除杂草可减少土壤中水、肥的消耗，这些措施给花卉的生长创造了有利条件。中耕除草一般由人工进行，在生长期内每月进行两次。注意中耕不可过深（一般深度为 5cm），以免损伤花根。

（四）修剪

为了控制植株高度，促进分枝，达到花繁叶茂的目的，以及保持花坛的整洁、美观，应随时清除残花、败叶，并经常进行修剪。修剪时为了不踏坏花卉图案，可利用长条木凳放入花坛，在长凳上进行操作。一般草花花坛，花期应每周修剪 2～3 次。模纹花坛应经常进行修剪，保持图案明显、整齐。

(五) 换花

由于草花生长期短，为了保持花坛长期的观赏效果，应进行更换花苗的工作。更换次数应根据花坛的等级及花苗的供应情况确定。更换后的花坛，应按设计要求尽快成型，达到预期的观赏效果。

第五节　草坪建植

广义上的草坪是指由自然成活的禾草所组成的绿地，或指由人工建植的绿草地。而我国《辞海》将草坪定义为："草坪是园林中用人工铺设草皮或播种草籽培养形成的整片绿色地面"，这是狭义的概念。根据我国当前园林事业发展的需要，本书所讲草坪以后者人工草坪为例。

草坪建植，是指利用人工的方法建立起草坪地被的综合技术，在园林绿化工程中是必不可少的一项内容，往往在乔灌木种植完成后进行。草坪建植所用的材料统称为草坪草或草坪植物。

一、草坪建植的适宜时期

选择合适的时期种植草坪草，可提高草坪草的发芽率，提前发挥绿化效果。不同草种适宜的种植期有所差别，如表 7-7。

二、草坪草选择要求

(1) 采用适地适草的原则，选择的草种要适应施工场地的气候与土壤条件。

(2) 具有抗旱、抗寒、抗病虫害、抗盐碱、耐热、耐阴、耐瘠的能力。

(3) 具有耐践踏、耐修剪，再生能力强。

(4) 具有绿色期相对较长，且观赏效果好。

适合于我国大多数地区种植的常见冷地型草坪草有高羊茅、紫羊茅、黄股颖、早熟禾、黑麦草等，暖地型草坪草有狗牙根、结缕草、野牛草、钝叶草、地毯草、狼尾草等。

表 7-7　草坪播种与种植的适宜期

繁殖方法	草种类型	常见草种	适宜种植时期		备　注
			春季	秋季	
播种	冷地型草坪草	高羊茅、翦股颖、早熟禾、黑麦草等	5～6 月	8 月下旬～9 月	秋季播好
	暖地型草坪草	狗牙根	4～6 月	8 月下旬～9 月上旬	春季播好
营养体	冷地型草坪草	翦股颖	3 月下旬～5 月	8 月下旬～10 月	不宜春季播
	暖地型草坪草	狗牙根、结缕草等	3～6 月上旬	8 月下旬～9 月	如果水分充足，夏季种植好

三、草坪基床准备

草坪基床准备包括基床清理、翻耕、平整、土壤改良和排灌系统安装等技术环节。

1. 场地清理 清除施工场地上不利于草坪植物生长的石头、砖头、瓦砾、树枝、树根和杂草等。

2. 耕与平整 土壤翻耕的深度不得低于0.3m，可用犁地或旋耕方式操作，然后再用钉耙把土块打碎，过程中如发现树根、草根、石砾、碎砖等应随即清除。土壤翻耕最好是在秋季和冬季较为干燥的时期进行，以确保土壤在冷冻作用下自然碎裂，也有利于有机质的分解。

不管是自然起伏草坪还是平坦草坪，土壤翻耕后要确保基床表面平整，平坦地应有3%左右的坡度来排除积水。如果土壤厚度不够需要采取客土方法补充。

3. 土壤改良 理想的草坪土壤是结构适中、土层深厚、排水性好、pH在5.5～6.5。如果土壤不适，需要对表土进行改良。土壤改良一般不宜采用像沙那样的单质，通常使用的是合成的改良剂，如泥炭、锯屑、石灰粉等。对于很松散的沙土，则应掺入适当黏土。

4. 排灌系统安装 自然缓坡草坪一般采用地表排水，在低凹处可设置排水沟，流向市政排水管或周边河道。地形平坦的草坪，如足球场等，可设置沙槽地面排水系统，一般沟宽6cm，深25～37.5cm。

5. 施基肥 在肥料中，磷肥有助于草坪草根系的生长发育，钾肥有助于草坪草越冬，氮肥有助于叶子的生长。这三种元素可做成混合肥或复合肥使用，如每平方米草坪，在建植前可施含量为5～10g硫酸铵，30g过磷酸钙，15g硫酸钾混合做基肥。若草坪在春季建植，氮肥施量可适当增大。

四、草坪草种植方法

1. 铺草皮 一般按照以下顺序进行：确定施工方法→整地→铺草皮→覆细土。在铺种草皮时，将草皮按照规定间隔排列好，用磙子镇压或用拍土板敲打，使草根紧密附着在土壤上。然后用筛过的细土覆盖草皮，使一半草叶埋在土中。根据草种和种植地的条件不同，休闲式草坪通常采用0.3m×0.3m方块草皮进行密铺，运动场草坪采用草坪植生带进行铺栽，护坡草坪采用0.05m×0.05m的小草块进行点铺。

2. 扦插 扦插法是将匍匐茎在浅沟内散开进行栽植的方法，主要适用于营养繁殖的狗芽根类、结缕草类、匍茎翦股颖类的繁殖。扦插法要求床基厚度为15～20cm，挖掘间隔为4～5cm的浅沟，沟中撒入具有2～3个节的匍匐茎，然后覆上细土，要求一半草叶露出土壤。栽植后用轻磙镇压，使草茎深深嵌入土中。这种方法多用于高尔夫球场（图7-23）。

图7-23 高尔夫球场种植效果

3. 播种 播种前应先检验草种的纯度和发芽率，一般分别要求在90%和50%以上，同时要掌握好适宜的播种量和播种期，常见草种可参照表7-8。播种时，先将基床表土疏松，再将草种均匀地撒播在土壤表面，如果草籽过细，可预先掺入细沙。然后用碾子磙压表土，使土层中的种子密切和土壤结合。为了防止下大雨冲走种子，最好是在表面覆盖一层保护物。

表 7-8　常见草坪种子的播种量和播种期

草　种	播种量（kg/m^2）	播种期
狗芽根	0.010～0.015	春季
高羊茅	0.015～0.025	秋季
黑麦草	0.020～0.030	春季和秋季
早熟禾	0.010～0.015	秋季
翦股颖	0.005～0.010	秋季

第六节　边坡绿化工程

边坡绿化工程主要是指对大规模的挖土、填土等而形成的坡面进行的绿化工程。边坡绿化主要分为土质边坡绿化和石质边坡绿化。边坡绿化可美化环境，涵养水源，防止水土流失和滑坡，净化空气等。

边坡绿化按所用植物不同分为木本植物绿化、藤本植物绿化和草本植物绿化。按栽种方法不同分为栽植法和播种法，播种法主要用于草本植物的绿化，栽种法适用于乔木、灌木类植物绿化。边坡绿化主要遵循的原则有安全性原则、协调性原则、永久性原则以及经济性原则。

一、边坡绿化常见植物配置形式及植物种类

1. 边坡绿化常见的植物配置形式

（1）坡面植草式。采用草坪进行绿化种植，主要用于高速公路和城市快速路的边坡绿化。

（2）坡面图案式。在坡面用低矮草被作底色，用色彩鲜艳的低矮灌木或者草花配置成图案或者标语。

（3）悬垂枝覆盖式。适宜在岩石边坡和护坡构筑物上部采用。

（4）灌、草混栽式。利用本地生长的地被植物或低矮的花灌木进行混栽。该形式是自然生长在路旁、山丘等坡地的一种比较原始的绿化形式。

（5）攀缘植物覆盖式。比较适合在岩石边坡、护坡构筑物下部及各种城市旱地的桥墩采用。

2. 边坡绿化常用植物种类　边坡绿化中常用的草坪植物种类有狗牙根、百喜草、弯叶画眉草、马尼拉、高羊茅、多年生黑麦草、白三叶等。常用藤本植物有爬山虎、常绿油麻藤、络石、葛藤。灌木类则有马棘、花木蓝、胡枝子、紫穗槐、火棘、锦鸡儿等。常用草本花卉主要有金鸡菊、波斯菊、蛇目菊、花菱草、诸葛菜、紫花苜蓿、蓝香芥等。

二、边坡绿化的初期整治工作

1. 加固

（1）植物生长需要有一定的基础，因此要对坡面采取一定的措施，保证植物在坡面上能

够正常生长。根据不同的边坡地质结构，在种植前要对边坡进行不同程度的加固。

（2）有活性断裂或地质结构较破碎的边坡，要修建钢筋混凝土抗滑墙，增强边坡的稳定性。

（3）边坡的前缘靠近公路或居民区时，为了起到保护作用，一般都要修建挡土墙。

2. 排水 为了避免地表径流对边坡的破坏，可以修建截水沟、排水沟。为尽量减少对土体结构的破坏，截水沟可以修建在水平平台的边缘，与排水沟共同组成一个网状的地表排水系统，必要时还可以挖排水盲沟等进行地下排水。

3. 坡面平整及清理 工程坡面宜采用光面控制爆破开挖，对交验后的坡面应清除坡面浮石、浮根等，对凸出或凹进坡面大于10cm的岩石应予以削平，或采用C15混凝土或浆砌石等予以嵌补，尽可能平整坡面，坡面清理有利于基材和岩石坡面的自然结合。禁止出现反坡。

三、常见边坡绿化的施工

1. 种子撒播法 采用人工播种方式或使用固定在卡车上的种子撒布机，将种子、肥料、木质纤维加水搅拌后，以泵向边坡撒布成1cm厚的种子混合物的施工方法，适用于土壤肥沃湿润的侵蚀轻微的坡面，植被的基材以木质纤维为主。客土包含土壤、纤维、肥料、保水剂、胶黏剂、稳定剂等。客土喷播时，应精心配制适合于特殊地质条件下的植物生长基质和种子，然后用挂网喷附的方式覆盖在坡面，从而实现对岩石边坡的防护和绿化。

2. 喷混植草 喷混植草技术，是类似于客土喷播的一项坡面绿化技术，可以在岩质坡面上形成一个既能让植物生长发育的种植基质，又不被雨水冲刷的多孔稳定结构。

3. 三维网植草防护 三维网植草防护是将一种带有突出网包的多层聚合物网固定在边坡上，在网包中敷土植草，是基于三维网（图7-24）对边坡掩体本身在防护植物未生长完全前的一种防护工艺。养护期为3个月，3个月达到覆盖率95%以上，形成良好的防护及景观效果。适于填方土石混填边坡，覆土后可有效促进植物生长，增强防护效果。

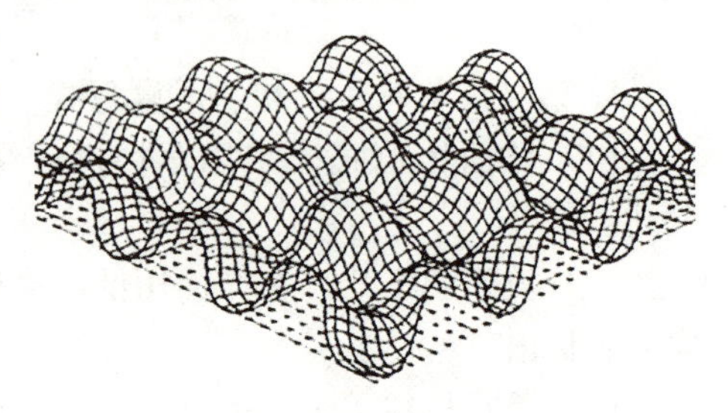

图7-24 三维网

4. 连续喷丝固土植生法 连续喷丝固土植生法是一种新型的喷播绿化方式，它利用特制喷混机械按比例混合并搅拌均匀的有机基材、长效肥、速效肥、保水剂、黏接剂、植物种子和水的混合物，喷射到坡面上，在喷射客土植生基材的同时，利用空压机及喷丝机把纺织纤维丝与植生基材同时喷射，由于黏接剂的黏接作用及纺织纤维丝的连接作业，混合物可在岩石表面形成一个既让植物生长发育，种植基质又不被冲刷的多孔稳定结构（即一层具有连续空隙的硬化体），种子可以在空隙中生根、发芽、生长，从而达到恢复植被、改善景观、保护环境的目的。

5. 植生带法 利用植生带进行坡面的绿化，在短时间内就可以覆盖边坡，达到抑制径流、防止冲刷、稳定坡面、减少维护费用的要求。

6. 草皮铺设法 草皮铺设绿化的方法主要是将预先生长好的草皮挖取，采用适当的施工方法，铺设在要防护的坡面上。主要适用于比较高陡、土质比较贫瘠或坡面易受冲刷的地段。

7. 预制框格网坡面防护　预制框格工程就是在工厂预制好的混凝土或钢铁、塑料、金属网格在边坡上装配成不同的形状，用锚或桩固定后，在框格内堆填借土或土袋，然后进行植被建造（图 7-25）。常与借土喷播工程或种子撒布工程及铺草皮等方法联合使用。在施工过程中，要注意由于客土、土袋下沉及下沉部分冲刷引起的崩塌，因此要避免在不稳定的坡面上使用。

图 7-25　预制框格网防护

8. 连续框格工程法　类似于预制框格工程，但通常都是在边坡上设置模板，安设钢筋，浇筑混凝土，或挖沟安设钢筋喷入砂浆等。

四、边坡植物绿化养护管理

1. 覆盖完成前的保护管理

（1）浇水。由于坡面所处的环境条件比较恶劣，坡面的保水性能较差，需配备专用水车，播植后 1 个月内晴天每天喷淋 1 次，通常进行 3～5L/㎡的洒水，如超过土壤的吸水能力，浇水过多时，剩余的水顺边坡流下，易侵蚀边坡。1 个月后每 3～5d 喷水 1 次保湿。夏季宜在早晨或日落后的低温时进行，冬季宜在中午高温时进行，但进行一次浇水后，必须连续浇水直到有降雨为止，如中途停止浇水，反而容易受到干害。

（2）施用肥料、激素。养分不足时，通常进行氮量 5～10g/㎡左右的追肥，在坡度陡急的坡面上肥料效果的持续时间为：合成肥料 2～3 个月，缓效性肥料每 2～3 年追肥 1 次。

2. 全面覆盖完成后的养护、管理

（1）追肥。栽植后 4～5 月生长季进行一次追肥，追肥应该连续增加。

（2）专人管理。栽植后坡面绿化应该不断完善专人、分段承包管护，做到每路段有专人巡逻看守，防止人、畜践踏。

（3）补植。种植验收后 3～5 个月为补植护理期，通过补植和加强水肥管理，使地被物达到合同要求的标准，形成良好的覆盖固坡效果。

复 习 思 考 题

1. 名词解释：园林绿化工程、假植、客土、定点放线、大树移植、成活率。
2. 简述园林乔灌木种植的步骤与方法。
3. 谈谈园林绿化工程施工现场准备的内容。
4. 在植树工程中，如何合理选择定点放线方法？
5. 论述用草绳包装土球掘苗的操作步骤。
6. 结合某工程实例，试编制园林绿化工程施工组织设计。
7. 简述大树移植的常用方法，试以带土方箱移植大树为例论述其掘苗要点。
8. 简述花坛建植工序。
9. 结合本地区的气候条件，如何合理地选择草坪草，并简述其适宜的种植方法。

实　验　实　训

带土球苗木的种植

实训目的： 使学生掌握带土球小规格乔木的放样、挖掘、包装与定植技术及操作要点。

实训要求（含场地与时间）：

1. 场地准备：建议在校内园林苗圃基地。
2. 时间要求：早春（2月下旬至4月上旬）或晚秋（10月中旬至11月下旬）。
3. 分3个学生组成一个作业小组。

材料与工具：

1. 材料准备：小规格常绿阔叶乔木或落叶乔木。
2. 工具准备：皮尺、木桩、白石灰、铁锹、钉耙、修枝剪、营养土、支撑杆、水桶等。

实训步骤

1. 整理场地，包括清理石块、垃圾、草根、木棍等，用钉耙平整地形。
2. 定点与放线，小范围的绿地建议采用交会法。
3. 掘苗，包括选苗、画线、刨坑与修土球、用草绳包装、苗木出坑、回土填坑等操作。
4. 搬苗与定植，包括将苗木从挖掘地搬迁到定植点，埋土扶正，最后围成土堰。
5. 临时养护，包括平衡修剪、浇水，必要时还应做支撑和给树干绕绳。

实训成果：

每一小组写一份“带土球苗木的种植实训报告”。

第八章　园林景观照明工程

目标： 培养学生运用园林照明的基本理论知识，并能根据不同的园林照明特点进行简单的园林景观照明设计的能力，具有理解园林景观照明施工图纸的能力，能组织简单的园林景观照明施工的能力。

任务： 通过本章的学习，重点了解、全面掌握园林景观照明和不同类型园林照明设计的相关知识和技术要点，掌握园林景观照明施工的步骤和方法。

园林景观照明除了创造一个明亮的游憩环境，满足夜间游园活动、节日庆祝活动以及保卫工作等功能要求之外，最重要的一点是照明与园景密切相关，是创造新园林景色的手段之一。近年来国内外各地的溶洞游览、大型冰灯、各式灯会、各种灯光音乐喷泉、“会跳舞的喷泉”、“声与光展览”等均突出地体现了园林景观照明的特点，是充分和巧妙地利用园林照明等来创造出各种美丽的景色和意境，因此园林景观照明设计既有普通照明设计的共性，又有其自身特点。

第一节　园林景观照明相关知识

一、园林景观照明的相关概念与技术参数

围绕园林景观照明的视觉问题是复杂的，在设计和评价一个园林环境照明时，通常要考虑以下一些技术参数，比如照度、发光强度、亮度、眩光以及视觉敏锐度等。

1. 光通量　光通量是指单位时间内光源发出可见光的总能量，单位为流明（lm）。例如，当发出波长为555nm黄绿色光的单色光源，其辐射功率为1W时，它所发出的光通量为683lm。100W的普通白炽灯发光通量为1 400lm，70W的低压钠灯发光通量为6 000lm。

2. 照度　照度是指受照平面上接受的光通量的面密度，用符号E表示，单位为勒克斯（lx）。照度是决定物体明亮程度的间接指标；在一定范围内，照度增加，视觉能力也相应提高。

3. 发光强度　点光源在给定方向的发光强度，是光源在这一方向上立体角元内发射的光通量与该立体角元之商，用符号I表示，单位为坎德拉（cd）。发光强度常用于说明光源和照明灯具发出的光通量在空间各方向或在选定方向上的分布密度。

4. 亮度　光源或受照物体反射的光线进入眼睛，在视网膜上成像，使人能够识别它的形状和明暗。亮度是一单元表面在某一方向上的光强密度。它等于该方向上的发光强度与此面元在这个方向上的投影面积之商，用符号L表示，单位是cd/cm^2或fL（$1fL=3.426cd/m^2$）。亮度是观察者所看到的，环境中的道路、停车场、广场等经过照明会变成水平方向的亮度表面；而建筑的立面、构筑物、雕塑以及树木等经过照明会变成垂直方向的亮度表面。各种亮度的表面构成了夜间的园林景观。

5. 眩光　眩光可能使人看不清目标物体，使人感到视觉不舒适，或使人感到不快。眩

光表现出失能眩光（光幕）、不适眩光和干扰眩光三类。失能眩光是由于杂散光进入人眼从而降低视网膜上影像的对比度而造成的。不适眩光是由视野中过强的亮度对比或亮度分布不均匀造成的。

6. 视觉敏锐度 在园林环境中，人眼的视觉适应和识别过程包括明视觉、暗视觉和中间视觉三种。明视觉反应状态通常是在适应亮度≥3cd/cm^2 时存在；暗视觉反应状态通常是在适应亮度≤0.001 3cd/cm^2 时存在。中间视觉出现在大多数的园林景观照明中，这种视觉反映状态通常在适应亮度处于 0.001～3.000cd/cm^2 时存在。

7. 色温 色温是灯的色表的定量指标。光源的发光颜色与温度有关。当光源的发光颜色与黑体（指能吸收全部光能的物体）加热到某一温度所发出的颜色相同时的温度，就称为该光源的颜色温度，简称色温。用绝对温标 K 来表示。例如白炽灯的色温为2 400～2 900K；管型氙灯为5 500～6 000K。

8. 显色性与显色指数 当某种光源的光照射到物体上时，所显现的色彩不完全一样，有一定的失真度。这种同一颜色的物体在具有不同光谱的光源照射下，显出不同的颜色的特性，就是光源的显色性，它通常用显色指数（Ra）来表示光源的显色性。显色指数越高，颜色失真越少，光源的显色性就越好。国际上规定参照光源的显色指数为 100。常见光源的显色指数如表 8-1。

表 8-1 常见光源的显色指数

光 源	显色指数（Ra）	光 源	显色指数（Ra）
白色荧光灯	65	荧光水银灯	44
日光色荧光灯	77	金属卤化物灯	65
暖色荧光灯	59	高显色金属卤化物灯	92
高显色荧光灯	92	高压钠灯	29
水银灯	23	氙灯	94

二、电光源及其应用

（一）园林中常用光源

人工光源发光方式大致分为三类：热辐射、气体放电和固体发光。人工照明光源受此启发，经过 100 多年的发展，大致经历了白炽灯、荧光灯、高压气体放电灯和发光二极管（LED）四个阶段。对光源的了解将有助于根据环境的特性选择合适的光源，利用它们的特性和长处，充分发挥特定光源在园林照明中的优势。

1. 热辐射光源 热辐射光源是指当电流通过并加热安装在填充气体泡壳内的灯丝，其发光光谱类似于黑体辐射的一类光源，包括白炽灯、卤钨灯和反射型白炽灯。在景观照明中的优点主要有：显色性好；色温适应于照明效果很宽的一个范围；品种众多，额定参数亦众多，便于选择；可以用在超低电压的电源上；可即开即关，为动感照明效果提供了可能性；可以调光。

2. 气体放电发光光源 气体放电光源是利用气体放电辐射发光原理制成的，包括高低压汞灯、高低压钠灯、氙灯、荧光灯、霓虹灯和金属卤化物灯。气体放电光源的优点是：光效高、寿命长。而且气体放电灯品种甚多，特色不同，适于各种环境的照明。

3. 固体发光光源　固体发光光源是指某种固体材料与电场相互作用而发光的现象。如无极感应灯、微波硫灯、发光二极管 LED 灯等。固体发光光源则是光源家族的新生代，具有高效、节能、长寿命等特点。

（二）光源寿命

光源的寿命分全寿命、有效寿命和平均寿命。全寿命指光源从开始点燃到不能再启动的时间总和。有效寿命是指光源的总光通量衰减到初始额定光通量的某一百分比（通常是70%～80%）所经过的点燃时数。平均寿命是一批灯在额定电源电压和实验室条件下点燃，且每启动一次至少点燃 10h，至少有 50%的实验灯能继续点燃时的累计点燃小时。

（三）光源的应用

园林景观照明中，一般宜采用白炽灯、荧光灯、节能灯、LED 灯或其他气体放电光源。但因频闪效应而影响视觉的场合，不宜采用气体放电光源。振动较大的场所，宜采用荧光高压汞灯或高压钠灯。在有高挂条件又需要大面积照明的场所，宜采用金属卤化物灯、高压钠灯或长弧氙灯。当需要人工照明和天然采光相结合时，应使照明光源与天然光相协调。常选用色温在4 000～4 500*K* 的荧光灯或其他气体放电光源。在园林中常用的照明光源之主要特性比较及适用场合如表 8-2 所示。

表 8-2　常用园林照明电光源主要特性比较及适用场合

光源名称 特性	白炽灯 （普通照明泡）	卤钨灯	荧光灯	荧光高 压汞灯	高　压 钠　灯	金属卤 化物灯	管　形 氙　灯
额定功率范围	10～1 000	500～2 000	6～125	50～1 000	250～400	400～1 000	1 500～100 000
光率（1m/W）	6.5～19	19.5～21	25～67	30～50	90～100	60～80	20～37
平均寿命（h）	1 000	1 500	2 000～3 000	2 500～5 000	3 000	2 000	3 500～6 000
一般显色指数（Ra）	95～99	95～99	70～80	30～40	20～25	65～85	90～94
色温（*K*）	2 700～2 900	2 900～3 200	2 700～6 500	5 500	2 000～2 400	5 000～6 500	5 500～6 000
功率因数 COSϕ	1	1	0.33～0.7	0.44～0.67	0.44	0.4～0.01	0.4～0.9
表面亮度	大	大	小	较大	较大	大	大
频闪效应	不明显	不明显	明显	明显	明显	明显	明显
耐震性能	较差	差	较好	好	较好	好	好
所需附件	无	无	镇流器 起辉器	镇流器	镇流器	镇流器 触发器	镇流器 触发器
适用场所	彩色灯泡：可用于建筑物、商店橱窗、展览馆、园林构筑物、孤立树、树丛、喷泉、瀑布等装饰照明； 水下灯泡：可用于喷泉、瀑布等处装饰用； 聚光灯：舞台照明、公共场所等作强光照明	适用于广场、体育场建筑物等照明	一般用于建筑物室内照明	广泛用于广场、道路、园路、运动场所等作大面积室外照明	广泛用于道路、园林绿地、广场、车站等处照明	主要可用于广场、大型游乐场、体育场照明及高速摄影等方面	有"小太阳"之称，特别适合于作大面积场所的照明，工作稳定、点燃方便

三、园林照明的方式和照明质量

（一）照明方式

园林照明方式可分为下列3种：

1. 一般照明　是不考虑局部的特殊需要，为整个被照场所而设置的照明。这种照明方式的一次性投资少，照度均匀。

2. 局部照明　对于景区（点）某一局部的照明。当局部地点需要高照度并对照度方向有要求时，宜采用局部照明，但在整个景区（点）不应只设局部照明而无一般照明。

3. 混合照明　由一般照明和局部照明共同组成的照明。在需要较高照度并对照射方向有特殊要求的场合，宜采用混合照明。此时，一般照明照度按不低于混合照明总照度的5%～10%选取，且最低不低于20lx。

（二）照明质量

良好的视觉效果不仅是单纯地依靠充足的光通量，还需要有一定的光照质量要求。

1. 合理的照度　照度是决定物体明亮程度的间接指标。在一定范围内，照度增加，视觉能力也相应提高。表8-3示出了各类建筑物、道路、庭院等设施一般照明的推荐照度。

表8-3　各类设施一般照明的推荐照度

照明地点	推荐照度（lx）	照明地点	推荐照度（lx）
国际比赛足球场	1 000～1 500	更衣室、浴室	15～30
综合性体育正式比赛大厅	750～1 500	库房	10～20
足球场、游泳池、冰球场、羽毛球、乒乓球、台球	200～500	厕所、盥洗室、热水间、楼梯间、走道	5～10
篮球场、排球场、网球场、计算机房	150～300	广场	5～15
绘图室、打字室、字画商店、百货商场、设计室	100～200	大型停车场	3～10
办公室、图书馆、阅览室、报告厅、会议室、博展馆、展览厅	75～150	庭院道路	2～5
一般性商业建筑（钟表、银行等）旅游饭店、酒吧、咖啡厅、舞厅、餐厅	50～100	住宅小区道路	0.2～1

2. 照明均匀度　游人置身园林环境中，如果有彼此亮度不相同的表面，当视觉从一个面转到另一个面时，眼睛被迫经过一个适应过程。当适应过程经常反复时，就会导致视觉的疲劳。在考虑园林照明中，除力图满足景色的需要外，还要注意周围环境中的亮度分布应力求均匀。

3. 眩光限制　眩光是影响照明质量的主要特征。所谓眩光是指由于亮度分布不适当或亮度的变化幅度大，或由于在时间上相继出现的亮度相差过大所造成的观看物体时感觉不适或视力减低的视觉条件。为防止眩光产生，常采用的方法是：注意照明灯具的最低悬挂高度；力求使照明光源来自优越方向；使用发光表面面积大、亮度低的灯具。

4. 视觉适应　园林景观照明设计应该考虑中间视觉的普遍性，清晰度、深度视觉和边缘视觉都是非常主要的考虑方面。

5. 气氛与空间观感　光与照明能够使环境空间产生兴奋、戏剧、神秘、浪漫等一系列气氛和表情，人们的心理和行为深深地受到气氛和空间观感的影响。

四、户外灯具与照明装置

（一）灯具类型

照明灯具习惯以安装方式命名、分类，如吊灯、吸顶灯、嵌入式暗藏灯、壁灯、台灯、落地灯等；这类分类方法没有反映照明灯具光分布的特点，对光环境设计实用性不强。国际照明委员会推荐以照明灯具光通量在上下空间的比例不同将照明灯具分为直接型、半直接型、全漫射型、半间接型和间接型五类（图 8 - 1）。按灯具的结构特点不同可分为开启式、保护式、封闭式和防爆式四种灯具；开启式灯具光源与外界环境直接相通；保护式灯具有闭合的透光灯罩，但内外仍能自由通气，如半圆罩天棚灯和乳白玻璃球形灯；密闭式灯具的透光罩将内外隔绝，如防水、防尘灯具；防爆式灯具防护严密，在通常情况下不会因灯具而引起爆炸。随着照明科技和城市照明的发展日新月异，要对其进行合理而科学的分类是非常复杂的工作。人们常常根据户外灯具所起的功能作用和安装位置不同，可将其分为装饰性和功能性两大类，或分为路灯、庭院灯、高杆灯、低位灯、投射灯、下照灯、埋地灯、壁灯、入墙灯、水下灯、光纤照明系统、太阳能灯等多种类型。

灯具类别		直接	半直接	全漫射（直接—间接）	半间接	间接
光强分布						
光通量分配（%）	上	0～10	10～40	40～60	60～90	90～100
	下	100～90	90～60	60～40	40～10	10～0

图 8 - 1　照是灯具的分类

1. 装饰型灯具　装饰型灯具在造型上要与景观风格相协调，以利于白天观赏。装饰型灯具一类是传统的装饰灯具保持原始的造型，其火光源已被更安全高效的电光源所替代，如石灯、灯笼、宫灯等，它们作为装饰物用于公园或仿古建筑群，提供柔和的光线（图 8 - 2）。另一类是直接安装的装饰型灯具，主要有壁装式、悬挂式、支架式三种（图 8 - 3、图 8 - 4）。

图 8 - 2　传统装饰性灯具
a. 灯笼　b. 石灯
c. 地坛宫灯

2. 功能型灯具　功能型的灯具注重照明的视觉效果，通常隐藏在人们视线以外，这里主要指照射各种景观元素的投光灯和埋地灯。

泛光灯　泛光灯的体形大小各异、功率不同，从直径近米到形态 1～2cm，从功率2 000W 到 1W，规格种类多样。多数光源都可用泛光照明，如白炽灯、紧凑型荧光灯、金卤灯、高压钠灯、LED灯等。泛光灯一般由灯体、电器箱盖板、玻璃、支架、螺栓螺丝、玻璃固定件、发射器、附件框组成。一般来说，用于照射广场、运动场地、草坪和树丛等大范围景物采用的宽光束泛光灯，用于远距离照射的采用窄光束泛光灯，用于局部照明的采用小型泛光灯。

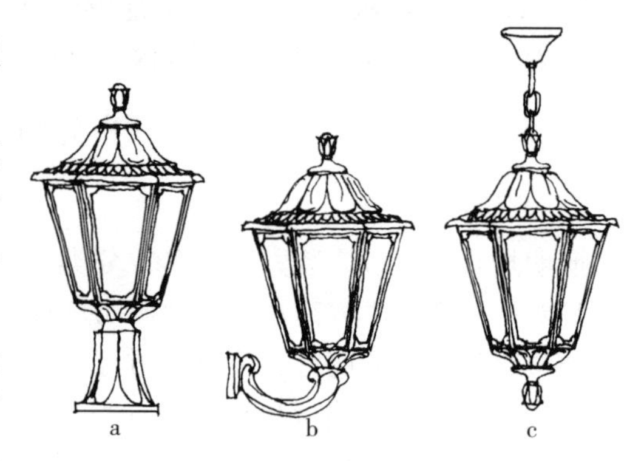

图 8-3 直接安装的装饰性灯具
a. 支架式 b. 壁装式 c. 悬挂式

嵌入式灯具 嵌入式灯具常见埋地灯和嵌墙灯两种形式。埋地灯直接安装在地面上的灯具，向上发光，要求很高的防护等级的抗撞击强度；因为裸露在地面上，还要有很高的耐压强度，负重应达到1 000～5 000kg；玻璃表面温度低于75℃为宜；埋地灯的棱镜材料应具有良好的抗紫外线性能。埋地灯的构造方式如图8-5所示。嵌墙灯相对埋地灯而言，对防水、抗压等要求降低，其典型嵌墙灯的构造方式如图8-6所示。

图 8-4 直接安装的装饰性灯具

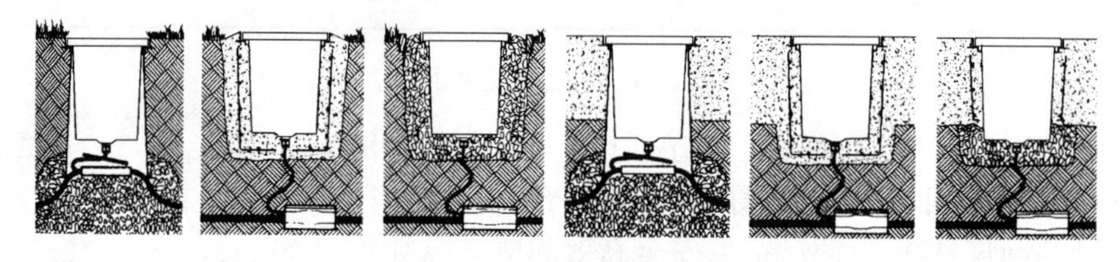

图 8-5 埋地灯的构造方式

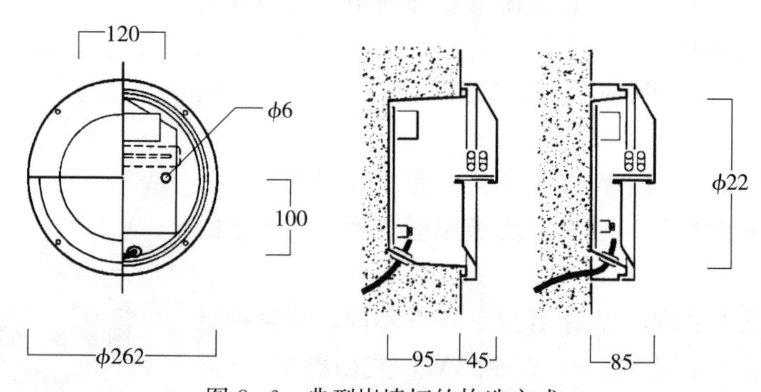

图 8-6 典型嵌墙灯的构造方式

水下灯　通常称为水下泛光灯，由于安置在水中，灯具应具有很高的防水性能、绝缘性能以及防腐蚀能力，因而不同于普通的泛光灯。水下灯具有嵌入式和基座安装两种，分为湿用和干湿两用型。水下灯可以使用的光源类型较多，如白炽灯、卤索灯、汞灯、钠灯、金卤灯和 LED 灯。目前正大力推广使用的 LED 水下灯可以在水中形成特别的效果。根据用途，水下灯主要分为水面灯、喷泉（瀑布）灯、泳池灯。出于安全考虑，用于泳池的水下灯必须采用安全电压。

3. 兼顾装饰与功能的现代灯具　这类灯具集装饰性、功能性于一体，庭院灯、路灯和草坪灯的命名来自于使用位置或照明对象。这些灯具提供功能性的照明，同时兼顾白天的装饰性效果。

（1）路灯。路灯不但要有高的出光效率、优异的配光，还需要有良好的外观、高的防护等级、坚固的结构，而且维护要方便。此类照明灯具不仅用在城市干道、高速公路、桥梁、隧道等场合中，在另外一类环境如停车场、广场、公园和居住区中也大量使用。路灯主要由灯头和灯杆两部分构成。道路照明的多功能性对车行道灯提出了多方面的要求，但基本有 3 个：造型美观、照明效果优异、结构坚固。路灯常使用的光源为高压钠灯和金卤灯。

（2）庭院灯。庭院灯的高度一般在 3～5m，主要用于人行步道和庭院的照明。一般来说，它除了起到功能性的照明作用外，通常还具有一定的装饰作用。这类灯具分别由灯杆、灯罩、光源、控光部件（反射器）、控制装置等组成。这类灯具所使用的光源有无极灯、白炽灯、紧凑型荧光灯、金卤灯和 LED 灯。

（3）草坪灯。草坪灯是指高度在 1.2m 以下，为草坪或园路提供照明的灯具。草坪灯具造型丰富。

（二）照明装置

1. 光纤照明系统　光纤照明系统由发生器、导光系统及末端光学元件三大部分组成，如图 8-7 所示。发生器包括光源、电源、光学滤片（光源产生的紫外或红外辐射）、反射器等几部分。光纤部分一般是由塑料和玻璃制成。提供光纤照明系统的光源有石英卤素灯、金属卤化物灯和 LED 灯。根据应用的场合，末端接头光导的形式可以是散光、聚光或将其功能放大。光纤照明的特点在于良好的安全性、易于维护、形式上的可变性。由于光源是放置在发生器内，导光部分的光纤可任意布置在室内、室外甚至浸在水中。光纤的发光方式有端部发光和侧向发光两种。

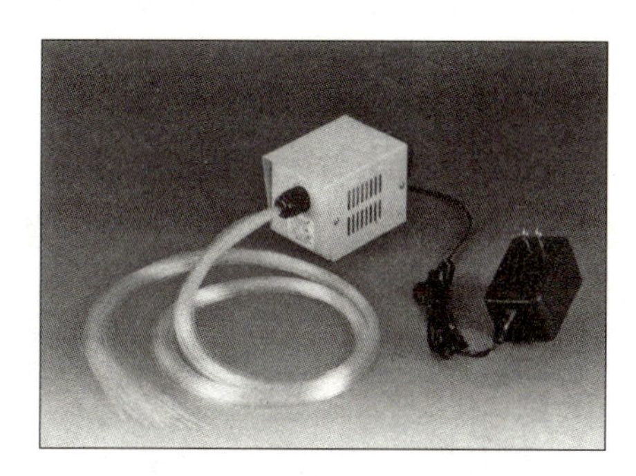

图 8-7　光纤照明系统组成

2. 美耐灯　美耐灯照明系统由电源控制器和灯线（管）两部分组成，其照明原理是将多个小型灯泡等距离并联安装在导线上，由这些规则的亮点构成光“线”。光源多为小型特制灯泡（白炽灯、LED 灯，所需功率较小，电压通常 12V）。电源控制器主要提供变压功能以及通过附加电路板或程序，实现强度改变、闪烁等动态效果。在园林景观照明中，美耐灯主要用于景物轮廓的表达。

3. LED 照明元件　LED 照明作为照明工业未来发展的方向，目前还未成为主流。

（三）太阳能灯

白天以太阳光作为光源，利用太阳电池给蓄电池充电，把太阳能转换为化学能储存在蓄电池中，晚间使用时以蓄电池为电源给灯具提供电能，把蓄电池中的化学能转变成光能。太阳能灯具由太阳电池、蓄电池、保护电路和触发器等几部分构成。与任何传统形式的光源相比，太阳能灯具完全不需要布线和安装输供电设备等复杂工作，而且完全摆脱了放、漏电安全隐患。目前城市交通道路中使用的道钉和警示用的黄闪灯，很多都是太阳能光闪产品。

五、灯具的选择

选择灯具与照明装置时，主要考虑美学和功能，不同的环境考虑的侧重点是不一样的；当然，照明装置的费用也是实际工程必须考虑的。设计师可以选择灯具公司的定型产品，也可以根据特定的需求，结合环境设计出符合某种创意的灯具。灯具选择标准应遵循以下几方面：

1. 美学 灯具除了满足功能上的要求之外，其外观还需满足美学要求。灯具的选择要满足建筑物与环境的风格与形式的需要。同一项设计中，每种灯具都有其特定的功能和风格。用在建筑物上的泛光灯具的尺度当然越小越好，尽量隐藏，不影响白天的景观效果。道路、广场和庭院的用灯，应与环境的尺度相结合，否则容易失去尺度上的平衡。

2. 功能 在特定的环境中，如何评价灯具的功能是否合适，主要是从以下几个方面去衡量：

（1）每种灯具配置的光源是否合适。

（2）灯具是否可以更换不同功率的光源，是否节能。

（3）灯具的可调节性。

（4）灯具表面的眩光控制效果，是否产生光污染。

（5）灯具上易于安装其他附件。

3. 机械特性 防尘、防水、抗冲击、易于维护是所有户外灯具的要求。对于公共空间的照明，应注意灯具的表面要光滑，避免突出的棱角伤人。低位的户外灯具应注意防护玻璃的表面温度不能太高，以免烫伤玩耍的儿童。

第二节　园林供电设计

园林绿地用电，即要有动力电（如电动游艺设施、喷水池、喷灌以及电动机具等），又要有照明用电，一般来说，园林照明用电多于动力用电，且园林景观照明用电是构成园林用电的主要部分。

一、供电的基本概念

（一）电源电压

1. 交流电源 大小和方向随时间做周期性变化的电压和电流分别称为交流电压和交流电流，统称为交流电。以交流电的形式产生电能或供给电能的设备，称为交流电源，如发电厂的发电机、公园内的配电变压器、配电盘的电源刀闸、室内的电源插座等，都可以看做是用户的交流电源。我国规定电力标准频率为50Hz。频率、幅值相同而相位互差120°的三个正弦电动势按照一定的方式连接而成的电源，并接上负载形成的三相电路，就称为三相交流电路，三相交流电压是由三相发电机产生的。图 8－8 所示为三相发电机的原理图，它主要由电枢和磁极构成。电枢是固定的，亦称为定子，而磁极是转动的，称为转子。在定子槽中放置了三个同样的线圈 AX、BY 和 CZ，将三相绕组的起始端 A、B、C 分别引出三根导线，称为相线（又称火线），而把发电机的三相绕组的末端 X、Y、Z 联在一起，称为中性点，用 N 表示。由中性点引出一根导线称为中线（又称地线），这种由发电机引出四条输电线的供电方式，称为三相四线制供电方式（图 8－9）。

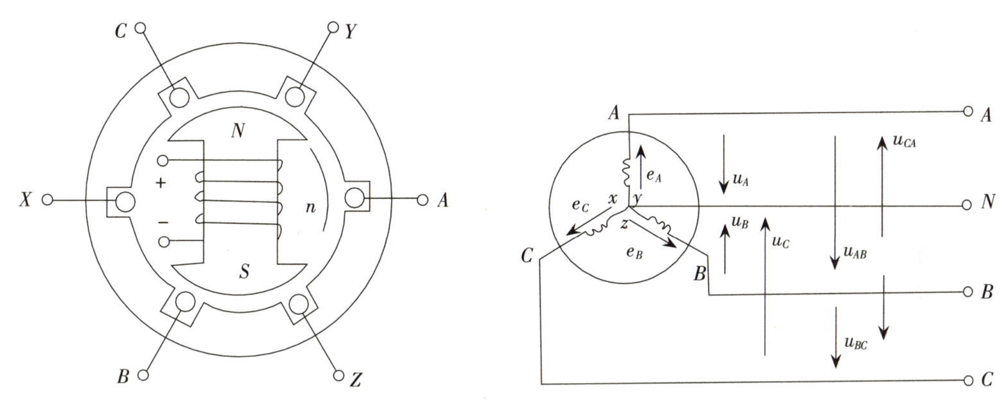

图 8－8　三相发电机原理图　　　　图 8－9　三相四线制供电

三相四线制供电的特点是可以得到两种不同的电压，一是相电压 $U\psi$，一为线电压 U_1，在数值上，线电压为相电压的 $\sqrt{3}$ 倍，即：$U_1=\sqrt{3}U\psi$。

在三相低压供电系统中，最常采用的便是“380/220V 三相四线制供电”，即由这种供电制可以得到三相 380V 的线电压（多用于三相动力负载），也可以得到单相 220V 的相电压（多用于单相照明负载及单相用电器），这两种电压提供不同负载的需要。

2. 供电电压　照明线路的供电电压，对配电方式及线路敷设费用都有较大影响。当负荷相同时。如采用较高的电压等级，线路负荷电流便相应减小，因而就可以选用较小的导线截面。我国的配电网络电压，在较低的交流电压范围内的标准等级为 500V、380V、220V、127V，110V、36V、24V、12V 等。而一般照明用的白炽灯电压等级主要有 220V、110V、36V、24V、12V 等。荧光灯的适用网络电压为 220V、110V，其他光源的额定网络电压常为 220V。所谓光源的电压是指对光源供电的网络电压，不是指灯泡（灯管）两端的电压。供电电压必须符合标准的网络电压等级和光源的电压等级。从安全条件出发，照明的电源电压一般按下列原则决定：

（1）在正常环境中，一般照明电压应采用 220V。

（2）在有触电危险的场所，例如地面潮湿或周围有许多金属结构并且容易触及的房间，当灯具的安装高度离地面小于 2.4m 时，无防止触及措施的固定式或移动式照明的供电电压，不宜超过 36V。

（3）手提灯的供电电压不应超过 24V。在环境条件极为恶劣的场所，例如由于工作面狭窄或工作人员需在锅炉内、金属容器内或金属平台上面工作，因而有触电危险时，移动照明电源电压不得超过 12V。

（4）由专用蓄电池供电的照明电压，可根据容量的大小和使用要求，分别采用 220V、24V 或 12V 等。

3. 允许的电压偏移 用电设备所受的实际电压如与其额定电压有偏移时，其运行特性即恶化。例如，白炽灯在低于额定值 10％电压下运行，其使用寿命大大增长，但其光通量却较额定电压时降低 30％左右。反之，升高电压 10％，则其光通量增加 30％，但使用期限便迅速缩短。在供电网络的所有运行方式中，维持用电设备的端电压不变并等于它们的额定值，事实上是很困难的。因此，在网络设计和运行时，必须规定用电设备端电压的容许偏移值。

根据我国现行规定，在配电设计中，电压偏移值一般按表 8-4 的要求验算。

表 8-4 用电设备端子电压偏移允许值

名 称	电压偏移允许值（％）	名 称	电压偏移允许值（％）
电动机		视觉要求较高的场所	＋5～－2.5
在正常情况下		一般工作场所	＋5～－5
在特殊情况下	＋5～－5	事故照明、道路和警卫照明	＋5～－10
照明灯	＋5～－10	其他用电设备无特殊要求时	＋5～－5

（二）输配电概述

工农业所需用的电能通常都是由发电厂供给的，而大中型发电厂一般都建在蕴藏能源比较集中的地区，距离用电地区往往是几十千米、几百千米乃至 1000km 以上。由发电厂、电力网和用电设备组成的统一整体称为电力系统。而电力网是电力系统的一部分，它包括变电所、配电所以及各种电压等级的电力线路。其中变电所、配电所是为了实现电能的经济输送以及满足用电设备对供电质量的要求，以对发电机端的电压进行多次变换而进行电能接受、变换电压和分配电能的场所，根据任务不同，将低电压变为高电压称为升压变电所，它一般建在发电厂厂区内。而将高电压变换到合适的电压等级，则为降压变电所，它一般建在靠近电能用户的中心地点。单纯用来接受和分配电能而不改变电压的场所称为配电所，它一般建在建筑物内部。从发电厂到用户的输配电过程见图 8-10 所示。

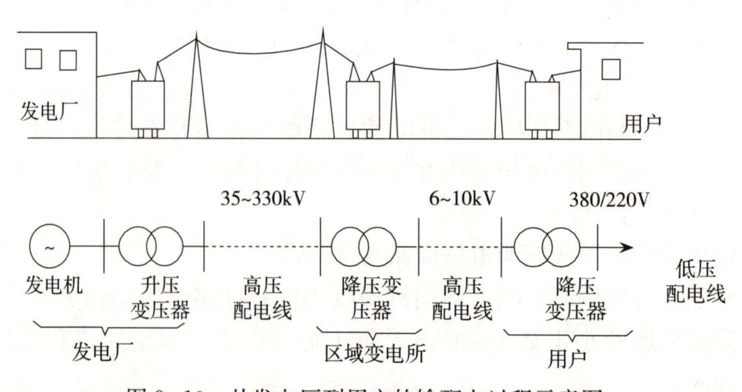

图 8-10 从发电厂到用户的输配电过程示意图

根据我国规定，交流电力网的额定电压等级有：220V、380V、3kV、6kV、10kV、35kV、110kV、220kV 等。习惯上把 1kV 及以上的电压称为高压，1kV 以下的称为低压，但需特别提出的是所谓低压只是相对高压而言，决不说明它对人身没有危险。在我国的电力系统中，220kV 以上电压等级都用于大电力系统的主干线，输送距离在几百千米；110kV 的输送距离在 100km 左右；35kV 电压输送距离 30km 左右；而 6～10kV 为 10km 左右，一般城镇工业与民用用电均由 380/220V 三相四线制供电。

（三）配电变压器

变压器是把交流电压变高或变低的电气设备，其种类多，用途广泛。我们选用一台变压器时，最主要的是注意它的电压以及容量等参数。变压器的外壳一般均附有铭牌，上面标有变压器在额定工作状态下的性能指标。在使用变压器时，必须遵照铭牌上的规定。

（四）负荷分级及供电要求

根据《供配电系统设计规范》（GB 50052—95），对供电可靠性的要求及中断供电在政治、经济上所造成损失或影响程度把负荷分为 3 级，即一级负荷、二级负荷、三级负荷。

符合下属情况之一即为一级负荷：中断供电将造成人身伤亡的；中断供电将在政治、经济上造成重大损失；中断供电将影响有重大政治、经济意义的用电单位的正常工作。

符合下属情况之一即为二级负荷：中断供电将在政治、经济上造成较大损失；中断供电将影响有重要用电单位的正常工作。

不属于一级负荷和二级负荷者为三级负荷。

园林景观一般属于休闲场所，供电负荷可按三级负荷考虑，但对于晚间开展大型游园活动、装置电动游乐设施、有开放性地下岩洞或架空索道的公园，其照明负荷应按二级负荷供电，应急照明按一级负荷供电。

（五）照明线路的供电方式

总配电箱到分配电箱的干线有放射式、树干式和混合式三种供电方式，如图 8 - 11 所示：

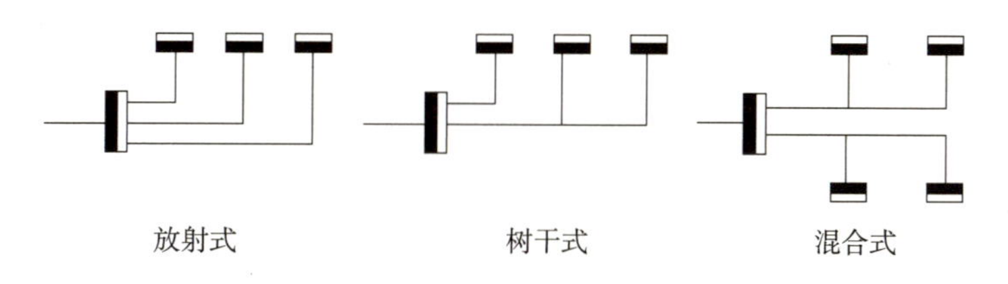

图 8 - 11　照明干线供电方式

1. 放射式　各分配电箱分别由各干线供电。当某分配电箱发生故障时，保护开关将其电源切断，不影响其他分配电箱的工作。所以放射式供电方式的电源较为可靠，但材料消耗较大。

2. 树干式　各分配箱的电源由一条干线供电。当某分配电箱发生故障时，将影响到其他分配电箱的工作，所以电源的可靠性差。但这种供电方式节省材料，较经济。

3. 混合式　放射式和树干式混合使用供电。吸取两式的优点，即兼顾材料消耗的经济性又保证电源具有一定的可靠性。

二、园林供电设计内容及程序

园林供电设计与园林规划、园林建筑、给排水等设计紧密相连，因而供电设计应与上述设计密切配合，以构成合理的布局。

（一）园林供电设计的内容

（1）确定各种园林设施中的用电量，选择变压器的数量及容量。

（2）确定电源供给点（或变压器的安装地点）进行供电线路的配置。

（3）进行配电导线截面的计算。

（4）绘制电力供电系统图、平面图。

（二）设计程序

在进行具体设计以前，应收集以下内容的资料：

（1）园内各建筑、用电设备、给排水、暖通等平面布置图及主要剖面图，并附有备用电设备的名称、额定容量（kW）、额定电压（V）、周围环境（潮湿、灰尘）等。这些是设计的重要基础资料，也是进行负荷计算和选择导线、开关设备以及变压器的依据。

（2）了解各用电设备及用电点对供电可靠性的要求。

（3）供电局同意供给的电源容量。

（4）供电电源的电压、供电方式（架空线或电缆线；专用线或非专用线）、进入公园或绿地的方向及具体位置。

（5）当地电价及电费收取方法。

（6）应向气象、地质部门了解以下资料（表8-5）。

表8-5　气象、地质资料内容及用途

资料内容	用　途	资料内容	用　途
最高年平均气温	选变压器	年雷电小时数和雷电数目	防雷装置
最热月平均最高温度	选室外导线	土壤冻土深度	接地装置
最热月平均温度	选室内导线	土壤电阻率	接地装置
一年中连续3次的最热月昼夜温度	选空气中电缆	50年一遇的最高洪水水位	变压器安装地点的选择
土壤中0.7～1.0m深处一年中最热月平均温度	选地下电缆	地震裂度	防震措施

三、公园用电量的估算

公园绿地用电量分为动力用电和照明用电，即：

$$S_{总}=S_{动}+S_{照}$$

式中：$S_{总}$——公园用电计算总容量；

$S_{动}$——动力设备所需总容量；

$S_{照}$——照明用电计算总容量。

（一）动力用电估算

公园或绿地的动力用电具有较强的季节性和间歇性，因而在做动力用电估算时应考虑这些因素。其动力用电估算常可用下式进行计算：

$$S_{动}=K_{c}\sum P_{动}/\eta\cos\psi$$

式中：$\sum P_{动}$——各动力设备铭牌上额定功率的总和（kW）；

η——动力设备的平均效率，一般可取0.86；

$\cos\psi$——各类动力设备的功率因数，一般在0.6～0.95，计算时可取0.75；

K_c——各类动力设备的需要系数。由于各台设备不一定都同时满负荷运行，因此计算容量时需打一折扣，此系数大小具体可查有关设计手册，估算时可取$K_c=0.5\sim0.75$（一般可取0.70）。

（二）照明用电估算

照明设备的容量，在初步设计中可按不同性质建筑物的单位面积照明容量法（W/m^2）来估计：

$$P=S\times W/1\,000\ (kW)$$

式中：P——照明设备容量；

S——建筑物平面面积（m^2）；

W——单位容量（W/m^2）。

表8-6列出了各种建筑的单位容量。其估算方法：依据工程设计的建筑物的名称，查表8-6（或有关手册），得单位建筑面积耗电量，将此值乘以该建筑物面积，其结果即为该建筑物照明供电估算负荷。

表8-6 单位建筑面积照明容量

建筑名称	功率指标（W/m^2）	建筑名称	功率指标（W/m^2）
一般住宅	10～15	锅炉房	7～9
高级住宅	12～18	变配电所	8～12
办公室、会议室	12～15	水泵房、空压站房	6～9
设计室、打字室	12～18	材料库	4～7
商店	12～15	机修车间	7～9
餐厅、食堂	10～13	图书馆、阅览室	8～15
游泳池	50	警卫照明	3～4
俱乐部（不包括舞台灯光）	10～13	广场、车站	0.5～1
托儿所，幼儿园	9～12	公园路灯照明	3～4
厕所、浴室、更衣室	6～8	汽车道	4～5
汽车库	7～10	人行道	2～3

（三）供电线路导线截面的选择

公园绿地的供电线路，应尽量选用电缆线。市区内一般的高压供电线路均采用10kV电压级。高压输电线一般采用架空敷设方式。但在园林绿地附近应要求采用直埋电缆敷设方式。

电缆、电线截面选择的合理性直接影响到有色金属的消耗量和线路投资以及供电系统的安全经济运行，因而在一般情况下，可采用铝芯线，在要求较高的场合下，则采用铜芯线。

电缆、电线截面的选择可以按以下原则进行：

（1）按线路工作电流及导线型号，查导线的允许载流量表，使所选的导线发热不超过线芯所允许的强度，因而所选的导线截面的载流量应大于或等于工作电流。

即 $I_{载}\geqslant KI_{工作}$

式中：$I_{载}$——电线、电缆按发热条件允许的长期工作电流（A），具体可查有关手册；

$I_{工作}$——线路计算电流；

K——考虑到空气温度、土壤温度、安装敷设等情况的校正系数。

（2）所选用导线截面应大于或等于机械强度允许的最小导线截面。

（3）验算线路的电压偏移，要求线路末端负载的电压不低于其额定电压的允许偏移值，一般工作场所的照明允许电压偏移相对值是5%，而道路、广场照明允许电压偏移相对值为10%，一般动力设备为±5%。

四、公园绿地配电线路的布置

（一）确定电源供给点

公园绿地的电力来源，常见的有以下几种：

（1）借用就近现有变压器，但必须注意该变压器的多余容量是否能满足新增园林绿地中各用电设施的需要，且变压器的安装地点与公园绿地用电中心之间的距离不宜太长。中小型公园绿地或住区的电源供给常采用此法。

（2）利用附近的高压电力网，向供电局申请安装供电变压器，一般用电量较大（100kW以上）的公园绿地、广场等最好采用此种方式供电。

（3）如果公园绿地（特别是风景点、区）离现有电源太远或当地电源供电能力不足时，可自行设立小发电站或发电机组以满足需要。

一般情况下，当公园绿地独立设置变压器时，需向供电局申请安装变压器。在选择地点时，应尽量靠近高压电源，以减少高压进线的长度。同时，应尽量设在负荷中心或发展负荷中心。表8-7为常用电压电力线路的传输功率和传输距离。

表8-7 常用电压电力线路的传输功率和传输距离

额定电压（kV）	线路结构	输送功率（kW）	输送距离（km）
0.22	架空线	50以下	0.15以下
0.22	电缆线	100以下	0.20以下
0.38	架空线	100以下	0.25以下
0.38	电缆线	175以下	0.35以下
10	架空线	3 000以下	15～8
10	电缆线	5 000以下	10

（二）配电线路的布置

公园绿地布置配电线路时，应注意以下原则：要全面统筹安排考虑，主要是经济、合理、使用维修方便，不影响园林景观；从供电点到用电点，要尽量取近，走直路，并尽量敷设在道路一侧，但不要影响周围建筑及景色和交通；地势越平坦越好，要尽量避开积水和水淹地区，避开山洪或潮水起落地带；在各具体用电点，要考虑到将来发展的需要，留足接头和插口，尽量经过能开展活动的地段。因而，对于用电问题，应在公园绿地平面设计时作出全面安排。

1. 线路敷设形式可分为两大类：架空线和地下电缆 架空线工程简单，投资费用少，易于检修。但影响景观，妨碍种植，安全性差；而地下电缆的优缺点正与架空线相反。目前在公园绿地中都尽量地采用地下电缆，尽管它一次性投资大些，但从长远的观点和发挥园林功能的角度出发，还是经济合理的。架空线仅常用于电源进线侧或在绿地周边不影响园林景观处，而在公园绿地内部一般均采用地下电缆。当然，最终采用什么样的线路敷设形式应根据具体条件，进行技术经济的评估之后才能定。

2. 线路组成　对于一些大型公园、游乐场、风景区等，其用电负荷大，常需要独立设置变电所，其主结线可根据其变压器的容量进行选择，图 8-12 为 320kVA 及以下变电所的主结线图。具体设计应由专业电气设计师设计。

变压器——干线供电系统。对于变压器已选定或在附近有现成变压器可用时，其供电方式常有以下四种（图 8-13）。

（1）对于中、小型园林而言，常常不需设置单独的变压器，而是由附近的变电所通

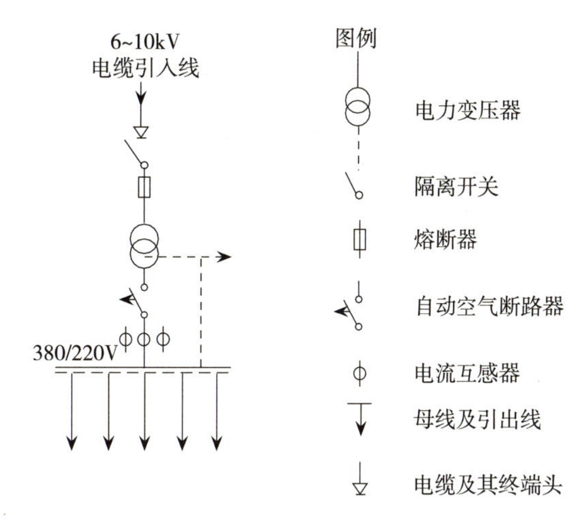

图 8-12　320kVA 以下变电所的主结线

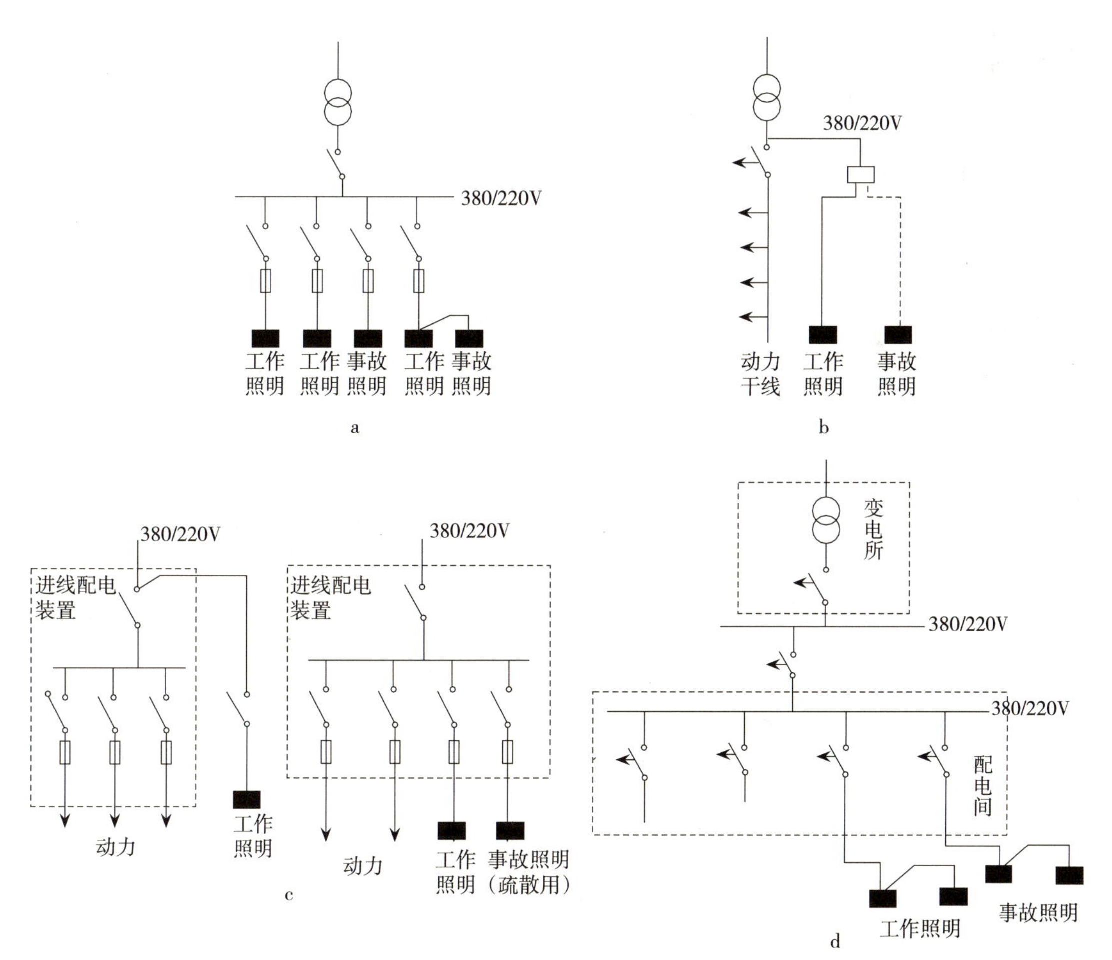

图 8-13　供电方式

a. 从低压配电屏供电　b. 照明电源接在变压器低压侧总开关之前

c. 照明负荷从建筑物入口处与动力线路分开　d. 用照明配电箱供电

过低压配电盘直接由一路或几路电缆供给。当低压供电采用放射式系统时，照明供电线可由低压配电屏引出（图 8-13a）。

（2）对于中、小型园林，常在进园电源的首端设置干线配电板，并配备进线开关、电度表以及各出线支路，以控制全园用电。动力、照明电源一般单独设回路。仅对于远离电源的单独小型建筑物才考虑照明和动力合用供电线路（图 8-13b）。

（3）在低压配电屏的每条回路供电干线上所连接的照明配电箱，一般不超过 3 个。每个用电点（如建筑物）进线处应装刀开关和熔断器。一般园内道路照明可设在警卫室等处进行控制，道路照明除各回路有保护处，灯具也可单独加熔断器进行保护（图 8-13c）。

（4）大型游乐场的一些动力设施应有专门的动力供电线路，并有相应的措施保证安全、可靠供电，以保证游人的生命安全（图 8-13d）。

照明网络一般采用 380/220V 中性点接地的三相四线制系统，灯用电压 220V。为了便于检修，每回路供电干线上连接的照明配电箱一般不超过 3 个，室外干线向各建筑物等供电时不受此限制。室内照明支线每一单相回路一般采用不大于 16A 的熔断器或自动空气开关保护，对于安装大功率灯泡的回路允许增大到 20～30A。每一个单相回路（包括插座）一般不超过 25 个，当采用多管荧光灯具时，允许增大到 50 根灯管。照明网络零线（中性线）上不允许装设熔断器，但在办公室、生活福利设施及其他环境正常场所，当电气设备无接零要求时，其单相回路零线上宜装设熔断器。一般配电箱的安装高度为中心距地 1.5m，若控制照明不是在配电箱内进行，则配电箱的安装高度可以提高到 2m 以上。拉线开关安装高度一般在距地面 2～3m（或者距顶棚 0.3m），其他各种照明开关安装高度宜为 1.3～1.5m。

一般室内暗装的插座，安装高度为 0.3～0.5m（安全型）或 1.3～1.8m（普通型）；明装插座安装高度为 1.3～1.8m，低于 1.3m 时应采用安全插座；潮湿场所的插座，安装高度距地面不应低于 1.5m；儿童活动场所（如住宅、托儿所、幼儿园及小学）的插座，安装高度距地面不应低于 1.8m（安全型插座例外）。同一场所安装的插座高度应尽量一致。

第三节　园林景观照明设计

一、园林景观照明设计应具备的原始资料

（1）园林的平面布置图及地形图，必要时应有该园林中主要建筑物、园林建筑小品、雕塑的平面图、立面图。

（2）园林项目对电气的要求（设计任务书），特别是一些专用性强的公园、景观建筑、雕塑等的照明，应明确提出照度、灯具选择、布置、安装等要求。

（3）电源的供电情况及进线方位。

二、园林景观照明设计的程序

（1）明确景观照明对象的功能和照明要求。

（2）选择景观照明方式，可根据设计任务书中公园绿地对电气的要求，在不同的场合和地点，选择不同的照明方式。

（3）光源和灯具的选择，主要是根据公园绿地的配光和光色要求、与周围景色配合等来选择光源和灯具。

（4）灯具的合理布置。除考虑光源光线的投射方向、照度均匀性等，还应考虑经济、安全和维修方便等。

（5）进行照度计算。具体照度计算可参考有关照明手册。

（6）照明线路保护与控制。

三、主要的园林景观照明

（一）植物景观的饰景照明

植物与花卉是景观照明中最富自然和戏剧化的表现对象。它们在夜间的照明既具有艺术的一面，同时又是整体空间环境功能性照明的补充。研究园林植物的基本形态，对植物的分类、习性、繁殖特性等进行分析，将有助于选用合适的照明方式。

1. 对植物的照明应遵循下列原则

（1）要研究植物的一般几何形状（圆锥形、球形、塔形等）以及植物在空间所展示的程度。照明类型必须与各种植物的几何形状相一致。

（2）对淡色的和耸立空中的植物，可以用强光照明，得到一种轮廓被加强的效果。

（3）不应使用某些光源去改变树叶原来的颜色。但可以用某种颜色的光源去加强某些植物的外观。

（4）许多植物的颜色和外观是随着季节的变化而变化的，照明也应适于植物的这种变化。

（5）可以在被照明物附近的一个点或许多点观察照明的目标，要注意消除眩光。

（6）从远处观察，成片树木的投光照明通常作为背景而设置，一般不考虑个别的目标，而只考虑其颜色和总的外形大小。从近处观察目标，并需要对目标进行直接评价的，则应该对目标作单独的光照处理。

（7）对未成熟的及未伸展开的植物和树木，一般不施以装饰照明。

（8）所有灯具都必须是防水、防虫的，并能耐除草剂与除虫药水的腐蚀。

（9）考虑到白天的美观，灯具一般安装在地平面上或灌木丛后。

2. 植物照明设计的技术要点　植物的照明应该根据植物的特征进行反复研究，除了掌握基本的照明方式用于设计之外，特别强调现场的灯光效果调试。

基本照明方式：上照光和下照光是绿化照明的两种最基本的照明方式，根据植物的类别和位置可以派生出更加丰富的照明方法。光线从下方向上照亮植物，与我们白天观察到的植物光照效果完全不同，这种照明效果似乎更加戏剧化（图 8 - 14）。光线自上而下对植物进行照明，可以增加树叶的自然表现力，并可形成一定的演出性效果（图 8 - 15）。

图 8 - 14　上照光

图 8 - 15　下照光

光源类型与植物照明：树的色泽表现主要与光源有关，可使用卤素灯、金卤灯和荧光灯。金卤灯适合于中等和大尺度的树木，可获得高达6～8m的光照区域；荧光灯和卤素灯适合乔木、灌木和小及中等尺度的矮树丛，在3～5m的范围内可获得清晰的照明效果。

灯具控光——光束角：正确利用灯具的控光方式对于绿化照明非常重要。根据树的高低、疏密、树冠形态，可选择适合的光束角对其照射。用于绿化照明的灯具，其光束角可设计为宽光束、中宽光束和窄光束。宽光束适合于强调树的形状，对于枝叶茂密的树，可以使用40°～45°的控光获得最好的光照分布。相反，当需要照亮一棵窄而高的树最好采用光束角为20°或6°的灯具。

3. 树木的投光照明 向树木投光的方法如下：

（1）投光灯一般是放置在地面上。根据树木的种类和外观确定排列方式。有时为了更好地突出树木的造型和便于人们观察欣赏，也可将灯具放在地下（图8-16）。

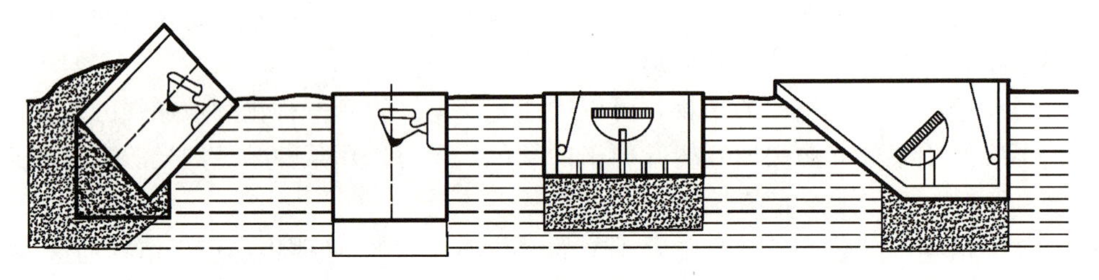

图8-16 实装在地下的投光灯具

（2）如果想照明树木上的一个较高的位置（如照明一排树的第一根树杈及其以上部位），可以在树的旁边放置一根高度等于第一根树杈的小灯杆或金属杆来安装灯具。

（3）在落叶树的主要树枝上，安装一串串低功率的白炽灯泡，可以获得装饰的效果。但这种安装方式，一般在冬季使用。因为在夏季，树叶会碰到灯泡，灯泡会烧伤树叶，对树木不利，也会影响照明的效果。

（4）对必须安装在树上的投光灯，其系在树杈上的安装环必须能按照植物的生长规律进行调节。

（5）植物的配置形式多种多样，就一般的植物景观照明设计而言可以参照如下形式布置灯光：

①对一片树木的照明。用几只投光灯具，从几个角度照射过去。照射的效果既有成片的感觉，也有层次、深度的感觉（图8-17）。

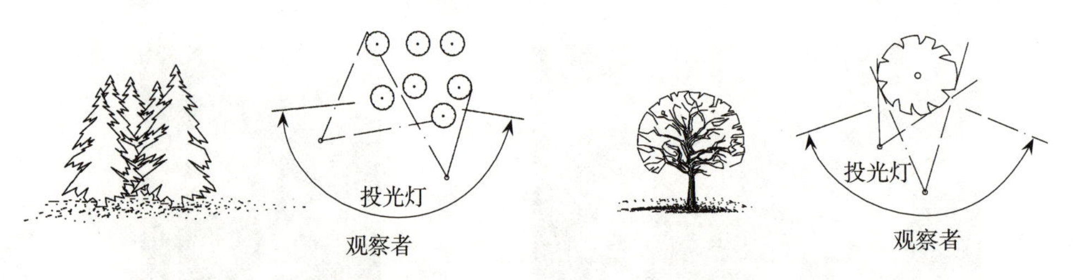

图8-17 对一片树木的照明

图8-18 对一棵树的照明

②对一棵树的照明。用两只投光灯具从两个方向照射，成特写镜头（图8-18）。

③对一排树的照明。用一排投光灯具，按一个照明角度照射。既有整齐感，也有层次感

（图 8-19）。

④对高低参差不齐的树木的照明。用几只投光灯，分别对高、低树木投光，给人以明显的高低、立体感（图 8-20）。

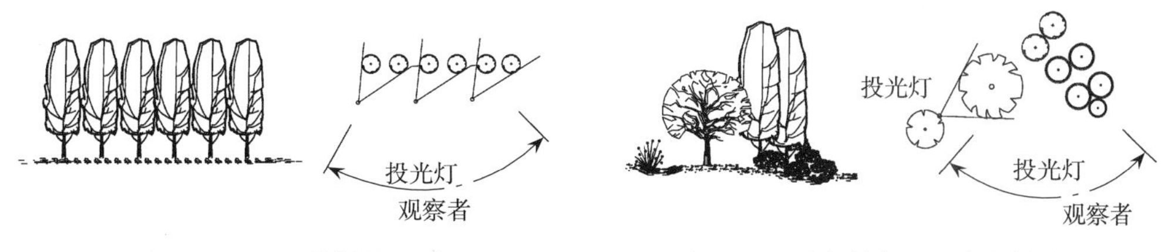

图 8-19　对一排树的照明　　　图 8-20　对高低参差不齐的树木照明

⑤对两排树形成的绿荫走廊照明。对于由两排树形成的绿荫走廊，采用两排投光灯具相对照射，效果很佳（图 8-21）。

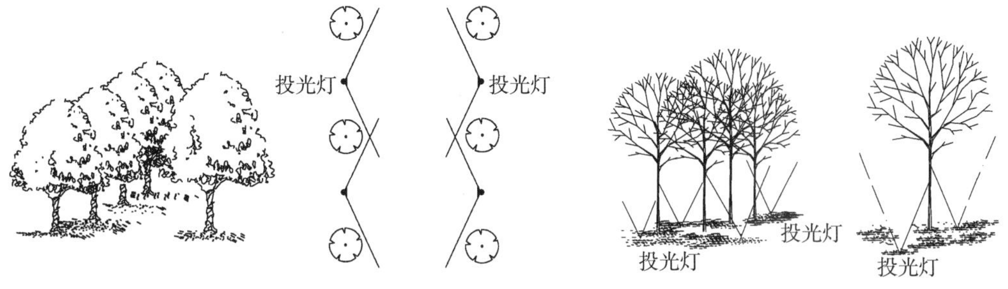

图 8-21　对两排树形成的绿荫道的照明　　　图 8-22　对树杈树冠的照明

⑥对树杈树冠的照明。在大多数情况下，对树木的照明，主要是照射树杈与树冠，因为照射了树杈树冠，不仅层次丰富、效果明显，而且光束的散光也会将树干显示出来，起衬托作用（图 8-22）。

（6）不同树形的照明。球形树对照明无特殊要求。对于金字塔形状的树，最好将照明装置远离树的边缘进行照明；适宜的距离取决于树形和树高，照明需要表达树的整体形状，灯具离开树干根部的距离要保证照亮植物成熟时的全部树冠。对于伞形树可以在树冠内部照明，棕榈树要考虑照亮树冠；对于树冠过于宽阔的树，考虑设置附加灯具。对于垂枝形树，灯具装置的位置在树干结构的边上，光线与垂枝方向相切，强调质感，表现树枝的细节；当长出的枝条接近地面的时候，灯具应该放在树干外侧，从地面射向树冠的顶部，瞄准角度相对于纵轴至多 45°～60°，并遮挡住潜在的眩光。针对不同树形的照明技术可参照图8-23 所示。

图 8-23　不同树形的照明

4. 花坛的照明 对花坛的照明方法是：

①由上向下观察的处在地平面上的花坛，采用称为蘑菇式灯具向下照射。这些灯具放置在花坛的中央或侧边，高度取决于花的高度。图 8-24 所示为观察点在花坛前方的布灯方式，图 8-25 所示为观察点在花坛四周的布灯方式。

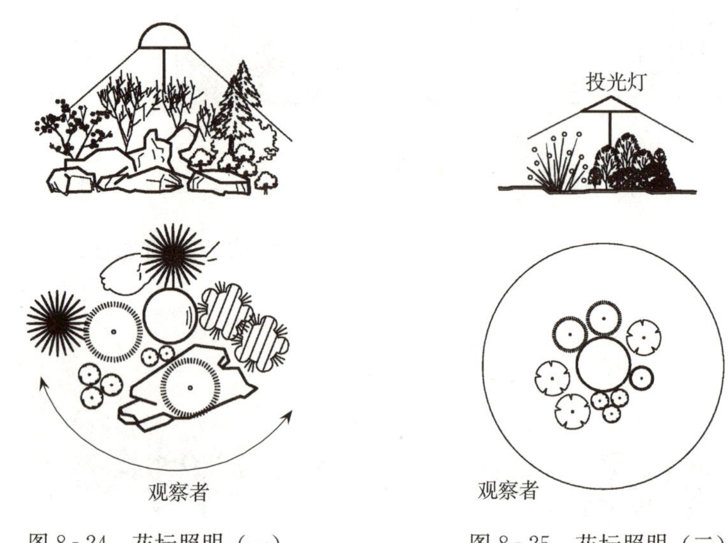

图 8-24 花坛照明（一） 图 8-25 花坛照明（二）

②花有各种各样的颜色，就要使用显色指数高的光源。白炽泡、紧凑型荧光灯都能较好地应用于这种场合。

（二）水体景观照明

园林中的各种水景在夜晚可以利用不同类型的灯光组合变化来赋予灵性，创造出赏心悦目的夜间水景。水面在制造各种情绪的同时，也蕴涵危险，保证安全是水体照明的前提条件，既在吸引游人亲水的同时暗示潜在的危险，同时保证照明设备的电器安全。

1. 水下照明的方法 将水下灯设置在水面以下对水体进行照明可以产生魔幻般的戏剧效果。喷出的水花在夜幕下多姿多彩，湍急的水流在光线的照射下，更显水的本质。水下灯可以直接安装在池底或埋在水池底板上，也可以利用其他建筑的构件加以隐藏（图 8-26）。为了强调水体的形状，可以沿侧墙安装灯具，不仅照亮水面，还可以将池壁的材料和色彩通过照明进行表现。

技术要求：水下照明的首要目标是隐藏灯具，不需要正好消除光源的亮度，但必须避免看到所有的线路和连接装置，以及所有可能影响水体外观的装置。当灯具置于水下时，光和热对水下生存的鱼类会造成影响，设计时应规划一些位置供鱼摆脱亮光。水体的几何尺寸决定光源的功率和光束角；高的瀑布和喷泉使用聚光灯，矮或宽的瀑布和喷泉使用泛光灯，泛光灯适用于大的单个喷头或者小的多数喷头，宽光束泛光灯适用于大的多数喷头。水下灯具必须能够承受腐蚀环境，所用材料通常是铜和不锈钢。水下灯具依靠周围的水为光源散热，必须在水下足够深度，对于上射灯具要尽可能靠近被照水面，推荐的水面以下最小距离是 5～10cm。水下灯具需要牢固的锁定装置，以保持设计角度，其安装构造见图 8-27 所示。

2. 水上照明 从水体的上方对水体进行照明，其安装和维护都会简单得多。但照明效果比水下照明的戏剧化效果要逊色一些。即使这样，如果照明方式有创意，也会产生意想不

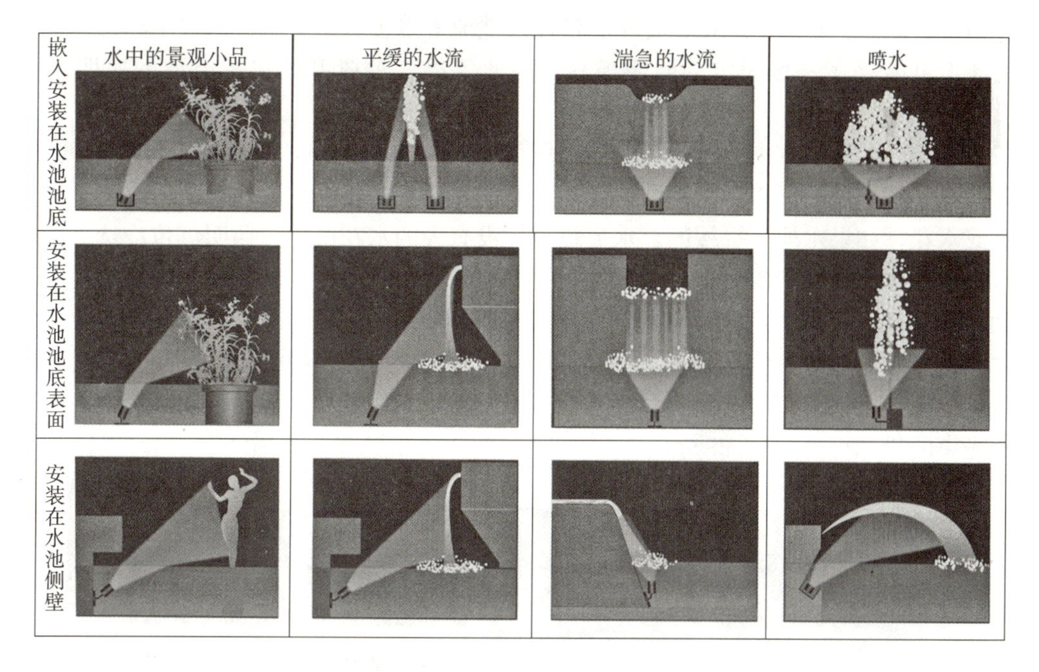

图 8-26　水下灯照明位置选择

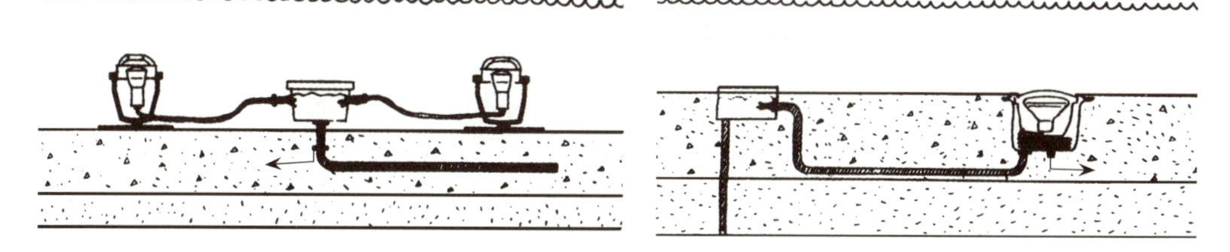

图 8-27　水下灯具的典型安装构造示意图

到的效果。流动水要比静态的水照明更容易表现，它吸收和漫射光照，令水体产生光辉。水珠通过光的反射，在面上产生“波光粼粼”的效果。平静的水面，就像一面镜子，反射周围被照的物体，也就是通常所说的“倒影”效果。瀑布和喷泉的水珠在光照的作用下，晶莹剔透。水上照明大多使用下照光，灯具安装在附近的建筑物上或树上（图 8-28）。有时，安装在水体附近的地面上，向下或水平射向水体。

图 8-28　水上照明示意图

3. 典型的水景类型与照明　水景的类型与照明方式密切相关，常见水景有喷泉、瀑布、壁泉、涌泉、溪流、管流、水帘、叠水、溢流及泄流等多种。每类水景的大小和特征都不一样，因此不可能存在一种固定的照明模式。为此仅以三种典型的水景类型的照明作简单介绍。

（1）瀑布。园林中较小的瀑布形态则因所依附的构筑物不同，而有着十分丰富的形式。最关键是要了解水堰的形态，是平缓的还是陡峭的，这直接影响从上面倾泻的水体是否会产生水珠或水花。如果水堰是平缓的，水流缓慢，没有大的水花产生，照明灯位应选择在水体的前方，在水体的表面产生亮光。灯具的布置远离瀑布，光束的高度应达到瀑布的高度，灯具的间距应保证光束的交叠，以照亮瀑身。当水堰是陡峭的，水体从上而下，并产生大的水花，水流湍急，这时灯位应选择在水体内部，向上投射，光线与水花的作用产生发光的水体。灯具的选择要依据瀑布的高度，泛光灯具可以提供宽的配光，但是瀑布高度增加时，要选用窄光束的投光灯（图 8-29）。

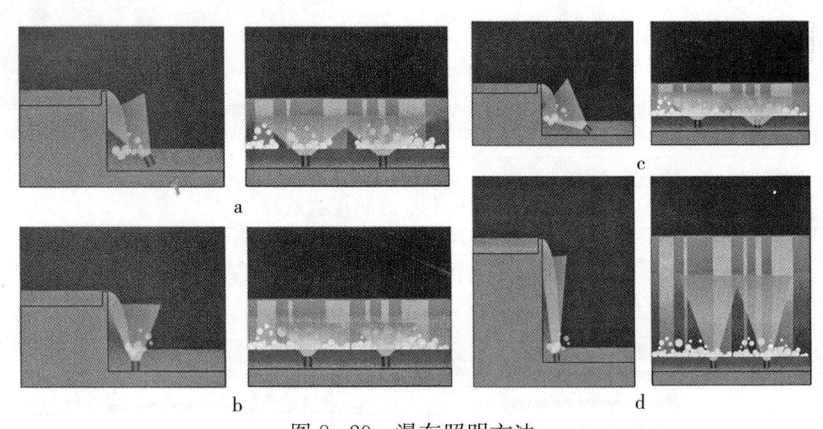

图 8-29　瀑布照明方法

a. 水量小　b. 水量大　c. 落差小　d. 落差大

对瀑布进行投光照明的一般方法是：①对于水流和瀑布，灯具应装在水流下落处的底部。②输出光通量应取决于瀑布的落差和与流量成正比的下落水层的厚度，还取决于流出口的形状所造成水流的散开程度。③对于流速比较缓慢，落差比较小的阶梯式水流，每一阶梯底部必须装有照明。线状光源（荧光灯、线状的卤素白炽灯等）最适合于这类情形。④由于下落水的重量与冲击力，可能冲坏投光灯具的调节角度和排列。所以必须牢固地将灯具固定在水槽的墙壁上或加重灯具。⑤具有变色程序的动感照明，可以产生一种固定的水流效果，也可以产生变化的水置效果。不同流水效果的灯具安装方法见图 8-30 所示。

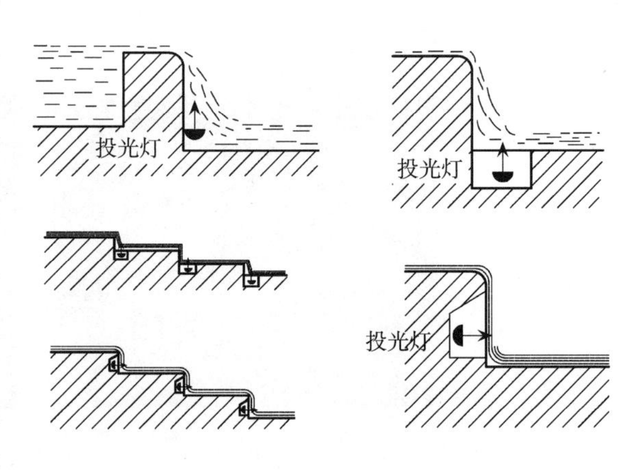

图 8-30　瀑布与流水投光灯具安装示意图

（2）喷泉。进行喷泉的照明设计必须事先了解喷口的形式、水形、喷高、数量、组合图案等。急流的水体应该从下向上投射，平缓的水流应该从前方照射。不论是单组直喷或组合喷的喷泉，应保证一股水流布置两盏灯具，这样各个角度都可以看到。特别水形造型的喷泉，应在每个落水点处设置至少一盏灯具。水流较长时，应设置更多的灯具。当一个喷口可以有多种喷水造型时，应了解最大和最小的水阈以及喷高，对于光源与灯具的选择、灯位的布置都会产生直接的影响。如果是组合式的喷泉，则不必在每个喷口都设置灯具，这时应根据整体的造型加以设计。一般来说，对于以水形的曲线造型为主的喷泉，将灯具布置在水面靠近喷口的位置，调整光照方向，与水流的曲线相吻合（图 8-31）。为了展示水体的动感和姿态，将灯具布置在水体落点处的水面下，将光投向水体（图 8-32）。对于喷口集中布置并向上喷射的水体，尽可能多地沿喷口布置水下灯具，通常是每个水柱下一套灯具，这样看起来每个水柱都是发光的（图 8-33）。对于较高的向上喷射的水体，将光照射向水体的上端部分。对于水柱高于 5m 的喷泉，应该使用窄光束的灯具投向水柱的最高部分，形成壮观的态势。

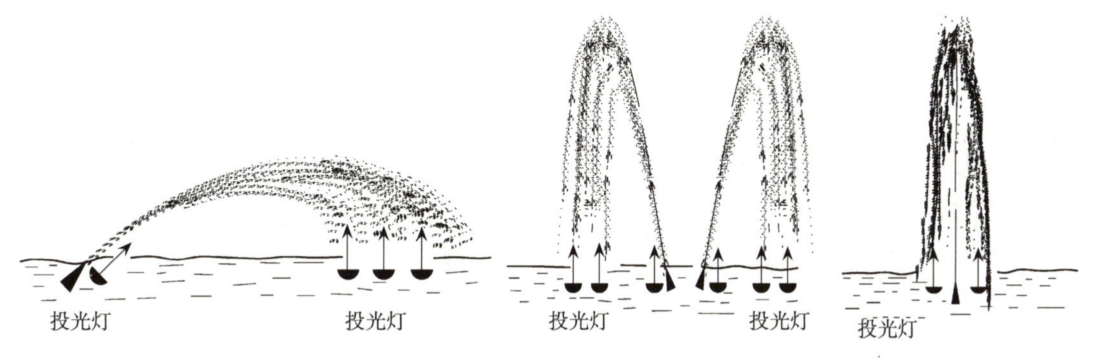

图 8-31　喷泉照明（一）　　图 8-32　喷泉照明（二）　　图 8-33　喷泉照明(三)

（3）水池。水池的照明也分水上和水中照明。其照明着重表现水池的形状、池壁、池底、装饰材料和质感。水上照明主要是将池内的水体照亮或表现池中的物体，水池内的照明应服从整体设计的光照图式和亮度分布。对自然形成的水池，要控制对池底的照明，避免浑浊的泥沙对照明效果的影响；人工的水池，可以照射水底，清澈的水体受到光线的照射，碧波荡漾，使人心旷神怡。如果池底的设备不能掩藏，最好是使用池外照明方式。有时，人工水池的池底或池壁的图形和材质是照明重点表现的地方，这就要求使用反射率较高的材料。但是过高的反射率，使得在整体的光照构图时过于突兀，这时可以通过调整光源的功率，选择小瓦数的光源，达到相对的平衡。池外向下的照明可以造成水面发光的效果。

（三）硬质景观照明

硬质景观包括雕塑、建筑、园林建筑小品、构筑物、园路和标识牌等，硬质景观是园林空间的界定物，其照明设计必须建立在对硬质景观特征表现的基础之上，充分考虑每个个体的含义，以及它们同整体和其他视觉元素之间的关系，尽可能与景观元素的设计意图保持一致。

1. 雕塑　雕塑靠形象表达含义，因昼夜光的图式发生变化，表达出的内涵一定会略有不同，照明设计师有时需要以雕塑家的思考方式进行工作。从雕塑的特征（包括形状、细节、纹理、材料和色彩）、灯具的安装以及同其他元素的关系再来考虑如何对雕塑用光。对高度不超过 5～6m 的小型或中型雕塑，其饰景照明的方法如下：

（1）照明点的数量与排列，取决于被照目标的类型。要求是照明整个目标，但不要均匀，其目的是通过阴影和不同的亮度，再创造一个轮廓鲜明的效果。

（2）根据被照明目标的位置及其周围的环境确定灯具的位置。①处于地面上的照明目标，孤立地位于草地或空地中央（图 8-34）。此时灯具的安装，尽可能与地面平齐，以保持周围的外观不受影响和减少眩光。也可装在植物或围墙后的地面上。②坐落在基座上的照明目标，孤立地位于草地或空地中央（图 8-35）。为了控制基座的亮度，灯具必须放在更远一些的地方。基座的边不能对被照明目标的底部产生阴影，也是非常重要的。③坐落在基座上的照明目标，位于行人可接近的地方（图 8-36）。通常不能围着基座安装灯具，因为从透视上说距离太近。只能将灯具固定在公共照明杆上或装在附近建筑的立面上，但必须注意避免眩光。

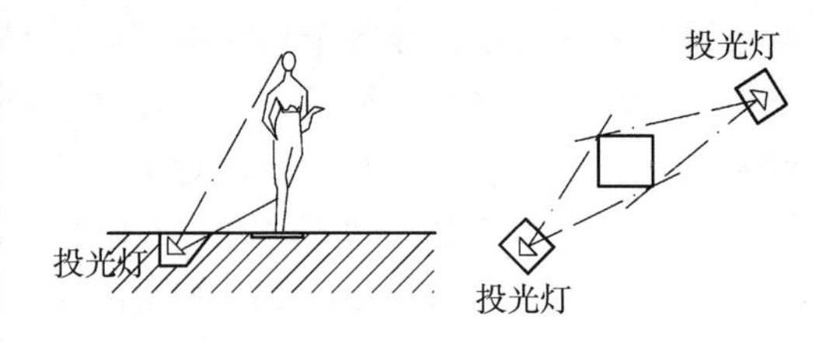

图 8-34　塑像投光照明（一）

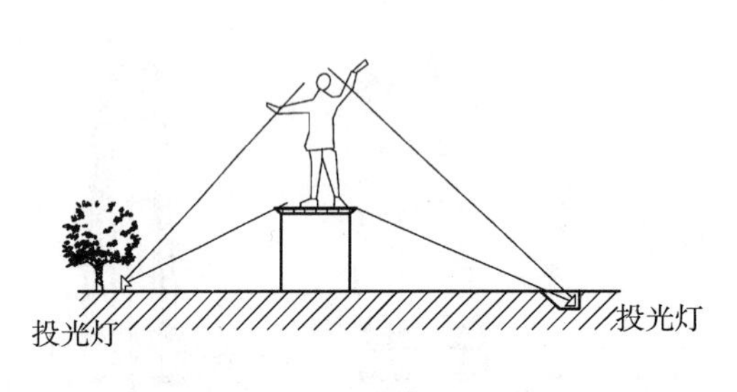

图 8-35　塑像投光照明（二）

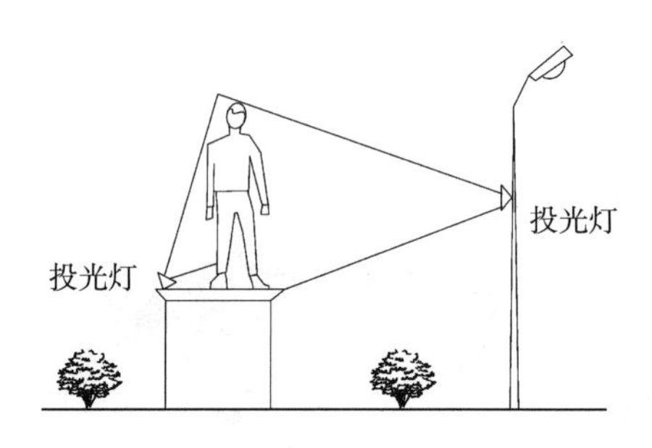

图 8-36　塑像投光照明（三）

（3）对于人物塑像，通常照明脸部的主体部分以及像的正面。背部照明要求低得多，或在某些情况下，一点都不需要照明。

（4）虽然从下往上的照明是最容易做到的，但要注意，凡是可能在塑像脸部产生不愉快阴影的方向不能施加照明。

（5）对某些雕塑，材料的颜色是一个重要的要素。一般说，用白炽灯照明有好的显色性。通过使用适当的灯泡——汞灯、金属卤化物灯、钠灯，可以增加材料的颜色。采用彩色照明最好能做一下光色试验。

2. 构筑物　园林景观涉及的构筑物种类繁多；可以是功能性的花房、凉亭、露台、架子、小桥；可以是视觉和划定服务的门和围墙；也可以是并无使用功能的界于雕塑和建筑之间的特殊构筑物。构筑物的照明方法取决于构筑物的使用方式及其在整个景观中的视觉重要性。有功能的构筑物需要附加任务照明、安全照明，同时保证艺术效果。通过控制构筑物与环境之间的亮度对比使构筑物从环境中突出，或融入环境之中；高亮度对比创造视觉兴奋，低亮度对比适于视觉放松。如考虑将所用照明设备（包括灯具、接线盒、变压器、镇流器、时间控制器、感光探头、移动探测器等）隐藏起来的技术细节，则必须将清晰的设备图纸提供给风景园林设计师。

3. 标识　标识提供关于园林使用信息，指导步行者或车辆交通，指引空间。标识在形式和外观上各不相同，在设计上具有很大的自由度。标识照明的样式能够反映园林的品质，其照明有三种基本类型，分别是发光字母、发光背景和外部照明；动态照明的标识很快能够吸引人们的注意力，但用于高品质园林并不适合。标识被看见的方式和环境光影响照明的选择，照明装置的外观十分重要，选择的材料和质量需要适合安装的方式，结构和构造技术要确保安全，并且提供维修的通道。当很难进行维护时，选择长寿命的光源。

（四）园路照明

园路是人们休闲散步、观赏景物、开展各种活动的场所，需要一种明亮的环境，所以园路照明主要以明视照明为主。在设计时必须根据照度标准中推荐的照度进行设计，从效果和维修方面考虑，一般多采用4～8m高的杆头式汞灯照明器。园路照明的布置方式见图8-37所示。

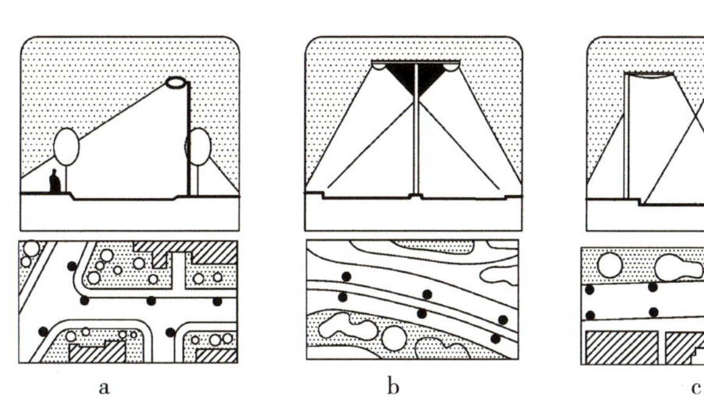

图8-37　园路照明的布置形式

a. 单侧布置　b. 中央隔离带中心对称布置　c. 双侧对称布置

四、园林灯光造景

（一）特殊照明效果

1. 倒影照明效果　根据水的表面的镜面反射现象，通过投射水边的构筑物或树木，在水中形成美丽的夜间倒影艺术效果（图8-38）。

图8-38　倒影照明

图8-39　投影照明

2. 投影照明效果　有趣味的阴影在夜景照明中能够形成艺术化的照明效果，通常是采用射灯，置于低矮的位置投射植物，在其背后墙面上形成疏影婆娑的照明意境（图8-39）。

3. 剪影照明效果　杨丽萍舞蹈《雀之灵》中有一个片段，就是一幅剪影的画面，其独特的艺术魅力让无数观众心醉，剪影在夜景中同样能创造出迷人的照明效果，其典型的处理方法就是用灯光投射欲表现对象的背景，形成其剪影的艺术效果（图8-40）。

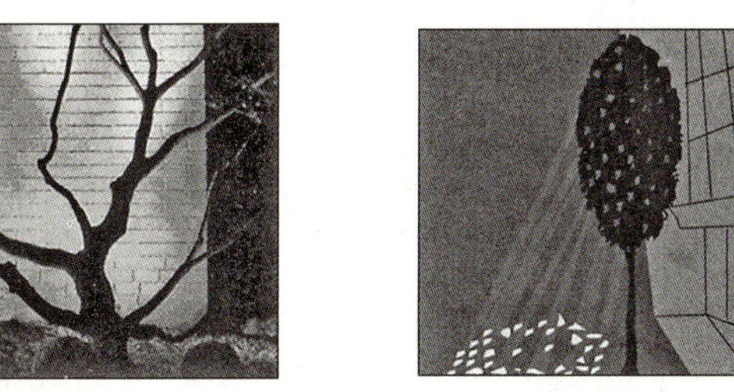

图8-40　剪影照明

图8-41　月光照明

4. 月光照明效果　月光照明，顾名思义就是灯光来自被表现对象的上部，一般用来表现夜景中的特色植物，通常做法是采用投光灯，置于植物上部，在地面上形成点点星光的艺术效果（图8-41）。

（二）用色光渲染氛围

图 8-42 某广场夜景

光是一门艺术，通过灯光的适宜组合，能够营造出独特的夜间照明氛围——有奔放的、有恬静的……迷人的夜景效果（图 8-42）。

1. 地面色光渲染 园林中的草坪、花坛、树丛、亭廊、曲桥、山石甚至铺装地面等，都可以在其边缘地带设置投射灯具，利用灯罩上不同颜色的透色片透出各色灯光，来为地面及其景物赋色。亭廊、曲桥、地面用各种色光都可以，但草坪、花坛、树丛则不能采用蓝、绿色光，因为在蓝、绿色光照射下，生活的植物却仿佛成了人造的塑料植物，给人虚假的感觉。

2. 夜空色光渲染 对园林夜空的色彩渲染有漫射型渲染和直射型渲染两种方式。漫射型渲染是用大功率的光源置于漫射性材料制作的灯罩内，向上空发出色光。这种方式的照射距离比较短，因此只能在较小范围内造成色光氛围。直射型渲染则是用方向性特强的大功率探照灯，向高空发射光柱。若干光柱相互交叉晃动、扫射，形成夜空中的动态光影景观。探照灯光一般不加色彩，若成为彩色光柱，则照射距离就会缩短。对夜空进行色光渲染，在灯具上还可以作些改进，加上一些旋转、摇摆、闪烁和定时亮灭的功能，使夜空中的光幕、光柱、光带、光斑等具有各种形式的动态效果。

3. 动态音画渲染 在园林广场、公园大门内广场以及一些重点的灯展场地，采用巨型电视屏播放电视节目、园景节目或灯展节目，以音画结合的方式来渲染园林夜景，能够增强园林夜景的动态效果。此外，也可以对园林中一些照壁或建筑山墙墙面，进行灯光投影，在墙面投影出各种图案、文字、动物、人物等简单的形象，可以进一步丰富园林夜间景色。

第四节 园林景观照明施工

园林景观照明工程施工是众多电气工程施工中的一员，园林景观照明施工除了特别突出美观以外，在技术规范、安装标准、施工和管理流程方面同普通电气工程施工一样，其施工程序大致可以分为准备阶段、施工阶段、收尾调试阶段和竣工验收阶段。

一、准备阶段

电气设备安装前的施工准备阶段是安装工程中的一项极为重要工作，它不但关系到安装工作能否顺利进行，同时也影响到安装质量。所以在施工前必须做好准备工作。

（一）技术准备

1. 技术管理 熟悉和审查电气工程图纸文件，了解与电气工程有关的土建情况，以便在由建设单位、设计单位和施工单位三方参加的图纸会审会议上提出意见（如电气线路的敷设位置、电气设备的布置、预留孔洞等是否合理，各种管道设备与电气敷设是否有矛盾等问题）。此外还要根据土建进度划分电气施工程序，确定施工方案，制定电气安装进度计划，编制施工预算等。

2. 熟悉施工图　施工图是电气施工的依据，包括电力配电系统图，平面布置图和必要的安装图及附属设计图的施工说明、主要设备、材料表等。施工图是设计人员对工程的书面语言表达，为顺利圆满完成施工，必须要看懂施工图，认识图中各符号的含义，理解设计人员的设计意图。由于电气工程一般是伴随土建工程进行，所以有必要了解一些常用的建筑知识及其表示的图例。

（1）常用建筑图例。电气图中使用的建筑图例均采用简化形式，建筑图例只表示建筑的平面布置，而不详细表示结构和材料。但建筑的结构和材质常与电气施工有关，故在安装电气设备前，有时还需查阅有关建筑施工图纸。

（2）常用电气符号及文字符号。施工人员应掌握国家规定的电气符号（表 8-8）的含义，此外还要掌握表示水电气设备、线路、元器件的特征和敷设方式及文字符号（表 8-9）的含义，掌握电气设备的标注方式（表 8-10）。

表 8-8　常用电气设备和文字符号新旧对照表

设备名称	新符号	旧符号	设备名称	新符号	旧符号
发电机	G	F	变压器	T	B
电动机	M	D	电压互感器	TV	YH
电流互感器	TA	LH	接触器	KM	C
开关	Q	K	断路器	QF	DL
负荷开关	QI	FK	隔离开关	QS	GK
自动开关	ZK	ZK	控制开关	SA	KK
切换开关	SA	QK	熔断器	FU	RD
按钮	S	AN	电流继电器	KA	LJ
电压继电器	KV	YJ	信号继电器	KS	XJ
绿色信号灯	HC	LD	红色信号灯	HR	HD
黄色信号灯	HY	UD	闪光信号灯	SH	SD
信号灯	H	XD	镇流器	U	ZL
避雷器	F	BL			

（3）施工说明。施工图的施工说明主要介绍电气工程设计与施工的特点，补充图纸的设计依据、技术指标、线路敷设和设备安装及非标准加工的技术要求等。施工人员熟悉施工说明中的内容以后，有助于进一步理解施工图。

表 8-9　电气程式中常用电器图例

图　例	名　称	说　明	图　例	名　称	说　明
	控制屏、控制台	配电室及进户线用的开关柜		接地、重复接地	
	电力配电箱（板）	画在墙外为明装 墙内为暗装除注明外下皮距地 1.2/1.4 m		二极开关	二极自动空气断路器
	照明配电箱（板）	画在墙外为明装 墙内为暗装除注明外下皮距地 2.0/1.4 m		三极开关	三极自动空气断路器

（续）

图 例	名 称	说 明	图 例	名 称	说 明
	事故照明配电箱（板）	画在墙外为明装/墙内为暗装除注明外下皮距地1.2/1.4m		熔断器	除注明外均为RCIA型瓷插式熔断器
	多种电源配电箱（板）			交流配电线路	铝/铜芯导线时为2根2.5/1.5 mm^2，注明者除外
	母线和干线			交流配电线路	3根导线
	接地或接零线路			交流配电线路	4根导线
	接地装置（有接地极）			交流配电线路	5根导线
	交流配电线路	6根导线		暗装单相两线插座	
	壁灯			拉线开关（单相二线）	拉线开关250V、6A
	吸顶灯（天棚灯）			暗装单极开关（单相二线）	跷板式开关250V、4A
	墙上灯座（裸灯头）			暗装双控开关（单相三线）	跷板式开关250V、6A
	灯具一般符号			管线引向符号	引上、引下、由上引来、由下引来
	单管荧光灯	每管附装相应容量的电容器和熔断器		管线引向符号	引上并引下、由上引来再引下、由下引来再引上
	明装单相两线插座	250V、5A，距地按设计图			

表 8-10　电气工程平面图中标注的方式与代表名称

配电线路上的标写格式	线路敷设方式的代号	表达线路敷设部位代号
a−b（$c\times d+c\times d$）e−f 式中： a——回路编号 b——导线型号 c——导线根数 d——导线截面 e——敷设方式及穿管管径 f——敷设部位	GBVV——用轨型护套线敷设 VXG——用塑制线槽敷设 VG——用硬塑制管敷设 VYG——用半硬塑制管敷设 KRG——用可挠型塑制管敷设 DG——用薄电线管敷设 G——用厚电线管敷设 GG——用水煤气钢管敷设 GXG——用金属线槽敷设	S——沿钢索敷设 LM——沿屋架或屋架下弦敷设 ZM——沿柱敷设 QM——沿墙敷设 PM——沿天棚敷设 PNM——在能进入的吊顶棚内敷设

（续）

表达线路暗设的代号	配电线路上的标写范例说明	在动力或照明配电设备上标注的格式
LA——暗设在梁内 ZA——暗设在柱内 QA——暗设在墙内 PA——沿顶暗敷设 DA——暗设在地面内或地板内 PNA——暗设在不能进入的吊顶内	在施工图中，某配电线路上标有：2-BV（3×16+1×4）DG32-PA；表明第二回路，BV是铜芯导线，3根16mm² 加上1根4mm² 截面的导线，DG32是4根导线穿管径为32的薄电线管，PA是暗设在屋面内或顶棚板内	$a\frac{d}{c}$或a—b—c 只注编号时为： a——设备编号（一般用阿拉伯数字1、2、3、…表示） b——设备型号 c——设备容量（kW）
照明灯具的表达方式	表示灯具安装方式的代号	照明灯具的表达范例说明
$a-b\frac{c\times d}{e}f$ 式中： a——灯具数 b——型号 c——每盏灯的灯泡数或灯管数 d——灯泡容量（W） e——安装高度（m） f——安装方式	X——自在器线吊式 X_1——固定线吊式 X_2——防水线吊式 L——链吊式 G——管吊式 B——壁装式 D——吸顶式 R——嵌入式	一般灯具标注，常不写型号，如$6\frac{40}{2.4}$L，表示6个灯具，每盏灯为1个灯泡或1个灯管，容量为40W，安装高度2.4m，链吊式

（4）电气平面图。电气平面图是安装电气设备的最基本的施工图纸，一般有电力平面布置图和防雷接地平面图，它表示电气设备在建筑平面上的布置情况。看图时（有时要结合系统图），要弄清楚电源从何而来，采用哪种配线方式使用多大截面的导线，电气设备的安装地点和安装方式，设备的电气连接方式，线路的走向等，并要注意施工图提出的施工要求。在阅读防雷接地平面图时，要结合建筑屋顶平面图、结构图及外墙立面图等，确定防雷带、网（明敷和暗敷）和避雷针在建筑的檐沟、屋面、山城或女儿墙及天窗顶盖的布置位置和埋设部位，平面图上的防雷接地装置应按有关详图施工。

电气平面图只能反映线路、设备的平面布置情况，不能反映线路、设备的立体布置情况，所以应在多次的施工实践中，逐渐在头脑中建立一个电气配线的立体概念。这是电气识图的一项极为重要的基本功。

（5）配电系统图。配电系统图也称一次系统图，它多采用单线图来表示各设备连接的关系和电负荷的分配状况，而不表示线路的走向和设备的安装位置。看图时，宜与电气平面图配合阅读，并注意线路的根数，确切了解图中各文字符号的含义。

（6）电气原理图和安装接线图。电气原理图（简称原理图或展开图）和安装接线图（简称接线图或二次接线图）分别表示电气设备主回路（一次回路）及控制回路（也括控制、操作、信号、测量、保护等装置）的电气原理和接线情况。看图时，应先弄清原理图，再看按电气元件实际排列情况的接线图。

（7）施工用表。设计人员为使平面图文字简化，有时还按图面所采用的标注方式提供施工用表，如导线、管径选择表等。当工程项目需要选择导线、穿管管径时，即可根据此表查找。

（8）加工详图和电气布置剖视图。对于某些非标准的电气构件（如设备的安装构架、防护板、网等），设计人员往往按加工尺寸、材质等工艺要求提供加工详图。看图时，应对照电气样本和安装部位的建筑状况进行综合考虑。对于工程中较为重要或特殊的安装部位（如与各管道设备的交错情况），仅用平面图较难表明电气装置安装部位及电气线路的空间走向时，常采用局部剖视图来补充。看图时，应弄清工程的建筑构造、工艺装置、管网分布、电气线路和设备的布局情况。

（9）全国通用电气装置标准图集。为提高设计和施工质量、加快工程进度，使电气设计标准化，设计人员还较多采用全国通用电气装置标准图集，在设计中和施工中直接采用。此外，施工人员还应熟悉土建图。由于配电箱、管线、开关、接线盒及灯头盒等设备的敷设都与土建结构有着密切的关系（其布置与土建平面和立面有关；线路走向与土建的梁、柱、门、楼板、墙面等位置有关；安装方法与墙的结构，楼板材料等有关；安装顺序与土建施工的进度有关；暗敷设设备的预埋方式、位置、走向与土建结构有关），所以不了解土建状况，很难与主体工程配合，无法确保电气工程的顺利进行，甚至会造成许多重复用工和不必要的浪费。

3. 熟悉规范 项目安装之前，应熟悉有关施工及验收规范，以保证安装工程符合规范的要求，符合安全、可靠、方便、经济、美观的原则。

（二）组织准备

施工前一般应先组成管理机构，并根据电气安装项目配备人员（如人员的技术等级的搭配，施工人员的工种搭配），向参加施工人员进行技术交底，使施工人员了解工程内容、施工方案、施工方法和安全施工的条例、措施。必要时还应组织技术培训。

（三）供应准备

应按照设计或工程预算提供的材料单进行备料（如采用代用设备和代用材料时，必须征得设计单位和建设单位的同意，必要时应履行变更通知手续），并根据施工要求，准备施工设备和机具等。施工前应检查、落实设备和材料等物资准备情况。

（四）施工场地准备

根据工程平面布置图，提供设备、材料及工具的存放仓库或地点，落实加工场所，实现施工现场的三通（场地道路通、施工用水通、工地用电通）、一平（场地平整）。

（五）施工应具备的条件

施工前应了解下列应具备的施工条件：

（1）设备、材料。

（2）一般工具、机具、仪器、仪表和特殊机具。

（3）有关建筑物和设备基础。

（4）工程需要的安全技术措施。

（5）施工现场的水源、电源及工具、材料存放场所等。

（6）建筑安装综合进度安排和施工现场总平面布置。

二、施工阶段

当施工准备工作均已完成、具备施工条件后，即可进行安装工程的施工阶段。

（一）预埋工作

预埋工作的特点是时间性强，需与土建施工交叉配合进行，并应密切配合主体工程的施工进度。隐蔽工程的施工，如电气埋地保护管等，需在土建铺设地坪时预先敷设好；一些固定支撑件的预埋，如固定配电箱、避雷针的支座等，需在土建砌墙或浇灌时同时埋设。预埋工作相当重要，如漏敷、漏埋或错敷、错埋，不仅会给安装带来困难，影响工程的进度和质量，同时还会造成安装工程无法进行而不得不修改设计。进行预埋工作时，应注意不要破坏建筑物的结构强度和损坏建筑物的外观。

（二）电气线路和设备的敷设

电气线路和设备的敷设是按照电气设备的安装方法和电气管线的敷设方法进行安装施工的，它包括定位画线、配件加工及安装、管线的敷设、电器的安装、电气系统的连接及接地方式的连接等。

三、收尾调试阶段

（一）电气线路及设备的调试

当各电气项目施工完成后，要进行系统的检查和调整，发现问题应及时进行整改。

（二）施工资料的整理和竣工图的绘制

工程结束后，应整理在施工中的有关资料，如图纸会审纪要、设计变更修改通知单、隐蔽工程的验收证、电气试验的记录表以及施工记录等，特别是因情况不符，施工与原施工图的要求不同时，在交工前应按实际情况画出竣工图，以便交付用户，为用户运行维护、扩建、改建提供依据。

（三）安装的质量评定

质量评定包括施工班组的质量自检、互检和施工单位技术监督部门的检查评定；质量评定应按国家颁布的安装技术规范、质量标准以及本部门的有关规定进行，若不符合标准和要求，应进行整改。

（四）通电试验和竣工报告

质量检查合格后，需通电试运行，验证工程能否交付使用。上述项目完成后，即可撰写竣工报告书。

四、竣工验收阶段

工程项目全部完成后，应由建设单位、设计单位和施工单位共同进行竣工验收，办理全部工程或分项工程的交工验收证书，交付使用。

复习思考题

1. 什么是色温、显色性和显色指数？
2. 决定照明质量的因素有哪些？
3. 园林照明的方式有哪些？
4. 试说明园林照明光源选择、灯具布置的方法。
5. 试说明园林植物、花坛、雕塑、水景、园路等的照明方法。
6. 试说明园林照明设计的程序。
7. 给某一个公园设计一套照明系统。
8. 简述园林供电的设计程序。

附表 1　镀锌钢管的 1 000i 和 v 值（部分）

流量 Q		DN（mm）													
		20		25		32		40		50		70		80	
(m^3/h)	(L/s)	v	1 000i	v	1 000i	v	1 000i	v	1 000i	v	1 000i	v	1 000i	v	1 000i
⋮	⋮	⋮	⋮	⋮	⋮	⋮	⋮	⋮	⋮	⋮	⋮	⋮	⋮	⋮	
1.62	0.45	1.40	333	0.85	93.2	0.47	22.1	0.36	11.1	0.21	3.12				
1.80	0.50	1.55	411	0.94	113	0.53	26.7	0.40	13.4	0.23	3.74				
1.98	0.55	1.71	497	1.04	135	0.58	31.8	0.44	15.9	0.26	4.44				
2.16	0.60	1.86	591	1.13	159	0.63	37.3	0.48	18.4	0.28	5.16				
2.34	0.65	2.02	694	1.22	185	0.68	43.1	0.52	21.5	0.31	5.97				
2.52	0.70	2.17	805	1.32	214	0.74	49.5	0.56	24.5	0.33	6.83	0.20	1.99		
2.70	0.75	2.33	924	1.41	246	0.79	56.2	0.60	28.3	0.35	7.70	0.21	2.26		
2.88	0.80	2.48	1 051	1.51	279	0.84	63.2	0.64	31.4	0.38	8.52	0.23	2.53		
3.06	0.85	2.64	1 187	1.60	316	0.90	70.7	0.68	35.1	0.40	9.63	0.24	2.81		
3.24	0.90	2.79	1 330	1.69	354	0.95	78.7	0.72	39.0	0.42	10.7	0.25	3.11		
3.42	0.95			1.79	394	1.00	86.9	0.76	43.1	0.45	11.8	0.27	3.42		
3.60	1.0			1.88	437	1.05	95.7	0.80	47.3	0.47	12.9	0.28	3.76	0.20	1.64
3.78	1.05			1.98	481	1.11	105	0.84	51.8	0.49	14.1	0.30	4.09	0.21	1.78
3.96	1.1			2.07	528	1.16	114	0.87	56.4	0.52	15.3	0.31	4.44	0.22	1.95
4.14	1.15			2.17	578	1.21	124	0.91	61.3	0.54	16.6	0.33	4.81	0.23	2.10
4.32	1.2			2.26	629	1.27	135	0.95	66.3	0.56	18.0	0.34	5.18	0.24	2.27
4.50	1.25			2.35	682	1.32	147	0.99	71.6	0.59	19.4	0.35	5.57	0.25	2.44
4.68	1.3			2.45	738	1.37	159	1.03	76.9	0.61	20.8	0.37	5.99	0.26	2.61
4.86	1.35			2.54	796	1.42	171	1.07	82.5	0.64	22.3	0.38	6.41	0.27	2.79
5.04	1.4			2.64	856	1.48	184	1.11	88.4	0.66	23.7	0.40	6.83	0.28	2.97
5.22	1.45			2.73	918	1.53	197	1.15	94.4	0.68	25.4	0.41	7.27	0.29	3.16
5.40	1.5			2.82	983	1.58	211	1.19	101	0.71	27.0	0.42	7.72	0.30	3.36
5.58	1.55			2.92	1 049	1.63	226	1.23	107	0.73	28.7	0.44	8.22	0.31	3.56
5.76	1.6			3.01	1 118	1.69	240	1.27	114	0.75	30.4	0.45	8.70	0.32	3.76
5.94	1.65					1.74	256	1.31	121	0.78	32.2	0.47	9.19	0.33	3.97
6.12	1.7					1.79	271	1.35	129	0.80	34.0	0.48	9.69	0.34	4.19
6.30	1.75					1.85	287	1.39	136	0.82	35.9	0.50	10.2	0.35	4.41
6.48	1.8					1.90	304	1.43	144	0.85	37.8	0.51	10.7	0.36	4.66
6.66	1.85					1.95	321	1.47	152	0.87	39.7	0.52	11.3	0.37	4.89
6.84	1.9					2.00	339	1.51	161	0.89	41.8	0.54	11.9	0.38	5.13
⋮	⋮	⋮	⋮	⋮	⋮	⋮	⋮	⋮	⋮	⋮	⋮	⋮	⋮	⋮	⋮

附表 2　铸铁管部分 1 000*i* 和 *v* 值

流量 Q		DN（mm）							
		50		75		100		125	
(m³/h)	(L/s)	*v*	1 000*i*	*v*	1 000*i*	*v*	1 000*i*	*v*	1 000*i*
⋮	⋮	⋮	⋮	⋮	⋮	⋮	⋮	⋮	⋮
7.20	2.0	1.06	61.9	0.46	7.98	0.26	1.94		
7.56	2.1	1.11	67.9	0.49	8.71	0.27	2.11		
7.92	2.2	1.17	74.0	0.51	9.47	0.29	2.29		
8.28	2.3	1.22	80.3	0.53	10.3	0.30	2.48		
8.54	2.4	1.27	87.5	0.56	11.1	0.31	2.66	0.20	0.902
9.00	2.5	1.33	94.9	0.58	11.9	0.32	2.88	0.21	0.966
9.36	2.6	1.38	103	0.60	12.8	0.34	3.08	0.215	1.03
9.72	2.7	1.43	111	0.63	13.8	0.35	3.30	0.22	1.11
10.08	2.8	1.48	119	0.65	14.7	0.36	3.52	0.23	1.18
10.44	2.9	1.54	128	0.67	15.7	0.38	3.75	0.24	1.25
10.80	3.0	1.59	137	0.70	16.7	0.39	3.98	0.25	1.33
11.16	3.1	1.64	146	0.72	17.7	0.40	4.23	0.26	1.41
11.52	3.2	1.70	155	0.74	18.8	0.42	4.47	0.265	1.49
11.88	3.3	1.75	165	0.77	19.9	0.43	4.73	0.27	1.57
12.24	3.4	1.80	176	0.79	21.0	0.44	4.99	0.28	1.56
12.60	3.5	1.86	186	0.81	22.2	0.45	5.26	0.29	1.75
12.96	3.6	1.91	197	0.84	23.2	0.47	5.53	0.30	1.84
13.32	3.7	1.96	208	0.86	24.5	0.48	5.81	0.31	1.93
13.68	3.8	2.02	219	0.88	25.8	0.49	6.10	0.315	2.03
14.04	3.9	2.07	231	0.91	27.1	0.51	6.39	0.32	2.12
14.40	4.0	2.12	243	0.93	28.4	0.52	6.69	0.33	2.22
14.76	4.1	2.17	255	0.95	29.7	0.53	7.00	0.34	2.31
15.12	4.2	2.23	268	0.98	31.1	0.55	7.31	0.35	2.42
15.48	4.3	2.28	281	1.00	32.5	0.56	7.63	0.36	2.53
15.84	4.4	2.33	294	1.02	33.9	0.57	7.96	0.364	2.63
16.20	4.5	2.39	308	1.05	35.3	0.58	8.29	0.37	2.74
16.56	4.6	2.44	321	1.07	36.8	0.60	8.63	0.38	2.85
16.92	4.7	2.49	335	1.09	38.3	0.61	8.97	0.39	2.96
17.28	4.8	2.55	350	1.12	39.8	0.62	9.33	0.40	3.07
17.64	4.9	2.60	365	1.14	41.4	0.64	9.68	0.41	3.20
⋮	⋮	⋮	⋮	⋮	⋮	⋮	⋮	⋮	⋮

附表 3 我国主要城市暴雨强度公式

序号	省、自治区、直辖市	城市名称	暴雨强度公式	q_{20}	资料年数及起止年份
1	北京		$q=\frac{2001(1+0.811\lg P)}{(t+8)^{0.711}}$	187	40 1941—1980
			$i=\frac{10.662+8.842\lg T_E}{(t+7.857)^{0.679}}$	186	40 1941—1980
2	上海		$i=\frac{33.2(P^{0.3}-0.42)}{(t+10+7\lg P)^{8.82-0.071\lg P}}$	198	41 1919—1959
			$i=\frac{17.812+14.668\lg T_E}{(t+10.472)^{0.796}}$	196	41
3	天津		$q=\frac{3833.34(1+0.85\lg P)}{(t+17)^{0.85}}$	178	50 1932—1981
			$i=\frac{49.586+39.846\lg T_E}{(t+25.334)^{1.012}}$	174	20 1939—1953
4	河北	石家庄	$q=\frac{1689(1+0.898\lg P)}{(t+7)^{0.729}}$	153	20 1956—1975
			$i=\frac{10.785+10.176\lg T_E}{(t+7.876)^{0.741}}$	153	20 1956—1975
5	山西	太原	$q=\frac{880(1+0.86\lg T)}{(t+4.6)^{0.62}}$	121	25
			$q=\frac{1446.22(1+0.867\lg T)}{(t+4)^{0.796}}$	112	28 1955—1982
			$i=\frac{20.270+17.207\lg T_E}{(t+12.745)^{0.993}}$	106	8 1951—1959 (缺 1954)
6	内蒙古	包头	$i=\frac{9.96(1+0.985\lg P)}{(t+5.40)^{0.85}}$	106	25 1954—1978
7	黑龙江	哈尔滨	$q=\frac{2889(1+0.9\lg P)}{(t+15)^{0.58}}$	145	32 1950—1981
			$q=\frac{4800(1+\lg P)}{(t+15)^{0.98}}$	147	15 1957—1971
			$q=\frac{2889.3(1+0.95\lg P)}{(t+11.77)^{0.86}}$	142	34 1950—1983
8	吉 林	长 春	$q=\frac{1600(1+0.8\lg P)}{(t+5)^{0.76}}$	139	25 1950—1974
			$i=\frac{6.377+5.701\lg T_E}{(t+4.367)^{0.633}}$	141	11 1950—1960
			$q=\frac{896(1+0.68\lg P)}{t^{0.6}}$	148	58 1922—979

（续）

序号	省、自治区、直辖市	城市名称	暴雨强度公式	q_{20}	资料年数及起止年份
9	辽宁	沈阳	$q=\frac{1984(1+0.77\lg P)}{(t+9)^{0.77}}$	148	26 1952—1977
			$i=\frac{11.522+9.348\lg T_E}{(t+8.196)^{0.738}}$	164	26 1952—1977
10	江苏	南京	$q=\frac{2989.3(1+0.67\lg P)}{(t+13.3)^{0.8}}$	181	40 1929—1977
			$i=\frac{16.060+11.914\lg T_R}{(t-13.228)^{0.775}}$	178	40 1929—1977
11	安徽	合肥	$q=\frac{3600(1+0.76\lg P)}{(t+14)^{0.84}}$	186	25 1953—1977
			$i=\frac{24.927+20.228\lg T_E}{(t+17.008)^{0.863}}$	184	25 1953—1977
12	浙江	杭州	$q=\frac{10174(1+0.844\lg P)}{(t+25)^{1.038}}$	196	24 1954—1977
			$q=\frac{10.600+7.736\lg P}{(t+6.403)^{0.686}}$	187	15 1930—1937 1953—1959
13	江西	南昌	$q=\frac{1386(1+0.69\lg P)}{(t+1.4)^{0.64}}$	195	7 1961 年以前资料
			$q=\frac{1215(1+0.854\lg P}{t^{0.60}}$	201	5
14	福建	福州	$i=\frac{6.612+3.88\lg T_E}{(t+1.774)^{0.567}}$	179	24 1952—1959 1964—1979
15	河南	郑州	$q=\frac{7650[1+1.15\lg(P+0.143)]}{(t+37.3)^{0.99}}$	148	27 1955—1981
			$q=\frac{3073(1+0.892\lg P)}{(t+15.1)^{0.824}}$	164	26
16	湖北	汉口	$q=\frac{983(1+0.65\lg P)}{(t+4)^{0.56}}$	166	
			$i=\frac{5.359+3.996\lg T_E}{(t+2.834)^{0.510}}$	182	12 1952—1955 1957—1964
17	湖南	长沙	$q=\frac{3920(t+0.68\lg P)}{(t+17)^{0.86}}$	176	20 1954—1973
			$i=\frac{24.904+18.632\lg T_R}{(t+19.801)^{0.863}}$	173	20 1954—1973

（续）

序号	省、自治区、直辖市	城市名称	暴雨强度公式	q_{20}	资料年数及起止年份
18	广东	广州	$q=\frac{2424.17(1+0.533\lg P)}{(t+11.0)^{0.668}}$	245	31 1951—1981
			$i=\frac{11.163+6.646\lg T_E}{(t—5.033)^{0.625}}$	249	10 1950—1959
19	海南	海口	$q=\frac{2338(1+0.4\lg P)}{(t+9)^{0.65}}$	262	20 1961—1980
20	广西	南宁	$q=\frac{10500(1+0.707\lg P)}{t+21.1P^{0.119}}$	255	21 1952—1972
			$i=\frac{32.287+18.194\lg T_E}{(t+18.880)^{0.851}}$	239	21 1952—1972
21	陕西	西安	$q=\frac{6.041(1+1.475\lg P)}{(t+14.72)^{0.704}}$	83	22 1956—1977
			$i=\frac{37.603+50.124\lg T_E}{(t+30.177)^{1.078}}$	92	19 1956—1974
22	宁夏	银川	$q=\frac{242(1+0.83\lg P)}{t^{0.477}}$	58	8
23	甘肃	兰州	$q=\frac{1140(1+0.96\lg P)}{(t+8)^{0.8}}$	79	27 1951—1977
			$i=\frac{18.260+18.984\lg T_E}{(t+14.317)^{1.066}}$	70	9/=1951—1959
24	青海	西宁	$q=\frac{308(1+1.39\lg P)}{t^{0.58}}$	54	26 1954—1979
25	新疆	乌鲁木齐	$q=\frac{195(1+0.82\lg P)}{(t+7.8)^{0.63}}$	24	17 1964—1980
26	四川	成都	$q=\frac{2806(1+0.803\lg P)}{(t+12.8P^{0.231})}$	192	17
			$i=\frac{20.154+13.371\lg T_E}{(t+18.768)^{0.784}}$	191	17 1943—1959
27	重庆		$q=\frac{2822(1+0.775\lg P)}{(t+12.8P^{0.076})^{0.77}}$	192	8
28	贵州	贵阳	$i=\frac{6.853+4.195\lg T_E}{(t+5.168)^{0.601}}$	165	13 1941—1953
			$q=\frac{1887(1+0.707\lg P)}{(t+9.35P^{0.031})^{0.695}}$	180	17
29	云南	昆明	$i=\frac{8.918+6.183\lg T_E}{(t+10.247)^{0.649}}$	163	16 1938—1953
			$q=\frac{700(1+0.775\lg P)}{t^{0.496}}$	158	10

主要参考文献

梁伊任等 . 1999. 园林建设工程［M］. 北京：中国城市出版社.
吴为廉 . 1999. 景园建筑工程规划与设计［M］. 上海：同济大学出版社.
孟兆祯等 . 1996. 园林工程［M］. 北京：中国林业出版社.
孙沛平 . 1998. 建筑施工技术［M］. 北京：中国建筑工业出版社.
丁文铎 . 2001. 城市绿地喷灌［M］. 北京：中国林业出版社.
韩烈保等 . 2001. 草坪建植与管理手册［M］. 北京：中国林业出版社.
卢仁 . 2000. 园林建筑装饰小品［M］. 北京：中国林业出版社.
汪正荣等 . 1986. 简明施工手册［M］. 北京：中国建筑工业出版社.
闫宝兴等 . 2005. 水景工程［M］. 北京：中国建筑工业出版社.
张昕等 . 2006. 景观照明工程［M］. 北京：中国建筑工业出版社.
董三孝 . 2003. 园林工程概预算与施工组织管理［M］. 北京：中国农业出版社.
朝阳瑞等 . 2014. 园林工程［M］. 北京：中国建材工业出版社.

图书在版编目（CIP）数据

园林工程 / 张建林，曹仁勇主编．—3版．—北京：中国农业出版社，2019.10(2022.6重印)

高等职业教育农业农村部“十三五”规划教材　高等职业教育农业农村部“十二五”规划教材　普通高等教育“十一五”国家级规划教材

ISBN 978-7-109-26202-7

Ⅰ．①园…　Ⅱ．①张…　②曹…　Ⅲ．①园林—工程施工—高等职业教育—教材　Ⅳ．①TU986.3

中国版本图书馆CIP数据核字（2019）第242781号

中国农业出版社出版

地址：北京市朝阳区麦子店街18号楼

邮编：100125

责任编辑：王　斌

版式设计：张　宇　　责任校对：巴洪菊

印刷：北京通州皇家印刷厂

版次：2002年7月第1版　　2019年10月第3版

印次：2022年6月第3版北京第3次印刷

发行：新华书店北京发行所

开本：787mm×1092mm　1/16

印张：19.5

字数：462千字

定价：59.00元
